北大社"十三五"普通高等教育规划教材
高等院校电气信息类专业"互联网+"创新规划教材

程序设计方法及算法导引

王桂平　刘　君　李　韧　编　著

内 容 简 介

本书系统地讲解了程序设计的基本思想和算法，并通过一些经典的程序设计竞赛题目阐述算法思想和实现方法。本书首先介绍了几类程序设计竞赛的起源、历史、竞赛规则、评判原理等，以及一种新的程序设计实践形式——在线程序实践；然后讲解了程序设计竞赛涉及的一些基础算法和应用问题，包括枚举、模拟、字符及字符串处理，时间和日期处理，高精度计算，递归、分治、动态规划和贪心，搜索，排序和检索，数论基础，在每章的最后一节引入了程序设计竞赛所需掌握的实践知识和技能；最后的附录总结了程序设计竞赛的100个技巧，并汇总了本书例题和练习题。

本书可作为高校程序设计基础课程的教材或配套教材，也可作为程序设计竞赛的入门教材。

图书在版编目(CIP)数据

程序设计方法及算法导引/王桂平，刘君，李韧编著. —北京：北京大学出版社，2020. 12
高等院校电气信息类专业"互联网+"创新规划教材
ISBN 978-7-301-31841-6

Ⅰ. ①程… Ⅱ. ①王… ②刘… ③李… Ⅲ. ①C 语言—程序设计—高等学校—教材
Ⅳ. ①TP312. 8

中国版本图书馆 CIP 数据核字(2020)第 226485 号

书　　名 程序设计方法及算法导引
CHENGXU SHEJI FANGFA JI SUANFA DAOYIN
著作责任者 王桂平　刘　君　李　韧　编著
策 划 编 辑 郑　双
责 任 编 辑 郑　双
数 字 编 辑 蒙俞材
标 准 书 号 ISBN 978-7-301-31841-6
出 版 发 行 北京大学出版社
地　　址 北京市海淀区成府路 205 号　100871
网　　址 http: //www. pup. cn　新浪微博：@北京大学出版社
电 子 信 箱 pup_6@163. com
电　　话 邮购部 010-62752015　发行部 010-62750672　编辑部 010-62750667
印 刷 者 北京飞达印刷有限责任公司
经 销 者 新华书店
787 毫米×1092 毫米　16 开本　23.25 印张　555 千字
2020 年 12 月第 1 版　2020 年 12 月第 1 次印刷
定　　价 59. 00 元

前　　言

一、本书写作动机

随着计算机、平板电脑、智能手机等电子产品的普及，以及操作系统、办公软件、手机App 等的广泛应用，软件开发、编程等对大众来说不再是高深的概念。近年来，大数据、人工智能技术得到了快速发展和广泛应用，特别是 2015 年 8 月国务院发布了《促进大数据发展行动纲要》、2017 年 7 月又发布了《新一代人工智能发展规划》后，大数据、人工智能发展已上升为国家战略。人工智能的实现和应用离不开程序设计和算法，因此大众对学习基础编程的热情逐渐高涨。在国内一些大中城市，少儿编程、机器人编程类的教育机构如雨后春笋般出现。和艺术培养一样，从小接受编程教育，被越来越多的家长接受和重视。

然而，编程教育繁荣的背后，普遍存在一个误区：编程教育就是学一门编程语言。甚至国内一些高校的程序设计基础课程，仍停留在纯粹的编程语言语法教学；哪怕是把编程语言由传统的 C、C++换成了 Java、Python 等，无非是换了一门时髦的编程语言，仍然重复着纯粹的编程语言语法教学。

本书的第一作者自 2003 年硕士毕业在高校工作后，开始从事程序设计基础课程教学和大学生程序设计竞赛指导工作。从那时起，作者在程序设计基础课程里就摒弃了传统的以编程语言语法教学为主线的教学方法，倡导以程序设计思想和方法的培养为主线的教学方法。本书就是这种教学方法的总结，也是作者近 20 年教学和程序设计竞赛指导工作的积累。

近 20 年来，各种程序设计竞赛在国内高校开展得如火如荼。这些程序设计竞赛都不侧重于考查对编程语言的掌握，而是侧重于程序设计思想和方法，以及算法知识的应用和实现；而且这些竞赛涉及的程序设计方法和算法是相通的，只是竞赛规则、评判方式、组织形式有差别。程序设计竞赛不仅给众多程序设计爱好者提供了一个展示自己用计算机分析问题和解决问题能力的机会，也给程序设计初学者提供了一个实践程序设计思想和方法的平台。在程序设计基础课程中引入程序设计竞赛的训练方法与裁判规则，能极大地激发学生的学习兴趣和竞争意识，培养学生的创新思维能力，是一个非常好的教学新思路。这也是本书写作的一个动机。

程序设计竞赛主要侧重于程序设计思想和方法的应用，以及算法分析与设计能力。竞赛题目所涉及的算法主要有三大类：一是基础算法，如枚举、模拟、递归、搜索等；二是优化算法，如贪心、分治、动态规划等；三是图论、数论、计算几何、组合数学等领域的基础算法。本书涵盖了第一、二大类算法，以及第三大类中的数论算法。关于图论算法，读者可参考本书第一作者编写的另一本教材《图论算法理论、实现及应用》。

二、本书定位

定位一：作为高校程序设计基础课程的教材或配套教材。

高校程序设计基础课程不应停留在纯粹的编程语言语法的教学上。即便是对于没有编

程语言基础的学生，也应该以程序设计思想和方法的培养为主线开展教学。本书比较系统地讲解了程序设计的基本思想和算法。在介绍这些算法时，本书首先引入算法思想，总结算法实现要点，然后通过一些经典的程序设计竞赛题目对算法的思想和实现方法进行进一步阐述。

本书是自包含的（self-contained），对于没有编程语言基础的学生或读者，本书配套的电子资源包含了附录 D C/C++语言基础，总结了 C/C++语言基础知识，但并非单纯的语法罗列。附录 D 的第 1~11 小节是以数值型数据的处理为线索，以简单数学计算或数学应用为例子来讲解 C/C++语言语法知识，同时引入用程序求解具体问题的思想和基本方法；第 12 小节集中介绍字符及字符串处理的基础知识。为了便于自学或教学，附录 D 还附上了配套课件和实验报告。

定位二：作为程序设计竞赛入门教材。

大学生程序设计竞赛引入到国内高校，已经有 20 余年历史，也涌现出或引进了一些非常优秀的著作，如刘汝佳和黄亮的《算法艺术与信息学竞赛》、秋叶拓哉等人的《挑战程序设计竞赛》。但本书作者认为，这些著作比较适合有一定参赛经验的学生，不太适合作为程序设计竞赛的入门教材。大学生程序设计竞赛、蓝桥杯全国软件和信息技术专业人才大赛（以下简称蓝桥杯大赛），每年都吸引了数万名参与者，这其中大部分都是初学者，因此亟需一本入门教材，引领他们进入程序设计竞赛的世界。

本书主要介绍了国内外高校广泛开展的几类程序设计竞赛的起源、历史、竞赛规则、评判原理、相互区别等，引入由程序设计竞赛延伸出的一种新的程序设计实践形式——在线程序实践。在线程序实践是指由在线评判（OJ, Online Judge）系统提供题目，用户在线提交程序，在线评判系统实时评判并反馈评判结果，这些题目一般具有较强的趣味性和挑战性，评判过程和结果也公正及时，因此能引起初学者的极大兴趣。本书系统地讲解了程序设计竞赛涉及的一些基础算法或应用问题，包括枚举，模拟，字符及字符串处理，时间和日期处理，高精度计算，分治、动态规划和贪心算法，搜索算法，排序和检索，数论基础，等等。

特别地，根据程序设计竞赛所考察的综合实践能力，本书在每一章最后一节循序渐进地引入和总结了程序设计竞赛所需掌握的实践知识和技能，包括输入/输出的处理、算法及算法复杂度、程序测试、程序调试、代码优化、函数及递归函数设计、搜索实现技巧、STL 及常用数据结构等。另外，本书还在附录 A 总结了程序设计竞赛常用的 100 个技巧，并细分为十二个类别，基本对应本书第 1~10 章的内容安排。因此，本书更适合作为程序设计竞赛自学或培训的入门教材。

三、内容安排

本书共分 10 章。每章内容具体安排如下。

第 1 章介绍几类程序设计竞赛的起源、历史、竞赛规则、评判原理、相互区别等，以及由程序设计竞赛延伸出的一种程序设计实践形式——在线程序实践；重点介绍程序设计竞赛的输入/输出；对每一种输入情形，用竞赛题目阐述其处理方法；在实践进阶里，为初学者总结了程序设计竞赛基本的输入/输出处理及注意事项。

第 2 章讲解程序设计竞赛里一种常用的算法——枚举，总结了枚举算法实现要点，通

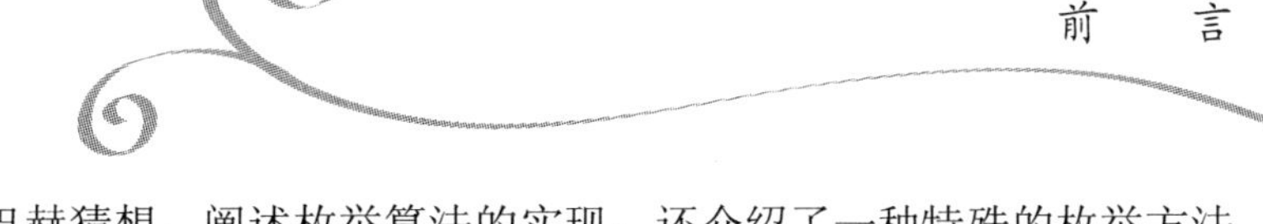

过一些例题，如验证哥德巴赫猜想，阐述枚举算法的实现；还介绍了一种特殊的枚举方法——尺取法的原理及应用；在实践进阶里，引出了算法及算法复杂度的概念。

第 3 章讲解程序设计竞赛里一种常用的解题思路——模拟，总结了模拟方法实现要点，通过一些例题，如约瑟夫环问题、游戏问题，阐述模拟方法的实现；在实践进阶里，总结了程序设计竞赛里一项非常重要的技能——程序测试。

第 4 章集中讲解字符及字符串的处理，涉及的知识和应用问题包括字符转换与编码、回文的判断与处理、子串的处理、字符串模式匹配（含 KMP 算法）等；在实践进阶里，总结了特殊输入/输出的处理。

第 5 章讲解程序设计竞赛里一类比较常见的问题——时间和日期处理问题，及其解题方法，并通过程序设计竞赛题目阐述这些解题方法的实现；在实践进阶里，总结了程序设计竞赛里另一项非常重要的技能——程序调试。

第 6 章讲解程序设计竞赛里另一类常见的问题——高精度计算，包括高精度数的概念和相关基础知识，高精度计算的原理，以及高精度数基本运算的实现；在实践进阶里，总结了代码优化的方法。

第 7 章讲解将大规模问题降为较小规模问题的一类算法，包括分治、动态规划和贪心，以及这些算法常用的一项技术——递归；在实践进阶里，总结了函数和递归函数设计方法及注意事项。

第 8 章讲解程序设计竞赛中一类常用的算法——搜索，本章只涉及两种基本的搜索算法，深度优先搜索（DFS）算法和广度优先搜索（BFS）算法，并不涉及启发式搜索算法。还介绍了用 DFS 算法求解排列和组合问题。在实践进阶里，总结了 DFS 和 BFS 的实现技巧及注意事项。

第 9 章讲解程序设计竞赛解题时经常要用到的操作——排序，包括排序的基本概念，排序思想在程序设计竞赛解题中的应用，以及常用排序函数的使用方法；还介绍了二分法的思想，以及二分检索法在程序设计竞赛题目中的应用；在实践进阶里，总结了 C++语言中的标准模板库和常用数据结构的使用。

第 10 章是数论基础。数论里有着非常丰富的算法和具体的应用，因此数论也是程序设计竞赛中一类重要的题目类型。本章浅显地概述了整除理论（含最大公约数理论）、同余理论、素数理论等内容，主要讨论数论中相关算法及实现；在实践进阶里，抛砖引玉地引出了程序设计竞赛技巧及其应用。

书末还有两个附录。附录 A 总结了程序设计竞赛常用的 100 个技巧，选取的原则是切合本书第 1～10 章内容，且不涉及长的、复杂的算法模板，主要是一些算法的思想或简短的模板，平时做题时经常应用就能熟练掌握。为方便读者掌握，附录 A 将这 100 个技巧细分为十二个类别，基本对应本书第 1～10 章的内容安排。

附录 B 汇总了本书收录的例题和练习题。本书一共收录了 92 道例题和 88 道练习题，合计 180 道题。这些题目大部分选自各类程序设计竞赛真题，也有少部分是作者原创的题目。附录 B 给出了这些题目的来源，以及在 ZOJ（浙江大学 OJ 系统）和 POJ（北京大学 OJ 系统）上的题号。所有题目，本书都提供了解答程序，部分题目提供了测试数据，少部分题目还提供了生成评判测试数据的程序，详见附录 B 的备注。

另外，本书还提供了以下电子资源，电子资源可以联系客服索取。

（1）附录 C 为使用程序设计竞赛控制系统（Programming Contest Control System，PC2）软件搭建程序设计竞赛环境的方案，PC2 软件可以实现用普通机器来搭建评测环境，甚至可以用一台机器既充当服务器，也充当裁判端和参赛端，很适合在机房里搭建课程的上机考试环境，或者用于程序设计竞赛爱好者搭建评测环境来理解 OJ 系统的评判原理。

（2）对没有编程语言基础的读者，本书附录 D 介绍 C/C++语言基础知识（含课件，实验报告、实验报告答案等），可以帮助这部分读者快速入门。即便是已经具备一门编程语言基础的读者，作者仍建议花费一点时间快速阅读此部分内容。

（3）各章例题的解答程序、测试数据、测试数据生成程序。

（4）各章练习题的解答程序、测试数据、测试数据生成程序。

（5）本书的配套课件。

（6）本书重点、难点的案例配备了 185 个教学视频，扫描对应位置的二维码即可观看。

需要说明的是，本书为了减少篇幅，所有例题代码都把头文件包含语句“#include <...>”去掉了，读者在运行或提交例题代码时都要加上这些语句。本书配套电子资源中的源代码则保留了这些语句。同样，为了减少篇幅，例题代码可能会把多行较短的代码放在同一行，读者阅读代码时要注意。

四、致谢

本书收录的 180 道例题和练习题中，约有 130 道选自各级别大学生程序设计竞赛和蓝桥杯大赛，这些题目在阐述各章算法的思想和应用等方面起着重要的作用，部分例题的解答程序也参考了网络上发布的一些源代码。在此，编者对这些题目和源代码的作者表示衷心的谢意。

本书的编写和出版得到了重庆市高等教育教学改革研究重大项目“在线实践和学科竞赛‘双核驱动’的计算机类专业程序与算法设计实践教学体系构建”（编号：171016）的支持，在此表示感谢。另外，本书的出版得到了重庆交通大学信息科学与工程学院和北京大学出版社的大力支持，在此表示衷心的感谢。

由于作者水平有限，书中难免存在疏误之处，欢迎读者指正，如果读者有什么好的建议，也可以与编者联系，邮箱地址为 w_guiping@163.com，谢谢！

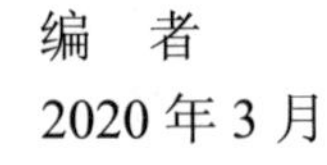

编　者

2020 年 3 月

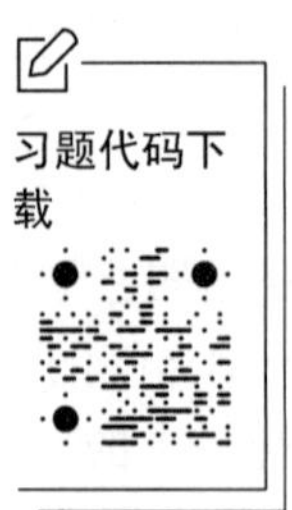

目　　录

程序设计竞赛与在线程序实践

本章介绍国内外高校广泛开展的几类程序设计竞赛的起源、历史、竞赛规则、评判原理、相互区别等，以及由程序设计竞赛延伸出的一种程序设计实践形式——在线程序实践；重点介绍程序设计竞赛的输入/输出；用竞赛题目阐述每一种输入情形的处理方法；最后在实践进阶里，为初学者总结了程序设计竞赛基本的输入/输出处理及注意事项。

1.1 程序设计竞赛

随着计算机（包括平板电脑、智能手机等）的普及和人工智能教育上升到国家战略，用计算机编程解决问题的能力越来越受到教育者和大众的重视。程序设计教育绝不仅仅是编程语言语法的学习，更重要的是程序设计思想和方法的学习。而程序设计竞赛不仅给众多程序设计爱好者提供了一个展示自己分析问题和解决问题的能力的机会，也给程序设计初学者提供了一个实践程序设计思想和方法的平台。因此，近 20 年来，各种程序设计竞赛在国内外高校甚至中小学开展得如火如荼，这些竞赛包括大学生程序设计竞赛、蓝桥杯全国软件和信息技术专业人才大赛、中国高校计算机大赛团体程序设计天梯赛、青少年信息学奥林匹克竞赛等。

程序设计竞赛

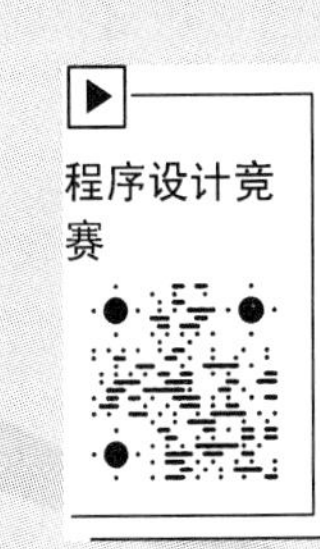

需要注意的是，这些程序设计竞赛都不侧重于考察编程语言语法，而是侧重于程序设计思想和方法的应用，以及算法分析与设计能力；而且这些竞赛覆盖的程序设计方法和算法是相通的，只是竞赛规则、评判方式、竞赛组织形式有差别。

1.1.1 大学生程序设计竞赛

本书所述的大学生程序设计竞赛包括国际大学生程序设计竞赛、中国大学生程序设计竞赛、国内各省市及各高校举办的大学生程序设计竞赛等。这些竞赛不属于同一序列，也就是说，各省市一等奖并不意味着直接参加中国大学生程序设计竞赛，中国大学生程序设计竞赛一等奖并不意味着直接参加国际大学生程序设计竞赛，但是这些竞赛的规则、评判方式等基本是一致的。

大学生程序设计竞赛

1. ACM 国际大学生程序设计竞赛（ACM/ICPC）

国际大学生程序设计竞赛（International Collegiate Programming Contest，ICPC）是由

美国计算机协会（Association for Computing Machinery，ACM）主办的，是世界上公认的规模最大、水平最高的国际大学生程序设计竞赛。ACM/ICPC 竞赛的历史可以上溯到 1970 年，当时在美国得克萨斯 A&M 大学举办了首届比赛。该项竞赛 1977 年第一次举办世界总决赛，至今已连续举办 40 余届了。

ACM/ICPC 竞赛在公平竞争的前提下，提供了一个让大学生充分展示用计算机解决问题的能力与才华的平台。ACM/ICPC 竞赛鼓励创造性和团队协作精神，鼓励在编写程序时的开拓与创新，它考验参赛选手在承受相当大的压力下所表现出来的非凡能力。竞赛所触发的大学生的竞争意识为加速计算机人才培养提供了充足的动力。竞赛中对解决问题的苛刻要求和标准使得大学生对解决问题的深度和广度展开最大程度的追求，也为计算机科学的研究和发展起到了良好的导向作用。因此，该项竞赛一直受到国际各知名大学的重视，并受到全世界各著名计算机公司的高度关注。目前，ACM/ICPC 每年吸引来自全球 100 多个国家或地区、3 000 多所高校的 50 000 多名大学生参加，角逐全球总决赛冠军。

国内高校参加 ACM/ICPC 竞赛的历史较短，ACM/ICPC 于 1996 年起在中国大陆地区设立预选赛赛区。截至 2019 年，在 20 余年的参赛历史里，国内的上海交通大学、浙江大学分别获得了 3 次和 1 次 ACM/ICPC 全球总决赛冠军。

ACM/ICPC 竞赛分区域预赛和总决赛两个阶段进行，各预赛区第一名自动获得参加世界总决赛的资格。原则上每个大学在一站区域预赛最多可以有 3 支参赛队伍，但最终只能有一支队伍参加全球总决赛。全球总决赛安排在每年的 3～4 月举行（2019 年 4 月 4 日举办的是第 43 届 ACM/ICPC 全球总决赛），而区域预赛安排在上一年的 9～12 月在各大洲各国家举行。

ACM/ICPC 竞赛以组队方式进行比赛，每支队伍不超过 3 名队员，比赛时每支队伍只能使用一台计算机。在 5 个小时的比赛时间里，参赛队伍要解答 6～12 道指定的题目。排名时，首先根据解题数目来排名，如果多支队伍解题数量相同，则根据队伍的总用时进行排名（用时越少，排名越靠前）。每支队伍的总用时为每道解答正确的题目的用时总和。每道解答正确的题目的用时为从比赛开始计时到该题目解答被判定为正确的时间，其间每一次错误的提交运行将被加罚 20 分钟时间。最终未正确解答的题目不记入总时间，其提交也不加罚时间。

例如，2019 年 ACM/ICPC 全球总决赛的冠军莫斯科国立大学，做出了 11 道题目中的 10 道题目，其中 K 题是在第 249 分钟提交正确的，这道题目总共提交了 6 次（6 tries），前 5 次提交是错误的，因此这道题目的用时为 249+5×20=349（分钟），10 道题目的总用时为 1 531 分钟，如图 1.1 所示。

2. 中国大学生程序设计竞赛（CCPC）

中国大学生程序设计竞赛（China Collegiate Programming Contest，CCPC）是由中国大学生程序设计竞赛组委会组织的年度性赛事，旨在通过竞赛来提高并展示中国大学生程序设计创新与解决实际问题的能力，发现优秀的计算机人才，引领并促进中国高校程序设计教学改革与人才培养。CCPC 借鉴了 ACM/ICPC 的竞赛规则与组织模式。

CCPC 以规范和完善中国大学生程序设计竞赛赛事体系为己任，开展具有中国特色的大学生程序设计竞赛，把竞赛融入中国高校人才培养体系，规范办赛，高水平办赛，维护赛事的公平公正，促进高校教学改革，丰富高校人才培养内涵。

ICPC World Finals 2019　　final standings

RANK	TEAM	SCORE	A	B	C	D	E	F	G	H	I	J	K
1	Northern Eurasia Moscow State University	10 1531	42 1 try	142 1 try		56 1 try	40 2 tries	279 4 tries	114 1 try	92 2 tries	245 1 try	72 1 try	249 6 tries
2	North America Massachusetts Institute of Technology	9 1191	27 1 try	90 1 try		107 1 try	56 1 try	168 1 try	119 2 tries	63 2 tries	278 1 try		243 1 try
3	Asia Pacific The University of Tokyo	9 1386	40 1 try	204 2 tries		62 1 try	31 1 try	230 4 tries	128 3 tries	57 1 try		157 1 try	297 4 tries
4	Europe University of Warsaw	8 891	49 1 try	126 2 tries	11 tries	32 1 try	14 1 try		55 1 try	32 1 try		111 1 try	292 9 tries
5	National Taiwan University	8 1179	27 1 try	165 1 try		38 1 try	142 1 try		130 1 try	208 1 try	278 1 try	191 1 try	
6	University of Wroclaw	8 1200	29 1 try	277 4 tries		28 1 try	57 1 try		212 2 tries	91 2 tries	263 2 tries	103 2 tries	1 try
7	Seoul National University	7 783	74 1 try	103 1 try		31 2 tries	69 3 tries	2 tries	146 3 tries	82 1 try		118 4 tries	
8	Asia East KimChaek University of Technology	7 803	32 1 try	132 2 tries		78 2 tries	43 1 try		97 1 try	188 1 try		193 1 try	
9	Asia West Sharif University of Technology	7 923	23 1 try	170 2 tries		75 1 try	46 1 try	1 try	148 2 tries	133 1 try		288 1 try	
10	Moscow Institute of Physics & Technology	7 954	47 1 try	155 1 try	1 try	140 1 try	78 2 tries		145 1 try	113 1 try		236 2 tries	
11	National Research University Higher School of Economics	7 990	50 1 try	199 3 tries		76 2 tries	51 2 tries		137 2 tries	104 1 try		273 1 try	
12	The Chinese University of Hong Kong	7 1057	90 1 try	239 4 tries		42 1 try	59 1 try	2 tries	217 2 tries	127 1 try		203 1 try	
13	Peking University	7 1106	34 1 try	245 1 try		119 2 tries	163 2 tries		143 1 try	114 1 try		228 2 tries	

图 1.1　2019 年 ACM/ICPC 全球总决赛排名

CCPC 组委会成员都是多年担任程序设计竞赛教练工作的教学科研一线教师，对中国高校的教学和人才培养有深刻的认知，对竞赛宗旨有高度的认同。这些老师既做教练工作，也承担各类程序设计竞赛的策划和组织工作，诸如校赛、省赛、ICPC 亚洲区预选赛、CCPC 各类赛事等，他们都是核心的组织者和参与者。

首届 CCPC 于 2015 年 10 月在南阳理工学院举办，共有来自 136 所大学的 245 支队伍参赛。从 2016 年第二届 CCPC 开始，每年春季组织若干场省赛和地区赛、一场女生专场赛，秋季组织一场网络选拔赛、三场全国分站赛和一场总决赛，通过网络选拔赛确定分站赛晋级名额，由三场分站赛确定总决赛晋级名额。

3. 国内各省市及各高校举办的大学生程序设计竞赛

自 ACM/ICPC 于 1996 年在中国大陆地区设立亚洲区（Asia Regional）预选赛赛区以来，ICPC 的竞赛模式吸引了中国高校的教师和学生，参与者与日俱增。为了推广这项赛事、培养和训练参赛选手，国内陆续衍生出校赛、省赛等形式，而且这些竞赛一般也遵从 ACM/ICPC 的竞赛规则与组织模式。北京、上海、浙江、广东及其他东部省市开展得较早。例如，浙江大学在 2001 年 4 月举办了浙江大学首届大学生程序设计竞赛。随后，在浙江大学的牵头下，浙江省于 2004 年 5 月举办了浙江省首届大学生程序设计竞赛。2019 年 5 月举办的浙江省第十六届大学生程序设计竞赛，吸引了浙江省 80 所高校的 286 支队伍参赛。

这些竞赛在中西部省市开展得较晚。例如，重庆大学于 2004 年举办了重庆大学首届大学生程序设计竞赛。重庆市于 2009 年 12 月举办了重庆市首届大学生程序设计竞赛。2018 年 12 月举办的重庆市第九届大学生程序设计竞赛，吸引了川渝地区 31 所高校和中学的 178 支队伍参赛。

大学生程序设计竞赛的评判原理

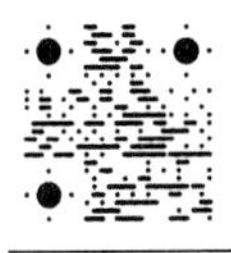

4. 大学生程序设计竞赛的评判原理

为了实现公平、公正且实时的评判，大学生程序设计竞赛采用在线评判方式，即对参赛队伍在线提交的解答程序，服务器实时评判并及时把评判结

果反馈给参赛队伍，评判流程如图 1.2 所示。服务器一直等待评判请求，一旦收到评判请求，就编译参赛队伍提交的程序，如果编译未通过，则反馈“编译错误”的评判结果；如果编译通过，则下载评判数据，将参赛队伍程序的标准输入/输出重定向为文件输入/输出，然后执行参赛队伍程序，如果运行异常（包括运行出错、运行时间超限、内存使用量超限、输出数据量过大等），则向参赛队伍反馈评判结果。

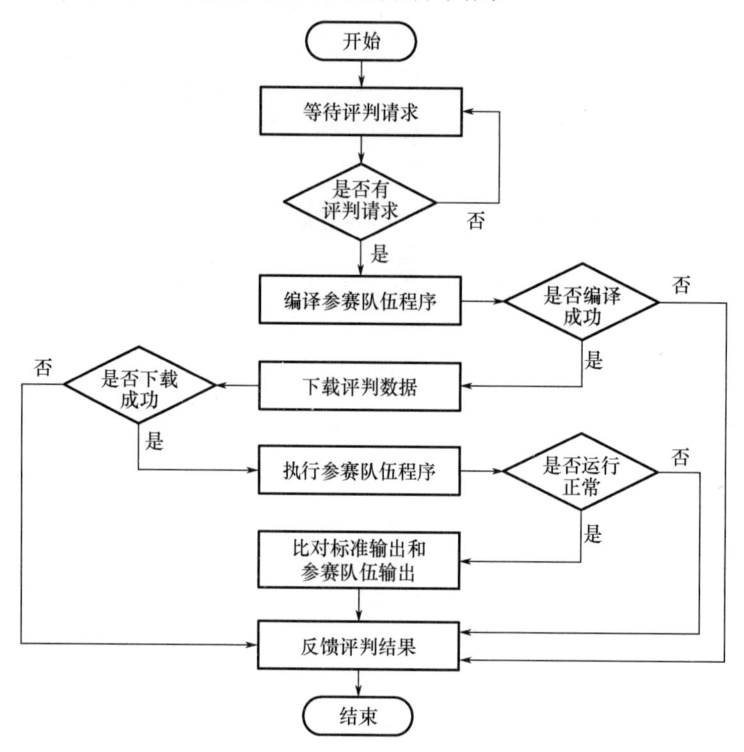

图 1.2　大学生程序设计竞赛的评判流程

如果参赛队伍提交的程序运行正常，则会生成参赛队伍的输出文件，然后采用文本比对的方式进行评判。在服务器端，每道题目有一个输入数据文件和标准输出数据文件。输入数据文件用来测试参赛队伍提交的程序，该数据文件通常能测试到题目需要考虑的各种特殊情况。标准输出数据文件是由标准解答程序根据输入数据文件得到的正确的输出数据文件。评判系统就是将参赛队伍的输出文件与标准输出文件一个字符一个字符地进行比对，从而判定参赛队伍的解答程序是否正确。大学生程序设计竞赛的评判是非常严格的，只有参赛队伍的输出文件和标准输出文件所有字符都比对一致，才能判定参赛队伍的程序正确。

注意，有些题目如果标注了 Special Judge（如练习 2.7），则该题目的每个测试数据可能有多个解，一般输出任意解都可以。对这些题目，评判系统就无法简单地采用文本比对的方式来评判参赛队伍程序的输出是否为正确的答案，一般要提供一个专门的评判程序，读入生成的输出文件，并评测每个测试数据的输出是否为符合题目要求的答案之一。

1.1.2　蓝桥杯全国软件和信息技术专业人才大赛

为促进软件和信息领域专业技术人才培养，提升高校毕业生的就业竞争力，工业和信

息化部人才交流中心、教育部就业指导中心联合举办了蓝桥杯全国软件和信息技术专业人才大赛（以下简称蓝桥杯大赛），首届大赛于 2010 年举办。经过 10 年的发展，蓝桥杯大赛已发展成为包括个人赛、团队赛、设计赛、青少年创意编程赛、国际赛等多种类别的一项大型赛事，其中个人赛又分为软件类和电子类，软件类又分为 C/C++、Java 两个方向（2020 年将新增 Python 方向）。2019 年第十届蓝桥杯大赛共吸引了 1 200 余所高校、超过 60 000 名学生参赛。

蓝桥杯大赛与大学生程序设计竞赛比较接近的是个人赛中的软件类。如无特别说明，本书以下所述蓝桥杯大赛均指其中的个人赛（软件类）。

蓝桥杯大赛

1. 蓝桥杯大赛的竞赛规则和组织形式

蓝桥杯大赛 C/C++、Java 两个方向分别又分为 A、B、C 三个组别。一本院校（985、211）本科生只能报 A 组；其他本科院校本科生可自行选择 A 组或 B 组；高职、高专院校可自行选择报任意组别。

蓝桥杯大赛分为省赛和全国总决赛两个阶段，在每年 3～5 月举行。省赛每个组别分别设置一、二、三等奖，比例分别为 10%、20%、30%，总比例为实际参赛人数的 60%，零分卷不得奖。省赛一等奖进入全国总决赛。全国总决赛一等奖不高于 5%，二等奖占 20%，三等奖不低于 25%，优秀奖不超过 50%，零分卷不得奖。省赛和全国总决赛的竞赛时长都是 4 小时。

蓝桥杯大赛个人赛，实行一人一台计算机，参赛用的机器通过局域网连接到各个赛场的竞赛服务器。选手答题过程中无法访问互联网，也不允许使用本机以外的资源（如 U 盘）。竞赛系统以 B/S（浏览器/服务器）方式发放试题、回收选手答案。蓝桥杯大赛不采用实时评判，而是在比赛结束后，各个赛场的竞赛服务器把回收到的选手答案上传到组委会的服务器进行离线评判。

2. 题型和评判方法

蓝桥杯大赛包含三种类型的题目：结果填空题、代码填空题（从 2019 年开始，省赛和全国总决赛没有这种题型）和编程大题。

（1）结果填空题，选手只要填写结果，不计手段，并不一定要编程。采用文本比对方式进行评判，与标准答案一致才得分。比对时会忽略行末空格和文末换行。注意，行中间多出空格则判错，因为诸如“7826”和“78　26”是两个不同的答案。

（2）代码填空题，对题目中给出的基本完整的程序，选手需要填写其中空缺的核心代码，使得程序能实现题目中要求的功能。评判时，与标准答案一致直接得分；不一致则把选手填写的代码代入程序，运行程序，用测试数据测试正确，才得分。

（3）编程大题，类似于大学生程序设计竞赛的题目形式，即要求选手分析题目，独立编写完整的程序，求解题目。评判时，编译不通过，0 分；编译通过后，运行选手程序，将标准输入/输出重定向为文件输入/输出，读入测试数据，比对选手的输出文件和标准输出文件，比对时忽略行末空格和文末换行，行中间多出空格则判错；使用多个测试数据评测，每个数据单独测试，单独计分；最后累计分数；前一个测试数据没通过，也会继续用下一个测试数据测试。

本书主要关注蓝桥杯大赛中的编程大题，偶尔会提及结果填空题，并不关注代码填空题。

3. 蓝桥杯大赛和大学生程序设计竞赛的区别

蓝桥杯大赛和大学生程序设计竞赛在以下诸多方面都有显著区别。

（1）比赛形式。大学生程序设计竞赛一般是团队赛，3 人一组；蓝桥杯大赛个人赛（软件类）是个人赛。注意，蓝桥杯大赛虽然也有团队赛，但不是编程解题这种形式，而是软件创业团队赛。

（2）能使用的编程语言。大学生程序设计竞赛不限制语言，只要评判系统支持就可以用；蓝桥杯大赛在报名时就决定了选手能使用的编程语言，目前有 C/C++、Java、Python 三个方向。

（3）题型。大学生程序设计竞赛只有一种题型，相当于蓝桥杯大赛中的编程大题；蓝桥杯大赛有结果填空题、代码填空题、编程大题三种题型。

（4）多个测试数据的处理。对大学生程序设计竞赛，由于在服务器端，每道题所有测试数据往往存放在同一个数据文件中，所以选手的程序一般需要处理多个数据，详见第 1.3.3 节；有些比赛因为测试数据太多，可能拆分成多个数据文件，每个数据文件仍然包含多个测试数据；也有的比赛，每个数据文件只包含一个测试数据（跟蓝桥杯大赛一样）。蓝桥杯大赛的服务器端，每道题的每个测试用例是保存在单个数据文件中，每个测试用例一般只包含一个测试数据，所以选手的程序一般不需要处理多个数据（这种情形其实给测试程序带来很大麻烦，详见第 3.4.2 节），那就跟程序设计课程普通的练习题一样了，详见第 1.3.2 节。但有时需要基于一个测试数据反复进行某种处理（如查询），这时也是需要能处理多个数据的。详见下面的例子。

示例：分段求和。

题目描述：

给出 n 个非负整数，进行 q 次询问，每次询问一段区间的和。

输入描述：

第 1 行是一个整数 n，表示整数的个数；第 2 行是 n 个不超过 1 000 的非负整数，整数的序号从 1 开始计起；第 3 行是一个整数 q，表示询问个数；随后有 q 行，每行有两个正整数 x、y，表示询问区间。

输出描述：

q 行，每行一个整数，表示第 x 个数到第 y 个数（含第 y 个数）的和。

样例输入：

```
5
1 5 2 4 3
3
2 3
1 4
3 5
```

样例输出：

```
7
12
9
```

上述示例只有一个测试数据，但要进行多次查询，所以也需要实现多个数据（在这个例子里就是多个查询）的处理。因此，在解答蓝桥杯编程大题时，参赛选手一定要认真读题，根据题目对输入数据格式的描述来判断是否需要处理多个数据。

（5）评判的实时性。大学生程序设计竞赛是实时评判并反馈结果，学生可以反复提交程序，可以根据评判结果来完善程序直至提交通过，但每错误提交一次要罚时 20 分钟（最终没有解答正确的题目，其提交罚时不计入总用时）；蓝桥杯大赛不管是省赛还是全国

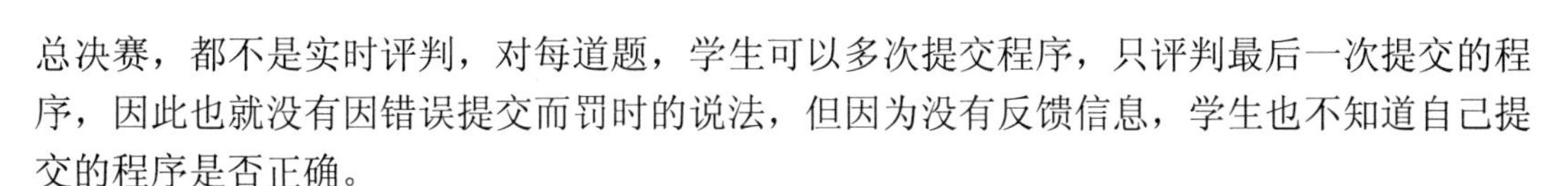

总决赛，都不是实时评判，对每道题，学生可以多次提交程序，只评判最后一次提交的程序，因此也就没有因错误提交而罚时的说法，但因为没有反馈信息，学生也不知道自己提交的程序是否正确。

（6）评判的严格性。大学生程序设计竞赛对输出的评判是极其严格的，一个字符一个字符地比对，只要有一个字符不对，甚至只是多空格、少空格、多空行、少空行，都不会判为正确；蓝桥杯大赛评判稍微松一些，评判时会忽略每行首尾的空格以及空行，但每行中间的空格不会忽略。

（7）排名规则。大学生程序设计竞赛是先按解题数排名，解题数相同再按总用时排名（总用时越少排名越靠前）；蓝桥杯大赛是根据选手得分排名，每道题都有一定的分数，对编程大题，每个测试用例都有一定的分值，通过了每个测试用例就会得到相应的分值。

（8）样例数据。对大学生程序设计竞赛，题目中给出的样例数据，一般都会出现在服务器的输入/输出数据文件里，这意味着样例数据没通过，就没有必要提交了；对蓝桥杯大赛，题目中给的样例数据一般不会出现在服务器端的测试数据文件里，因为这意味着选手的程序只要通过样例数据（甚至只需直接输出样例的输出内容），就能得到一定的分数，实际参赛时，如果题目中的样例数据都没通过，比赛临近结束还是有必要提交的，因为可能（但这种可能性比较小）会通过其他测试数据的评判，从而能得到部分分数。

（9）题目命题采用的语言。大学生程序设计竞赛一般采用英文命题，个别省赛或校赛为了照顾参赛选手的英文水平，可能部分题目采用中文命题；而蓝桥杯大赛的题目全部采用中文命题。

在其他一些细微方面，二者也有区别。例如，大学生程序设计竞赛一般允许参赛队伍携带纸质资料，但不允许使用移动存储设备；而蓝桥杯大赛连纸质资料也不允许携带。

1.1.3　中国高校计算机大赛团体程序设计天梯赛

团体程序设计天梯赛是中国高校计算机大赛的竞赛版块之一，旨在提升学生计算机问题求解水平，增强学生程序设计能力，培养团队合作精神，提高大学生的综合素质，同时丰富校园学术气氛，促进校际交流，提高全国高校的程序设计教学水平。比赛重点考查参赛队伍的基础程序设计能力、数据结构与算法应用能力，并通过团体成绩体现高校在程序设计教学方面的整体水平。竞赛题目均为在线编程题，由搭建在网易服务器上的 PAT（Programming Ability Test，程序设计能力考试）在线裁判系统自动评判。难度分 3 个梯级：基础级、进阶级、登顶级。以个人独立竞技、团体计分的方式进行排名。

2016 年第一届天梯赛初赛共有来自 27 个省级行政区的 180 所高校、444 支队伍的 4 294 名选手在线竞技，代码提交量近 8 万行，共有 87 所高校晋级决赛。

1.2　在线程序实践

在线程序实践

随着各类程序设计竞赛的推广，各种程序在线评判（Online Judge，OJ）软件或网站（本书统称为 OJ 系统）也应运而生。计算机科学领域权威学术期刊 *ACM Computing Surveys* 在 2018 年 4 月刊出了一篇综述论文 *A*

Survey on Online Judge Systems and Their Applications，评述了目前 OJ 系统的现状。

OJ 系统主要有以下两种呈现方式。

（1）C/S（Client/Server，客户端/服务器）方式。这是指采用专用软件，如编程竞赛控制系统（Programming Contest Control SystemM，PC2），搭建的竞赛和评测环境。竞赛环境由服务器、裁判端、参赛端等组成。用户通过参赛端提交解答程序到服务器，服务器请求裁判端进行评判，评判结果返回到服务器后，服务器实时反馈给参赛端。这种方式局限性比较大：所有机器均需复制（或安装）和配置这种专用软件；服务器无法存储和显示题目，题目只能以其他方式（如纸质）提供给学生；每次竞赛都需配置环境和导入题目的数据文件；等等。但 PC2 软件也有自己的优势，可以用普通机器来搭建评测环境，甚至可以用一台机器既充当服务器，也充当裁判端和参赛端，很适合在机房里搭建课程的上机考试环境，或者用于程序设计竞赛爱好者搭建评测环境来理解 OJ 系统的评判原理。本书电子资源中总结了用 PC2 软件搭建程序设计竞赛环境的方案。

（2）B/S（Browser/Server，浏览器/服务器）方式。这是指由 OJ 网站提供题目，用户通过浏览器浏览题目，在线提交解答程序，OJ 网站的服务器实时评判并把结果反馈给用户。OJ 网站一般都提供了数以千计的极具趣味性和挑战性的题目，这些题目收集自 ACM/ICPC、CCPC、省赛、校赛等。

比较著名的 OJ 网站有北京大学的 POJ、浙江大学的 ZOJ、西班牙的 UVA，当然这些 OJ 网站收录的都是英文题目。另外，据不完全统计，国内其他高校或编程爱好者也搭建了上百个 OJ 网站，比较知名的有杭州电子科技大学的 HDOJ、洛谷等，这些 OJ 网站收录的题目部分或全部为中文题目，英文比较弱的用户也可以在这些 OJ 网站上练习。另外，蓝桥杯大赛组委会也提供了一个练习系统，用户注册即可使用，与蓝桥杯正式比赛不同的是，这个练习系统能实时评判用户提交的程序。

OJ 系统的出现为程序设计类课程和程序设计爱好者提供了一种新的程序实践形式——在线程序实践。在线程序实践是指由 OJ 系统提供题目，用户在线提交程序，OJ 系统实时评判用户程序并反馈评判结果。这些题目一般具有较强的趣味性和挑战性，评判过程和结果也公正及时，因此能引起用户的极大兴趣。

用户在解题时编写的解答程序提交给 OJ 系统称为提交运行，每一次提交运行会被判为正确或者错误，评判结果会及时反馈给用户。用户从 OJ 系统收到的反馈信息可能为以下几种情形。

（1）Accepted，程序通过评判（简写为 AC）。

（2）Compile Error，程序编译出错（简写为 CE）。

（3）Time Limit Exceeded，程序运行超过时间上限还没有得到输出结果（简写为 TLE）。

（4）Memory Limit Exceeded，内存使用量超过题目里规定的上限（简写为 MLE）。

（5）Output Limit Exceeded，输出数据量过大（可能是因为死循环）（简写为 OLE）。

（6）Presentation Error，输出格式不对，可检查空格、空行等细节（简写为 PE）。

（7）RunTime Error，程序运行过程中出现非正常中断，如数组越界、除数为 0、指针越界、使用已经释放的空间、栈溢出（如函数内的数组定义得太大而超出了栈空间的上限，递归函数调用次数太多导致栈溢出）等（简写为 RTE）。

（8）Wrong Answer，用户程序的输出错误（简写为 WA）。

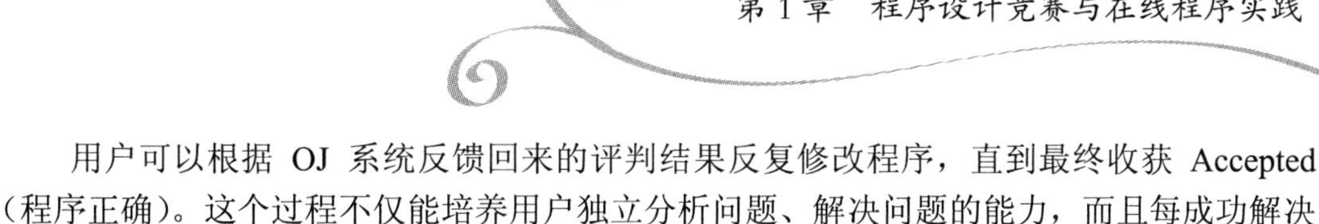

用户可以根据 OJ 系统反馈回来的评判结果反复修改程序，直到最终收获 Accepted（程序正确）。这个过程不仅能培养用户独立分析问题、解决问题的能力，而且每成功解决一道题目都能给用户带来极大的成就感。

为了评判用户提交程序的正确性，OJ 系统主要采用单数据集、多数据集、带权重多数据集 3 种评判模式。

（1）单数据集。大学生程序设计竞赛主要采用这种评判模式，每道题目有一个很大的数据集，往往就是一个数据文件，但包含多个测试数据，可以多达上万个，但有时也会因为数据集非常大而拆分成多个数据文件，每个数据文件仍包含多个测试数据，用户程序需通过整个数据集的评判才算正确。这种评判模式应用较广，但要求非常苛刻，容易打击学生的积极性。

（2）多数据集。蓝桥杯大赛采用这种评判模式，每道题目对应若干个小的数据集，每个数据集都对应一个数据文件，每个数据文件通常只有一个测试数据，用户的程序通过每个数据集的评判都会得到相应的分数，通常每个数据集的得分是一样的。

（3）带权重多数据集。考虑到每个数据集的难度可能不一样，理应为每个数据集分配分数权重，简单的数据集分数权重低，较难的数据集分数权重高。这种评判模式很少采用，但出于课程考核和鼓励学生积极提交程序的需要，这种评判模式还是有积极意义的。

1.3　程序设计竞赛题目的特点

1.3.1　程序设计题目的组成

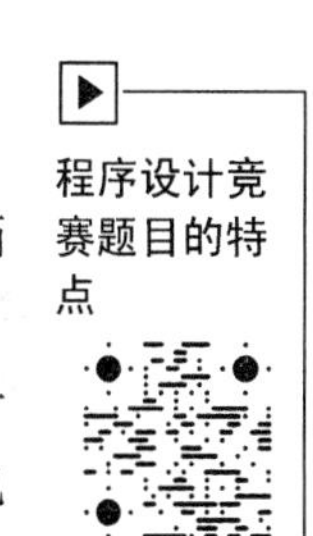

一道完整的程序设计竞赛题目通常包含 5 个部分：题目描述，输入描述，输出描述，样例输入，样例输出。

（1）题目描述。题目通常不会直接告知要求解一个什么问题，而是以一个故事或一个游戏作为背景知识引入，所以题目描述通常会比较烦琐，但也会培养选手的耐心，提高分析问题的能力。

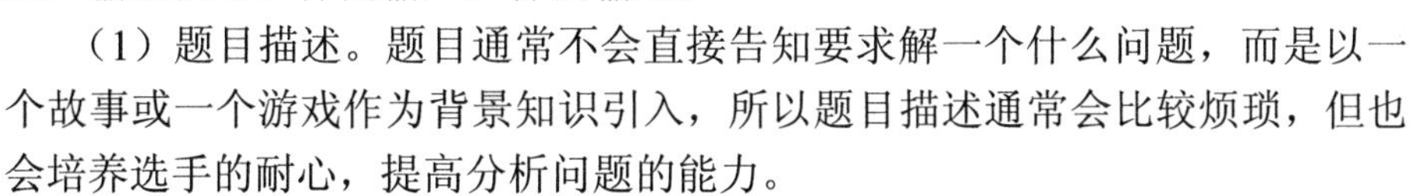

（2）输入、输出描述，给出题目对输入、输出格式的要求。

（3）样例输入、输出，为了便于理解题目和测试程序，题目中会给出几个正确的测试数据。

每道竞赛题目都有时间限制和内存空间限制。如果评测用的数据集较小，时间限制一般为 1 秒；如果数据集较大，时间限制也可能为 2 秒、5 秒甚至更长。用户提交的程序必须在规定的时间限制内运行结束，否则就会被判为 TLE（超时），这就要求用户在编写解答程序时需要考虑算法的时间复杂度（详见第 2.4 节）。内存空间限制限定用户程序运行时占用的内存空间不能超过限定值。

1.3.2　从单个测试数据的处理过渡到多个测试数据的处理

如第 1.1.2 节所述，大学生程序设计竞赛的题目一般需要处理多个测试数据，蓝桥杯大赛的编程大题虽然每个测试用例是单独进行评判的，但有时一个测试用例也包含多个数据。因此，在程序设计竞赛里，参赛队伍的程序往往需要处理多个测试数据，这是非常普遍的。

我们平时写的程序，通常只需要处理一个测试数据（如例 1.1），处理完这个数据，程序就结束了，但是竞赛题目往往是需要处理多个测试数据的（如例 1.2）。其目的有两个：一是测试各种可能的情况，防止出现用户程序考虑不全面也能通过评判的情形；二是可以测算用户程序的运行时间，评判所采用算法的优劣，如果只有一个测试数据，则运行时间太短，难以评比。

初次接触这类竞赛题目的学生通常难以从一个数据的处理过渡到多个数据的处理，所以本章的重点是分析这类题目输入/输出的处理。

例 1.1　海狸（单个测试数据版）。

题目描述：

当海狸咬一棵树的时候，它从树干咬出一个特别的形状。树干上剩下的部分好像 2 个平截圆锥体用一个直径和高相等的圆柱体连接起来一样。有一只很好奇的海狸关心的不是要把树咬断，而是想计算出在给定要咬出一定体积的木屑的前提下，圆柱体的直径应该是多少。如图 1.3 所示，假定树干是一个直径为 D 的圆柱体，海狸咬的那一段高度也为 D。那么给定要咬出体积为 V 的木屑，内圆柱体的直径 d 应该为多少？其中 D 和 V 都是整数。

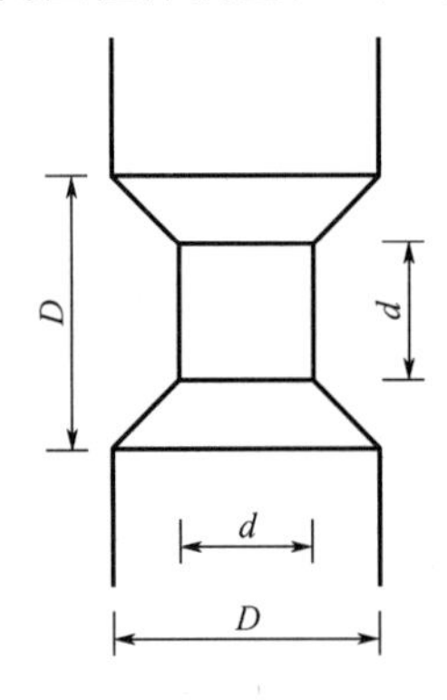

图 1.3　海狸咬树示意图

分析：题目中有 3 个量，分别为 D、V 和 d，其中 D 和 V 是从键盘输入，要计算 d 的值并输出。推导出来的关系式是 $V = (D^3 - d^3)\times\pi / 6$。代码如下。

```
int main( )
{
    int V, D;  double d, d3;        //变量d3用于存储d的3次方，然后对其开3次方根求d
    double pi = 2*asin(1.0);        //把π用数学函数表示出来
    scanf( "%d%d", &D, &V );        //输入D和V的值
    d3 = D*D*D-6*V/pi;  d = pow( d3, 1.0/3 );  //计算d的3次方及d
    printf( "%.3f\n", d );          //输出到小数点后3位有效数字
    return 0;
}
```

该程序的运行过程示例如下。

```
10 250↙    （这里↙表示输入数据后回车）
8.054
```

由上述运行过程可以看出，例 1.1 只能处理一个测试数据，处理完毕，程序就结束

了。例 1.1 其实是一道 ACM/ICPC 竞赛题目改编过来的，原始题目详见例 1.2。

例 1.2　海狸（Beavergnaw），ZOJ1904，POJ2405。

题目描述：

同例 1.1。

输入描述：

输入文件包含多个测试数据，每个测试数据占一行，为两个整数 *D* 和 *V*，用空格隔开。*D* 是圆柱体的直径，*V* 是要咬出的体积。*D*=0、*V*=0 表示输入结束。

输出描述：

对每个测试数据，输出一行，为 *d* 的值，保留小数点后 3 位小数。

样例输入：

```
10 250
50 50000
0 0
```

样例输出：

```
8.054
30.901
```

分析：由输入描述可以看出，本题需要处理多个测试数据。在例 1.1 程序的基础上套上一层循环就能处理多个测试数据，但要注意退出循环的条件是 *D* 和 *V* 的值都为 0。代码如下。

```
int main( )
{
    int V, D;  double d, d3;  double pi = 2*asin(1.0);
    while( 1 ){                               //永真循环
        scanf( "%d%d", &D, &V );
        if( D==0 && V==0 ) break;             //输入结束
        d3 = D*D*D-6*V/pi;  d = pow( d3, 1.0/3 );
        printf( "%.3f\n", d );
    }
    return 0;
}
```

从上述程序可以看出，只需根据不同的输入情形（详见第 1.3.3 节），在原有只能处理一个测试数据的代码的外面加上一重循环，就能实现多个测试数据的处理：读入一个测试数据，处理完毕后输出，再读入下一个测试数据；如此反复直至输入结束退出循环。初次接触程序设计竞赛的学生不易接受这种转变，他们通常的思维是试图把所有的测试数据先存储起来，再依次处理，这种处理方法是不对的，详见第 1.5.1 节。

1.3.3　程序设计竞赛题目的输入/输出

1. 四种基本输入情形及其处理

如果程序设计竞赛题目要求解答程序处理多个测试数据，在输入描述里一般会按以下四种基本情形之一来给出输入数据的格式。

（1）输入数据文件中，第 1 行数据标明了测试数据的数目。

（2）输入数据文件中，有标明输入结束的数据。

（3）输入数据文件中，测试数据一直到文件尾。

（4）没有输入数据，这种情形比较罕见。

表 1.1 列出了前 3 种情形的处理方法。这里要特别提醒的是，对于第 3 种情形，题目有时不会明确告诉测试数据一直到文件尾，只要判断出需要处理多个测试数据，且不是第 1、2、4 这 3 种情形，那就属于第 3 种情形。

表 1.1　程序设计竞赛题目基本输入情形及其处理方法

情形 1 的处理	情形 2 的处理	情形 3 的处理

//kase 表示测试数据数目
int i, kase;
scanf("%d", &kase);
for(i=1; i<=kase; i++){
  //读入第 i 个测试数据
  //处理第 i 个测试数据
}
	//假定每个测试数据包含
	//两个整数 m、n，0 0 表示结束
	int m, n;
	while(1){
	  scanf("%d %d", &m, &n);
	  if(m==0&&n==0)　break;
	  //处理这个测试数据
	}
		//假定每个测试数据包含
		//两个整数 m、n
		int m, n;
		//while(cin >>m >>n){　//C++语言
		//C 语言
		while(scanf("%d %d", &m, &n)!=EOF){
		  //处理该测试数据
		}

注意，第 1、2 种输入情形其实很好理解，不管是采用标准输入/输出还是采用文件输入/输出，程序运行过程都是一样的，如第 1 种情形，处理完 kase 个数据，程序就结束了。但第 3 种输入情形（测试数据一直到文件尾），如果采用标准输入/输出，运行程序时无法结束，因为从键盘输入数据无法体现“到文件尾”，关于这种输入情形的理解详见第 1.5.1 节。

2. 多种基本输入情形的嵌套

有些竞赛题目的输入是多种（通常是两种）基本输入情形的嵌套。例如，例 1.7、练习 3.1、练习 3.3、例 6.4、练习 10.5，都是在第 1 种输入情形的里面又嵌套了第 2 种输入情形；练习 4.10 和练习 9.5 是在第 1 种输入情形的里面又嵌套了第 1 种输入情形；练习 2.1 则是在第 2 种输入情形里又嵌套了第 2 种输入情形。关于多种输入情形嵌套的处理，详见例 1.7、例 6.4、第 1.5.1 节和附录 A。

3. 输出

如第 1.1.1 节所述，为了实现实时的自动评判，服务器的评判程序只能采用文本比对的评判方式进行评判，而且为了确保用户程序的正确性，评判程序必须将用户的输出文件与标准输出文件一个字符一个字符地进行比对。因此，如果输出错误，甚至仅仅是格式不对，程序就不可能通过。这就要求学生从简单的程序开始就考虑全面，养成良好的编程习惯。

有些竞赛或 OJ 系统在评判时可以忽略行首或行末的空格，以及输出内容中多余的空行，但每行中间的空格不会忽略，也不能忽略，因为诸如“37”和“3　7”显然是两个不同的答案。

1.3.4　程序设计竞赛题目的类型

程序设计竞赛主要侧重于程序设计思想和方法的应用，以及算法分析与设计能力。题目所涉及的算法主要有三大类。

（1）基础算法，如枚举、模拟、递归、搜索等。

（2）优化算法，如分治、动态规划、贪心等。

（3）图论、数论、计算几何、组合数学、离散数学等领域的基础算法。

这些题目对于培养学生算法分析与设计的意识和能力有很大的作用。据统计，程序设计竞赛题目的题型及大致比例如表 1.2 所示。

表 1.2　程序设计竞赛题目题型及比例

题型	搜索	动态规划	贪心	模拟	图论	计算几何	纯数学问题	数据结构	其他
比例	10%	15%	5%	5%	10%	5%	20%	5%	25%

本书涵盖了第一、二大类，以及第三大类中的数论算法，接下来的第 2～10 章将陆续介绍这些算法的思想、实现及应用。

1.4　程序设计竞赛题目解析

本节分析 5 道程序设计竞赛题目，其中例 1.3～1.6 对应第 1～4 种基本的输入情形，例 1.7 是 2 种基本的输入情形的嵌套。

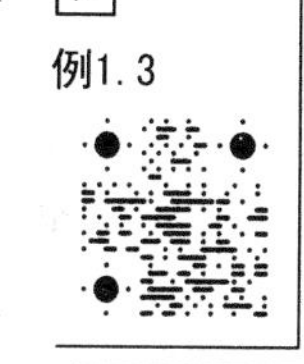

例 1.3　数字阶梯（Number Steps），ZOJ1414，POJ1663。

题目描述：

从坐标(0, 0)出发，在平面上写下所有非负整数 0, 1, 2, ⋯，如图 1.4 所示。例如，1、2 和 3 分别是在(1, 1)、(2, 0)和(3, 1)坐标处写下的。

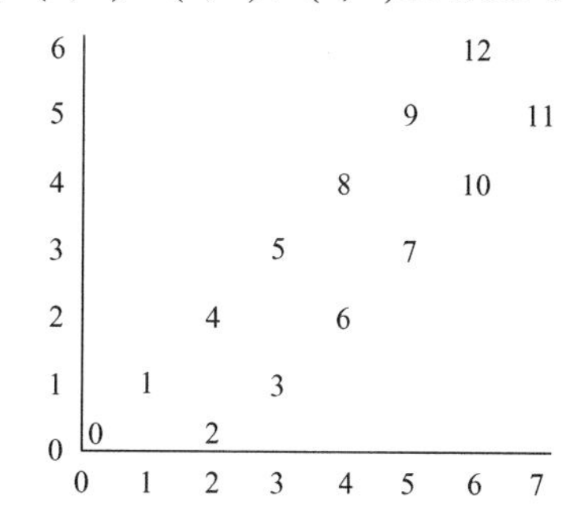

图 1.4　数字阶梯示意图

编写一个程序，给定坐标(x, y)，输出对应的整数（如果存在的话），x、y 范围都是 0~5 000。

输入描述：

输入文件的第 1 行为一个正整数 N，表示测试数据的数目。接下来是 N 个测试数据，每个测试数据占一行，包含两个整数 x、y，代表平面上的坐标(x, y)。

输出描述：

对每个测试数据所表示的坐标点，输出在该点的非负整数，如果没有对应整数，输出“No Number”。

样例输入：

```
2
4 2
3 4
```

样例输出：

```
6
No Number
```

分析：在本题中，输入文件的第 1 行为一个整数 N，表示测试数据的个数，因此是第 1 种输入情形，程序要处理 N 个测试数据。每个测试数据表示平面上一个点的坐标，要输出该点对应的非负整数；如果没有对应的非负整数，则输出“No Number”。

非负整数 0, 1, 2, ⋯有规律地分布在两条直线上，L_1: $y=x$ 和 L_2: $y=x-2$。其中的规律如下。

（1）如果输入的点坐标不满足这两条直线方程，则没有对应的非负整数。

（2）否则，非负整数在这两条直线上的分布规律如下。

① 在直线 L_1: $y = x$ 上，如果坐标 x 是偶数，则对应的整数是 $2x$；如果坐标 x 是奇数，则对应的整数是 $2x-1$。

② 在直线 L_2: $y = x-2$ 上，如果坐标 x 是偶数，则对应的整数是 $2x-2$；如果坐标 x 是奇数，则对应的整数是 $2x-3$。

另外，正如第 1.5.1 节指出的，本题的题目描述中提到 x 和 y 的范围，则输入数据文件中的数据肯定满足这个范围，在程序中不必判断。代码如下。

```
int main( )
{
    int x, y, N, i;  scanf( "%d", &N );     //N 表示输入文件中测试数据的数目
    for( i=0; i<N; i++ ){                   //处理输入文件中的 N 个测试数据
        scanf( "%d %d", &x, &y );           //每个测试数据包含两个整数
        int Num;                            //在(x, y)坐标点上的非负整数
        if( y!=x && y!=x-2 ) Num = -1;                  //(x, y)不在L1，也不在L2 上
        else {
            if( y==x && x%2==0 ) Num = 2*x;             //(x, y)在L1 上，且x 为偶数
            else if( y==x && x%2!=0 ) Num = 2*x-1;      //(x, y)在L1 上，且x 为奇数
            else if( y==x-2 && x%2==0) Num = 2*x-2;     //(x, y)在L2 上，且x 为偶数
            else Num = 2*x-3;                           //(x, y)在L2 上，且x 为奇数
        }
        if( Num==-1 ) printf( "No Number\n" );
        else  printf( "%d\n", Num );
    }
    return 0;
}
```

例 1.4 假票（Fake Tickets），ZOJ1514。

题目描述：

舞会收到很多假票。要求编写程序，统计所有门票中存在假票的门票数。

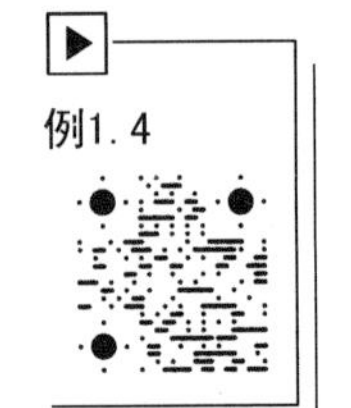

输入描述：

输入文件包含多个测试数据。每个测试数据占两行，第 1 行为两个整数 N 和 M，分别表示发放门票的张数和参加晚会的人数($1 \leqslant N \leqslant 10\ 000$, $1 \leqslant M \leqslant 20\ 000$)；第 2 行为 M 个整数 T_i，为收到的 M 张门票的号码($1 \leqslant T_i \leqslant N$)。输入文件最后一行为 0 0，代表输入结束。

输出描述：

对每个测试数据，输出一行，为一个整数，表示收上来的门票中有多少张被伪造过。

样例输入：

```
6 10
6 1 3 6 6 4 2 3 1 2
0 0
```

样例输出：

```
4
```

分析：在本题中，输入文件中每个测试数据的第 1 行为两个整数 N 和 M，分别表示发放门票的总数和收到的门票总数，$N = M = 0$ 代表输入结束，程序读到这个数据后，处理结束，所以是第 2 种输入情形。

因为 N 不会超过 10 000，所以定义一个一维数组 ticket[10001]，各元素的初值为 0。统计每张收到的门票：设门票的号码为 i，在对应的数组元素上加 1，即 ticket[i]++。M 张门票统计完毕后，元素值大于 1 的就是存在伪造门票的。以样例数据为例，收到 10 张门票，统计完以后，ticket 数组的存储情形如图 1.5 所示。其中门票号码为 1 的有 2 张，号码为 2 的有 2 张，号码为 3 的有 2 张，号码为 6 的有 3 张，这些门票都被伪造过，即有 4 张门票被伪造过。

元素序号→	0	1	2	3	4	5	6			
ticket数组		2	2	2	1	0	3			

图 1.5　假票统计结果

另外，以下程序用到了 memset( )函数，其作用是内存初始化，即给某一段存储空间中的每个字节赋值为同一个值，详见附录 A 第 99 点。在该程序中，调用 memset( )函数给数组 ticket 各元素清零，以免上一个测试数据的结果影响当前测试数据的处理。代码如下。

```
int N, M;                                   //N 是门票的总数，M 是收到的门票总数
int ticket[10001];                          //统计每个号码的门票有多少张
int main( )
{
    int i, tmp;
    while( scanf("%d %d", &N, &M)){         //每个测试数据的第 1 行为两个整数 N 和 M
        if( !N && !M ) break;               //当 N = M = 0 时，输入结束
        memset( ticket, 0, sizeof(ticket));     //对 ticket 数组清零
        for( i=1; i<=M; i++ ){       //"登记"这 M 张门票，对每张门票，给对应数组元素加 1
            scanf( "%d", &tmp );  ticket[tmp]++;
        }
        int sum = 0;
        for( i=1; i<=N; i++ )               //统计被伪造过的门票的数目
            if( ticket[i]>1 ) sum++;
        printf( "%d\n", sum );
    }
    return 0;
}
```

例 1.5　纸牌（Deck），ZOJ1216，POJ1607。

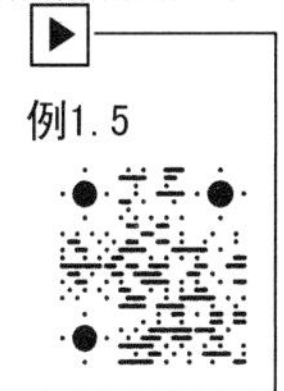

题目描述：

n 张牌叠起来放在桌子的边缘，其最长可伸出桌子边缘的长度为 1/2 +

1/4 + … + 1/(2*n*)。如图 1.6 所示为 4 张牌的情况。输入 *n*，按照题目要求的格式输出 *n* 张牌可伸出桌子边缘的最大长度。

输入描述：

输入文件包括多个测试数据。每个测试数据占一行，为一个非负整数。每个整数都是小于 99 999 的。

输出描述：

输出首先包含一个标题，即首先输出下面这一行。

```
# Cards  Overhang
```

注意，“#”和“Cards”之间有一个空格，“Cards”和“Overhang”之间有两个空格；另外，这道题在 POJ 上输出这一行信息时没有前面的“# ”。

然后对每个测试数据：首先输出该测试数据中牌的数目 *n*，再输出 *n* 张牌最长可伸出桌子边缘的长度，单位为一张牌的长度，保留小数点后 3 位有效数字。输出长度的格式必须在小数点前至少有一位数，在小数点后有 3 位。牌的数目 *n* 右对齐到第 5 列，长度中的小数点在第 12 列。注意，样例输出第一行中的数字是用来帮助按照正确的格式输出，不是程序所应该输出的。

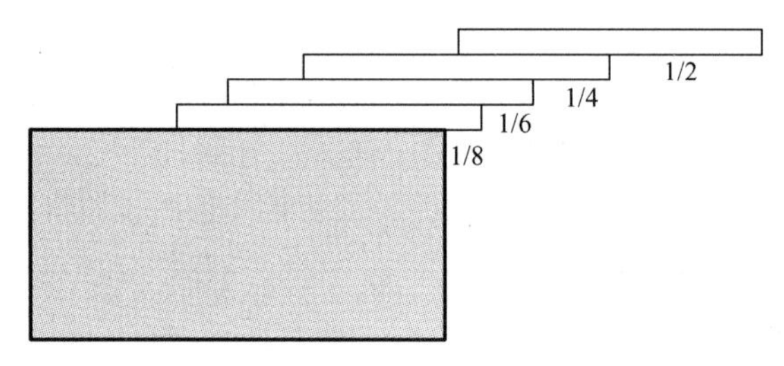

图 1.6　4 张牌最长可伸出桌子边缘的长度示意图

样例输入：

```
1
30
```

样例输出：

```
12345678901234567
# Cards  Overhang
    1     0.500
   30     1.997
```

分析：在本题中，没有标明测试数据个数的数据，所以不是第 1 种输入情形；也没有标志着输入结束的数据，所以不是第 2 种情形；显然更不是第 4 种情形；因此，输入数据是一直到文件尾的，是第 3 种输入情形。这道题目实际上就是求数列和 1/2 + 1/4 + … + 1/(2*n*)。代码如下。

```
int main( )
{
    int n, j;
    printf( "# Cards  Overhang\n" );
    while( scanf("%d", &n)!=EOF ){   //测试数据一直到文件尾
        double len = 0.0;
        for( j=1; j<=n; j++ ) len += 1.0/(double)(2*j);  //计算长度
        printf( "%5d", n );             //按照要求的格式进行输出
```

```
        printf( "%10.3f\n", len );    //按照要求的格式进行输出
    }
    return 0;
}
```

例 1.6 特殊的四位数（Specialized Four-Digit Numbers），ZOJ2405，POJ2196。

例1.6

题目描述：

输出所有的四位数（十进制数）中具有如下属性的数：四位数字之和等于其十六进制形式各位数字之和，也等于其十二进制形式各位数字之和。

输入描述：

本题没有输入。

输出描述：

输出满足要求的四位数（要求严格按升序输出），每个数占一行（前后都没有空行），整个输出以换行符结尾。输出中没有空行。输出中的前几行如样例输出所示。

样例输入：	样例输出：
本题没有输入。	2992 2993 2994

分析：本题没有输入，是输入的第 4 种情形。该题在求解时要用到枚举的算法思想（详见第 2 章），即枚举所有的 4 位数(1 000～9 999)，判断是否满足其十六进制、十二进制、十进制形式中各位数之和相等。

这里要特别注意进制转换的方法。如果要将一个十进制数 NUM 转换到 M 进制，其方法是将 NUM 除以 M 取余数，直到商为 0 为止。关于进制转换，详见第 6.1.2 节。当然本题只需要得到 NUM 在十六、十二、十进制下的各位和，所以只要累加余数即可。

另外，本题的程序还使用了 continue 语句。如果 NUM 的十六进制各位和不等于其十二进制各位和，则不需再判断十进制各位和与十六、十二进制各位和是否相等，可以提前结束本次循环，所以要用到 continue 语句，代码如下。

```
int main( )
{
    int NUM, temp;
    for( NUM=1000; NUM<=9999; NUM++ ){  //枚举所有的 4 位数
        int s16 = 0, s12 = 0, s10 = 0;  //NUM 的十六、十二、十进制各位和
        temp = NUM;
        while( temp ){                  //等价于 while( temp!=0 )
            s16 += temp % 16;  temp /= 16;
        }
        temp = NUM;
        while( temp ){  s12 += temp % 12;  temp /= 12;  }
        if( s16 != s12 ) continue;  //如果十六进制各位和不等于十二进制各位和，提前结束
        temp = NUM;
        while( temp ){  s10 += temp % 10;  temp /= 10;  }
        if( s16==s10 ) printf( "%d\n", NUM );//如果能运行到这，则 s16 和 s12 已经相等了
    }
```

```
    return 0;
}
```

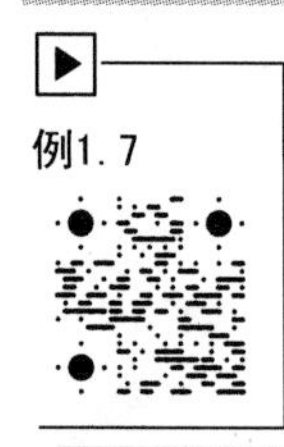

例1.7

例 1.7 一个数学难题（A Mathematical Curiosity），ZOJ1152。

题目描述：

给定两个整数 n 和 m，计算满足以下条件的整数对(a, b)的个数：$0<a<b<n$，且$(a^2+b^2+m)/(a\times b)$为整数。

输入描述：

输入文件包含多组测试数据。第 1 行为一个正整数 N，然后是一个空行，接下来有 N 组测试数据，每组测试数据用空行隔开。每组测试数据的格式为：由多个测试数据组成，每个测试数据占一行，为两个整数 n 和 m，其中 $0<n\leq 100$；每组测试数据的最后一行为“0 0”，代表该组测试数据结束。

输出描述：

每组测试数据的输出用空行分隔开。对每组数测试据中的每个测试数据，首先输出该测试数据在该组测试数据中的序号，然后输出求得的满足条件的数对的个数。

样例输入：

```
1

10 1
20 3
0 0
```

样例输出：

```
Case 1: 2
Case 2: 4
```

分析：本题的输入是在第 1 种输入情形（有 N 组数据）中嵌套了第 2 种输入情形（每组数据以“0 0”结束）。本题可以采取枚举方法（详见第 2 章）求解，枚举 a 和 b 的每个取值，判断是否满足条件。另外，本题还要实现“每组数据的输出用空行隔开”，方法详见第 4.6.2 节，代码如下。

```
int main( )
{
    int N, k;  scanf( "%d", &N );       //N 为测试数据的组数
    for( k=1; k<=N; k++ ){
        int n, m, a, b;                  //n、m 为每个测试数据中的两个数
        int kase = 1;
        while( scanf( "%d%d", &n, &m ) && !( n==0 && m==0 )){
            int answer = 0;              //满足条件的数对个数
            for( a=1; a<n; ++a ){
                for( b=a+1; b<n; ++b ){
                    if( (a*a+b*b+m)%(a*b)== 0 ) ++answer;
                }
            }
            printf( "Case %d: %d\n", kase++, answer );
        }
        if( k!=N ) putchar( '\n');   //正确输出空行
    }
    return 0;
}
```

练习题

注意：练习 1.1～1.4 分别对应第 1～4 种基本的输入情形，读者在做练习题时可以参考本章对这 4 种输入情形的解释，通过练习加深对程序设计竞赛题目 4 种输入情形处理方法的理解。

练习 1.1　二进制数（Binary Numbers），ZOJ1383。

题目描述：

给定一个正整数 n，要求输出对应的二进制数中所有数码“1”的位置。注意最低位为第 0 位。例如，13 的二进制形式为 1101，因此数码“1”的位置为 0、2、3。

输入描述：

输入文件的第 1 行为一个正整数 d，表示测试数据的个数，$1 \leqslant d \leqslant 10$，接下来有 d 个测试数据。每个测试数据占一行，只有一个整数 n，$1 \leqslant n \leqslant 10^6$。

输出描述：

输出包括 d 行，即对每个测试数据，输出一行。第 i 行，$1 \leqslant i \leqslant d$，以升序的顺序输出第 i 个测试数据中的整数的二进制形式中所有数码“1”的位置，位置之间有一个空格，最后一个位置后面没有空格。

样例输入：

```
2
13
127
```

样例输出：

```
0 2 3
0 1 2 3 4 5 6
```

提示：

（1）对输入的整数 n，依次用 2 去整除，用变量 pos 充当计数器（代表二进制的位），如果得到的余数为 1，则输出 pos，否则不输出；pos 的初值为 0，每次将 n 除以 2 后，pos 自增 1。

（2）输出时要求每两个位置之间有 1 个空格。解决方法是在第 1 个位置之前不输出空格，然后在接下来的所有数码“1”的位置之前输出一个空格，详见第 4.6.2 节。

练习 1.2　完数（Perfection），ZOJ1284，POJ1528。

题目描述：

判断一个数是 perfect、abundant 还是 deficient，判断标准为：如果它的所有 proper 因子之和等于它本身，则这个数为 perfect（注意，perfect 数其实就是完数）；如果它的所有 proper 因子之和大于它本身，则这个数为 abundant；如果它的所有 proper 因子之和小于它本身，则这个数为 deficient。proper 因子的定义为 $a = b \times c$，如果 c 不为 1，则 b 为 a 的一个 proper 因子，a、b、c 均为正整数。也就是说，所谓 proper 因子，就是除本身之外的所有因子。

输入描述：

输入文件中有若干个（假设为 N 个，$1 < N < 100$）正整数（这些整数都不大于 60 000），最后一个数为 0，表示输入结束。

输出描述：

输出的第 1 行为字符串“PERFECTION OUTPUT”。接下来有 N 行，表明 N 个数是否为 perfect、deficient 或 abundant，格式如样例输出中所示。输出中的最后一行为字符串“END OF OUTPUT”。

样例输入：

```
15 6 60000 0
```

样例输出：

```
PERFECTION OUTPUT
   15  DEFICIENT
    6  PERFECT
60000  ABUNDANT
END OF OUTPUT
```

练习 1.3 求三角形外接圆周长（The Circumference of the Circle），ZOJ1090，POJ2242。

题目描述：

给定平面上不共线的三个点的坐标，求这三个点所确定的三角形外接圆的周长。

输入描述：

输入文件包含多个测试数据。每个测试数据占一行，为 6 个浮点数 $x1$、$y1$、$x2$、$y2$、$x3$、$y3$，代表三个点的坐标。由这三个点确定的三角形外接圆周长不超过 1 000 000。输入数据一直到文件尾。

输出描述：

对每个测试数据，输出一行，为一个浮点数，表示所求得的外接圆周长，保留小数点后 2 位有效数字。π 的值可以用近似值 3.141 592 653 589 793。

样例输入：

```
0.0 -0.5 0.5 0.0 0.0 0.5
50.0 50.0 50.0 70.0 40.0 60.0
```

样例输出：

```
3.14
62.83
```

练习 1.4 根据公式计算 e（u Calculate e），ZOJ1113，POJ1517。

题目描述：

根据以下公式计算 e。

$$e=\sum_{i=0}^{n}\frac{1}{i\,!}$$

输入描述：

本题没有输入。

输出描述：

输出 n 取值从 0 到 9 时，根据上述公式计算出的 e 的近似值。输出的格式请参照样例输出，在样例输出中，给出了 n 取 0～3 时的输出。

样例输入：

本题没有输入。

样例输出：

```
n e
- -----------
0 1
1 2
2 2.5
3 2.666666667
```

1.5 实践进阶：基本的输入/输出的处理

初学者在解答简单的程序设计竞赛题目时，往往卡在输入/输出的处理上。因此，输入/输出的处理是程序设计竞赛及在线程序实践进阶的第一步。

1.5.1　输入的处理

实践进阶：基本的输入/输出的处理

本节总结初学者在对待输入数据处理上应该注意的一些问题，以免初学者在这些问题上浪费精力。如果初学者在解答简单题目时因为这些问题总是通不过评判，积极性容易受到打击。

1. 无须判断输入数据的范围及有效性

程序设计竞赛题目对输入数据的格式和范围一般会详细描述。评判时输入数据文件里的测试数据会严格遵守这些格式和范围。初学者往往浪费很多精力判断（用大量 if 语句）输入数据是否符合范围，这完全没有必要。

题目告知数据的范围，其目的是方便参赛选手根据数据范围采用适当的数据结构、设计合适的算法等。例如，可以根据输入数据的范围定义相关数组的长度，题目中如果提到"每个测试数据中包含平面上 N（$2 \leqslant N \leqslant 1\,000$）个点的坐标"，则在定义存储这些点的一维或二维数组时必须保证数组长度大于 1 000。

另外，对第 2 种基本输入情形，题目中会提到"测试数据最后有标志着输入结束的数据"（如 0 0），评判时输入数据文件里一定有这样的数据，所以不用担心例 1.2、1.4 的程序会陷入死循环。

2. 一般不需要采用文件输入/输出

程序设计竞赛题目在输入描述里往往会提到"输入文件中包含多个测试数据""测试数据一直到文件尾"等，初学者会误以为程序需要采用文件输入/输出。一般情况下，用户程序仍然只需采用标准输入/输出，除非比赛有特别要求。因此，参赛队伍在测试程序时如果有重定向到文件的语句，在提交程序时一定要删除或注释掉。

根据第 1.1.1 节所述评判原理，服务器为了实现实时的评判，测试数据一定是在文件里，不可能在评判时由人工输入大量的测试数据。服务器会自动将参赛队伍程序中的标准输入/输出重定向到文件，所以程序无须采用文件输入/输出。

3. 不要试图把输入数据文件中多个测试数据先存储起来再依次处理

初次接触程序设计竞赛的学生，通常的思维是试图把所有的测试数据先存储起来，再依次处理。这种处理方式存在的问题是，由于不知道输入数据文件中有多少个测试数据（无论是情形 1、情形 2，还是情形 3），只能定义很大的数组来存储所有的测试数据，浪费存储空间，甚至有时会超出题目所规定的内存限制。其实没有必要把所有测试数据都先存储起来再处理，因为前一个测试数据和后一个测试数据是没有关联的。正确的处理方法是，只需要定义存储一个测试数据所需的变量即可，先读一个测试数据进来处理，处理完毕后，这些变量的值就可以清空或重新赋值了，因此可以用这些变量再读入下一个测试数据进行处理。

例如，在例 1.3 里，初学者通常的做法是试图把所有输入数据先存储起来再处理。如下面的代码。

```
int x[1000], y[1000];                    //存储 N 个点的 x 坐标和 y 坐标
int i, N;  scanf( "%d", &N );            //N 表示输入文件中测试数据的个数
```

```
    for( i=1; i<=N; i++ )  scanf( "%d%d", &x[i], &y[i] );
    for( i=1; i<=N; i++ ){
        …  //处理第 i 个点的坐标并输出
    }
```

如果输入数据文件中测试数据的数目小于 1 000，即 N<1 000，这样处理也是可以的。但如果测试数据的数目大于 1 000，则因为定义的数组太小，导致数组越界、运行出错。由于例 1.3 并没有告诉 N 的取值范围，不知道输入数据文件中有多少个测试数据，所以这种方法是不可取的。正确的方法是只需定义两个单变量 x 和 y 来存储每个测试数据中点的 x、y 坐标，详见例 1.3 的代码。

4. 第 3 种输入情形"测试数据一直到文件尾"的理解

首先，服务器在评判用户提交的程序时，测试数据一定是存放在文件里的，"测试数据一直到文件尾"的意思就是测试数据一个接一个，一直到最后，但不知道有多少个测试数据（不是第 1 种情形），也没有输入结束的标志（不是第 2 种情形）。在计算机里，每个文件后面都有文件结尾标志 EOF（End of File）。对于这种输入情形，C/C++语言处理方法的含义如下。

（1）对 C 语言，使用"while(scanf("%d %d", &m, &n)!=EOF)"语句处理，如果读入的不是 EOF，则是正常的测试数据；如果读入了 EOF，while 循环就结束了。

（2）对 C++语言，使用"while(cin >>m >>n)"语句处理，如果读入正常的测试数据，cin 返回的是 cin 对象本身（非 0）；如果读入 EOF，则返回 0，所以 while 循环就结束了。

要观察"读入文件尾标志，程序就结束"的效果，必须将标准输入/输出重定向到文件，且保证从文件里读数据，详见第 3.4.2 节。如果采用标准输入/输出是看不到这种效果的，运行程序时无法结束，因为从键盘输入数据无法体现"到文件尾"。

5. 多种基本输入情形嵌套时表示测试数据结束和表示输入结束的标志一致时的处理方法

在第 1.3.3 节提到，有些竞赛题目的输入情形是两种基本输入情形的嵌套。如果是第 2 种输入情形里又嵌套了第 2 种输入情形，而且结束的标志是一样的，这时就要正确区分是一个测试数据结束的标志还是所有输入数据结束的标志。例如，在练习 2.1 中，表示一个测试数据结束和表示所有输入数据结束的标志都是"0 0"，所以要正确区分。

处理方法是：设置一个状态变量 *firstzero*，表示是否是第一对"0 0"，对每个测试数据，*firstzero* 的值初始为 1；当读入一对"0 0"时，如果 *firstzero* 的值为 1，说明此时读入的是表示当前测试数据结束的"0 0"，此时应该将 *firstzero* 置为 0；如果 *firstzero* 的值为 0，说明此时读入的是表示所有输入结束的"0 0"，此时应该退出整个输入的循环处理结构。具体实现代码详见附录 A 第 6 点。

1.5.2 输出的处理

程序设计竞赛题目对输出的要求是极其严格的，原因在于其评判方法是将用户程序的输出文件与标准输出文件一个字符一个字符的进行比对，一旦出现不匹配，则认为是答案错误（或者格式错误）。下面总结在输出时要特别注意的问题。

1. 输出内容对齐问题

一些程序设计竞赛题目在输出时要求输出数据严格对齐，如例 1.5、练习 1.2 和练习 1.4。

2. 正确地按照题目所要求的精度进行输出

对浮点型输出数据，通常要求按照指定的精度输出，如例 1.5、练习 1.3 和练习 1.4。

3. 输出内容中提示信息的处理

对于题目要求输出的一些提示信息，如果有电子版题目，可以从样例输出里复制过去，这样就不容易出错。例如，例 1.5 输出时的提示信息可以从题目中复制到程序里，练习 1.4 输出时的第 1、2 行也可以从题目中复制到程序里。

枚　举

本章介绍程序设计竞赛里的一种常用算法——枚举，总结了枚举算法的实现要点，通过一些例题（包括验证哥德巴赫猜想）阐述枚举算法的实现；然后介绍一种特殊的枚举方法——尺取法的原理及应用；最后在实践进阶里，引出了算法及算法复杂度的概念。

2.1　枚举算法及例题解析

2.1.1　枚举算法及实现要点

1. 枚举算法思想

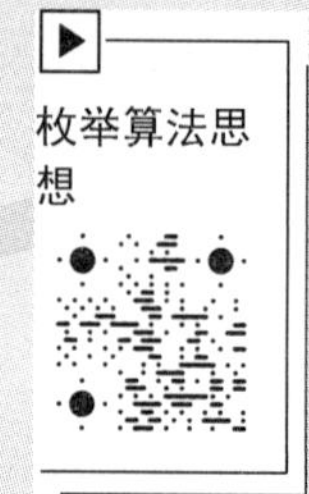

枚举（enumeration，又称穷举）是一种很朴素的解题思想。当需要求解的问题存在大量的可能的答案（或中间过程），而暂时又无法用逻辑方法排除大部分候选答案时，就不得不采用逐一检验这些答案的策略，这就是枚举算法的思想。

例如，求 $x^2 + y^2 = 2\ 000$ 的正整数解，由于 x 和 y 都是正整数，因此 x 和 y 的取值范围只能是 1～44，其中 44 是小于等于 $\sqrt{2\ 000}$ 的最大正整数。对于在这个范围内的所有(x, y)组合，都去判断一下。也就是枚举所有的(x, y)组合，判断是否满足 $x^2 + y^2 = 2\ 000$，如果满足，则是一组解。当 x 取 1 时，考虑 y 取 1, 2, …, 44；然后当 x 取 2 时，考虑 y 取 1, 2, …, 44；以此类推，最后当 x 取 44 时，考虑 y 取 1, 2, …, 44。在实现时要用到二重循环，从算法思想的角度看，这个过程就是枚举。

需要说明的是，蓝桥杯大赛的结果填空题由于只需要填写最终的答案而且也不会实时评判，可以采用一切计算手段来实现，包括手工演算、计算器、Excel、编程等，当然最可靠的解题方法，往往是编程求解。如果采用编程求解，因为不需要考虑算法的优劣，所以往往采用枚举算法求解。

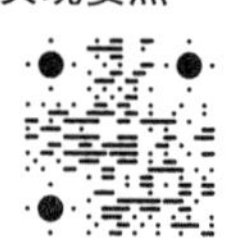

2. 枚举算法的实现要点

实现枚举算法时，一定要注意以下两点。

（1）既不重复又不遗漏。

例如，求 $x^2 + y^2 = 2\ 000$ 的正整数解，如果互换 x 和 y 视为同一组解，如(8, 44)和(44, 8)，那么 y 就不能从 1 枚举到 44，否则得到的解就有重复，y 只能从 1 枚举到 x（或从 x 枚举到 44）。

又如，2012 年第 3 届蓝桥杯大赛省赛的一道结果填空题“海盗比酒量”，题目大意是，有 n 个人比酒量（$n \leqslant 20$），每轮有几个人喝醉倒下了，每轮都是剩下的人平分一瓶酒，总共喝了四瓶酒（即喝了四轮），海盗船长喝到最后一轮且刚好累计喝了一瓶酒；要推断开始有多少人，每一轮喝下来还剩多少人。假设每轮开始喝酒前人数分别是 d_1、d_2、d_3、d_4，只需在恰当的范围内分别枚举这 4 个值，找到满足 $1.0/d_1 + 1.0/d_2 + 1.0/d_3 + 1.0/d_4=1$ 的几组解。这里涉及除法运算，如果直接使用除法，由于浮点数无法精确表达，刚好会漏掉一组解 (15, 10, 3, 2, 0)。因此需要把除法转换成乘法，即把条件改成 $d_2 \times d_3 \times d_4+d_1 \times d_3 \times d_4+d_1 \times d_2 \times d_4+d_1 \times d_2 \times d_3=d_1 \times d_2 \times d_3 \times d_4$，才能保证不会遗漏解。正确的答案是有四组解：(12, 6, 4, 2, 0)，(15, 10, 3, 2, 0)，(18, 9, 3, 2, 0)，(20, 5, 4, 2, 0)，每组解中的 0 表示最后一轮剩下 0 人。

注意，如果因为“浮点数不能精确表示”而影响算法的正确性，则应尽量采用整数进行运算，这样的例子还有练习 2.3，详见练习 2.3 的提示和附录 A 第 90 点。

（2）尽量减少枚举次数。

枚举算法通常不是一种好的算法。例如，假设问题的规模 n 为 10 000，如果枚举时需要用二重循环实现，则需要枚举的次数为 10 000×10 000。

所以，采用枚举算法解题时通常需要尽可能减少枚举次数，特别是对大学生程序设计竞赛题目和蓝桥杯大赛的编程大题。减少枚举次数一般有两种方法，一是减少枚举量（即循环层数），二是减少枚举的范围（即某层循环的次数）。

对于第一种方法，有一种情形是，如果内层循环的量可以由外层循环的量确定，那么内层循环就可以取消了。例如，“百钱百鸡”问题：1 只公鸡值 5 钱，1 只母鸡值 3 钱，3 只小鸡值 1 钱，某人用 100 钱买了 100 只鸡，问公鸡、母鸡、小鸡各有多少只？因为已知公鸡、母鸡、小鸡的总数为 100，所以可以不枚举小鸡的数目，直接由公鸡和母鸡的数量确定小鸡的数量，这样就将三重循环简化为二重循环。

对于第二种方法，通常的做法是如果能提前知道某种方案不可能求出解，则不进行枚举或提前结束当前的枚举，以减少不必要的枚举，有点类似于深度优先搜索中的剪枝（详见第 8.4.1 节）。例如，在例 2.1 的枚举算法中，可以先排除“不可能为假银币”的银币，对这些银币不进行枚举。

2.1.2　例题解析

例2.1

例 2.1　假银币（Counterfeit Dollar），ZOJ1184，POJ1013。

题目描述：

有 12 枚银币，其中一枚是假的，它的颜色和大小跟真的银币是一样的，肉眼无法分辨。假银币的重量跟真银币的重量不一样，但并不知道假银币比真银币重还是轻。有一台很精确的天平，允许称三次，从而找出假银币。例如，如果在天平的两边各放一枚银币，天平是平衡的，那就知道这两块银币是真的。进一步，如果将其中一块真银币和第三枚银币放到天平上，而天平不平衡，那就知道第三枚银币是假银币，并且可以得知假银币比真银币轻还是重。如果假银币所在的一侧是下沉的，则它比真银币重，否则比真银币轻。测试数据保证三次称重就能找出假银币。

输入描述：

输入文件的第 1 行为一个正整数 n，代表测试数据的数目。每个测试数据占 3 行，每一行代

表一次称重。12 枚银币标记为字母 A～L。每一次称重用两个字符串和一个单词表示。第 1 个字符串代表天平左边的银币，第 2 个字符串代表天平右边的银币。总是在天平的两边放同样多的银币。使用单词 up、down 和 even，表示此次称重天平右边是上浮、下沉还是跟左边平衡。

输出描述：

对每个测试数据，输出必须表明哪个字母对应的银币是假银币，并且告知假银币比真银币重还是轻。输出格式如样例输出所示。输入数据保证每个测试数据的解是唯一的。

样例输入：

```
2
ABCD EFGH even
ABCI EFJK up
ABIJ EFGH even
ABCDEF GHIJKL up
ABHLEF GDIJKC down
CD HA even
```

样例输出：

```
K is the counterfeit coin and it is light.
L is the counterfeit coin and it is light.
```

分析：12 枚银币，标号为 A～L，只有 1 枚是假的，因此可以枚举这 12 枚银币。分别假设 A～L 为假银币，如果某枚银币是假银币且使得给定的 3 次称重是正确的，则该银币就是假银币，并且不需要再判断下去了，因为题目提到“输入数据保证每个测试数据的解是唯一的”。

例如，对样例输入中的第 1 个测试数据，可进行下列枚举。

假设 A 为假银币：第 1 次称重是错误的；

……

假设 J 为假银币：第 1 次称重是正确的，第 2 次称重是正确的，且假银币比真银币轻，第 3 次称重是错误的；

假设 K 为假银币：第 1 次称重是正确的，第 2 次称重是正确的，且假银币比真银币轻，第 3 次称重也是正确的。从而得出结论：K 为假银币，且比真银币轻。

采用这种思路进行枚举时，要注意一种情形：如果某枚银币是假银币且使得给定的 3 次称重都是正确的，但在这 3 次称重中得到假银币比真银币轻或重的结论不一致，则该银币也不可能是假银币。程序在枚举时必须排除这种情形。例如，对样例输入中的第 2 个测试数据进行下列枚举。

假设 A 为假银币：第 1 次称重是正确的，且假银币比真银币重，第 2 次称重是正确的，且假银币比真银币轻(已经矛盾了)，第 3 次称重是错误的；

……

假设 L 为假银币：第 1 次称重是正确的，且假银币比真银币轻，第 2 次称重是正确的，且假银币比真银币轻(前后一致)，第 3 次称重是正确的。从而得出结论：L 为假银币，且比真银币轻。

以下程序中的变量 t 就是为了避免前后两次得出假银币轻重不一致而设置的变量，代码如下。

```
char left[3][7], right[3][7], result[3][6];//每次称重天平左边和右边的银币，称重结果
int weight;              //1 表示假银币重，0 表示假银币轻，2 表示暂时还没得出结论
int find( char c, char* pc )                          //在字符串 pc 中查找字符 c
```

```
{
    for( ; *pc; pc++ )
        if(*pc==c) return 1;
    return 0;
}
//如果 c 为假银币，判断这次称重是否正确，1 为正确，0 为错误，并判断假银币或轻或重
int judge( char c, char* p1, char* p2, char* p3 )
{
    if( find(c, p1)){                               //在左边字符串中找到字符 c
        if( !strcmp(p3, "even")) return 0;          //称重结果为 even，则是错误的
        else if( !strcmp(p3, "up")) weight = 1;     //右边 up，则假银币重
        else  weight = 0;
    }
    else if( find(c, p2)){                          //在右边字符串中找到字符 c
        if( !strcmp(p3, "even")) return 0;          //称重结果为 even，则是错误的
        else if( !strcmp(p3, "up")) weight = 0;     //右边 up，则假银币轻
        else weight = 1;
    }
    else  //在左边和右边字符串中都没有找到字符 c，称重结果不为 even，则是错误的
    {  if( strcmp(p3, "even")) return 0;  }
    return 1;              //如果 c 为假银币，此次称重是正确的
}
int main( )
{
    int n, i;              //测试数据的个数，及循环变量
    char coin, feit;       //代表每枚银币的字符，及最终找到的假银币
    scanf( "%d", &n );
    while( n-- ){          //处理 n 个测试数据
        for(i=0;i<3;i++) scanf("%s%s%s",left[i],right[i],result[i]); //读入3次称重
        for( coin='A'; coin<='L'; coin++ ){  //枚举 A～L 为假银币的情形
            int t = -1;   //防止前后两次得到 coin 轻重不一而设置的临时变量
            weight = 2;
            for( i=0; i<3; i++ ){     //如果 coin 为假银币，是否符合 3 次称重
                if( !judge(coin, left[i], right[i], result[i])) break;
                else {
                    if( t==-1 && weight!=2 ) t=weight;  //t 取上一次 weight 的值
                    else if( weight!=2 && t!=weight) break;
                    //前后两次得到的假银币轻重不一样，也是错误的
                }
            }
            if( i>=3 ) //如果 coin 为假银币符合 3 次称重，则已经找到假银币
            {  feit = coin;  break;  }
        }
        printf( "%c is the counterfeit coin and it is ", coin );
        if( weight==1 ) printf( "heavy.\n" );
        else  printf( "light.\n" );
    }
```

```
    return 0;
}
```

注意，在本题中，如果某次称重的结果为 even，则左右盘中的银币均为真银币。如果能先排除这些银币，则能减少一些枚举次数。读者不妨试着按照这种思路改写上述代码。

例 2.2 关灯游戏增强版（Extended Lights Out），ZOJ1354，POJ1222。

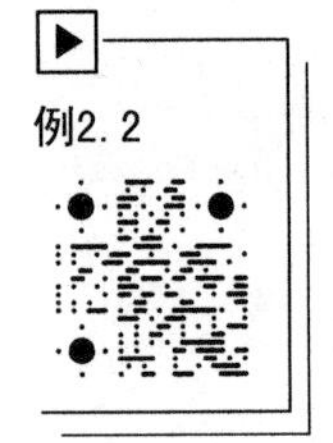

题目描述：

5 行 6 列按钮组成的矩阵，每个按钮下面有一盏灯。当按下一个按钮，该按钮以及相邻 4 个按钮（上、下、左、右）的灯状态变反（如果是开着的，则关闭；如果是关闭的，则开启）。例如，在图 2.1（a）中，如果做了“X”标记的按钮按下后，则各灯的状态如图 2.1（b）所示，在该图中，阴影表示灯是开着的。游戏的目的是，从给定的初始状态出发，按下某些按钮使得所有灯都关闭。编写程序实现这一目的。

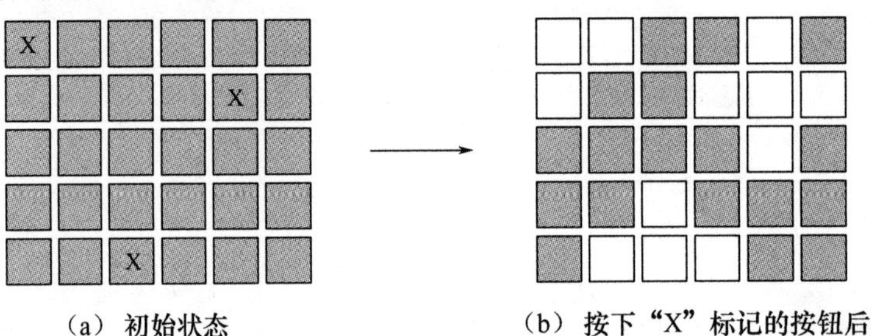

图 2.1　关灯游戏增强版示意图

注意，按下一个按钮可能会取消另一个按钮按下的效果。如图 2.2 所示，按下第 2 行第 3 列和第 5 列的按钮后，第 2 行第 4 列的按钮的灯，会由关变成开，再由开变成关。

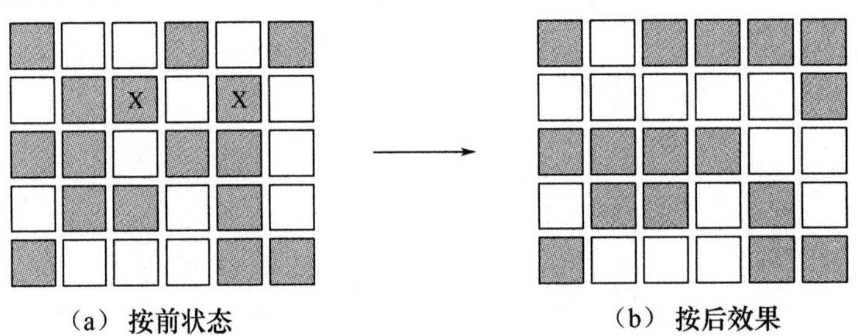

图 2.2　关灯游戏增强版：按下一个按钮会取消另一个按钮按下的效果

另外请注意下面几点。

（1）按钮按下的顺序不会影响最终的效果。

（2）如果一个按钮按下两次，则第 2 次按下的效果只是取消了第 1 次按钮按下的效果，没有意义，所以没有哪个按钮需要按下 2 次。

（3）要使得第 1 行的灯全关闭，只需要按下第 2 行中对应的按钮即可，重复这一过程，可以使得前面 4 行的灯全部关闭。同理，通过按下第 2～6 列的按钮，可以使得 1～5 列灯全部关闭。

输入描述：

输入文件的第 1 行为一个正整数 *n*，表示测试数据的个数。每个测试数据占 5 行，每行有 6 个整数，这些整数用空格隔开，取值为 0 或 1，0 表示初始时灯是关闭的，1 表示初始时灯是开着的。

输出描述：

对每个测试数据，首先输出一行“PUZZLE #m”，其中 *m* 为测试数据的序号。然后输出 5 行，每行为 6 个整数，用空格隔开，取值也为 0 或 1。这里的 0 和 1 含义跟上面的含义不一样，1 表示该按钮要按下，0 表示不按下。

样例输入：

```
1
0 1 1 0 1 0
1 0 0 1 1 1
0 0 1 0 0 1
1 0 0 1 0 1
0 1 1 1 0 0
```

样例输出：

```
PUZZLE #1
1 0 1 0 0 1
1 1 0 1 0 1
0 0 1 0 1 1
1 0 0 1 0 0
0 1 0 0 0 0
```

分析：本题的解题思路如下。

（1）对任意一初始状态，解是唯一的。

（2）要使得第 1 行灯全部关闭，可以通过按下第 2 行相应的按钮来实现，因此依次按下 2～5 行的按钮，可以使得前面 4 行的灯全部关闭，但这时第 5 行可能还有些灯是开着的。所以这种方法行不通，原因是第 1 行的按钮没有按下。

（3）第 1 行 6 盏灯，按下与否一共有 $2^6 = 64$ 种可能。按下第 1 行后，为了使得第 1 行的灯全部关闭，第 2 行各按钮的按下与否就确定下来了；同样为了使得第 2 行的灯全部关闭，第 3 行各按钮的按下与否也就确定下来了；一直到第 5 行，其按法及各灯的状态也确定下来了。

（4）枚举第 1 行 6 盏灯的 64 种按法，当某种按法使得第 5 行的灯全部关闭，则找到解了。因为矩阵为 5×6 的，规模很小，所以尽管需要枚举很多种情况，但也不会超时。

代码如下。

```
int lights[5][6];              //记录灯状态，0 灭，1 亮
int ans[5][6];                 //记录求得的结果，若在 x 行 y 列点击，ans[x-1][y-1]=1
void press( int x, int y )  //按下(x, y)按钮
{
   ans[x][y] = 1;              //记录操作
   lights[x][y] = 1 - lights[x][y];                        //本身状态求反
   if( x>0 ) lights[x-1][y] = 1 - lights[x-1][y]; //4 个相邻位置状态也求反
   if( y>0 ) lights[x][y-1] = 1 - lights[x][y-1];
   if( x<4 ) lights[x+1][y] = 1 - lights[x+1][y];
   if( y<5 ) lights[x][y+1] = 1 - lights[x][y+1];
}
void output( )                 //输出结果
{
   int x, y;
   for( x=0; x<5; x++ ){
      printf( "%d", ans[x][0] );
```

```
        for( y=1; y<6; y++ ) printf( " %d", ans[x][y] ); //最后一个元素后没有空格
        printf( "\n" );
    }
}
void process( )
{
    int x, y, z, temp[5][6];
    for( x=0; x<5; x++ )            //读入初始状态
        for( y=0; y<6; y++ ) scanf( "%d", &temp[x][y] );
    for( z=0; z<64; z++ ){          //枚举第 1 行 64 种按下状态
        memcpy( lights, temp, sizeof(lights)); memset( ans, 0, sizeof(ans));
        for( y=0; y<6; y++ ){       //根据 z 求第 1 行各按钮是否按下，<<是按位左移运算符
            if( z & (1<<y))         //如果 z 右起第 y 个 bit 位是 1，则按下第 0 行第 y 列按钮
                press( 0, y );
        }
        for( x=1; x<5; x++ ){       //根据规则通过按下第 1～4 行，使得前一行灯全灭
            for( y=0; y<6; y++ )
                if( lights[x-1][y]==1 ) press(x, y);
        }
        for( y=0 ; y<6; y++ ){      //判断最后一行是否全灭
            if( lights[4][y]==1 ) break;
        }
        if( y>=6 ){                 //最后一行全灭，找到解，输出结果
            output( ); break;
        }
    }
}
int main( )
{
    int n; scanf( "%d", &n );      //读入测试数据个数
    for( int i=1; i<=n; i++ ){
        printf( "PUZZLE #%d\n", i ); process( );
    }
    return 0;
}
```

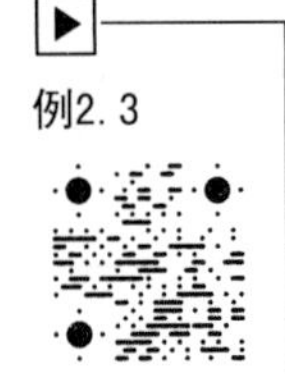
例2.3

例 2.3 自我数（Self Numbers），ZOJ1180，POJ1316。

题目描述：

1949 年，印度数学家 D.R.Kaprekar 发现了一类叫作自我数(self number)的数。对于任一正整数 n，定义 $d(n)$为 n 加上 n 的每一位数字得到的总和。例如，$d(75)= 75 + 7 + 5 = 87$。

取任意正整数 n 为出发点，可建立一个无穷的正整数序列：$n, d(n), d(d(n)), d(d(d(n)))$, …。

例如，从 33 开始，下一个数字是 33 + 3 + 3 = 39，再下一个是 51，……。如此便产生一个整数数列：33, 39, 51, 57, 69, 84, 96, 111, 114, 120, 123, 129, 141, …。

数字 n 被称为整数 $d(n)$的生成器。在如上的数列中，33 是 39 的生成器，39 是 51 的

生成器，等等。有些数字有多于一个生成器，如 101 有两个生成器，91 和 100。而没有生成器的数字则称为自我数。100 以内的自我数共有 13 个，分别为 1、3、5、7、9、20、31、42、53、64、75、86、97。

输入描述：

此题无输入。

输出描述：

输出所有小于或等于 1 000 000 的正的自我数，以升序排列，并且每个数占一行。

样例输入：

此题无输入。

样例输出：

```
1
3
5
… <— 这里有许多自我数
9949
…
```

分析：枚举 1～1 000 000 之间的每个数 n 产生的 $d(n)$，用一个 bool 型的数组 self 记下来，self[i]的值为 0，则 i 为自我数；self[i]的值为 1，则 i 不是自我数；初始时，self[i]为 0。

具体方法为，从 n=1 开始，因为 self[1]为 0，即 1 是自我数，所以输出 1，接着产生 $d(1)=2$，则将 slef[2]的值设置为 1；然后因为 self[2]为 1，即 2 不是自我数，所以不会输出，接着产生 $d(2)=4$，则 slef[4]=1；然后因为 self[3]为 0，即 3 是自我数，所以要输出 3，接着产生 $d(3)=6$，则 slef[6]=1；以此类推，一直到 n=1 000 000 为止。

现在的问题是，对某个数 n，如果产生了 $d(n)$，要不要继续产生 $d(d(n))$，$d(d(d(n)))$，…？答案是不需要的。因为对 n 来说，产生了 $d(n)$，则在后续的某次循环，会对整数 $n'=d(n)$，产生 $d(n')= d(d(n))$；以及对整数 $n''=d(n')$，产生 $d(n'') = d(d(d(n)))$，……。代码如下。

```
int main( )
{
    bool self[1000001] = { 0 }; //表示1～1000000是否为自我数，self[i]为0表示i是自我数
    int i, sum, temp;     //sum: 累加;  temp: 用来取出 i 各位上数字的临时变量
    for( i=1; i<=1000000; i++ ){
        if( !self[i] ) printf( "%d\n", i );
        temp = i;  sum = i;
        while( temp ){   //累加 i 各位数字和
            sum += temp%10;
            if( sum>1000000 ) break;
            temp /=10 ;
        }
        if( sum<=1000000 ) self[sum] = 1;
    }
    return 0;
}
```

练习题

练习 2.1 围住多边形的边（Frame Polygonal Line），ZOJ2099。

题目描述：

读入整数对的序列，每对整数代表了二维平面上一个点的坐标(x, y)。这个整数对序列代表了多边形的顶点。求一个矩形，把多边形的边都围起来，并且矩形的周长最小。矩形的边分别平行于 x 轴和 y 轴。

输入描述：

输入文件包含多个测试数据。每个测试数据中给出了一串点的坐标。每个点的 x 坐标和 y 坐标占一行，x 和 y 的绝对值小于 2^{31}。测试数据的最后一行为 0 0，代表这个测试数据的结束。注意(0, 0)不会作为任何一条边的顶点。输入文件最后一行也为 0 0，代表输入结束。

输出描述：

对每个测试数据，输出一行，为两个整数对，分别代表求得的周长最小的矩形的左下角顶点和右上角顶点的坐标。这四个整数用空格隔开。

样例输入：

```
12 56
23 56
13 10
0 0
12 34
0 0
0 0
```

样例输出：

```
12 10 23 56
12 34 12 34
```

提示：枚举所有点的横坐标和纵坐标，取横坐标的最小值、最大值，纵坐标的最小值、最大值，即为所求矩形的边界。本题的关键是要正确区分输入数据中表示每个测试数据结束的“0 0”和表示所有输入数据结束的“0 0”。

练习 2.2　假币（False Coin），ZOJ2034，POJ1029。

题目描述：

一堆硬币有 N 枚，有一枚是假币。假币的重量跟真币不一样，真币的重量是一样的。有一台很简单的天平，这台天平可以测出左盘中的重量比右盘中的重量轻、重还是一样。

为了找出假币，银行把 N 枚硬币标上 1～N 的整数，这样每个整数唯一地确定了一枚硬币的序号。然后把相同数目的硬币放在天平的左右盘进行称重，每次称重左右盘中硬币的序号以及称重的结果都详细地记录下来。请根据称重的结果找出假币的序号。

输入描述：

输入文件包含多个测试数据。第 1 行为一个正整数 T，代表测试数据数目。然后是一个空行，之后是 T 个测试数据。各测试数据之间有一个空行。每个测试数据的第 1 行为整数 N 和 K，用空格隔开，N 代表硬币的数目，$2 \leqslant N \leqslant 100$，K 代表称重的次数，$1 \leqslant K \leqslant 100$。接下来的 2K 行描述了 K 次称重的情况，其中连续的两行描述了每次称重的情况。这两行的格式为：第 1 行首先是整数 P_i，$1 \leqslant P_i \leqslant N/2$，表示此次称重左右盘硬币的数目，然后是放在左盘中的 P_i 个硬币的序号，以及放在右盘中 P_i 个硬币的序号，所有的数值用空格隔开；第 2 行是一个符号，为<、>或=，其中，<表示左盘中的重量轻于右盘中的重量，>表示左盘中的重量重于右盘中的重量，=表示两盘中的重量相等。

输出描述：

对每个测试数据，输出假币的序号，如果根据给定的称重无法判断出假币，则输出

0。两个测试数据的输出之间有空行。

样例输入：

```
1
5 3
2 1 2 3 4
<
1 1 4
=
1 2 5
=
```

样例输出：

```
3
```

提示：可枚举第 1～N 枚硬币为假币的情形，如果只有一枚符合三次称重，则找到假币，如果有多枚硬币符合这三次称重，则无法判断。但 N 的值可以取到 200，所以这不是一种好方法。可使用下面这种更好的方法。

（1）如果天平平衡，则左右盘中的硬币被标记为真币，且不再改变。

（2）天平不平衡时，轻盘中各币被标记“轻”一次，重盘中各币被标记“重”一次。

（3）然后扫描所有硬币，凡是被标记“轻”或“重”的次数与天平不平衡次数相等的钱币被重点怀疑。若只有一个，则其必定为假币；一个以上，则无法判断。

（4）如果 K 次称量中天平没有不平衡过，则没有被标记真硬币的钱币被怀疑。若只有一个，则其就是假币；一个以上，也是无法判断。

练习 2.3　积木（Blocks），ZOJ1910，POJ2363。

题目描述：

Donald 想给他的小侄子送礼物。Donald 是一个传统的人，他给他的小侄子选择了一套积木。这套积木共 N 块，每块积木都是一个立方体，长、宽、高都是 1 英寸（1 英寸=2.54 厘米）。Donald 想把这些积木放到一个长方体里，用牛皮纸包装起来托运。请问 Donald 至少需要多大的牛皮纸。

输入描述：

输入文件的第 1 行为一个正整数 C，代表测试数据的数目。每个测试数据占一行，为一个正整数 N，表示需要包装的积木数目。N 不超过 1 000。

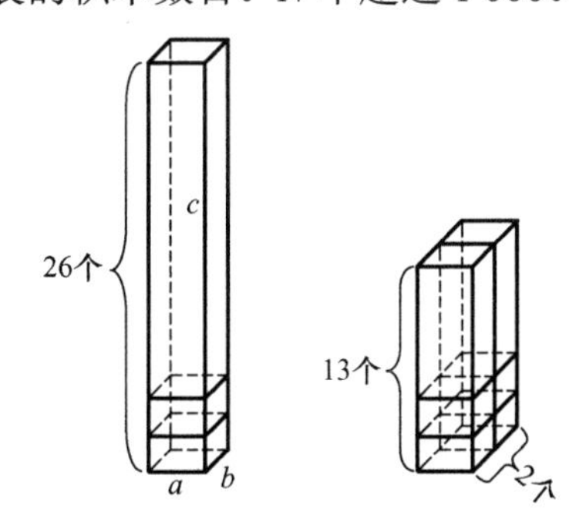

图 2.3　积木示意图

输出描述：

对每个测试数据，输出一行，为包装这 N 块积木需要牛皮纸的最小面积，单位为平方英寸。

样例输入：

```
2
9
26
```

样例输出：

```
30
82
```

提示：题目的意思是要使得 N 块积木“堆满”整个长方体，不能有“空隙”。

假设长方体的长、宽、高分别为 a、b、c（均为整数）。枚举长方体的长度 a，a 的取值从 1 开始取，直到 $a*a*a>N$ 为止。注意，这里不能用“a<=pow(N, 1.0/3)”语句，因为浮点数无法精确表达，当 N=64 时，pow(N, 1.0/3)的值可能为 3.999 999 999 999 999 6，而不是 4。对 a 的每个取值，枚举长方体的宽度 b，b 的取值从 a 开始，最大不能使得 $a*b*b>N$；对 a 和 b 的每一对取值，如果 $N\%(a*b)$不为 0，则跳过，否则 $c = N/(a*b)$，从而求出长方体的表面积。在枚举过程中取最小的值。

$N = 26$ 时的枚举过程如图 2.3 所示。在 a 取值为 1 的情况下，b 取值为 1，c 为 26，此时表面积为 106；b 取值为 2，c 为 13，此时表面积为 82。按照上述方法枚举时，a、b、c 的其他取值都不能使得 26 块积木堆满一个长方体，因此最小面积为 82。

2.2 哥德巴赫猜想

1742 年，德国数学家哥德巴赫提出了著名的哥德巴赫猜想（Goldbach Conjecture）：任何一个不小于 4 的偶数都可以表示为两个素数之和。本节例 2.4 通过枚举的方法验证了任意输入的一个不小于 4 的偶数的确可以分解为两个素数之和；例 2.5 则是对任何一个不小于 4 的偶数，求满足条件的分解个数。

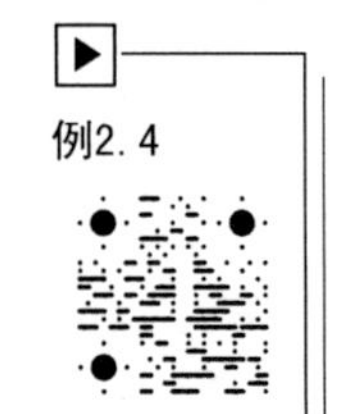

例 2.4 验证哥德巴赫猜想。

题目描述：

编写程序，实现将一个不小于 4 的偶数分解成两个素数之和，并输出所有的分解形式。

输入描述：

输入文件包含多个测试数据，每个测试数据占一行，且为一个偶数 n，$4 \le n < 2^{10}$。输入文件的最后一行为 0，表示输入结束。

输出描述：

对每个偶数（最后的 0 除外），输出所有的分解形式，格式如样例输出所示。

样例输入：

```
34
0
```

样例输出：

```
34 = 3 + 31
34 = 5 + 29
34 = 11 + 23
34 = 17 + 17
```

分析：对偶数 4，只有一种分解，即 $4 = 2 + 2$。

对任何一个不小于 6 的偶数 n，假设它可以表示两个数之和：$n = a + b$，如果 a 和 b 都是素数，则这是一种满足要求的分解形式。枚举所有可能的(a, b)组合，判断是否满足题目的要求。为了减少枚举的次数，本题可以采取以下策略。

（1）最小的素数是2，但在本题中，从 $a = 3$ 开始枚举，因为如果 a 的值为2，则 b 的值为大于2的偶数，不可能是素数。

（2）在枚举过程中，a 的值每次递增2，而不是1。这是因为如果每次递增1，在枚举过程中 a 的值可以取到偶数，而每次递增2，则可以跳过偶数，减少枚举次数。

（3）另外，a 的值只需枚举到 $n/2$ 即可，因为如果继续枚举，则枚举得到的符合要求的分解形式只不过是交换了 a 和 b 的值而已。

例如，假设 n 的值为20，$a = 3$ 时，a 是素数，$b = n - a = 17$，b 也为素数，则 $20 = 3 + 17$ 是符合要求的分解形式。

下一步 a 的值递增2，即 $a = 5$，a 是素数，而 $b = n - a = 15$ 不是素数，不符合要求。

再下一步，a 的值再递增2，即 $a = 7$，a 是素数，而 $b = n - a = 13$ 也是素数，符合要求。

以此类推，一直枚举到 $a>10$ 为止，如果继续枚举，得到的符合要求的分解形式只是将之前分解形式中 a、b 的值互换而已，根据样例输出可知，程序不应输出这些分解形式，代码如下。

```
int prime( int m )           //判断m是否为素数，如果为素数，返回1，否则返回0
{
    int i, k = sqrt(m);
    for( i=2; i<=k; i++ )
        if( m%i==0 ) break;  //如果i能整除m，提前退出循环
    if(i>k) return 1;        //m为素数
    else  return 0;          //m为合数
}
int main( )
{
    int n, a, b;
    while( 1 ){
        scanf( "%d", &n );    //输入一个整数
        if( n==0 ) break;
        if( n==4 ){  printf( "4 = 2 + 2\n" );  continue;  }
        for( a=3; a<=n/2; a=a+2 ){   //从a=3开始枚举，每次递增2，跳过偶数
            if( prime(a)){    //如果a为素数，再判断b是否为素数
                b = n - a;
                if( prime(b)) printf( "%d = %d + %d\n", n, a, b ); //找到一个分解
            }
        }
    }
    return 0;
}
```

例 2.5 哥德巴赫猜想1（Goldbach's Conjecture），ZOJ1657。

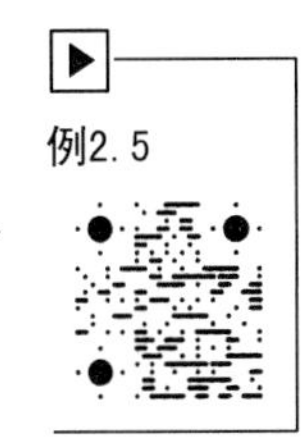

题目描述：

编程实现对于一个给定的偶数，输出哥德巴赫猜想中满足条件的素数对的个数。注意，在本题中，对两个素数 p_1 和 p_2，(p_1, p_2)和(p_2, p_1)是同一个素数对。

输入描述：

输入文件包含多个测试数据，每个测试数据占一行，为一个整数，并且假定这个整数是偶数，且不小于4，小于2^{15}。输入文件的最后一行为0，表示输入结束。

输出描述：

对每个偶数(最后的0除外)，输出满足条件的素数对的个数。

样例输入：

```
6
10
0
```

样例输出：

```
1
2
```

分析：例2.4实现了对输入的任何一个不小于4的偶数，枚举并输出满足哥德巴赫猜想的分解形式。如果在枚举过程中进行计数，即可实现统计满足条件的素数对个数，代码如下。

```
int prime( int m )                    //判断m是否为素数，如果为素数，返回1，否则返回0
{
    int i, k = sqrt(m);
    for( i=2; i<=k; i++ )
        if( m%i==0 ) break;           //如果i能整除m，提前退出循环
    if (i>k) return 1;                //m为素数
    else  return 0;                   //m为合数
}
int main( )
{
    int m, a, b, count;
    while( 1 ){
        scanf( "%d", &m );            //输入一个整数
        if( !m ) break;
        if( m==4 ){  printf( "1\n" );  continue;  }
        count = 0;                    //满足条件的素数对个数
        for( a=3; a<=m/2; a=a+2 ){   //从a=3开始枚举，每次递增2，跳过偶数
            if( prime(a)){            //如果a为素数，再判断b是否为素数
                b = m - a;  if( prime(b)) count++;
            }
        }
        printf( "%d\n", count );
    }
    return 0;
}
```

但是，对每个偶数 *m*，需要枚举近 *m*/4 个组合，每个组合都要判断 *a* 和 *b* 是否为素数，而每个偶数 *m* 的取值最大可达到 2^{15} = 32 768，所以，如果测试数据较多，上述方法可能会超时。更好的方法是按以下3个步骤进行（其中第2步最关键，也正是这一步很好地体现了枚举的思想）。

（1）先采用筛选法（详见第10.2.2节）求出2～32 768之间的所有素数，保存在数组Prime中；32 768以内的素数，共有3 512个（可以通过编程统计）。

（2）定义一个数组 count，count[i]表示整数 *i*（包括奇数和偶数）的满足条件的素数对个数。然后枚举所有不同的素数对(Prime[i], Prime[k])，其中 Prime[i]≤Prime[k]，如果其

和 sum 不超过 32 768，则 count[sum]自增 1，即对 sum 找到一种分解形式。注意，由于素数 2 是偶数，所以对某些奇数，如 25，也存在满足条件的素数对，如 25 = 2 + 23。

（3）对输入的每个偶数 *m*，输出求得的素数对个数 count[m]。

需要说明的是，这种方法的前两个步骤花费时间比较多，后一个步骤花费的时间相对少得多，所以如果测试数据比较少，则花费的时间不一定比前面的方法所花费的时间少；但数据越多，每个偶数 *m* 越大，越能体现这种方法的高效率。代码如下。

```
#define MAX 32768           //2^15 = 32768
int Natures[MAX+1];         //初始时存放 2～MAX 的自然数
int Prime[3512];            //存储 32768 以内的素数，共有 3512 个
int count[MAX+1];           //count[i]为整数 i(包括奇偶数)的满足条件的素数对个数
int main( )
{
    int i, j, k, p, m;      //m 为输入的偶数
    //用筛选法求出 32768 以内的所有素数，依从小到大的顺序存放在 Prime 数组中
    for( i=0; i<=MAX; i++ ) Natures[i] = i;
    for( i=2; i<=MAX; i++ ){
        if( Natures[i] ){
            p = Natures[i];
            for( k=p*2; k<MAX; k+=p )     //所有 p 的倍数(p 本身除外)，都是合数
                Natures[k] = 0;           //Natures[k]为合数
        }
    }
    for( i=2, j=0; i<=MAX; i++ ){ //将 Natures 数组中剩下的素数保存到 Prime 数组中
        if( Natures[i] ){ Prime[j] = Natures[i];  j++; }
    }
    //枚举所有不同的素数对(Prime[i], Prime[k])，如果其和 sum 不超过 MAX
    int sum;                      //则 count[sum]自增 1，即对 sum 找到一种分解形式
    for( i=0; i<j; i++ ){
        for( k=i; k<j; k++ ){
            sum = Prime[i] + Prime[k];
            if( sum<=MAX ) count[sum]++;
        }
    }
    while( scanf("%d", &m)&& m ) //对输入的偶数 m，输出求得的素数对个数
        printf( "%d\n", count[m] );
    return 0;
}
```

练习题

练习 2.4　我的猜想。

题目描述：

给定一个大于或等于 5 的奇数，判断是否能分解成两个素数之和。

输入描述：

输入文件包含多个测试数据，每个测试数据占一行，为正整数 *m*，*m* 为奇数，5≤*m*≤32 767。

输出描述：

对每个测试数据，如果 m 能分解成两个素数之和，输出 yes，否则输出 no。

样例输入：

```
21
113
```

样例输出：

```
yes
no
```

练习 2.5 哥德巴赫猜想 2（Goldbach's Conjecture），ZOJ1951，POJ2262。

题目描述：

本题的任务是对小于 1 000 000 的偶数验证哥德巴赫猜想。

输入描述：

输入文件包含多个测试数据，每个测试数据占一行，为整数 n，n 为偶数，$6 \leqslant n < 1\,000\,000$。$n=0$ 表示输入结束。

输出描述：

对每个测试数据 n，输出一行，格式为 $n = a + b$，其中 a 和 b 均为素数。数和运算符之间用一个空格隔开。如果存在多对素数满足要求，则选择差值$(b - a)$最大的那对。如果不存在这样的素数对，则输出“Goldbach's conjecture is wrong.”。

样例输入：

```
8
42
0
```

样例输出：

```
8 = 3 + 5
42 = 5 + 37
```

提示：只需输出满足条件的第 1 对素数即可。

2.3 尺取法及应用

2.3.1 尺取法的原理及注意事项

尺取法及应用

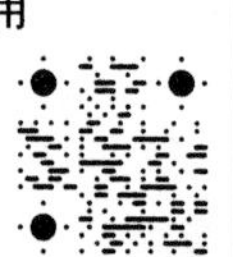

有一些程序设计竞赛题目针对的是一个序列（如整数序列），序列通常非常长，如 1 000 000 个整数，求是否存在满足要求的连续子序列。能想到的一种暴力枚举方法是，使用二重循环依次枚举子序列左右端点，其时间复杂度为 $O(n^2)$，如果对每个子序列还需要进行其他处理，复杂度可能更高。因此，当问题规模很大时，这种方法肯定会超时。

尺取法可视为一种特殊的枚举法，顾名思义，就是像尺子一样，一块一块地截取。尺取法一般用于求取有一定限制的子序列个数，或者可能有很多子序列满足要求，但要求最好的子序列。例 2.6 是针对正整数序列求总和不小于给定值 S 的连续子序列的长度的最小值，例 2.7 是针对时间序列（时间是非负整数）判断是否存在某个时间长度为 D 的子序列里的某个元素的个数$\geqslant K$。

尺取法通过巧妙地向右推进子序列左右端点，以线性时间复杂度 $O(n)$枚举出符合要求的子序列，是一种高效的枚举序列的方法。尺取法的运算过程也类似于一条蠕虫在序列上爬动，详见例 2.6 的分析。

使用尺取法需要注意以下几个问题。

（1）什么情况下能使用尺取法？

尺取法将暴力枚举的时间复杂度 $O(n^2)$降低到线性时间复杂度 $O(n)$，必然是跳过了很多子序列，因此有些情形下尺取法不可行，无法得出正确答案，所以要先判断是否可以使用尺取法。

尺取法通常适用于选取的子序列有一定规律，或者说所选取的子序列有一定的变化趋势的情况。通俗地说，在对目前所选取子序列进行判断之后，我们可以明确如何进一步有方向地推进子序列端点以求解满足条件的子序列。如果已经判断了目前所选取的子序列，但却无法确定所要求解的子序列如何进一步根据当前子序列的端点得到，那么尺取法便是不可行的。

（2）子序列左右端点的初始值如何确定？

在明确题目所需要求解的量之后，子序列左右端点一般从整个序列的起点开始。

（3）如何推进子序列左右端点？

推进左右端点的目的是枚举出符合要求的子序列，然后统计子序列个数或求最好的子序列。左右端点的起始位置一般在序列的起点，然后逐步往右推进。左右端点一般不会同时推进，通常是先固定左端点，然后推进右端点，直至子序列符合要求；接着固定右端点，往右推进左端点，即缩小子区间的范围，判断是否有更好的子序列；如此反复，直至可以结束枚举为止。

（4）何时结束子序列的枚举？

如果题目只要求判断是否存在满足要求的子序列，则只要枚举到这种子序列，尺取法就可以结束了，详见例 2.7；如果要统计满足要求的子序列个数或求最好的子序列，一般要将子序列右端点推进到序列终点，左端点推进到不可能有解的地方或也推进到序列终点。

（5）使用尺取法前是否需要预处理？

尺取法通常需要先对序列进行某种预处理，以便能适用尺取法或能加快子序列的枚举，例 2.7 在使用尺取法之前先将序列中的各个整数（代表时间）按从小到大的顺序排序。

（6）能否优化？

如果确定能用尺取法求解，代码也正确，但提交到 OJ 网站上评判后反馈为超时，就要考虑是否能进行优化，通常要考虑子序列左右端点的推进能否加速，详见例 2.6 的分析。

2.3.2 例题解析

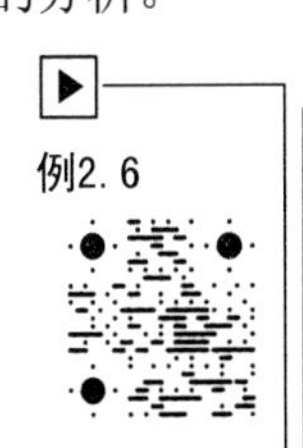

例 2.6 子序列（Subsequence），ZOJ3123，POJ3061。

题目描述：

给定长度为 N 的整数数列 $a_0, a_1, \cdots, a_{N-1}$ 以及整数 S，$10<N<100\ 000$，$0<a_i<10\ 000$，$0<S<100\ 000\ 000$。求总和不小于 S 的连续子序列的长度的最小值。如果解不存在，则输出 0。

输入格式：

输入文件的第 1 行为一个正整数 T，代表测试数据个数。每个测试数据占两行，第 1 行为整数 N 和 S，第 2 行为 N 个整数。

输出格式：

对每个测试数据，输出一行，为求得的解，如果解不存在，输出 0。

样例输入：

```
2
10 15
5 1 3 5 10 7 4 9 2 8
5 11
1 2 3 4 5
```

样例输出：

```
2
3
```

分析：本题求解总和满足要求的最短子序列。在右端点 t 向右推进过程中，如果子序列和 $a_s+a_{s+1}+\cdots+a_t$ 首次大于或等于 S，这时右端点 t 的推进可暂停，开始往右推进左端点 s，逐步缩短子序列，检查是否有更好的子序列。因此，子序列端点的推进是明确的，本题可以采用尺取法求解。

想象一下，有一只蠕虫，躺在布满 N 个连续格子的纸条上（每个格子里有一个正整数），蠕虫的身子可无限伸长和缩短，但只能躺连续的格子，且只能覆盖整个格子，要求蠕虫身子覆盖的整数之和≥S，求蠕虫长度最小值。蠕虫可以采取的方法是：每一轮，头一步一步往右伸，伸到首次满足覆盖的整数之和≥S，停下来，然后尾巴缩回来（也是往右），每缩一步，都检查覆盖的整数之和是否≥S，并且记下当前最小长度，直至覆盖的整数之和首次<S，停下来，这一轮就结束了；下一轮又是先伸头，再缩尾巴。

蠕虫的头相当于子序列右端点 t，尾巴相当于子序列左端点 s。对样例输入中第一个测试数据，每一轮循环过程中子序列右端点 t 和左端点 s 的变化情况如图 2.4 所示。

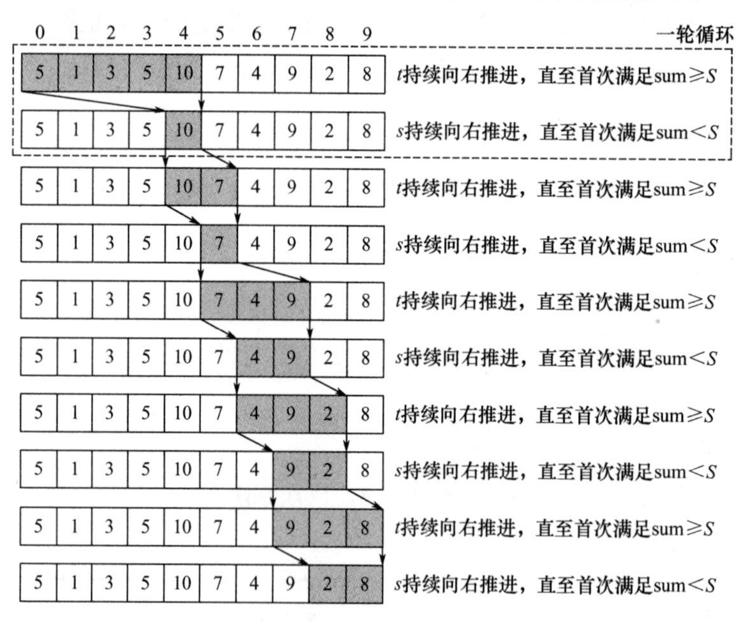

图 2.4　子序列和（第一个测试数据的子序列的变化）

复杂度分析：以下代码的 solve( )函数包含一个二重 while 循环，其中内层是 2 个并列的 while 循环，第 1 个 while 循环控制移动子序列右端点，第 2 个 while 循环控制移动子序列左端点，由于右端点 t 最多变化 n 次，左端点 s 也最多变化 n 次，因此该算法的时间

复杂度为 $O(n)$。

注意，如果将内层第 2 个 while 循环去掉，但保留循环体中的两条语句，代码也是正确的，但每一轮循环，左端点 s 只向右推进一步，不能做到持续向右推进，效率要低很多。代码如下。

```
#define MAXN 100002
#define MIN(a, b) a>b?b:a
int N, S, a[MAXN];                  //a：存放读入的N个整数
void solve( )
{
    int res = N + 1;                //所选子序列长度
    int s = 0, t = 0, sum = 0;      //所选子序列左端点和右端点，子序列的和
    while( 1 ){
        while( t<N && sum<S ) sum += a[t++];    //子序列右端点t往右推进
        if(sum<S) break;
        while( sum>=S ){            //优化：子序列左端点s持续往右推进，直至sum<S
            res = MIN(res, t-s);  sum -= a[s++];
        }
    }
    if( res>N ) res = 0;            //无解
    printf("%d\n", res);
}
int main( )
{
    int T, i;  scanf("%d", &T);
    while( T-- ){
        scanf("%d%d", &N, &S);
        for(i=0; i<N; i++) scanf("%d", &a[i]);
        solve( );
    }
    return 0;
}
```

例 2.7 日志统计

例2.7

题目描述：

小明维护着一个程序员论坛。现在他收集了一份“点赞”日志，日志共有 N 行。其中每一行的格式是：ts id，表示在 ts 时刻编号 id 的帖子收到一个“赞”。

现在小明想统计有哪些帖子曾经是“热帖”。如果一个帖子曾在任意一

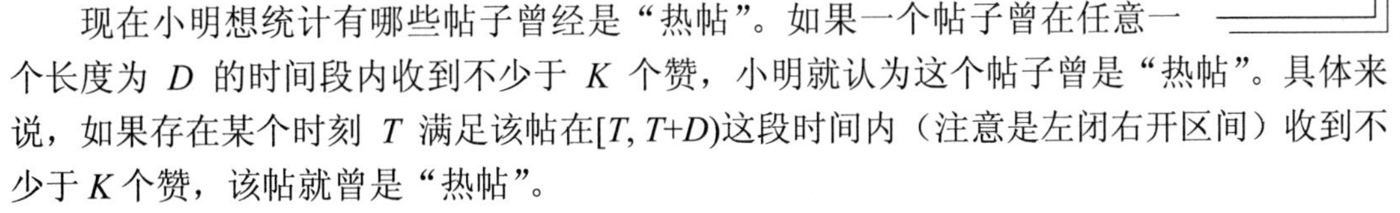

个长度为 D 的时间段内收到不少于 K 个赞，小明就认为这个帖子曾是“热帖”。具体来说，如果存在某个时刻 T 满足该帖在$[T, T+D)$这段时间内（注意是左闭右开区间）收到不少于 K 个赞，该帖就曾是“热帖”。

给定日志，请你帮助小明统计出所有曾是“热帖”的帖子编号。

输入格式：

输入文件的第 1 行，包含 3 个整数 N、D 和 K。

以下 N 行每行一条日志，包含两个整数 ts 和 id。

对于 50%的数据，$1 \leqslant K \leqslant N \leqslant 1\,000$。

对于 100%的数据，$1 \leqslant K \leqslant N \leqslant 100\,000$，$0 \leqslant ts \leqslant 100\,000$，$0 \leqslant id \leqslant 100\,000$。

输出格式：

按从小到大的顺序输出热帖 id，每个 id 一行。

样例输入：

```
7 10 2
0 1
0 10
10 10
10 1
9 1
100 3
100 3
```

样例输出：

```
1
3
```

分析：本题采用尺取法检查每个帖子的时间序列，是否存在某个时间长度为 D 的子序列里的点赞数（其实也就是该子序列里的元素个数）$\geqslant K$。

首先定义向量数组 t，向量是一个基本的数据结构（详见第 9.4.3 节），可视为封装好的一个容器，不仅可以存放数据，还提供了一些函数，如获得第一个元素的函数 begin( )。在读入 N 条日志数据 ts id 时，把编号为 id 的日志的时间 ts 存入向量 t[id]；然后对这些向量的各自对存入的时间整数按从小到大排序（详见第 9.1 节）。例如，对题目中的样例数据，排序后为：

```
t[1]: 0 9 10
t[3]: 100 100
t[10]: 0 10
```

接下来调用 judge( )函数，检查 id 为 x 的帖子是否为“热帖”。judge( )函数里的 while 循环就实现了尺取法：把子序列右端点 R 代表的帖子累计到 sum，累计后如果 sum 表示的点赞数$\geqslant K$ 且子序列左右端点的时间差$<D$，则说明是“热帖”，算法就可以结束了；其他情形则需要修改左或右端点。代码如下。

```
const int maxn = 1e5+5;
int N, D, K;
vector<int> t[maxn];
int ans[maxn];
bool judge( int x )                    //检查id为x的帖子是否为"热帖"，是热帖则返回1
{
    int len = t[x].size();
    if( len<K ) return 0;
    sort( t[x].begin(), t[x].end() );//按时间从小到大排序
    int L = 0, R = 0, sum = 0;         //左端点、右端点、点赞数
    while( L<=R && R<len ){
        sum++;                         //把当前右端点R代表的帖子累计到sum
        if(sum>=K){
            if( t[x][R]-t[x][L]<D ) return 1; //从L到R的点赞数>=K且时间满足要求
            else  L++, sum--;          //移动左端点
```

```
        }
        R++;                              //移动右端点
    }
    return 0;
}
int main( )
{
    int i, ts, id;  scanf("%d%d%d", &N, &D, &K);
    for( i=1; i<=N; i++ ){
        scanf( "%d%d", &ts, &id );
        t[id].push_back(ts);      //将id帖子的时间ts存入第id个向量
    }
    int cnt = 0;
    for( i=1; i<maxn; i++ )       //依次检查每个id的帖子是否为热帖
        if( judge(i)) ans[++cnt] = i;
    for( i=1; i<=cnt; i++ ) printf( "%d\n", ans[i] );  //输出热帖的id
    return 0;
}
```

练习题

练习 2.6 杰西卡的阅读问题（Jessica's Reading Problem），POJ3320。

题目描述：

为了准备考试，杰西卡开始读一本很厚的课本。要想通过考试，必须把课本中所有的知识点都掌握。这本书总共有 P 页，第 i 页恰好有一个知识点 a_i（每个知识点都有一个整数编号）。全书中同一个知识点可能会被多次提到，所以她希望通过阅读其中连续的一些页把所有知识点都覆盖到。给定每页写到的知识点，请求出要阅读的最少页数。

输入格式：

输入文件的第 1 行为一个整数 P，$1 \leqslant P \leqslant 1\ 000\ 000$，代表课本的页数；第 2 行包含 P 个非负整数，描述了每一页的知识点，第 1 个整数是第 1 页课本上的知识点，第 2 个整数是第 2 页课本上的知识点，以此类推。所有这 P 个整数都在 32 位有符号整数范围内。

输出格式：

输出一行，为求得的答案，即把所有知识点都覆盖到的最少连续页数。

样例输入：

```
5
1 8 8 8 1
```

样例输出：

```
2
```

练习 2.7 Bound Found（Special Judge），ZOJ1964，POJ2566。

题目描述：

给定共 n 个整数的一组数和一个目标 t（非负整数），求这组数的一个连续子序列（从第 L 个数到第 U 个数，含第 U 个数），使得其和的绝对值与 t 的差值最小，如果存在多个，任意解都可行。

输入格式：

输入文件包含多个测试数据。每个测试数据占三行，第 1 行是两个数，n 和 k，

$1 \leqslant n \leqslant 100\ 000$；第 2 行是构成这组数的 n 个整数（绝对值≤10 000，这 n 个整数的序号是 1～n）；第 3 行是关于这组数的 k 个查询，每个查询就是给定的 t 值，$0 \leqslant t \leqslant 1\ 000\ 000\ 000$。$n=k=0$ 代表输入结束。

输出格式：

对每个查询，输出一行，为 3 个数，分别为求得的与 t 的差值最小的连续子序列整数和、该连续子序列的左边界 L 和右边界 U。

样例输入：

```
5 1
-10 -5 0 5 10
3
10 2
-9 8 -7 6 -5 4 -3 2 -1 0
5 11
0 0
```

样例输出：

```
5 4 4
5 2 8
9 1 1
```

练习 2.8 连续素数的和（Sum of Consecutive Prime Numbers），POJ2739。

题目描述：

有些正整数可以表示成一个或多个连续素数的和。对一个给定的正整数，有多少种这样的表示形式？例如，整数 53 有两种表示形式，5+7+11+13+17 和 53；整数 41 有三种表示形式，2+3+5+7+11+13、11+13+17 和 41；整数 3 只有一种表示形式，即 3；整数 20 没有这样的表示。注意，这些加数必须是连续的素数，所以 7+13 和 3+5+5+7 都不是整数 20 的有效表示形式。

请编写一个程序，输出给定正整数的表示形式数目。

输入格式：

输入文件包含多个测试数据，每个测试数据占一行，为整数 n，$2 \leqslant n \leqslant 10\ 000$。$n=0$ 代表输入结束。

输出格式：

对每个测试数据，输出一行，为 n 的表示形式数目。

样例输入：

```
41
20
0
```

样例输出：

```
3
0
```

2.4 实践进阶：算法及算法复杂度

实践进阶：算法及算法复杂度

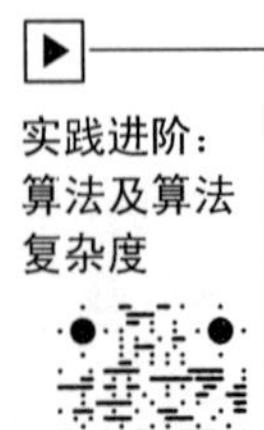

程序设计竞赛考查的是算法的应用与实现。另外，每道题目都是有时间限制的，参赛队伍的程序必须在规定的时间内处理完所有测试数据，因此要求设计的算法的时间效率足够高。那么，什么是算法？如何度量算法的时间效率？本节将引入算法及算法复杂度的概念。

2.4.1 算法的概念

什么是算法？算法(algorithm)就是为解决某个问题而采取的一系列步

骤。算法必须具体地指出在执行时每一步应当怎样做。算法可以用自然语言、流程图、伪代码来表示，最终由代码实现。

算法具有以下一般性质。

（1）通用性。对于符合输入要求的任意输入数据，都能根据算法进行问题求解，并保证计算结果的正确性。

（2）有效性。算法中的每条指令都必须能够被人或计算机确切地执行。

（3）确定性。算法的每一步都应确切地、无歧义地定义。对于每一种情况，需要执行的动作都应严格地、清晰地规定。

（4）有穷性。算法的执行必须在有限步内结束。

有的程序可以不满足第4个条件，如操作系统，启动后如果不关闭，它永远也不会结束。

2.4.2 算法的效率及算法复杂度

1. 算法效率的引入

关于算法的优劣，我们先看一个简单的例题：输出1～n的阶乘，如n=100。

算法1：二重循环实现。代码如下。

```
int main( )
{
    int n = 100;                    (1)
    int i, j;  double F;            //阶乘
    for( i=1; i<=n; i++ ){          //算法1：二重循环
        F = 1;                      (2)
        for( j=1; j<=i; j++ )
            F = F*j;                (3)
        printf( "%.f\n", F );       (4)
    }
    return 0;
}
```

算法2：一重循环实现。代码如下。

```
int main( )
{
    int i, n = 100;  double F = 1;         //阶乘
    for( i=1; i<=n; i++ ){                 //算法2：一重循环
        F = F*i;
        printf( "%.f\n", F );
    }
    return 0;
}
```

以上两个算法，哪个算法更好？很明显，第2个算法更好。那么，评价一个算法优劣的标准有哪些？怎么度量一种算法的优劣？

判断一个算法的优劣，主要有以下几个标准。

（1）正确性。要求算法能正确地执行预先规定的功能和性能要求。

（2）可实用性。要求算法能够很方便地使用。

（3）可读性。算法应该是可读的，这是理解、测试和修改算法的需要。

（4）效率。算法的效率主要指算法执行时对计算机资源的消耗，包括存储空间和运行时间的开销，前者称为算法的空间代价，后者称为算法的时间代价。

（5）健壮性。对不合理的数据进行检查，要求在算法中加入对输入参数、打开文件、读文件记录等进行自动检查、报错并通过用户对话来纠错的功能，也称容错性处理。

在程序设计竞赛里，不可能由人工来评判算法的正确性，只要参赛队伍的程序通过了大量测试数据的评判，就认为算法是正确的。程序设计竞赛也不考查算法的可实用性和可读性，因为评判系统不会阅读和分析参赛队伍的程序代码，但是经过长期严格的训练和团队协作，能提高参赛选手在设计和实现算法时注重算法可实用性和可读性的意识。最后，在程序设计竞赛里，参赛队伍的程序无须对数据的合法性做判断，也无须输出多余的任何内容，从而无法体现算法的健壮性。

因此，在程序设计竞赛里，我们主要考查的是算法的效率，特别是算法的时间代价。参赛队伍的程序一般不会超出题目内存空间限制，除非程序无节制地申请和占用内存空间。

算法效率度量分为后期测试和事前估计。

2. 算法效率的后期测试：测试运行时间

算法时间效率的后期测试是指算法设计完毕后，在运行时通过在算法的某些位置加入时间函数（如 time( )、clock( )等，需要包含头文件 time.h）来测定算法完成某一功能所需的时间。例如，测试上述算法 1 运行所需时间的代码如下，其中粗体字就是用来统计算法运行时间的代码。

```
int main( )
{
    int n = 100, i, j;  double F;
    time_t time, start, end;        //程序运行总时间、开始时刻、结束时刻
    start = clock( );               //取得系统当前时刻
    for( i=1; i<=n; i++ ){
        F = 1;
        for( j=1; j<=i; j++ )
            F = F*j;
        printf( "%.f\n", F );
    }
    end = clock( );                 //取得系统当前时刻
    time = end - start;             //两次时间相减，就是中间这一段代码运行所需时间
    printf( "%d\n", time );
    return 0;
}
```

算法的后期测试对评定算法时间效率的优点是直观，通过统计出的时间多少就可以评定算法时间效率的优劣。其缺点是，统计出的时间多少取决于当前计算机的性能；时间精度取决于所使用函数统计出时间的精度，如 clock( )函数取得的时间的单位为毫秒。当前

的计算机运行速度非常快，如果所求解问题比较简单、问题规模（在本节求阶乘的例子中就是 n）比较小或所用的测试数据比较少，则所统计出的时间不足以体现算法时间效率的差异。

3. 算法效率的事前估计

算法的事前估计是指不需要运行算法，而是通过度量算法所需时间、存储空间与问题规模的关系来测定算法的效率。所测定出来的关系称为算法复杂度，分为时间复杂度和空间复杂度。

（1）时间复杂度（time complexity）指当问题的规模以某种单位从 1 增加到 n 时，解决这个问题的算法在执行时所需时间也以某种单位由 1 增加到 $t(n)$。

（2）空间复杂度（space complexity）指当问题的规模以某种单位从 1 增加到 n 时，解决这个问题的算法在执行时所占用的存储空间也以某种单位由 1 增加到 $f(n)$。

在本节求阶乘的例子中，要输出 1～n 的阶乘，因此问题规模就是 $n!$中的 n。

在分析算法的时间复杂度时，要注意当问题的规模由 1 增加到 n 时，算法中哪一部分执行所需时间是不变的，哪一部分执行时间将会增加，以怎样的关系增加。

例如，在前面的算法 1 中，语句(1)始终只执行一次，语句(2)、(4)执行 n 次，语句(3)执行 $(n^2+n)/2$ 次。假设每条语句的执行时间一样，则该算法的时间复杂度可以表示为 $t(n)= 1 + 5n/2 + n^2/2$。

这种事前估计方法的优点是不需要运行整个程序就能评估算法的效率，缺点是它是假设每条语句的执行时间一样，事实上每条语句执行所需的时间可能差别比较大。当然在程序设计竞赛里，算法复杂度分析的目的是比较多个算法的复杂度差异，因此往往只需对复杂度进行渐进分析。

2.4.3 算法时间复杂度的渐进分析和表示

1. 算法时间复杂度的渐进分析

从前面对算法 1 的分析可以看出，算法执行过程中，有些运算的执行次数与问题规模无关，有些运算的执行次数虽然与问题的规模有关，但并不起主要作用。

算法时间复杂度的渐进分析是指在时间复杂度 $t(n)$中，剔除不会从实质上改变函数数量级的项，经过这样处理得到的函数是 $t(n)$的近似效率值，但这个近似值与原函数已经足够接近，当问题规模很大时尤其如此。这种效率的度量就称为算法的渐进时间复杂度。在不引起混淆的情况下，也可简称为时间复杂度。

例如，$t(n) = n^2 + 100n + \log_{10}n + 1\,000$，当 n 较小时，1 000 这个常数项起主要作用，但当 n 足够大时，平方项 n^2 起主要作用。因此，该算法的渐进时间复杂度可记为 $O(n^2)$，符号 O 的含义详见下面的描述。本节求阶乘例子的算法 1 的渐进时间复杂度就是 $O(n^2)$。

渐进分析方法就是找出算法中执行最频繁的操作，即所谓的基本操作，并根据该操作执行次数与问题规模 n 的关系来度量算法的时间复杂度。算法的基本操作通常是算法最内层循环中最费时的操作。例如，在前面的算法 1 中，语句(3)是执行最频繁的操作。

2. 算法渐进复杂度的表示方法

算法渐进复杂度的表示方法包括符号 O、符号 Ω、符号 Θ。详见以下定义。

（1）符号 O

定义：把函数 $t(n)$包含在 $O(g(n))$中，记为 $t(n)\in O(g(n))$。它的成立条件是：对于所有足够大的 n，$t(n)$的上界由 $g(n)$的常数倍所确定，如图 2.5 所示，也就是说，存在大于 0 的常数 c 和非负的整数 n_0（n_0之前的情况无关紧要），使得对于所有的 $n\geqslant n_0$ 来说，$t(n)\leqslant cg(n)$。

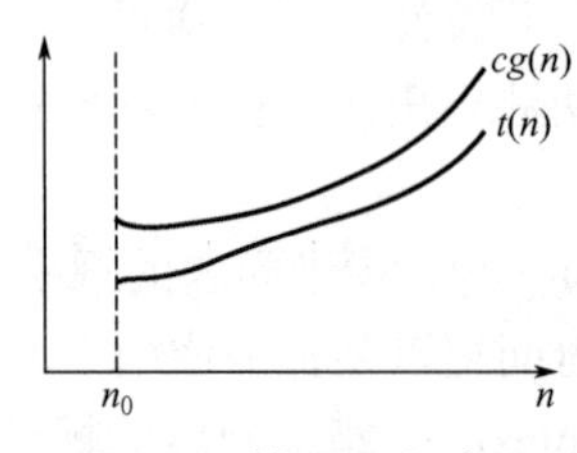

图 2.5　符号 **O** 的含义

用数学语言描述就是：$t(n)\in O(g(n)), \exists n_0\geqslant 0, c>0,$ s.t. 当 $n\geqslant n_0, t(n)\leqslant cg(n)$。

其中，s.t.是 subject to 的缩写，含义是“满足……，或使得……”。

（2）符号 Ω

定义：把函数 $t(n)$包含在 $\Omega(g(n))$中，记为 $t(n)\in\Omega(g(n))$。它的成立条件是：对于所有足够大的 n，$t(n)$的下界由 $g(n)$的常数倍所确定，如图 2.6 所示，也就是说，存在大于 0 的常数 c 和非负的整数 n_0，使得对于所有的 $n\geqslant n_0$ 来说，$t(n)\geqslant cg(n)$。

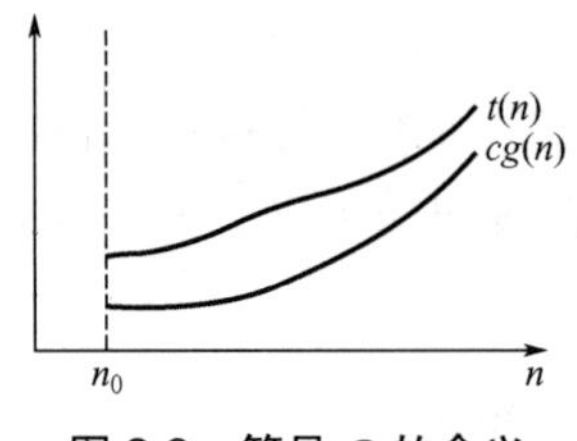

图 2.6　符号 **Ω** 的含义

用数学语言描述就是：$t(n)\in\Omega(g(n)), \exists n_0\geqslant 0$，$c>0$，s.t. 当 $n\geqslant n_0, t(n)\geqslant cg(n)$。

（3）符号 Θ

定义：把函数 $t(n)$包含在 $\Theta(g(n))$中，记为 $t(n)\in\Theta(g(n))$。它的成立条件是：对于所有足够大的 n，$t(n)$的上界和下界都由 $g(n)$的常数倍所确定，如图 2.7 所示，也就是说，存在大于 0 的常数 c_1, c_2 和非负的整数 n_0，使得对于所有的 $n\geqslant n_0$ 来说，$c_2g(n)\leqslant t(n)\leqslant c_1g(n)$。

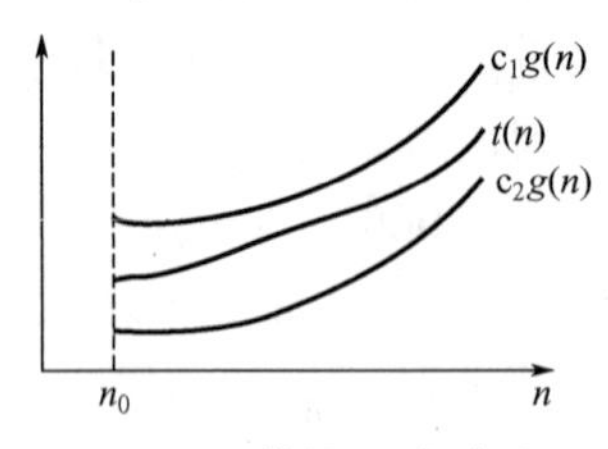

图 2.7　符号 **Θ** 的含义

用数学语言描述就是：$t(n)\in\Theta(g(n)), \exists n_0\geqslant 0$，$c_1>0$，$c_2>0$，s.t. 当 $n\geqslant n_0, c_2g(n)\leqslant t(n)\leqslant c_1g(n)$。

2.4.4　最好、最坏和平均情况

有时，算法的复杂度取决于输入数据。例如，一个排序算法的时间复杂度往往取决于输

入数据的原始有序程度。因此分析算法复杂度时往往要区分最好情况、最坏情况和平均情况。

又如，在一个包含 n 个元素的数组中查找某个数据（假定要查找的数在数组中，且数组元素是无序的）。

最好情况：假设要查找的数据就是数组第 0 个元素，只需比较 1 次就可以结束了，其复杂度为 $O(1)$。

最坏情况：假设要查找的数据是数组最后一个元素，则需要比较 n 次，其复杂度为 $O(n)$。

平均情况：假设要查找的数据是数组第 0 个元素、第 1 个元素……最后一个元素的概率相等，则平均需要查找的次数为 $1\times1/n + 2\times1/n + \cdots + n\times1/n = (n+1)/2$，其复杂度为 $O(n)$。

请思考，在上面的例子中，如果不保证需要查找的数据是数组中的元素，则最好情况、最坏情况、平均情况的复杂度分别是什么？对平均情况，分别考虑以下情形。

（1）要查找的数据是数组元素和不是数组元素的概率相等。

（2）要查找的数据是数组第 0 个元素、第 1 个元素……最后一个元素，以及不是数组元素的概率相等。

2.4.5　基本的算法复杂度模型

基本的算法复杂度类型有：常量(1)、对数($\log n$)、线性(n)、$n\log n$、平方(n^2)、立方(n^3)、指数(2^n)、阶乘($n!$)。图 2.8 给出了其中一些常见的算法复杂度函数随问题规模 n 的增长速度。

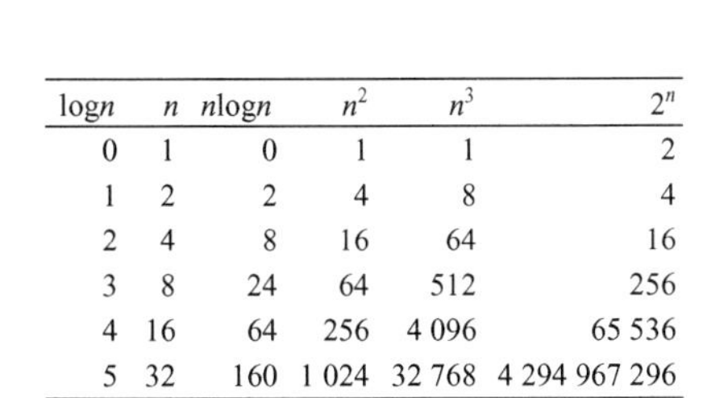

$\log n$	n	$n\log n$	n^2	n^3	2^n
0	1	0	1	1	2
1	2	2	4	8	4
2	4	8	16	64	16
3	8	24	64	512	256
4	16	64	256	4 096	65 536
5	32	160	1 024	32 768	4 294 967 296

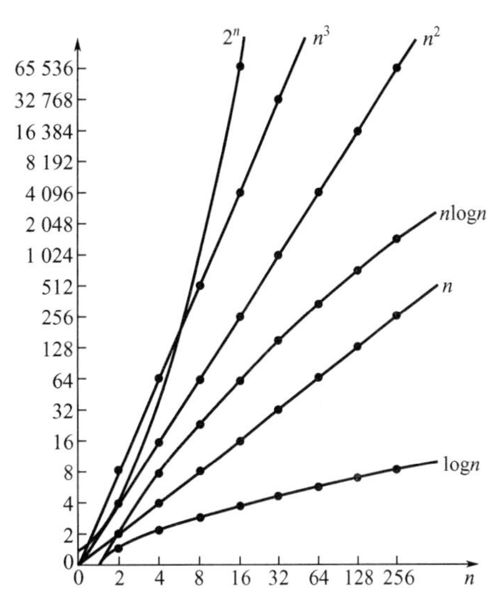

图 2.8　常见算法复杂度函数的增长速度

1. 常量阶 $O(1)$

常量阶复杂度 $O(1)$的含义是算法中基本运算的执行次数是常量，与问题规模 n 无关。例如，在存储了 n 个元素的数组中存取第 i 个元素 a[i]的运算，a[5] = 20，a[0] = a[3] + a[7]，等等，与数组长度 n 无关。

说明，[ ]是运算符，通过“起始地址+每个元素所占存储空间×i”来计算 a[i]的地址。

2. 对数阶 $O(\log n)$

以下例子的时间复杂度就是 $O(\log_2 n)$。因为，count 每次乘以 2 以后，离 n 就更近

了。每次循环 count 的值依次为 1, 2, 4, 8, …。设循环次数为 x，则有 $2^x \leqslant n$，$x \leqslant \log_2 n$。

```
int count = 1;
while(count<n){
    count = count * 2;
}
```

对数阶 $O(\log_2 n)$时间复杂度的算法例子有：基于分治思想的二分查找算法、二叉树的查询操作等。如无特殊说明，对数阶中的底数均为 2，这是因为基于分治思想的算法通常都是将规模为 n 的原始问题划分成两个规模为 $n/2$ 的子问题。

其他对数（如 $\log_{3/2} n$）复杂度都可以化为 $O(\log_2 n)$。这是因为，$\log_{3/2} n=\log_2 n / \log_2 (3/2)$，因此，$\log_{3/2} n = C\log_2 n$，其中 $C = 1 / \log_2 (3/2)$。

3. 线性阶 $O(n)$

线性阶 $O(n)$时间复杂度的算法例子有：在包含 n 个元素的数组中求最大值、最小值。

4. $O(n\log n)$

一些排序算法，如快速排序、归并排序、堆排序，其平均时间复杂度就是 $O(n\log n)$。

千万不要小看对数 $\log n$ 的作用。当 n=1 000 时，$O(n\log n)$算法需要执行 10 000 次基本运算（$\log_2 1\,000 \approx 10$），而下述的 $O(n^2)$算法需要执行 1 000 000 次基本运算，二者相差 100 倍，n 值越大，二者相差越大。

5. 平方阶 $O(n^2)$

如果算法的基本运算包含了二重循环，且每重循环的循环次数都是 n（或 n 的线性倍），则该算法的时间复杂度就是 $O(n^2)$。

平方阶 $O(n^2)$时间复杂度的算法例子有：一些简单排序算法（插入排序法、选择排序法、冒泡排序法），以及前面例子中的算法 1。

对平方阶复杂度 $O(n^2)$，当输入数据规模较小时，算法运行时间能容忍，当输入数据规模比较大时，算法运行时间难以容忍。例如，在程序设计竞赛里，对 10 000（甚至更多）个整数进行排序，只能选择 $O(n\log n)$阶的排序算法，不能选择 $O(n^2)$阶的排序算法。

6. 立方阶 $O(n^3)$

如果算法的基本运算包含了三重循环，且每重循环的循环次数都是 n（或 n 的线性倍），则该算法的时间复杂度就是 $O(n^3)$。对立方阶复杂度 $O(n^3)$，当输入数据规模比较大时，算法运行时间往往是难以容忍的。

7. 指数阶 $O(2^n)$及阶乘阶 $O(n!)$

在程序设计竞赛里，具有这种时间复杂度的算法是没有实际用处的。

8. 多项式时间复杂度

当 $t(n)$为多项式时，$O(t(n))$称为多项式时间复杂度，$O(1)$、$O(n\log n)$、$O(n)$、$O(n^2)$、$O(n^3)$都属于多项式时间复杂度。在程序设计竞赛里，一般只有多项式时间复杂度的算法才有可能通过评判系统的评判。

模　　拟

本章介绍程序设计竞赛里一种常用的解题方法——模拟，总结了模拟方法实现要点；然后通过一些例题，如约瑟夫环问题、游戏问题，阐述模拟方法的实现；最后在实践进阶里，总结了程序设计竞赛里非常重要的一项技能——程序测试。

3.1　模拟方法及例题解析

3.1.1　模拟方法及实现要点

1. 模拟方法思想

现实中有些问题难以找到公式或规律来求解，只能按照一定的步骤不停地“模拟”下去，最后才能得到答案。对于这样的问题，用计算机来求解是十分合适的，只要让计算机模拟人在解决此问题时的行为即可。这种求解问题的思想，可以称为“模拟”。

模拟也是求解程序设计竞赛题目时经常采用的方法。适合采用模拟方法求解的题目大多带有游戏性质，求解此类问题的关键是理解游戏的规则和过程，在用程序实现时用适当的数据结构表示题目的状态，然后按照游戏规则模拟游戏过程。

因此，所谓模拟方法，就是采用合适的数据结构，模拟游戏过程或问题求解过程，在此过程中进行一定的判断或记录，从而求解题目。

2. 模拟方法实现要点

采用模拟思路求解程序设计竞赛题目时，要特别注意以下几点。

（1）采用合适的数据结构来表示问题。例如，迷宫问题可以采用二维数组存储迷宫地图。常用数据结构包括数组、结构体、队列、栈、树、图等，第 9.4 节总结了向量、栈、队列等常用数据结构的使用方法。当然，最简单、最适合问题求解的数据结构就是最好的数据结构。

（2）在模拟过程中通常需要记录问题的中间状态，以便下一步在此状态的基础上继续模拟。例如，在练习 3.7 中，需要用二维数组记录每天游戏场景中的争夺状态。

（3）如果采用普通的模拟思路求解，提交后评判为超时，那就要分析题目是否符合分治、动态规划、贪心等这些优化算法（详见第 7 章）的适用条件，可能需要用这些算法求解。

3.1.2 例题解析

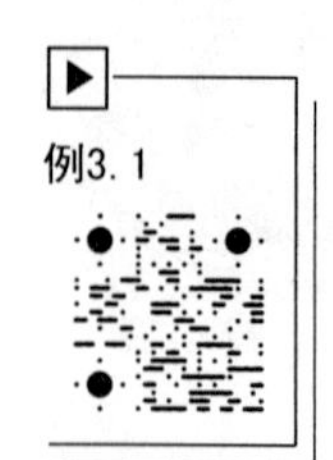

例 3.1 醉酒的狱卒（The Drunk Jailer），ZOJ1350，POJ1218。

题目描述：

某个监狱有一排、共 n 间牢房，编号为 1～n。每间牢房关着一名囚犯，每间牢房的门刚开始时都是关着的。有一天晚上，狱卒决定玩一个游戏。游戏的第 1 轮，他喝了一杯酒，然后沿着监狱，把所有牢房的门全部打开；游戏的第 2 轮，他又喝了一杯酒，然后沿着监狱，把编号为偶数的牢房的门关上；游戏的第 3 轮，他又喝了一杯酒，然后沿着监狱，对编号为 3 的倍数的牢房，如果牢房的门开着，则关上，否则打开；……游戏第 i 轮，狱卒对编号为 i 的倍数的牢房进行上述相同操作；狱卒重复游戏 n 轮。游戏结束后，他喝下最后一杯酒，然后醉倒了。

这时，囚犯才意识到他们牢房的门可能是开着的，而且狱卒醉倒了，所以他们越狱了。

给定牢房的数目，求越狱囚犯的人数。

输入描述：

输入文件的第 1 行为一个正整数 N，表示测试数据的个数。每个测试数据占一行，为一个整数 n，$5 \leqslant n \leqslant 100$，表示牢房的数目。

输出描述：

对每个测试数据所表示的牢房数目 n，输出越狱的囚犯人数。

样例输入：

```
2
5
100
```

样例输出：

```
2
10
```

分析：在本题中，n 轮游戏过后，哪些牢房的门是开着的，并无规律可循。但这个游戏的规则和过程都很简单：游戏有 n 轮，第 j 轮游戏是将编号为 j 的倍数的牢房状态变反，原来是开着的，则关上，原来是关着的，则打开，j=1, 2, 3,⋯, n，如图 3.1 所示。这些规则和过程用程序能较容易地实现，所以适合采用模拟方法求解。

	1	2	3	4	5	6	7		n
初始	1	1	1	1	1	1	1	···	1
第1轮游戏	0	0	0	0	0	0	0	···	0
第2轮游戏	0	1	0	1	0	1	0	···	···
第3轮游戏	0	1	1	1	0	0	0	···	···

图 3.1 醉酒的狱卒示意图

具体实现时可以定义一个一维数组，每个元素表示对应牢房的状态，初始为 1，表示牢房门是锁着的。模拟 n 轮游戏过程：第 j 轮时，改变牢房编号为 j 的倍数的牢房状态，为 0 则改为 1，为 1 则改为 0。n 轮游戏过后，统计状态为 0 的牢房数即可。代码如下。

```
int main( )
{
```

```
    int kase, n, i, j;          //测试数据的个数，及牢房的个数，循环变量
    int prision[101];           //n 个牢房(编号从 1～n)的状态，1 表示锁着的
    scanf( "%d", &kase );
    for( i=0; i<kase; i++ ){
        scanf( "%d", &n );
        for( j=1; j<=n; j++ ) prision[j] = 1;    //初始时各牢房都是锁着的
        for( j=1; j<=n; j++ ){                   //游戏进行 n 轮
            int tmp = j;
            while( tmp<=n ){
                prision[tmp] = (prision[tmp]==1)? 0 : 1;  tmp += j;
            }
        }
        int num = 0;            //游戏结束后，牢房门开着的牢房的数目
        for( j=1; j<=n; j++ )
            if( !prision[j] ) num++;
        printf( "%d\n", num );
    }
    return 0;
}
```

例 3.2　爬动的蠕虫（Climbing Worm），ZOJ1494。

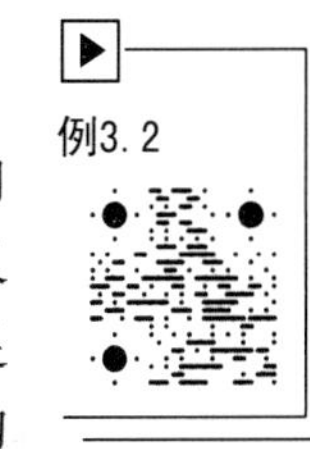

题目描述：

一只 1 英寸长的蠕虫在一口深为 n 英寸的井的底部。每分钟蠕虫可以向上爬 u 英寸，但必须休息 1 分钟才能接着往上爬。在休息的过程中，蠕虫又下滑了 d 英寸。上爬和下滑重复进行。蠕虫需要多长时间才能爬出井？不足一分钟按一分钟计，并且假定只要在某次上爬过程中蠕虫的头部到达了井的顶部，那么蠕虫就算完成任务了。初始时，蠕虫是趴在井底的（即高度为 0）。

输入描述：

输入文件包含多个测试数据。每个测试数据占一行，为 3 个正整数 n、u、d，其中 n 是井的深度，u 是蠕虫每分钟上爬的距离，d 是蠕虫在休息的过程中下滑的距离。假定 $d<u$ 且 $n<100$。n=0 表示输入结束。

输出描述：

对每个测试数据，输出一个整数，表示蠕虫爬出井所需的时间（分钟）。

样例输入：	样例输出：
10 2 1	17
20 3 1	19
0 0 0	

分析：题目的意思可以用图 3.2 表示。蠕虫爬动的过程和判断蠕虫是否爬出井的依据都是很简单的，但到底需要多少分钟才能爬出井是不知道的（其实存在某个关系式，但要找到这个关系式需要花费时间），本题适合用模拟思路求解。

在本题中，整个模拟过程是通过一个永真循环实现的。在永真循环里，先是上爬一分钟，蠕虫的高度要加上 u，然后判断是否达到或超过了井的高度，如果是则退出循环，如

果不是则要下滑 d 距离。也就是说，执行一次循环，实际上分别上爬了一分钟和下滑一分钟。是否退出循环是在上爬后判断的。代码如下。

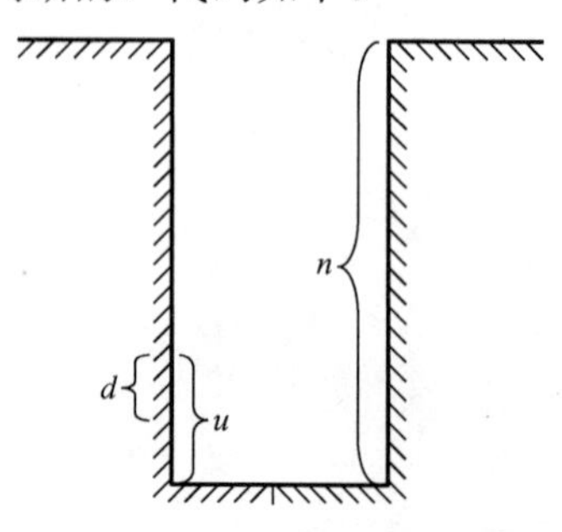

图 3.2　爬动的蠕虫示意图

```
int main( )
{
    int n, u, d;                  //井的深度，蠕虫每分钟上爬和下滑的距离
    int time, curh;               //所需时间，蠕虫当前的高度
    while( 1 ){
        scanf( "%d%d%d", &n, &u, &d );
        if( !n ) break;
        curh = 0, time = 0;       //当前高度及所花时间
        while( 1 ){
            curh += u;  time++;   //每爬一次，上升 u 距离
            if( curh>=n ) break;
            curh -= d ;  time++;  //休息时滑下 d 距离
        }
        printf( "%d\n", time );
    }
    return 0;
}
```

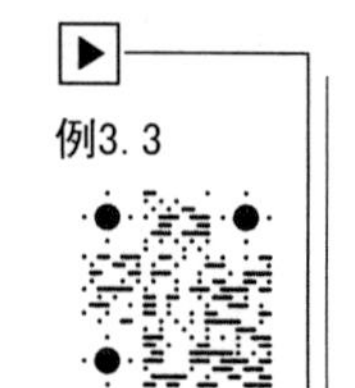

例 3.3　遍历迷宫（Maze Traversal），ZOJ1824。

题目描述：

迷宫导航是人工智能领域一个常见的问题。迷宫中有走廊和墙壁，机器人可以通过走廊，但不能穿过墙壁。

输入描述：

输入文件包含多个测试数据。每个测试数据的第 1 行是两个整数 M 和 N，分别表示迷宫的行数和列数，$M, N \leqslant 60$；接下来有 M 行，每行有 N 个字符，描绘了这个迷宫。其中空格字符表示走廊，星号字符表示墙壁。迷宫没有出口；接下来一行是两个整数，表示机器人的初始位置；初始时，机器人是朝北的。测试数据中剩余的数据表示机器人接收到的指令，用字符表示，其中可能包含空格。有效的命令字符及含义为：R 表示顺时针旋转 90 度；L 表示逆时针旋转 90 度；F 表示往前移动一步，如果前方位置为墙壁，则不移动；Q 表示退出程序。每个测试数据中指令序列的最后一个字符为 Q，此时应输出机器人当前的位置和朝向。测试数据一直到文件尾。

输出描述：

对每个测试数据，输出机器人最终的位置和朝向（N、W、S 或 E），即表示位置的行和列的整数及表示朝向的字符，数字或字符间用空格隔开。

样例输入：

```
7 8
********
* * * **
* *    *
* * ** *
* * *  *
*   * **
********
2 4
RRFLFF FFR
FF
RFFQ
```

样例输出：

```
5 6 W
```

分析：本题模拟的是机器人在迷宫中根据指令进行移动或旋转。本题的规则比较简单，在模拟时要注意以下 3 个问题。

（1）存储迷宫需要用二维数组，但数组中的下标是从 0 开始计数的，而题目中表示位置（如初始位置）的行和列是从 1 开始计数的，所以需要转换。

（2）机器人旋转时，如果一直顺时针旋转，则机器人的朝向依次为北、东、南、西、北、……。在程序中，可以用整数 d 表示机器人的朝向，取值 0～3 分别表示北、东、南、西 4 个朝向。顺时针旋转（d 的值加 1）和逆时针旋转（d 的值减 1，或加 3）都需要取模。

（3）机器人向前移动时要判断前面的位置是否为空格，只有为空格才可以向前移动。在程序实现时，可以用两个数组 rm 和 cm，分别表示机器人在 4 个方向（依次为北、东、南、西）上往前移动一步后位置（行和列）的增量，这样机器人往 d 方向移动一步后，其行列位置增量分别为 rm[d]和 cm[d]。代码如下。

```
char maze[80][80];                  //存储迷宫
//rm 和 cm 分别表示在 4 个方向(依次为北、东、南、西)上往前移动一步后行和列的增量
int rm[4] = { -1, 0, 1, 0 }, cm[4] = { 0, 1, 0, -1 };
char direction[ ] = "NESW";         //表示 4 个朝向的字符
int main( )
{
    int i, j, M, N;                 //M, N: 迷宫的大小
    int rpos, cpos, d;              //机器人当前的位置及当前的朝向
    char command;                   //机器人接收到的指令
    while( scanf( "%d%d", &M, &N )!=EOF ){
        for( i=0; i<M; i++ ){       //读入迷宫
            getchar( );             //跳过上一行的回车换行键
            for( j=0; j<N; j++ ) maze[i][j] = getchar( );
        }
        scanf( "%d%d", &rpos, &cpos );              //读入机器人的初始位置
```

```
        rpos--;  cpos--;  d = 0;                     //初始时机器人是朝北的
        while( ( command=getchar( ))>=0 ){           //处理接收到的指令
            if( command=='F' ){                      //往前移动一步
                int x = rpos+rm[d], y = cpos+cm[d];
                if( x>=0 && x<M && y>=0 && y<N && maze[x][y] == ' ' )
                {  rpos += rm[d];  cpos += cm[d];  }
            }
            else if( command=='R' ) d = (d+1)%4; //顺时针旋转
            else if( command=='L' ) d = (d+3)%4; //逆时针旋转
            else if( command=='Q' )                  //退出
            {  printf( "%d %d %c\n", rpos+1, cpos+1, direction[d] );  break;  }
        }
    }
    return 0;
}
```

练习题

练习 3.1　货币兑换（Currency Exchange），ZOJ1058。

题目描述：

当 Issac 在某个国家旅游的时候，如法国，他要把美元兑换成法郎。例如，当用美元兑换法郎的汇率为 4.817 24 时，10 美元能兑换 48.172 4 法郎。当然，只能得到小数点后两位那么多的法郎，所以小数点后两位要四舍五入（如.005 以上要入为.01）。所有货币金额都要四舍五入。

有时候 Issac 的旅程跨越多个国家，于是他要把货币兑换来兑换去。当他回家的时候，他又要换回美元。这使他想到，他在这些兑换过程中可能损失了或者赚到了美元。现在就要你计算出他到底是赚到了还是损失了。本题永远是从美元开始，以美元结束。

输入描述：

输入文件包含多个测试数据。第 1 行为一个正整数 N，表示测试数据的个数。然后是一空行。接下来就是 N 个测试数据。每两个测试数据之间有一空行。每个测试数据的前 5 行是 5 个国家之间的汇率，标号为 1 到 5。第 i 行表示第 i 个国家与 5 个国家的汇率。当然，自己兑换自己的汇率就是 1。第一个国家是美国。接下来有若干行，每一行表示 Issac 的一次旅程，每行的格式为：

$$n \quad c_1 \quad c_2 \quad \cdots \quad c_n \quad m$$

当 $1 \leqslant n \leqslant 10$ 和 $c_1, \cdots, cn$ 是从 2 到 5 的整数时，表示 Issac 的行程。那么他的旅程就是 $1 \to c_1 \to c_2 \to \cdots \to c_n \to 1$。实数 m 表示一开始 Issac 带的美元金额。

当 $n = 0$ 时表示该测试数据结束，这一行没有多余数字。

输出描述：

对应 N 个测试数据，有 N 个输出块。每个测试数据中的每次旅程对应一行输出，表示当 Issac 回到家的时候他拥有的美元金额，精确到小数点后两位。

每两个测试数据对应的输出块之间有一个空行。

样例输入：

```
1

1 1.57556 1.10521 0.691426 7.25005
0.634602 1 0.701196 0.43856 4.59847
0.904750 1.42647 1 0.625627 6.55957
1. 44616 2.28059 1.59840 1 10.4843
0.137931 0.217555 0.152449 0.0953772 1
3 2 4 5 20.00
6 2 3 4 2 4 3 120.03
0
```

样例输出：

```
19.98
120.01
```

练习 3.2 古怪的钟（Weird Clock），ZOJ1476。

题目描述：

有一只很古怪的钟，它只有分针，刻度从 0 到 59。只有往它的盒子里投一些特制的硬币后，它的分针才会走动。你可以选择不同的硬币。然而一旦你选择某一种硬币后，就不能用其他硬币了。每种硬币有无限多枚。每种硬币都对应到一个数目 $d(1\leqslant d\leqslant 1\ 000)$，表示当你投下这种硬币后，时钟的分针将从当前时间开始顺时针走当前时间的 d 倍刻度。例如，当前时间是 45，$d=2$，则分针顺时针走 90 分钟，然后分针指向的刻度是 15。

给定初始时间 s，$1\leqslant s\leqslant 59$，以及硬币的类型 d，编写程序求至少需要投多少枚这样的硬币才能使得分针指回到 0 刻度。

输入描述：

输入文件包含多个测试数据，每个测试数据占一行，为两个正整数 s 和 d。输入文件的最后一行为两个 0，代表输入结束。

输出描述：

对每个测试数据，输出最少的硬币数目。如不能使得分针指回 0 刻度，则输出“Impossible”。

样例输入：

```
59 59
59 58
0 0
```

样例输出：

```
1
Impossible
```

提示：可以定义状态数组 state[60]，state[i]=1 表示投若干枚给定的硬币后可以到达时刻 i；初始时，state[i]为 0。对给定的 s 和 d，模拟投第 1 枚硬币、第 2 枚硬币，……如果在投币过程中，重复到达了某一时刻，说明存在一个循环，后面到达的时刻又会是以前到达过的时刻，则输出“Impossible”。当到达时刻 0 时，设置 state[0]的值为 1，并输出当前所投的硬币数。

练习 3.3 金币（Gold Coins），ZOJ2345，POJ2000。

题目描述：

国王赏给他的武士金币。第 1 天，武士得到 1 块金币；接下来的 2 天（也就是第 2 天和第 3 天），每天得到 2 块金币；接下来的 3 天（第 4 天、第 5 天、第 6 天），每天得到 3 块金币；以此类推，接下来的 N 天，每天得到 N 块金币，接下来的 N+1 天，每天得到 N+1 块金币。

你的任务是给定第几天，求出武士从第 1 天到该天获得的金币总数。

输入描述：

输入文件包含多组测试数据。第 1 行为一个正整数 N，表示有 N 组测试数据。接下来是一个空行，然后是 N 组测试数据。每组测试数据至少 1 行，至多 21 行，每行（除了最后一行）代表一个测试数据，为一个整数 d，$1 \leqslant d \leqslant 10\ 000$，表示第几天；最后一行是 0，表示该组测试数据结束。每两组测试数据之间有一个空行。

输出描述：

对每组测试数据中的每个测试数据，输出一行，包括从输入文件中得到的整数，然后是空格，接着是武士获得的金币的块数。每两组测试数据的输出内容之间有一个空行。

样例输入：

```
2

10
0

10000
1000
0
```

样例输出：

```
10 30

10000 942820
1000 29820
```

注意，这道题在 ZOJ、POJ 上的输入/输出格式不一样，在此以 ZOJ 为准。

3.2　模拟约瑟夫环

约瑟夫环问题的版本很多，也有很多典故。例 3.4 模拟了出列游戏，即约瑟夫环；例 3.5 及两道练习题分别从不同的角度研究约瑟夫环问题。

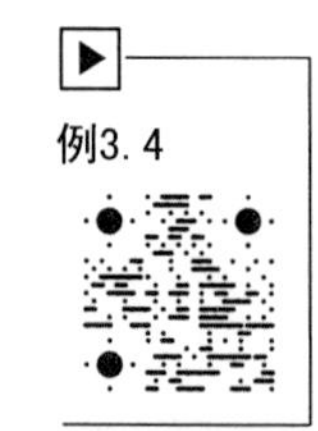

例 3.4　出列游戏。

题目描述：

n 个人围成一圈，第 1 个人从 1 开始报数，报数报到 m 的人出列；然后从出列的人的下一个人重新从 1 开始报数；重复 $n-1$ 轮游戏，每轮游戏淘汰 1 个人，最后剩下的人就是胜利者。

输入描述：

输入文件包含多个测试数据。每个测试数据占一行，为两个整数 n 和 m，$2 \leqslant n, m \leqslant 100$，代表有 n 个人（序号从 1 开始计起），每轮报数要报到 m。$n=m=0$，则表示输入结束。

输出描述：

对每个测试数据，输出一行，为最后胜利者的序号。

样例输入：

```
8 4
0 0
```

样例输出：

```
6
```

分析：如图 3.3 所示，当 $n = 8$，$m = 4$ 时，图 3.3（a）～（g）演示了 7 轮游戏过程，依次出列的位置是 4、8、5、2、1、3、7，最后的胜利者是 6 号。图中方框里的数字表示这 8 个人的序号，空白的方框表示已出列的位置，方框旁边的数字表示报数过程。

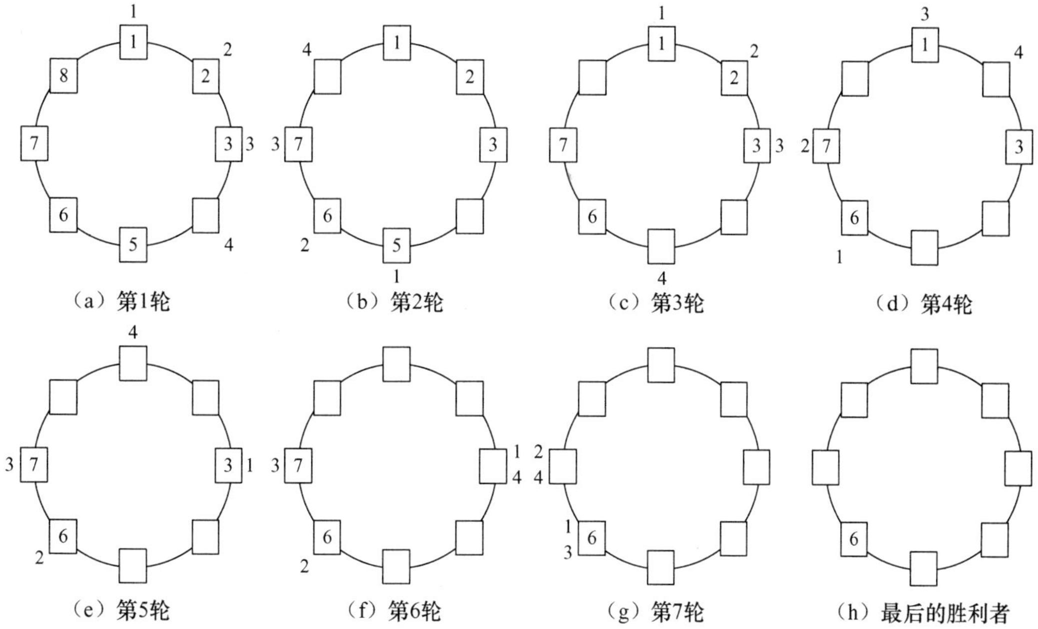

（a）第1轮
（b）第2轮
（c）第3轮
（d）第4轮
（e）第5轮
（f）第6轮
（g）第7轮
（h）最后的胜利者

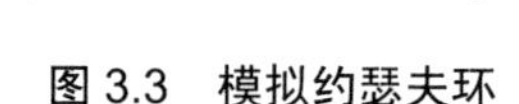

图 3.3 模拟约瑟夫环

8 个人参加该游戏，需要进行 7 轮，因为每轮淘汰一个位置出列。在用程序模拟出列问题时，只需要模拟 7 轮游戏过程即可，用循环变量 r 来控制。

要表示 8 个人的序号，可以用一维数组 a 来存储 8 个位置上的号码。为了符合人们的习惯，只使用 a[1]～a[8]，因此数组长度为 9。

该出列游戏过程中依次出列的位置可以用图 3.4 来表示。图中 3 个变量 i、j、r 的含义如下。

变量 r：用来表示游戏是第几轮，并且是通过该变量来控制游戏结束的。

变量 i：标明每次报数是由哪个位置上的人报出来的（注意要跳过已经出列的位置）。

变量 j：实现报数，从 1 报数到 4，再变成 1，……

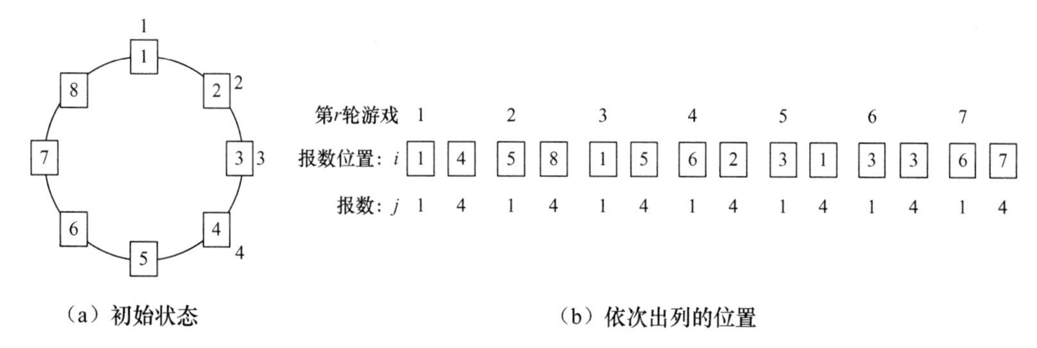

第r轮游戏 1 2 3 4 5 6 7
报数位置：i 1 4 5 8 1 5 6 2 3 1 3 3 6 7
报数：j 1 4 1 4 1 4 1 4 1 4 1 4 1 4
（a）初始状态
（b）依次出列的位置

图 3.4 n=8，m=4 时依次出列的位置

看似很简单的出列问题，在模拟时要注意以下 3 个问题。

（1）模拟报数过程，从 1 开始报数，达到 4 后（对应位置要出列），又从 1 开始报数。因此需要对 4 进行取模运算。变量 j 用来记录报数过程报出来的数，每次继续报数本

来是 $j=(j+1)\%4$，但是$(j+1)\%4$ 的范围是 0～3，我们希望 j 取 1～4，所以正确的式子是 $j=(j+1-1)\%4+1$，即 $j=j\%4+1$。

（2）需要记录每一个报数是由哪个人报出来的，变量 i 来表示这个人的序号。同样每次继续报数应该在 i 对 8 取余后加 1，即 $i=i\%8+1$。

（3）在报数过程中，要跳过已经出列的位置。实现方法是：初始时，数组 a 的每个元素的值为它的下标；每出列一个位置，将该元素的值置为 0；在报数过程中，如果某个位置对应的数组元素值为 0，则跳过该位置（i 自增 1，j 保持不变）。7 轮游戏过后，数组元素的值不为 0 的位置就是最终的胜利者。代码如下。

```
int main( )
{
    int n, m, k;                                          //输入数据及循环变量
    int r, i, j, a[102];                                  //a：存储n个人的序号
    while( 1 ){
        scanf("%d%d", &n, &m);
        if(n==0 && m==0) break;
        for(k=1; k<102; k++) a[k]=k;                      //设置所有人的序号
        for( r=1, i=1, j=1; r<=n-1; i=i%n+1, j=j%m+1 ){   //模拟n-1轮游戏
            while( a[i]==0 ){ i = i%n+1; }                //跳过已经出列的
            if( j%m==0 ){ a[i] = 0;  r = r+1; }           //i出列
        }
        for( k=1; k<=n; k++ ){
            if( a[k]!=0 ){ printf("%d\n", k);  break; }
        }
    }
    return 0;
}
```

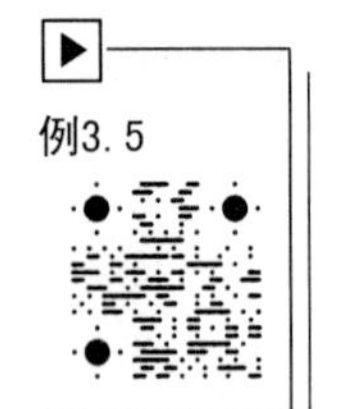

例3.5

例 3.5 网络拥堵解决方案（Eeny Meeny Moo），ZOJ1088，POJ2244。

题目描述：

你肯定经历过很多人同时使用网络、网络变得很慢的情况。为了彻底解决这个问题，乌尔姆大学决定采取突发事件处理方案：在网络负荷高峰期，将公平、系统地切断某些城市的网络。德国的城市被标上 1～n 的序号。如弗莱堡市的序号为 1，乌尔姆市的序号为 2，等等。然后选择一个数 m，首先切断第 1 个城市的网络，然后间隔 m 个序号，切断对应城市的网格，如果超出范围，则取模，并且忽略已经被切断网络的城市。例如，如果 $n=17$，$m=5$，被切断网络的城市依次为 1、6、11、16、5、12、2、9、17、10、4、15、14、3、8、13、7。

对于给定的 n 值，求最小的 m 值，使得乌尔姆市（2 号）最后被选中切断网络。

输入描述：

输入文件包含多个测试数据。每个测试数据占一行，为一个整数 n，$3 \leqslant n < 150$，代表该国城市的个数。如果 n 的值为 0，则表示输入结束。

输出描述：

对每个测试数据，输出求得的 m 值。

样例输入：

```
8
9
0
```

样例输出：

```
11
2
```

分析：这道题也是模拟约瑟夫环问题，只不过不是求最后的胜利者，而是给定 *n*，要使得最后的胜利者为 2，求 *m*。与例 3.4 不同的是，这里的约瑟夫环问题首先淘汰的是编号为 1 的城市，然后是编号为 *m*+1 的城市，以此类推。例如，样例输入中第 1 个测试数据 *n*=8，选择 *m* 为 11 时，如图 3.5 所示，依次被切断网络的城市为 1、5、3、4、8、6、7，最终剩下的城市是 2 号城市，因此正确的输出是 11。

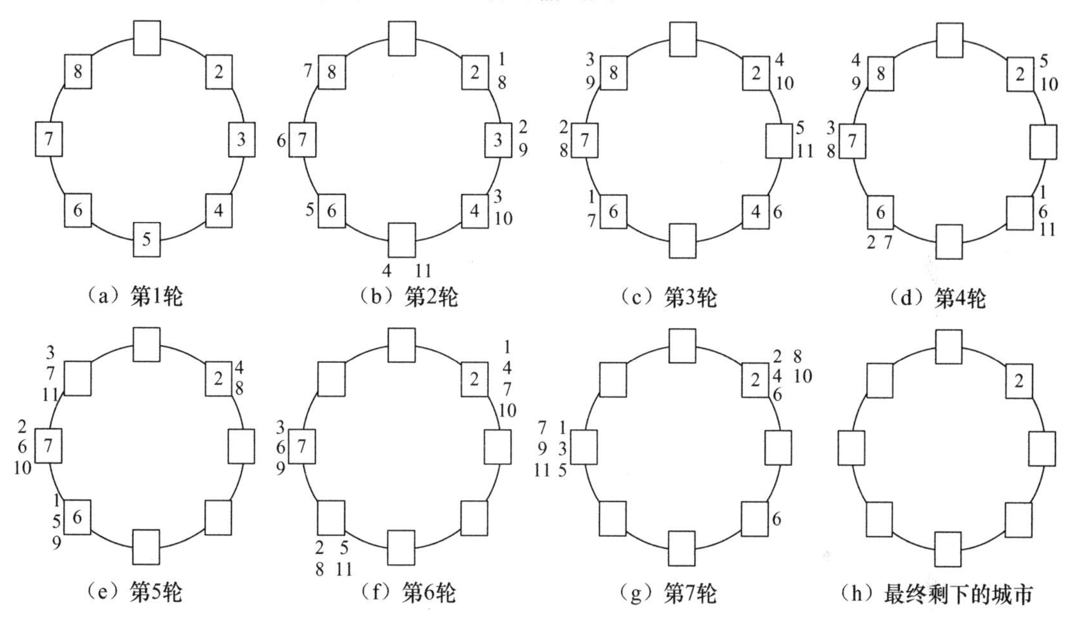

图 3.5 网络拥堵解决方案(*m*=8，*n*=11)

本题的编程思路是借用例 3.4 的方法，定义函数 Joseph( )实现变量 *m* 和 *n* 取任意值的约瑟夫环问题。在主函数中读入城市个数，从 1 开始枚举 *m*，直到某个 *m* 能使得该约瑟夫环问题的最后胜利者为 2 号城市，这个 *m* 值就是题目要求的结果。

注意，*m* 的值不一定小于 *n*，正如样例输入/输出中的第 1 个测试数据所示，代码如下。

```
int cities;          //读入的城市个数
int circle[160];     //城市的编号，第 i 个城市的编号为 i，某城市被淘汰后，对应的元素置为 0
int temp[160];       //临时
bool Joseph( int n, int m )      //选择 m 时是否能使得 2 号城市最后被切断网络
{
    int i, j, r = 1;
    circle[1] = 0;                                        //第 1 个城市首先被淘汰
    for( i=2, j=1; r<=n-2; i=i%n+1, j=j%m+1 ){    //剩余 n-2 轮游戏
        while( circle[i]==0 ){ i = i%n+1; }       //跳过已经被切断的
        if( j%m==0 ){
            if( i==2 ) return false; //如果将要被切断的城市是 2 号城市，提前结束
            circle[i] = 0;  r = r+1;
```

```
        }
    }
    if( circle[2]!=0 ) return true;
    else  return false;
}
int main( )
{
    for( int i=0; i<=160; i++ ) temp[i] = i;
    while( scanf("%d", &cities) ){
        if( cities==0 ) break;
        int m;
        for( m=2;  ; m++ ){   //从m=2开始枚举，直到某个m满足题目要求
            memcpy( circle, temp, sizeof(circle) ); //将temp数组拷贝到circk
            if( Joseph(cities, m) ) break;
        }
        printf( "%d\n", m );
    }
    return 0;
}
```

练习题

练习 3.4 约瑟夫环问题（Joseph），POJ1012。

题目描述：

有 k 个好人和 k 个坏人，站成一圈，前 k 个人是好人，后 k 个人是坏人，循环报数。第 1 个人开始报数 1，报数到 m 的人将依次被处决。求最小的 m 值，使得所有的坏人先被处决掉。

输入描述：

输入文件包含若干行，每行为一个整数 k，$0<k<14$。输入文件的最后一行为 0，表示输入结束。

输出描述：

对输入文件中的每个 k 值，输出对应的 m 值。

样例输入：	样例输出：
3	5
4	30
0	

练习 3.5 另一个约瑟夫环问题（Yet Another Josephus Problem），ZOJ2731。

题目描述：

n 个人围成一圈玩约瑟夫环游戏，约瑟夫的序号为 p。第 1 个人从 1 开始报数，报数为 m 的人被淘汰掉，下一个人又从 1 开始报数，以此类推，直至剩下一个人。如图 3.6 所示，n=8，m=4，假设约瑟夫处在位置 1，则依次淘汰 4、8、5、2 后，接下来要淘汰的是约瑟夫。如果约瑟夫不想被淘汰，他有一次选择机会，他选择 6 号代替他，从而这次淘汰的是 6 号，注意此后是从 6 号的下一个位置，即 7 号开始报数，而不是 1 号的下一个位置。继续游戏，最后剩下的是约瑟夫。

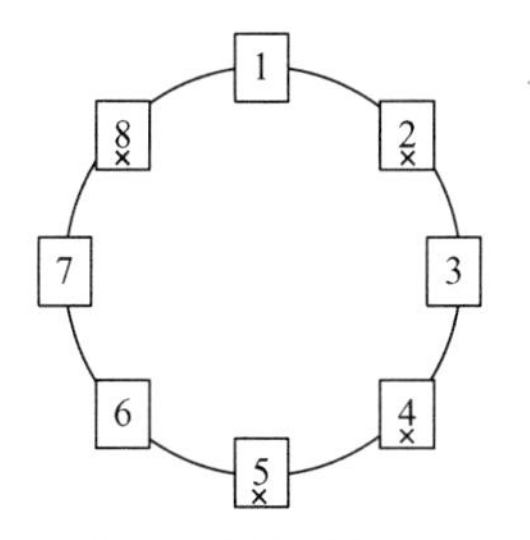

（a）4，8，5，2已被淘汰，下一个被淘汰的位置是1号位置

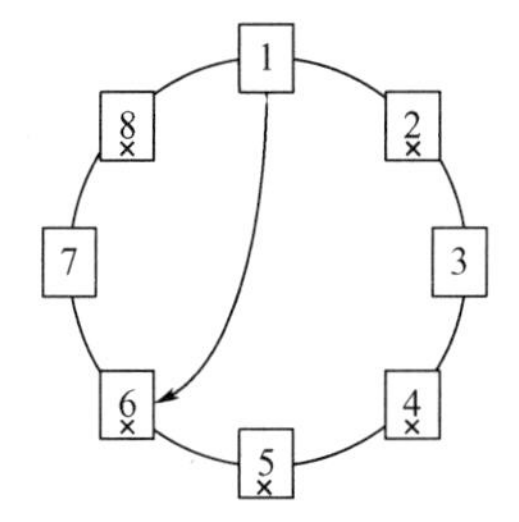

（b）选择6号位置，代替1号位置被淘汰，继续游戏

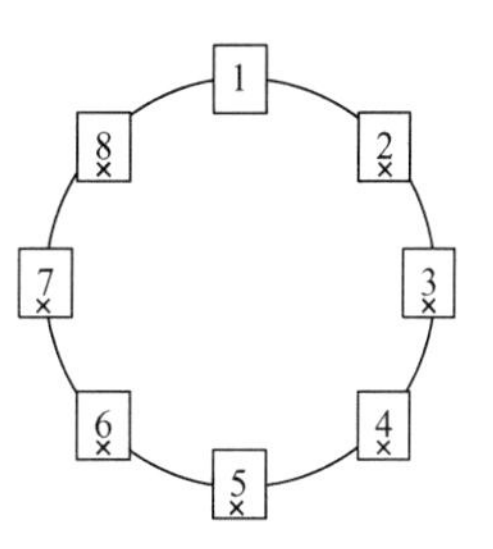

（c）游戏结束时，1号位置是最后剩下的位置

图 3.6　另一个约瑟夫环问题

已知 n、m 和 p，问约瑟夫应该选择哪个人代替他被淘汰，才能使得他是最后的胜利者？

输入描述：

输入文件包含多个（但不超过 100 个）测试数据。每个测试数据占一行，包含 3 个整数 n、m 和 p。n 表示圆圈中人的个数，$1 \leqslant n \leqslant 1\ 000$。$m$ 表示每轮报数，报数为 m 的人被淘汰掉，$1 \leqslant m \leqslant 1\ 000\ 000$。$p$ 表示约瑟夫最初在圆圈中的位置序号，位置序号是从 1 开始标记的，$1 \leqslant p \leqslant n$。输入文件最后一行为 3 个 0，表示输入结束。

输出描述：

对每个测试数据，输出用来替换约瑟夫的那个人的序号。如果不必选择某个人来替换约瑟夫（即位置 p 本来就是最后剩下的位置），则输出约瑟夫自己的序号。

样例输入：

```
8 4 1
1000 1 1
0 0 0
```

样例输出：

```
6
2
```

3.3　游戏的模拟

程序设计竞赛的很多题目取材于一些经典游戏，通过对这些游戏的规则进行简化来构造题目。本节分析 3 道这种类型的题目。

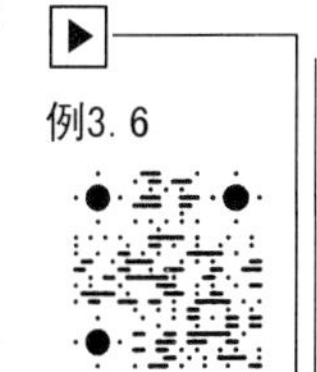

例 3.6　三子棋游戏（Tic Tac Toe），ZOJ1908，POJ2361。

题目描述：

Tic Tac Toe 游戏（即三子棋）有两个玩家，是在一个 3×3 的棋盘中进行游戏。其中一个玩家（用字母字符“X”表示）先走棋，在一个没有被占用的网格位置中放置一个 X，然后另一个玩家（用字母字符“O”表示），在一个没有被占用的网格中放置一个 O。这两个玩家交替地放置 X 和 O，直到棋盘的网格都被占用了，或者某个玩家的棋子占据了整条线（水平、垂直或者对角线）。

游戏开始时棋盘是空的，用 3 行 3 列共 9 个字符“.”表示。下面的棋盘表明从游戏开始直到 X 玩家最后赢得比赛的一系列走棋过程。

```
...   X..   X.O   X.O   X.O   X.O   X.O   X.O
...   ...   ...   ...   .O.   .O.   OO.   OO.
...   ...   ...   ..X   ..X   X.X   X.X   XXX
```

你的任务是读入棋盘状态，问可不可能是一个有效的三子棋棋盘，也就是说是否存在一系列走棋，能到达该棋盘状态。

输入描述：

输入文件的第 1 行是一个正整数 N，表示测试数据的个数，接下来有 $4N-1$ 行，表示 N 个棋盘格局，每两个棋盘格局之间用空行隔开。

输出描述：

对每个棋盘格局，如果是一个有效的三子棋格局，则输出 yes，否则输出 no。

样例输入：

```
2
X.O
OO.
XXX

O.X
XX.
OOO
```

样例输出：

```
yes
no
```

分析：假设读入的棋盘格局中字符“X”和字符“O”的数目分别为 xcount 和 ocount。另外，如果棋盘中某行、某列、主对角线或次对角线都为某玩家的字符，则该玩家赢得了游戏。以下 5 种情形是不合法的棋盘格局。

（1）ocount > xcount，因为玩家 X 总是先走棋。

（2）xcount > ocount + 1，玩家 X 顶多比玩家 O 多走一步棋。

（3）玩家 X 和玩家 O 都赢得了游戏。

（4）玩家 O 赢得了游戏，但 xcount 不等于 ocount。

（5）玩家 X 赢得了游戏，但 xcount 等于 ocount。

注意，以上第 4 和第 5 种情形，如果是玩家 O 赢得了游戏，则合法的情形是玩家 O 和玩家 X 走棋的步数一样，而如果是玩家 X 赢得了游戏，则合法的情形是玩家 X 走棋步数比和玩家 O 走棋步数多 1 步。因此，样例输入中的第 2 个棋盘格局不是一个合法的格局。

将棋盘格局读入到一个二维字符数组中，然后通过遍历该二维数组，统计字符“X”和字符“O”的数目，以及判断玩家 X 或玩家 O 是否赢得了游戏，再按照上述规则判断即可，代码如下。

```
int N, xcount, ocount;      //测试数据的个数，棋盘中字符 X 和字符 O 的数目
char g[3][4];         //读入的棋盘格局
int win( char c )     //判断是否存在某行、某列、主/次对角线都为字符 c，存在返回 1，否则返回 0
{
    int i, j;
    for( i=0; i<3; i++ ){
        for( j=0; j<3 && g[i][j]==c; j++ ) ;      //判断行
        if( j==3 ) return 1;
        for( j=0; j<3 && g[j][i]==c; j++ ) ;      //判断列
        if( j==3 ) return 1;
    }
    for( i=0; i<3 && g[i][i]==c; i++ ) ;          //判断主对角线
```

```
    if( i==3 ) return 1;
    for( i=0; i<3 && g[i][2-i]==c; i++ ) ;        //判断次对角线
    if( i==3 ) return 1;
    return 0;
}
int main( )
{
    int i, j;  scanf( "%d", &N );
    while( N-- ){
        scanf(" %s %s %s", g[0], g[1], g[2] );
        xcount = ocount = 0;
        for( i=0; i<3; i++ ){   //统计棋盘中字符 X 和字符 O 的个数
            for( j=0; j<3; j++ ){
                if( g[i][j] == 'X' ) xcount++;
                if( g[i][j] == 'O' ) ocount++;
            }
        }
        //判断是否为一个非法的棋盘格局
        if ( ocount>xcount || xcount>ocount+1  ||  win('X')&&win('O')
            || win('O')&&xcount!=ocount  ||  win('X')&&xcount==ocount )
            printf( "no\n" );
        else  printf( "yes\n" );
    }
    return 0;
}
```

例 3.7　扫雷游戏（Mine Sweeper），ZOJ1862，POJ2612。

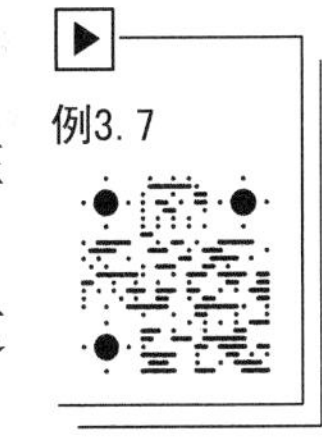

题目描述：

扫雷游戏是在 $n \times n$ 的网格内进行的，其中藏有 m 颗地雷，这些地雷分布在不同的位置。游戏者不停地点开网格中的位置。如果点开了地雷，则引爆地雷，游戏失败。如果点开了没有地雷的位置，则显示一个 0～8 之内的整数，表示这个位置的 8 个相邻位置中地雷的数目。图 3.7 显示了某次游戏中的几个步骤。

（a）点开了部分位置

（b）又点开两个位置

（c）点中了地雷

图 3.7　扫雷游戏

在图 3.7 中，n 为 8，m 为 10。图 3.7 中空白的位置代表整数 0，凸起的位置表示还没点开，类似于“*”号的符号代表地雷。从图 3.7（a）到图 3.7（b），游戏者已经点开了 2 个位置，都没有点到地雷；但在图 3.7（c）中，游戏者就没那么幸运了，他点中了藏有地雷的位置(7, 5)，游戏失败。如果游戏者将所有没有地雷的位置都点开，只有 m 个藏有地雷的位置没点开，则游戏成功。你的任务是读入地雷分布图及游戏者的点击信息，输出对应的游戏地图。

输入描述：

输入文件包含多个测试数据，测试数据一直到文件尾。每个测试数据的第 1 行为正整数 n，$n \leqslant 10$，表示该扫雷游戏的地图大小为 $n \times n$。接下来 n 行描绘了地雷的位置。每一行有 n 个字符，每个字符为“.”或“*”，其中“.”表示没有地雷，“*”表示有地雷。接下来又是 n 行，每行 n 个字符，每个字符为“X”或“.”，其中“X”表示已经点开的位置，“.”表示没有点开的位置。例如，样例数据描绘的地图对应于图 3.7（a）、（b）。

输出描述：

对每个测试数据，输出对应的地图，每个位置都用正确的符号填充。已经点开并且没有地雷的位置用 0～8 的整数表示。注意，如果某个位置藏有地雷且被点开了，则将所有地雷的位置都用“*”号表示；对没有点开的其他位置都用“.”表示。

每两个测试数据对应的输出之间有一个空行。

样例输入：

```
8
...**..*
......*.
....*...
........
........
.....*..
...**.*.
.....*..
xxx.....
xxxx....
xxxx....
xxxxx...
xxxxx...
xxxxx...
xxx.....
xxxxx...
```

样例输出：

```
001.....
0013....
0001....
00011...
00001...
00123...
001.....
00123...
```

分析：这是一道很有意思的题目，模拟的是扫雷游戏。输入的是标明地雷位置的地图，及游戏者已经点开的位置，要求输出显示给游戏者看的地图。

首先要根据输入的地图（即第一个 n 行所描绘的地图），统计每个位置的 8 个相邻位置上地雷的数目，可以设计一个函数来实现。对位置(i, j)来说，它的 8 个相邻位置从左上角位置开始按顺时针顺序依次为$(i-1, j-1)$、$(i-1, j)$、$(i-1, j+1)$、$(i, j+1)$、$(i+1, j+1)$、$(i+1, j)$、$(i+1, j-1)$、$(i, j-1)$。下面的代码中，函数 ww(char s[][max], int i, int j)用于统计(i, j)位置周围 8 个相邻位置上的地雷数。但在本题中，并非需要统计所有位置，只需要统计已点开过且没有地雷的位置。在统计过程中，还可判断是否引爆了地雷。

然后要根据统计的结果输出显示给游戏者看的地图。如果没有引爆地雷，则点开过的位置显示其周围 8 个位置上的地雷总数，未点开的位置显示“.”；如果引爆了地雷，则所有地雷都输出“*”号，其他位置的处理跟没有引爆地雷时的处理一样。例如，图 3.7（c）中就引爆了地雷，该图对应的输出如下。

001**..*

0013..*.

0001*...

00011...

00001...

00123*..

001**.*.

00123*..

注意，本题要求在两个测试数据之间输出空行，言下之意就是除最后一个测试数据外，每个测试数据的输出之后有一个空行。但如果在每个测试数据的输出之后都输出一个空行，得到的评判结果是格式错误，代码如下。

```
#define max 11
#define R(i, j) i>=0&&i<n&&j>=0&&j<n     //测试(i, j)位置是否为有效位置
int n;                                    //扫雷游戏的地图，n<=10
int ww( char s[][max], int i, int j )     //统计[i, j]位置周围 8 个位置上的地雷数
{
    int count = 0;
    if( R(i-1, j-1)&& s[i-1][j-1]=='*' ) count++;
    if( R(i-1, j)  && s[i-1][j]=='*'   ) count++;
    if( R(i-1, j+1)&& s[i-1][j+1]=='*' ) count++;
    if( R(i, j+1)  && s[i][j+1]=='*'   ) count++;
    if( R(i+1, j+1)&& s[i+1][j+1]=='*' ) count++;
    if( R(i+1, j)  && s[i+1][j]=='*'   ) count++;
    if( R(i+1, j-1)&& s[i+1][j-1]=='*' ) count++;
    if( R(i, j-1)  && s[i][j-1]=='*'   ) count++;
    return  count;
}
int main( )
{
    char minepos[max][max];      //表示雷的位置，'*'号表示雷，'.'号表示不是地雷
    char played[max][max];       //点开的位置用'x'表示，没点开的位置用'.'号表示
    int mines[max][max];         //周围 8 个位置上地雷的个数
    int number = 1; //测试数据的序号，用来控制输出空行
    int i, j, flag;  //flag 为引爆地雷的标志变量，值为 0 表示没有引爆，为 1 表示引爆
    while( scanf( "%d", &n )!=EOF ){
        if( number!=1 ) printf( "\n" );
        number++;  memset( minepos, 0, sizeof(minepos));
        memset( played, 0, sizeof(played));  memset( mines, 0, sizeof(mines));
        for( i=0; i<n; i++ ) scanf( "%s", minepos[i] );
```

```
        for( i=0; i<n; i++ ) scanf( "%s", played[i] );
        flag = 0;
        for( i=0; i<n; i++){ //判断是不是被引爆，并统计每个位置周围8个位置上地雷的个数
            for( j=0; j<n; j++ ){
                if( played[i][j]=='x' ){        //点开过
                    if( minepos[i][j]!='*' )    //不是地雷
                        mines[i][j] = ww( minepos, i, j );
                    else  flag = 1;             //是地雷，点开了，被炸
                }
                else  continue;
            }
        }
        for( i=0; i<n; i++ ){                   //输出
            for( j=0; j<n; j++ ){
                if( !flag ){        //没有引爆地雷，未点开的位置都是'.'号
                    if( played[i][j]=='.' ) printf( "." );  //未点开
                    else  printf( "%d", mines[i][j] );
                }
                else {              //引爆了地雷
                    if( minepos[i][j]=='*' ) printf( "*" );
                    else if( played[i][j]=='.' ) printf( "." );
                    else  printf( "%d", mines[i][j] );
                }
            }
            printf( "\n" );
        }
    }
    return 0;
}
```

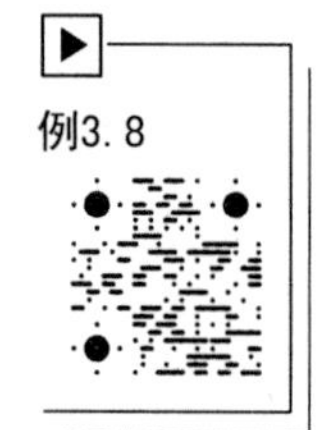

例 3.8 弹球游戏（Linear Pachinko），ZOJ2813，POJ3095。

题目描述：

本题起源于弹球游戏。但与传统的弹球机器不同的是，在本题中，一个弹球游戏机器是包含多个以下字符的序列：孔（.）、地板（_）、墙壁（|）、山峰（/\）。一个墙壁或山峰永远不会与另一个墙壁或山峰相邻。该游戏的玩法是：

在机器的上方随机地抛下弹球，如果弹球能通过孔，那么弹球最终穿过机器；如果弹球落到地板上方则停下来；如果弹球落到山峰的左边，则弹球反弹，通过所有连续的地板直到掉到孔里去，或者出了机器的边界，或者撞到墙壁或山峰则停下来；如果弹球落到山峰的右边，结果类似；如果弹球抛到墙壁的上方，则分别以50%的概率做落到山峰左、右边一样的处理。

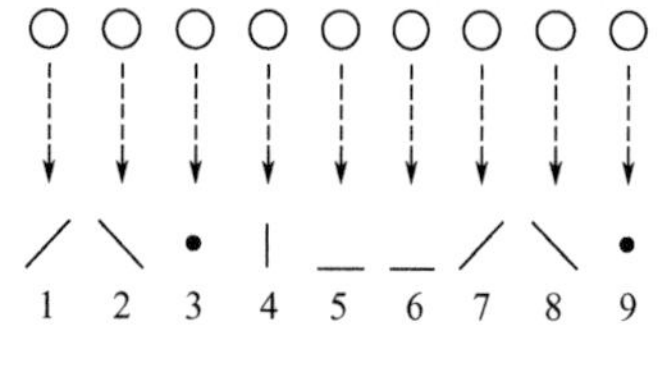

图 3.8 弹球游戏

本题要求解的是，如果弹球随机地从机器的上方抛下（随机的意思就是从每个字符位置上方垂直抛下的机会均等），那么弹球最终能通过孔和出边界的概率是多少？

例如，考虑如图 3.8 所示的弹球游戏机器，其中的数

字表明字符的位置，并不是机器的一部分。

当在字符上方抛下弹球时，弹球通过孔或出边界的概率分别为 1=100%、2=100%、3=100%、4=50%、5=0%、6=0%、7=0%、8=100%、9=100%。因此最终对整个机器，在机器上方随机抛下弹球，弹球通过孔或出边界的概率为以上概率的平均值，即为 61.111%。

输入描述：

输入文件包含多个测试数据，每个测试数据表示一个弹球游戏，包含 1～79 个字符，占一行。输入文件最后一行为字符“#”，表示输入文件的结束。

输出描述：

对每个弹球游戏，精确地计算随机抛下弹球后，弹球通过孔或出边界的概率并输出。每个弹球游戏的输出占一行，对求得的概率（百分比）精确到整数（舍弃小数部分）。

样例输入：

```
/\.|__/\.
_._/\_|.__/\./\_
#
```

样例输出：

```
61
53
```

分析：这也是一道很有趣的题目，模拟的是弹球游戏。

每个弹球游戏的字符序列中包含的字符只有有限的 5 种。对这 5 种字符的处理方法如下。

（1）遇到字符“.”，以 100%的概率通过孔。

（2）遇到字符“_”，弹球会停下来，则通过孔或出边界的概率为 0%。

（3）遇到山峰的左边“/”，则反弹，是否通过孔、出边界或停下来，要观察左边的字符序列：如果左边第一个字符为“.”，则以 100%的概率通过孔；如果为字符“|”或字符“\”，则停下来，通过孔或出边界的概率为 0；如果为字符“_”，则继续判断左边的字符，如果左边的字符序列判断完毕还没通过孔或停下来，则出边界，概率为 100%。

（4）遇到山峰的右边“\”，也会反弹，是否通过孔、出边界或停下来，要观察右边的字符序列，处理方法与（3）类似。

（5）遇到字符“|”，则分别以 50%的概率做（3）和（4）的处理。

在程序中，可以用 if 结构或 switch 结构按上述分析处理字符序列中的每个字符，将得到的概率求和再除以字符个数就是题目要求的概率，代码如下。

```
int main( )
{
    int i, j;  char ch[80];                     //弹球游戏中的字符序列
    while( scanf("%s", ch)){
        if( ch[0]=='#' ) break;
        int prob = 0, len = strlen(ch);        //概率，字符序列的长度
        for( i=0; i<len; i++ ){
            if( ch[i]=='.' ) prob += 100;       //处理'.'字符
            else if( ch[i]=='/' ){              //处理'/'字符
                for( j=i-1; j>=0; j-- ){
                    if( ch[j]=='.' ){ prob += 100;  break; }
                                                //遇到孔的位置，则通过孔
                    else if(ch[j]=='|' || ch[j]=='\\') break;
                                                //遇到墙壁或山峰，则停下
```

```
                }
                if( j<0 ) prob += 100;          //出左边界
            }
            else if( ch[i]=='\\' ){             //处理'\'字符
                for( j=i+1; j<len; j++ ){
                    if( ch[j]=='.' ){ prob += 100;  break; }
                                                //遇到孔的位置，则通过孔
                    else if( ch[j]=='|' || ch[j]=='/' ) break;
                }
                if( j>=len ) prob += 100;
            }
            else if( ch[i]=='|' ){              //处理'|'字符
                for( j=i-1; j>=0; j-- ){        //以 50%的概率相当于'/'
                    if( ch[j]=='.' ){ prob += 50;  break; }
                    else if( ch[j]=='|' || ch[j]=='\\' ) break;
                }
                if( j<0 ) prob += 50;
                for( j=i+1; j<len; j++ ){       //以 50%的概率相当于'\'
                    if( ch[j]=='.' ){ prob += 50;  break; }
                    else if( ch[j]=='|' || ch[j]=='/' ) break;
                }
                if( j>=len ) prob += 50;        //出右边界
            }
            //else if( ch[i]=='_' )             //'_'字符不用处理
        }
        prob /= len;  printf( "%d\n", prob );
    }
    return 0;
}
```

练习题

练习 3.6 汉诺塔（Hanoi Tower），ZOJ2954。

题目描述：

汉诺塔游戏中有 3 根柱子（编号分别为 1～3）和 *N* 个半径大小不等的盘子。初始时，*N* 个盘子位于 1 号柱子，按照它们的半径大小的顺序叠在一起，最大的盘子在下面、最小的盘子在上面。每轮游戏，可以将某个柱子最上面的盘子移动到另一个柱子上，但自始至终都必须保证每根柱子上都是大盘子在下面、小盘子在上面（或者没有盘子）。游戏的目标是将所有的盘子移动到 3 号柱子上。移动步骤用两个不同的整数 *a* 和 *b* 来表示，$1 \leqslant a, b \leqslant 3$，表示将 a 号柱子上最上面的盘子移动到 b 号柱子上。一次移动是合法的，当且仅当 a 号柱子上至少有一个盘子，且 a 号柱子最上面的盘子能移动到 b 号柱子上。给定汉诺塔游戏的移动步骤，求游戏的结果。

输入描述：

输入文件包含多个测试数据。第 1 行为整数 *T*，$1 \leqslant T \leqslant 55$，代表测试数据的个数。接下来有 *T* 个测试数据。每个测试数据的第 1 行为两个整数 *n*（$1 \leqslant n \leqslant 10$）和 *m*（$1 \leqslant m \leqslant$

12 000），分别代表盘子个数和移动步骤数目；接下来有 *m* 行，每行描述一次移动步骤。

输出描述：

对每个测试数据，输出一行，为一个整数，含义如下。

（1）如果在将所有盘子移动到 3 号柱子之前出现了非法的移动，并且第 *p* 次移动是非法的（移动步数从 1 开始计起），输出–*p*，后面的移动将被忽略。

（2）如果移动 *p* 步后，所有盘子都移动到 3 号柱子上，且没有非法移动，则输出 *p*，后面的移动将被忽略。

（3）其他情况输出 0。

样例输入：

```
3
2 3
1 2
1 3
2 3
2 3
1 2
1 3
3 2
2 3
1 3
1 2
3 2
```

样例输出：

```
3
-3
0
```

提示：本题只要模拟汉诺塔游戏的 *m* 次移动，并判断是否成功完成游戏或出现了非法移动等情形。

练习 3.7 石头、剪刀、布（Rock，Scissors，Paper），ZOJ1921，POJ2339。

题目描述：

Lisa 开发了一款二维网格上的游戏。初始时，网格中每个格子可能被三种生物形态之一占领：石头、剪刀和布。每天白天，水平方向或垂直方向上相邻的不同生物形态之间发生争夺。在争夺中，石头总是能打败剪刀，剪刀总是能打败布，布总是能打败石头。每天晚上，胜利者占领失利者的领土。请编程输出 *n* 天后领土占领情形。

输入描述：

输入文件的第 1 行是一个正整数 *t*，表示测试数据的数目。每个测试数据的第 1 行为 3 个整数（都不超过 100）*r*、*c* 和 *n*，*r* 和 *c* 代表网格的行和列，*n* 代表天数。网格用 *r* 行表示，每行有 *c* 个字符。网格中的字符为 *R*、*S* 或 *P*，分别代表该位置为石头、剪刀和布。

输出描述：

对每个测试数据，输出 *n* 天后的网格情形。每两个测试数据的输出之间有一个空行。

样例输入：

```
2
3 3 1
RRR
RSR
RRR
```

样例输出：

```
RRR
RRR
RRR

RRRS
```

```
3 4 2
RSPR
SPRS
PRSP
```

```
RRSP
RSPR
```

提示：白天发生所有争夺，并得出结果，晚上再进行领土扩张，在同一天里不能根据某些位置的争夺结果继续争夺。这条规则可以保证每天按任意的顺序发生争夺，得到的结果是一样的。白天发生争夺得到的结果，需要临时保存起来，晚上根据这个临时的结果进行领土扩张。

练习 3.8 贪吃蛇游戏（The Worm Turns），ZOJ1056。

题目描述：

模拟一个简化的贪吃蛇游戏。游戏在一个 50×50 的棋盘上进行，棋盘中的位置都进行了编号。棋盘左上角位置被编号为(1, 1)。蛇最初是由 20 个正方形连接而成的。这些正方形是水平连接的或者是垂直连接的。开始时蛇水平地处在位置(25, 11)到(25, 30)上，蛇的头在(25, 30)处。蛇可以向东（E）、西（W）、北（N）或南（S）移动，但是本身绝不会向后移动。所以，在最初的位置时，向西（W）移动是不可能的。这样，蛇移动每步后，只改变了两个正方形的位置，即它的头和尾。注意，蛇的头部可以移动到蛇的尾部空出来的位置。

给定一系列的移动方向，然后蛇进行移动，直到蛇碰到本身，或者蛇跑到棋盘的边界以外，或者蛇成功地完成了所有移动。在前两种情况下，应该忽略掉碰到本身或者出界后剩余的移动。

输入描述：

输入文件包含多个测试数据。每个测试数据包括两行。第 1 行标明移动的次数，为整数 n，$n<100$，当 $n=0$ 时，表示输入结束。第 2 行包含 n 个字符（可以为 E、W、N 或 S），字符和字符之间没有空格，字符序列表示移动顺序。

输出描述：

对于每个测试数据，输出一行。输出可能是以下三种情况。

The snake ran into itself on move m.

The snake ran off the board on move m.

The snake successfully made all m moves.

这里的 m 是程序求得的移动步数，并且一次移动为 1 步。

例如，样例输入/输出中第 2 个测试数据所描述的贪吃蛇游戏过程如图 3.9 所示。贪吃蛇的初始状态如图 3.9（a）所示，在经过前面 8 步（SSSWWNEN）移动后，到达图 3.9（b）所示的状态，这时第 9 步向北（N）移动一步将碰到贪吃蛇本身。

（a）初始状态　　（b）移动8步后

图 3.9　贪吃蛇游戏

样例输入：

```
18
NWWWWWWWWWWWSESSSWS
20
SSSWWNENNNNNWWWWSSSS
30
EEEEEEEEEEEEEEEEEEEEEEEEEEEEEE
0
```

样例输出：

```
The snake successfully made all 18 moves.
The snake ran into itself on move 9.
The snake ran off the board on move 21.
```

3.4 实践进阶：程序测试

初学者在做程序设计竞赛题目时，RTE（运行时错误）、TLE（超时）、WA（答案错误）、PE（格式错误）无数次，历经千辛万苦最终才得到AC（程序正确），这是再常见不过的了。所以不必害怕RTE、TLE、WA、PE等。初学者在经过无数次试错后，最终获得成功，这个过程不仅能锻炼耐心、持之以恒的毅力，更有利于掌握程序设计思想、方法、技巧。

3.4.1 解答程序设计竞赛题目的一般流程

实践进阶：程序测试1

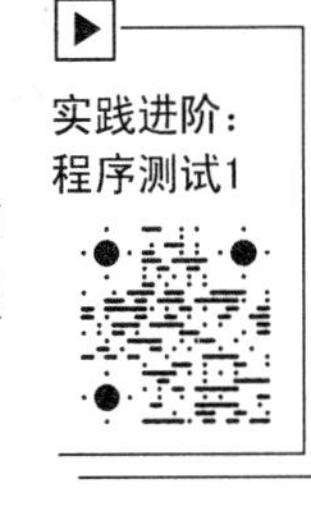

参加竞赛或平时在线练习时，解答题目的一般流程如图3.10所示，除算法设计和实现外，最重要的实践能力是程序测试和程序调试。本节总结程序测试方法，第5.3节将总结程序调试方法。

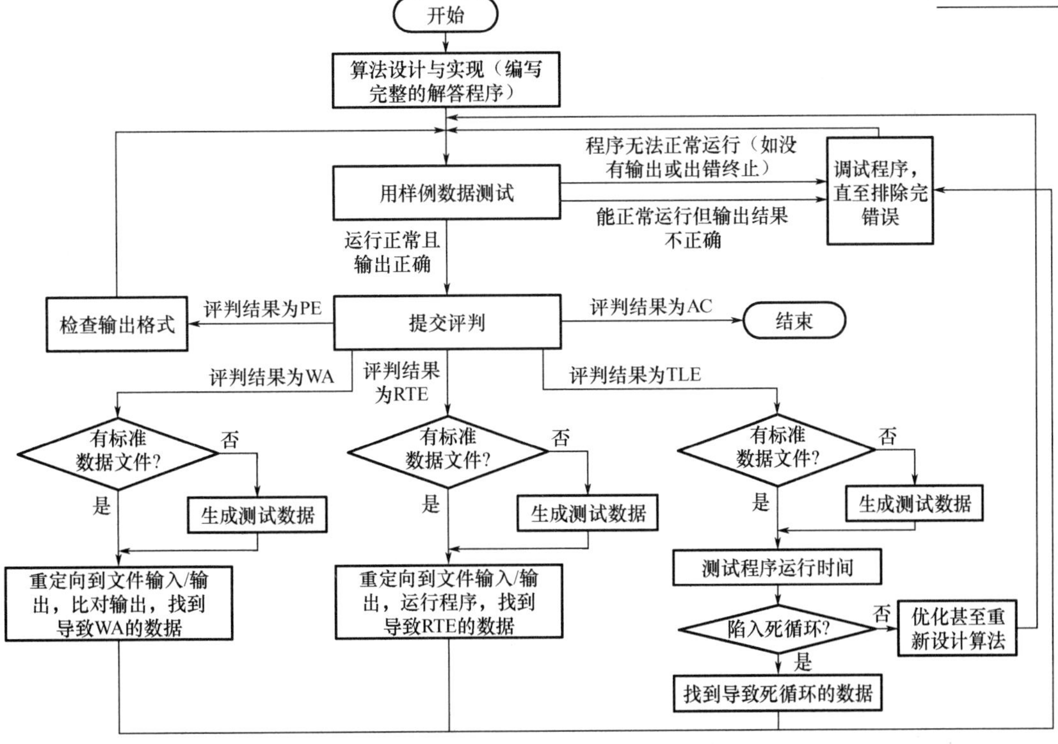

图3.10 解答程序设计竞赛题目的一般流程

编写好完整程序后，首先要用题目中所给的样例数据进行测试，如果程序无法正常运行（如没有输出或运行时出错终止），或者能正常运行但输出结果不正确，这就需要调试，以检查并排除完程序中的错误。

如果程序运行正常且输入样例数据后，输出也正确，这时就可以提交。注意，在正式比赛里，如果错误提交有罚时，在提交前最好确认程序无误后再提交。

如果提交后，评判结果为 AC，说明程序正确。对初学者来说，初次解答题目要想得到 AC 是比较困难的，需要多次练习，积累经验，才能比较顺利地得到 AC。

如果评判结果为 PE，说明接近 AC 了，只是多/少空行（或空格），只需认真检查输出格式，再通过样例数据测试，确认格式无误后，就可以再提交了。

由于样例数据通常只有几个测试数据，通过这几个测试数据的评测，并不意味着程序一定能通过服务器成千上万个数据的评测。因此，如果评判结果为 WA，是很正常的。这时就需要用更多的数据来测试。如果有官方的标准数据文件，那就可以将程序中的标准输入/输出重定向为文件输入/输出，运行程序并生成输出文件，然后将其与标准输出文件进行比对，找到导致 WA 的数据，再调试程序并找出错误。如果没有标准数据文件，那就需要自己生成测试数据。

评判结果也有可能为 RTE，可能的情形是输入样例数据不会导致 RTE，但其他测试数据会导致 RTE。导致运行时错误的原因有很多，如数组越界、除数为 0、指针越界、使用已经释放的空间、栈溢出（如函数内的数组定义得太大，超出了栈空间的上限，或者递归函数调用次数太多导致栈溢出）等。如果有官方的标准数据文件，那就可以运行程序，找到导致 RTE 的数据，然后调试程序并找出错误。同样如果没有标准数据文件，那就需要自己生成测试数据。

评判结果也有可能为 TLE。导致程序超时一般有两种原因：一是陷入死循环，可能的情形是输入样例数据不会导致死循环，但其他测试数据会导致死循环；二是算法复杂度过高。如果有官方的标准数据文件，那就可以测试程序的运行时间，如果程序运行结束但时间超出题目的限制，就需要优化算法，甚至重新设计算法；如果程序无法结束，那就是陷入了死循环，要找到导致程序陷入死循环的数据，必要时也需要调试程序。同样如果没有标准数据文件，就需要自己生成测试数据。

综上，程序设计竞赛中的程序测试，一般包含以下几个方面。

（1）用样例数据测试程序。

（2）将标准输入/输出重定向为文件输入/输出，生成输出文件后与标准输出文件比对。

（3）生成测试数据。

（4）测试程序运行时间。

另外，蓝桥杯大赛解答程序的测试，将在本节最后进行说明。

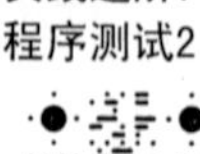

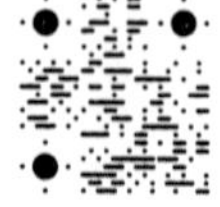

3.4.2 程序测试方法

1. 用样例数据测试程序

程序设计竞赛题目一般会给出样例数据，包含几个测试数据的输入/输出。样例数据的目的是：帮助参赛选手理解题目，验证输入/输出数据格式，用于初

步测试程序，等等。

编写完解答程序后，首先要做的就是用样例数据测试解答程序，方法是：运行程序，然后输入样例数据，根据程序运行情况决定是调试程序还是提交程序。

通常需要反复多次用样例数据测试程序，如果每次运行程序，都需要手工输入样例数据，很费时。这里有个技巧是：很多开发工具支持复制、粘贴，运行程序时可以复制样例数据，粘贴到程序运行窗口里运行。

2. 将标准输入/输出重定向为文件输入/输出，生成输出文件后与标准输出文件比对

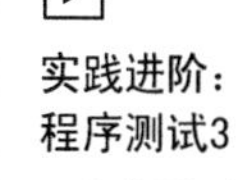

实践进阶：
程序测试3

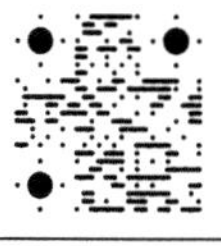

正式的程序设计竞赛，赛后竞赛主办方一般会公布标准数据文件（包括每道题的标准输入文件和标准输出文件，一般扩展名分别为*.in 和*.out，但其实都是文本文件），只要找到组委会官方网站，就能找到标准数据文件。有了标准数据文件，就可以按以下步骤来生成自己的输出文件，并与标准输出文件比对。

（1）将标准输入/输出重定向为文件输入/输出

要利用标准数据文件来测试程序，因为输入数据是在文件中，所以首先要将程序中的标准输入/输出重定向为文件输入/输出。

由标准输入/输出重定向为文件输入/输出，不管是 C 语言还是 C++语言，都有很多种方法，以下只介绍最简单的方法。

注意，以下方法的优势是，只需添加 2 行代码，不需修改解答程序，就能将解答程序中的标准输入/输出重定向为文件输入/输出。

对 C 语言程序，由标准输入/输出重定向为文件输入/输出，只需在所有输入语句之前（一般在 main( )函数的最前面）加上以下两行代码。

```
freopen( "a.in", "r", stdin );                //从文件 a.in 里读数据
freopen( "a_mine.out", "w", stdout );         //输出数据到 a_mine.out 文件
...  //以下程序仍采用标准输入/输出(scanf、printf)
```

其中，a.in 和 a_mine.out 分别为标准输入文件名和自己的输出文件名；“r”的含义是 read，表示从输入文件读数据；“w”的含义是 write，表示输出数据到文件。对不同的输入/输出文件，用户只需要修改文件名即可。

对 C++语言程序，由标准输入/输出重定向为文件输入/输出，只需要重新定义 cin 和 cout，代码如下。

```
ifstream cin( "a.in" );  //注意 cin、cout 不能声明成全局变量
ofstream cout( "a_mine.out" );
...  //以下程序仍采用标准输入/输出(cin、cout)
```

并包含头文件 fstream.h，以支持文件输入/输出。

对于上述方法，如果想重新使用标准输入/输出，只需把以上两条语句删除或注释掉即可。所以，使用这种方法在文件输入/输出和标准输入/输出之间进行切换是很方便的。

（2）利用标准输入文件生成输出文件

有了标准输入文件和标准输出文件后，可以利用标准输入文件运行自己的程序，生成用户输出文件；然后比对标准输出文件和用户输出文件，检查程序对哪些数据的输出是错误的，从而可以调试程序，找出其中的错误。

例如，练习 2.3 及附录 A 第 90 点提到，如果因为“浮点数不能精确表示”而影响算法的正确性，则应尽量采用整数进行运算；在练习 2.3 中，枚举长方体的长度 a 时，循环条件必须用 a*a*a<=N，不能用 a<=pow(N, 1.0/3)，前者得到的输出如图 3.11（a）所示，这也是标准输出文件，后者得到的输出如图 3.11（b）所示。从图 3.11 中可以看出，使用 a<=pow(N, 1.0/3)的程序对第 9 个测试数据的输出是错误的，因此可以用第 9 个测试数据来调试程序，找出程序中的错误。

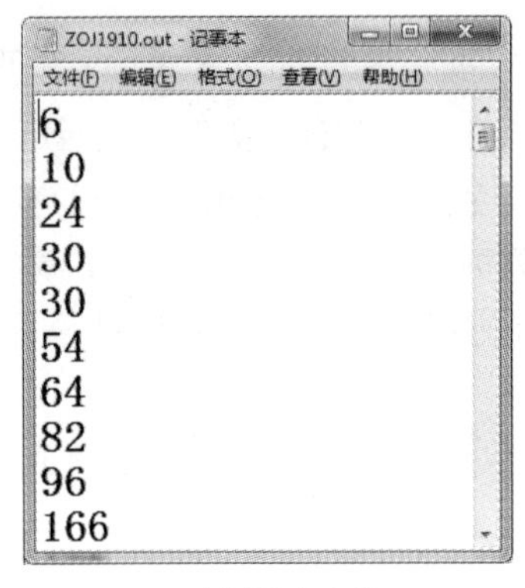

（a）标准输出文件

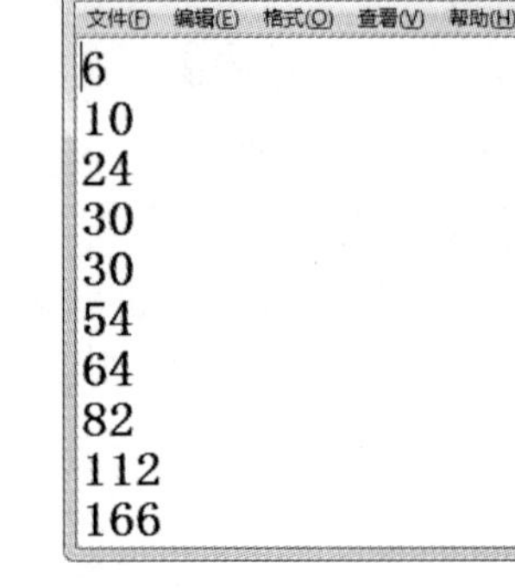

（b）错误的输出文件

图 3.11　标准输出文件和用户输出文件

（3）利用 UltraEdit 软件快速比对用户输出文件和标准输出文件

输出文件中通常有成千上万个数据，如果人工比对，很麻烦。很多文本编辑软件（如 UltraEdit 软件）有比对两个文件的功能，可以借助这些软件帮助快速比对标准输出文件和用户输出文件。

例如，用 UltraEdit 软件比对图 3.11 中的两个输出文件，比对结果如图 3.12 所示。从图 3.12 中可以看出，UltraEdit 软件将两个输出文件中不匹配的行清晰地标注了出来（总共 8 行有差异）。找到这些导致程序输出错误的数据，就可以用这些数据调试程序，直至排除完所有错误。

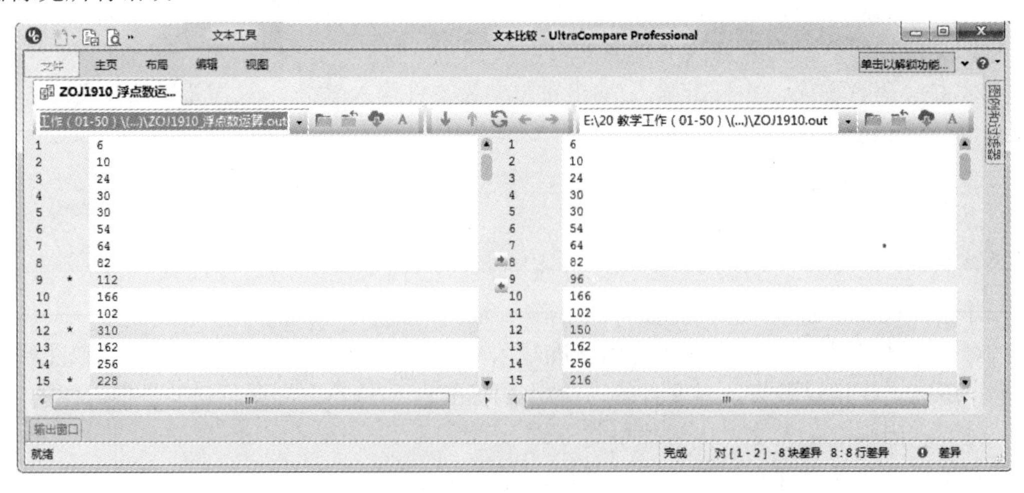

图 3.12　用 UltraEdit 软件比对标准输出文件和用户输出文件

如果没有 UltraEdit 软件，也可以使用 Excel 软件实现两个输出文件的比对，详见附录 A

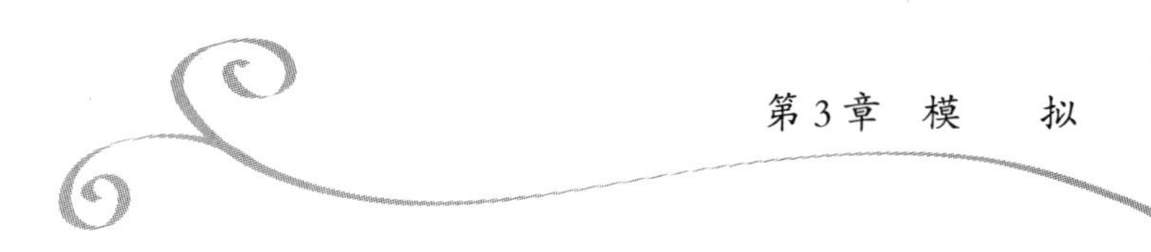

第 11 点。

3. 生成测试数据

实践进阶：
程序测试4

如果没有标准输入文件，则只能自己生成测试数据。如果有正确的解答程序，那就可以根据输入文件生成正确的输出文件。注意，如果既没有标准输入文件，又没有正确的解答程序，那就没有标准输出文件或正确的输出文件，无法按上述方法进行比对。我们只能分析用户程序对一些典型的测试数据产生的输出结果（必要时需要进行程序调试），如果结果不正确，则可以用这些测试数据来调试程序，以找出程序中的错误。

生成包含测试数据的输入文件主要有以下三种方法。

（1）生成包含所有数据的输入文件

如果题目告诉了输入数据的取值范围而且这个范围比较小，就可以根据这个范围生成所有可能的数据。例如，如果每个测试数据包含 m 和 n 两个整数，且 $1\leq m, n\leq 1\ 000$，则可以生成一个输入文件，该输入文件中包含了 m 和 n 的所有组合，即从(1, 1)到(1 000, 1 000)。代码如下。

```
int main( )
{
    freopen( "gcd.in", "w", stdout );        //输出数据到文件 gcd.in
    for( int m=1; m<=1000; m++ ){
        for( int n=1; n<=1000; n++ )
            printf( "%d %d\n", m, n );
    }
    return 0;
}
```

有时也可以利用 Excel 软件的填充功能快速地生成所需的测试数据。

如果无法生成所有测试数据，可以考虑以下两种方法。

（2）通过复制样例数据生成输入文件

如果生成输入文件的目的仅仅是测试程序运行时间，则可以将现有的样例数据（或经过验证后的测试数据）复制若干份。在复制时，要掌握一些技巧。例如，假设初始时只有 3 个样例数据，要生成一个包含 10 000 个数据的输入文件，如果只是简单地复制、粘贴这 3 个数据，则要粘贴 3 000 多次才能达到 10 000 个数据。正确的方法是：粘贴几次后，再重新全部选中，然后复制、粘贴若干次；再重新全部选中，复制、粘贴若干次；重复前面的操作。这样输入数据量将会以几何级数增长，只需复制、粘贴很少的次数就可以达到 10 000 个数据。

（3）通过随机函数生成输入文件

如果生成输入文件的目的是测试程序运行是否正确，则需要生成随机数据。这需要用到生成随机数的函数 rand( )。该函数包含在 stdlib.h 头文件中，函数的原型如下。

```
int rand( void );
```

该函数用于产生 0 到 RAND_MAX 之间的伪随机数。RAND_MAX 是计算机里定义的符号常量，其值为 32 767。rand( )函数采用线性同余法来产生随机数，它产生的随机数不

是真正的随机数，是“伪”随机数。

为了保证每次运行程序时产生的随机数不同，在使用 rand( )函数前，需要调用 srand( )函数设置随机数种子。srand( )函数的原型如下。

```
void srand( unsigned int seed );
```

通常该函数的调用形式如下。

```
srand( (unsigned)time( 0 ));
```

即用当前系统时间作为随机种子。其中 time( )函数是在<time.h>头文件中定义的函数，用于获取当前系统时间。

实际上，在程序设计竞赛命题时，往往是出题人编写解答程序并确认其正确性，然后通过随机函数生成大量符合题目要求的输入数据，再运行解答程序生成标准输出文件。另外，也可以在 Excel 软件里利用 RAND( )函数生成所需的随机测试数据。

例如，以下代码可以生成 10 000 个随机测试数据（假定每个测试数据包含整数 *m* 和 *n*）。

```
int main( )
{
    freopen( "gcd.in", "w", stdout );        //输出数据到文件 gcd.in
    srand( (unsigned)time( 0 ));
    int m, n;
    for( int i=1; i<=10000; i++ ){
        m = rand( );  n = rand( );          //产生随机数
        printf( "%d %d\n", m, n );
    }
    return 0;
}
```

生成的测试数据如图 3.13 所示。

gcd.in - 记事本

文件(F) 编辑(E) 格式(O) 查看(V) 帮助(H)

18908 3943
12529 961
31538 17070
10881 8487
14341 13159
12286 8692

图 3.13　生成的测试数据

当然，对输入数据范围、格式限制比较多的题目，测试数据生成程序就没这么简单了。本书很多例题、练习题也提供了测试数据生成程序。

实践进阶：程序测试5

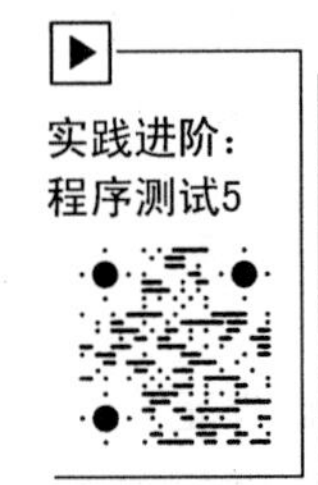

4. 测试程序运行时间

程序设计竞赛题目都是有时间限制的，一般为 1 秒钟、2 秒钟、5 秒钟等。很多题目只有算法设计得很巧妙才能通过。当提交程序后反馈结果为超时（如果超时，评判系统一般会在时间界限到了后强行终止用户程序的执

行，因此用户无法得知程序的最终运行时间），则我们需要测试程序运行具体需要花多长时间，有时也需要比较采用不同算法编写的程序的运行时间，从而比较算法的优劣。

测试程序运行时间时，如果采用从键盘输入数据的方式来运行程序，测得的运行时间大部分是输入数据所花的时间，这种时间是没有意义的。评判系统在评判用户程序时也是从文件读入测试数据并将用户程序的输出写入到文件。因此测试程序运行时间时需要把输入数据放在文件里，采用文件输入/输出方式，或利用前面介绍的方法将标准输入/输出重定向为文件输入/输出。

另外，程序设计竞赛题目的样例数据中只有几个测试数据，这些数据只是用来初步测试程序正确与否。没有足够多的数据，就无法模拟实际的输入文件，测试出来的运行时间没有多大意义，因此必须要有包含足够多测试数据的输入文件。

测试程序运行时间有很多种方法。方法之一是使用 clock( )函数，该函数的功能是返回系统 CPU 的当前时间，单位是毫秒。该函数是在头文件 time.h 中声明的。

测试方法：在整个程序处理测试数据前和处理后分别测试当前时间，将这两个时间相减就是程序处理所花的时间，代码如下。

```
int main( )
{
    time_t time, start, end;
    start = clock( );             //处理前
    freopen( "a.in", "r", stdin );  freopen( "a_mine.out", "w", stdout );
    //…处理
    end = clock( );               //处理后
    time = end - start;
    printf( "%d\n", time );
    return 0;
}
```

上述代码执行后，程序处理所花的时间（即变量 time 的值）也被输出到文件 a_mine.out 中（在最后一行）。如果要将程序的处理结果输出到文件、将运行时间输出到屏幕上，则需要对这两种输出分别采取文件输入/输出和标准输入/输出实现，这需要使用文件指针（C 语言）或文件流（C++语言）实现，本书不做进一步介绍。

实践进阶：程序测试6

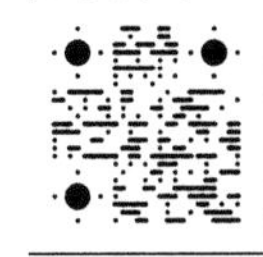

5. 蓝桥杯大赛解答程序的测试

如第 1 章所述，蓝桥杯大赛不管是省赛还是全国总决赛，都不会实时评判，因此学生提交解答程序后，也不知道对错，这时测试程序的正确性就显得尤为重要。有关测试的注意事项如下。

（1）如果题目所给样例数据没通过，程序肯定是错的，可以用这些样例数据调试程序。临近比赛结束，如果样例数据还是没通过，仍有提交的必要，因为可能会通过其他数据的评测（但这种可能性比较小）。

（2）如果题目中所给样例数据测试通过，也不能轻易得出程序正确的结论，但又没有更多的数据来测试，怎么办？少量测试数据可以手工输入。大量测试数据只能采用前面介绍的方法来生成。

（3）如果有大量的测试数据，这些大量的数据往往是在文件里，怎么测试？因为蓝桥杯编程大题往往只需处理单个测试数据，这时需要将代码转换成能处理多个测试数据（需要改代码，比较麻烦），并将标准输入/输出重定向为文件输入/输出，生成输出文件后检查输出的答案是否正确。注意，由于蓝桥杯每个测试数据仍然是在文件里，因此，解答程序采用以下方式既能处理一个测试数据，也能处理多个测试数据（即一个测试数据也视为第 3 种输入情形，测试数据一直到文件尾），也就不需要改写程序代码，只需加上重定向输入/输出的代码。

```
int m, n;          //假定每个测试数据包含两个整数：m n
while( scanf("%d %d", &m, &n)!=EOF ){  //C 语言（C++语言的写法请参考第 1.3.3 节）
    ...            //处理该测试数据
}
```

实践进阶：程序测试7

（4）最后，往往也是最重要的，切记在提交前，删除影响评测的代码（如输入/输出重定向语句），因为蓝桥杯大赛不会实时评判也没有任何反馈信息，如果这些代码影响评测，那么这道题的得分将是 0，得不偿失。

关于以上测试注意事项，详见本书配套代码（电子版）例 5.5 的代码及文档。

字符及字符串处理

本章将集中讲解字符及字符串的处理。涉及的知识和应用问题包括字符转换与编码、回文的判断与处理、子串的处理、字符串模式匹配（含 KMP 算法）等。在实践进阶里，总结了特殊输入/输出的处理。

字符及字符串处理

4.1 字符转换与编码

字符转换和编码通常都是基于字符的 ASCII 编码值进行的。这些题目通常比较简单，可以作为字符及字符串处理的入门练习题。

4.1.1 字符转换

所谓字符转换就是将字符按照某种规律转换成对应的字符。例如，把小写字母字符转换成其在字母表顺序中后面的第 4 个字符，形成环状序列（详见附录 A 第 62 点），如“w”“x”“y”“z”分别转换成“a”“b”“c”“d”。这种转换可以实现简单的加密方法。例 4.1 就是这样一道程序设计竞赛题目。

例4.1

例4.1 曾经最难的题目（The Hardest Problem Ever），ZOJ1392，POJ1298。

题目描述：

加密规则为：对原文中的每个字母，转换成其在字母表顺序中后面的第 5 个字母，如原文中的字符为字母 A，则密文中对应的字符为字母 F。你的任务是解密，将密文翻译成原文。

ciphertext（密文）：A B C D E F G H I J K L M N O P Q R S T U V W X Y Z

plaintext（原文）： V W X Y Z A B C D E F G H I J K L M N O P Q R S T U

加密时，只有字母字符才按照上述规则进行加密，任何非字母字符保持不变，而且所有字母字符均为大写字母。

输入描述：

输入文件（非空）最多包含 100 个测试数据。每个测试数据为下面的格式，每个测试数据之间没有空行，所有的字符均为大写。

每个测试数据由 3 行组成。

（1）第 1 行为字符串“START”。

（2）第 2 行为密文，包含的字符个数大于等于 1，小于等于 200，表示密文。

（3）第 3 行为字符串“END”。

输入文件的最后一行是字符串“ENDOFINPUT”，表示输入结束。

输出描述：

对每个测试数据，输出一行，为解密出来的原文。

样例输入：

```
START
NS BFW, JAJSYX TK NRUTWYFSHJ FWJ YMJ WJXZQY TK YWNANFQ HFZXJX
END
ENDOFINPUT
```

样例输出：

```
IN WAR, EVENTS OF IMPORTANCE ARE THE RESULT OF TRIVIAL CAUSES
```

分析：本题针对的是大写字母，把每个字母转换成其在字母表顺序中前面的第 5 个字母，形成环状序列，即“F”转换成“A”，“G”转换成“B”，……，“E”转换成“Z”，如图 4.1 所示。

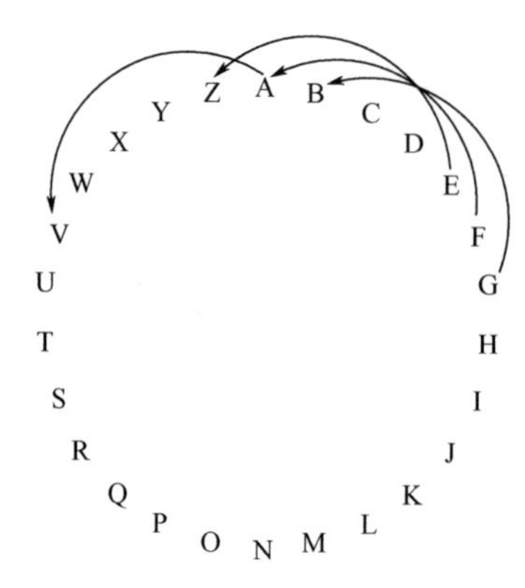

图 4.1　将字母转换成其前面的第 5 个字母

本题的转换式为 Cipher[i]=((Cipher[i]−5−65)%26+26)%26+65 或 Cipher[i]=(Cipher[i]+21−65)%26 + 65。前一个式子要做两次取余运算，因为第 1 次取余运算结果可能为负数（详见附录 A 第 63 点），如果不做第 2 次取余运算，提交到 OJ 的反馈结果将为 Wrong Answer。

本题还要特别注意测试数据的格式，每个测试数据占 3 行，但只有中间一行是需要处理的，在读入数据时要跳过第 1 行和第 3 行。另外，输入文件是以“ENDOFINPUT”为结束标志。这些都是程序中需要特别注意的地方。代码如下。

```
int main( )
{
    char Cipher[210];        //存储读入的每行字符串，每行字符串长度小于等于 200
    while( gets(Cipher)!=NULL ){          //一直读到文件尾
        if( strcmp(Cipher,"ENDOFINPUT")==0 ) break;  //读入"ENDOFINPUT"，结束
        int i = 0;    gets( Cipher );     //读入的是密文
        while( Cipher[i]!='\0' ){         //字符转换
            if( Cipher[i]>='A' && Cipher[i]<='Z' )
```

```
            Cipher[i] = (Cipher[i] + 21 - 65)%26 + 65;
        i++;
      }
      puts( Cipher );                  //输出原文
      gets( Cipher );                  //读入"END"
   }
   return 0;
}
```

例 4.2　打字纠错（WERTYU），ZOJ1884，POJ2538。

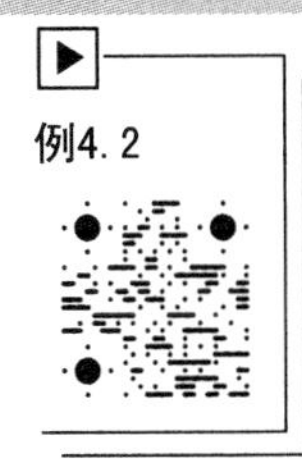

题目描述：

一种常见的打字输入错误是将键盘（见图 4.2）上的按键错按成它右侧相邻的按键。例如，想输入“Q”却误按成“W”，想输入“J”却误按成“K”。你的任务是对上述错误的打字方式进行正确地“解码”。

图 4.2　键盘

输入描述：

输入文件包含若干行，每行可以包含数字，空格，除“A”“Z”“Q”外的大写字母，以及除反引号“`”外的标点符号。除此之外，也不会错按到 Tab、BackSpace、Control 等标记了单词的按键。

输出描述：

将每个字母或标点符号用它左边的符号替换，若是空格则原样输出（即空格不会输错）。

样例输入：

```
O S, GOMR YPFSU/
234567890-=WERTYUIOP[]
```

样例输出：

```
I AM FINE TODAY.
1234567890-QWERTYUIOP[
```

分析：把所有可能误输入的字符按在键盘上的顺序存放到一个数组中。然后对输入字符串中的每个字符，在数组里进行查找，如果查找到则输出数组中左边的字符；否则（没有查找到该字符）原样输出。注意右斜杠字符必须表示成“\\”。代码如下。

```
char key[50] = "`1234567890-=QWERTYUIOP[]\\ASDFGHJKL;'ZXCVBNM,./";
int main( )
{
    int i, c;
    while ( (c=getchar())!=EOF ){
        for( i=1; key[i] && key[i]!=c; i++ )//在数组 key 中查找与读入字符相等的字符
            ;
        if( key[i] ) putchar(key[i-1]);      //查找到，输出左边的字符
        else  putchar(c);                    //没有查找到，原样输出
    }
    return 0;
}
```

4.1.2 字符编码

所谓字符编码，就是将字符串中的每个字符按照编码规则转换成一个数字或一串数字，或者将字符串中具有某种规律的子串转换成一串数字或其他字符等。例如，可以将字母 A 编码成数字 1，……，将 Z 编码成 26；读入一个单词，最终求得整个单词的编码值。

例 4.3 Soundex 编码（Soundex），ZOJ1858，POJ2608。

题目描述：

Soundex 编码方法根据单词的拼写将单词进行分组，使得同一组的单词发音很接近。例如，“can”与“khawn”，“con”与“gone”，在 Soundex 编码下是相同的。

Soundex 编码方法将每个单词转换成一串数字，每个数字代表一个字母。规则如下。

1 代表 B、F、P 或 V；　　2 代表 C、G、J、K、Q、S、X 或 Z；

3 代表 D 或 T；　　4 代表 L；

5 代表 M 或 N；　　6 代表 R。

而字母 A、E、I、O、U、H、W 和 Y 不用任何数字编码，并且相邻的、具有相同编码值的字母只用一个对应的数字代表。具有相同 Soundex 编码值的单词被认为是相同的单词。

输入描述：

输入文件中的每行为一个单词，单词中的字母都是大写，每个单词长度不超过 20 个字母。

输出描述：

对输入文件中的每个单词，输出一行，为该单词的 Soundex 编码。

样例输入：	样例输出：
KHAWN	25
BOBBY	11

分析：样例输入/输出可以帮助我们分析题目的意思。例如，样例输入中的第一个单词“KHAWN”，它的 Soundex 编码值之所以是“25”，是因为第一个字母“K”的编码值为“2”，而接下来的三个字母“H”“A”和“W”都没有编码值，最后一个字母“N”的编码值为“5”；样例输入中的最后一个单词“BOBBY”，它的 Soundex 编码值之所以是“11”，是因为第一个字母“B”的编码值为“1”，第 2 个字母“O”没有编码值，之后两个字母“B”相邻，只编码成一个“1”，最后一个字母“Y”没有编码值。

从上面的分析可以看出，题目中提到的“相邻的、具有相同编码值的字母只用一个对应的数字代表”，意味着如果具有相同编码值的字母之间间隔了若干个没有编码值的字母，则要单独编码。例如，“BB”编码成“1”，“BV”也编码成“1”，而“BOB”则编码成“11”。如果没有理解这一点，程序的处理就可能是错误的。

本题在处理时可以把 26 个字符的编码值（数字字符）按顺序存放到一个字符数组中，对没有编码值的字符用“*”号表示。然后对字符串中的每个字符。输出其对应的数字。如果后一个字母的编码值跟前一个字母的编码值一样，则后一个字母的编码值不输出。代码如下。

```
int main( )
{
    //26 个字母(对应到数组元素，下标为 0～25)对应的 Soundex 编码值，"*"号表示没有编码值
```

```
    char change[27]="*123*12**22455*12623*1*2*2";
    int i;  char input[21];      //读入的单词
    while( scanf("%s", input)!=EOF ){
        char temp, prev = '0';    //单词中每个字母对应的编码值，前一个字母的编码值
        int len = strlen(input); //单词长度
        for( i=0; i<len; i++ ){
            temp = change[input[i]-'A'];
            if( temp=='*' ){ prev = '0';  continue; }  //第 i 个字母没有编码值
            if( temp==prev ) continue;  //第 i 个字母的编码值同前一个字母的编码值
            printf("%c", temp);    prev = temp;
        }
        printf("\n");
    }
    return 0;
}
```

以上程序中，变量 prev 的作用很关键。为了实现“相邻的、具有相同编码值的字母只用一个对应的数字代表”，需要记住前一个字母的编码值，如果当前字母的编码值和前一个字母的编码值一样，则后一个字母的编码值不输出。

例 4.4 圆括号编码（Parencodings），ZOJ1016，POJ1068。

题目描述：

令 S=s_1 s_2 ⋯ s_{2n} 是一个正则（well-formed）的圆括号串。S 可以编码成两种不同的形式。

（1）编码成一个整型序列 P=p_1 p_2 ⋯ p_n，p_i 代表在 S 序列中第 i 个右圆括号前的左圆括号数量。（记为 P–序列）

（2）编码成一个整型序列 W=w_1 w_2 ⋯ w_n，对每一个右圆括号 a，编码成一个整数 w_i，表示从与之匹配的左圆括号开始到 a 之间的右圆括号的数目（包括 a 本身）。（记为 W–序列）

下面是一个例子。

S　　　　　(((()()())))

P–序列　　　4 5 6 6 6 6（注意，第 1 个右圆括号前有 4 个左括号，第 2 个右圆括号前有 5 个左括号，……）

W–序列　　　1 1 1 4 5 6（注意，第 1 个右圆括号是与它旁边的左圆括号匹配的，则这两个圆括号之间有 1 个右圆括号，就是第 1 个右圆括号本身，……）

编写程序，把一个正则圆括号串的 P–序列转化为 W–序列。

输入描述：

输入文件的第 1 行是一个整数 t（$1 \leqslant t \leqslant 10$），表示测试数据的个数。每个测试数据的第 1 行是一个整数 n（$1 \leqslant n \leqslant 20$），第 2 行是一个正则圆括号串的 P–序列，包含 n 个正整型，以空格相隔。

输出描述：

输出有 t 行。对每个测试数据所表示的 P–序列，输出一行，包含 n 个整数，以空格相隔，表示对应的 W–序列。

样例输入：

```
1
5
4 5 5 5 5
```

样例输出：

```
1 1 3 4 5
```

分析：注意，根据编码规则可知 P–序列是非递减序列，但 W–序列不一定是非递减序列的。将一个正则圆括号串的 P–序列转化为 W–序列分为两个步骤，一是把 P–序列还原成原始圆括号串；二是把圆括号串编码成 W–序列。

假设读入的 n 个整数保存在 num 数组中，这 n 个整数是 num[0]～num[n–1]。

（1）把 P–序列还原成原始圆括号串。对 num[0]的处理是，先写 num[0]个左圆括号，然后写 1 个右圆括号；对 num[1]的处理是，先写 num[1]–num[0]个左圆括号，然后写 1 个右圆括号；以此类推，最后对 num[n–1]的处理是，先写 num[n–1]–num[n–2]个（可能为 0 个）左圆括号，然后写 1 个右圆括号。

现以样例测试数据为例加以解释，在该测试数据中，n 为 5，读入的 5 个整数 num[0]～num[4]分别为 4、5、5、5、5。

对 num[0]的处理：先写 4 个左圆括号，再写 1 个右圆括号，得到的圆括号串为“(((()”。

对 num[1]的处理：先写 5 – 4 = 1 个左圆括号，再写 1 个右圆括号，得到的圆括号串为“(((()()”。

对 num[2]的处理：先写 5 – 5 = 0 个左圆括号，再写 1 个右圆括号，得到的圆括号串为“(((()())”。

对 num[3]的处理：先写 5 – 5 = 0 个左圆括号，再写 1 个右圆括号，得到的圆括号串为“(((()()))”。

对 num[4]的处理：先写 5 – 5 = 0 个左圆括号，再写 1 个右圆括号，得到的圆括号串为“(((()())))”。

所以得到的原始圆括号串为“(((()())))”。

（2）把圆括号串编码成 W–序列。对圆括号串中的第 i 个圆括号，如果是右圆括号（设为 R），则从 R 往左边扫描前面的所有圆括号，记录为匹配当前扫描到的右圆括号序列所需的左圆括号数 left（初值为 1)；如果当前扫描到的圆括号为左圆括号“(”且 left 的值刚好为 1，则这个左圆括号就是与 R 匹配的左圆括号，扫描结束。记录这个扫描过程中扫描到的右圆括号数，这个值就是 R 的编码值。

以前面分析得到的原始圆括号串为例加以解释，圆括号下方的数字表示该圆括号在圆括号串中的序号（从 0 开始计）。

```
( ( ( ( ) ( ) ) ) )
0 1 2 3 4 5 6 7 8 9
```

以第 7 个圆括号为例，它是一个右圆括号“) ”（即前面假设的 R），left 值初始为 1。

往左遍历，第 6 个圆括号为右圆括号“)”，则 left 加 1 为 2。

第 5 个圆括号为左圆括号“(”，left 减 1 为 1。

第 4 个圆括号为右圆括号“)”，则 left 加 1 为 2。

第 3 个圆括号为左圆括号“(”，left 减 1 为 1。

第 2 个圆括号为左圆括号“(”，且此时 left 的值为 1，扫描结束。这个左圆括号“(”就是与 R 匹配的左圆括号。在这个扫描过程中扫描到的右圆括号的个数为 3，所以 R 的编码值为 3。

对原始圆括号串“((((()()))))”中的每个右圆括号都按上述方法处理，得到最终的W–序列为“1 1 3 4 5”。代码如下。

```
int main( )
{
    int num[21] = {0}, result[21] = {0};      //读入的P-序列，以及转换后的W-序列
    char parentheses[41] = {0};               //读入的P-序列对应的正则圆括号串
    int i, j, k, t, n; //t为测试数据的个数; n为测试数据所表示的P-序列中整数的个数
    scanf( "%d", &t );
    for( i=0; i<t; i++ ){                     //处理t个测试数据
        scanf( "%d", &n );
        for( j=0; j<n; j++ ) scanf( "%d", &num[j] );  //读入n个整数
        int temp = num[0], temp1 = 0;
        for( j=0; j<n; j++ ){   //(1)将读入的P-序列转换成对应的圆括号串
            for( k=temp1; k<temp; k++ ) parentheses[k] = '(';
            parentheses[k] = ')';
            temp1 = k+1;  temp = num[j+1] - num[j] + temp1;
        }
        int left;     //为匹配当前扫描到的右圆括号序列所需的左圆括号数
        int count;    //对每个右圆括号a，从与之匹配的左圆括号开始到a之间的右圆括号的数目
        int m=0;      //将第m个右圆括号编码成result[m]
        for( j=0; j<strlen(parentheses); j++ ) { //(2)将圆括号串转换成W-序列
            if( parentheses[j]==')' ){    //碰到")"时开始处理
                count = 1; left = 1;
                for( k=j-1; k>0; k-- ){    //遍历")"之前的括号情况
                    //当前扫描到的为"("，且仅需一个"("时跳出，这个"("即为所需
                    if( parentheses[k]=='(' && left==1 ) break;
                    //当扫描到一个"("时，即可以匹配掉一个")"，所以left--
                    if( parentheses[k]=='(' ) left--;
                    //当扫描到一个")"时，所需左圆括号数left++
                    if( parentheses[k]==')' ){ left++;  count++; }
                }
                result[m++] = count;
            }
        }
        for( j=0; j<n-1; j++ ) printf( "%d ", result[j] );  //输出前n-1个数
        printf( "%d\n", result[j] );      //输出最后一个数
        memset( parentheses, 0, sizeof(parentheses));
    }
    return 0;
}
```

练习题

练习 4.1　置换加密法（Substitution Cypher），ZOJ1831。

题目描述：

置换加密法是最简单的加密算法，其原理是将一个字母表中的字符替换成另一个字母

表中的字符。这种形式的加密方法，已经有 2 000 多年的历史了。

输入描述：

输入文件的第 1 行是原文用的字母表，第 2 行是密文用的字母表。接下来有若干行字符，每一行是待加密的原文，每一行都不超过 64 个字符。

输出描述：

输出的第 1 行是密文用的字母表，第 2 行是原文用的字母表。接下来的若干行是将输入文件中对应行加密后得到的密文字符串。原文字母表中没有的字符不用替换。

样例输入：

```
abcdefghijklmnopqrstuvwxyz
zyxwvutsrqponmlkjihgfedcba
Shar's Birthday:
The birthday is October 6th, but the party will be Saturday,
```

样例输出：

```
zyxwvutsrqponmlkjihgfedcba
abcdefghijklmnopqrstuvwxyz
Sszi'h Brigswzb:
Tsv yrigswzb rh Oxglyvi 6gs, yfg gsv kzigb droo yv Szgfiwzb,
```

练习 4.2 Quicksum 校验和（Quicksum），ZOJ2812，POJ3094。

题目描述：

校验和是一种算法，这种算法扫描数据包并返回一个值。这种算法的思想是，当数据包被改变时，校验和同样要改变，因此校验和通常用来检查传输错误，即用来确认传输内容的正确性。

本题要实现一种校验和算法，称为 Quicksum。一个 Quicksum 数据包只允许包含大写字母和空格，且起始和终止字符都是大写字母。除此之外，空格和大写字母允许以任何的组合方式出现，包括连续的空格。Quicksum 校验和是数据包中所有字符在数据包中的位置和其值的乘积的累加。空格的值为 0，其他大写字符的值为它在字母表中的位置，即 A=1, B=2,…, Z=26。

下面是 Quicksum 数据包“ACM”和“MID CENTRAL”的校验和计算方法。

ACM：$1\times1+2\times3+3\times13=46$

MID CENTRAL：$1\times13+2\times9+3\times4+4\times0+5\times3+6\times5+7\times14+8\times20+9\times18+10\times1+11\times12=650$

输入描述：

输入文件包括多个数据包，输入文件的最后一行为符号“#”，表示输入文件的结束。每个数据包占一行，每个数据包不会以空格开头或结尾，每个数据包包含 1～255 个字符。

输出描述：

对每个数据包，输出一行，为它的校验和。

样例输入：

```
ACM
REGIONAL PROGRAMMING CONTEST
#
```

样例输出：

```
46
4690
```

练习 4.3　字符宽度编码（Run Length Encoding），ZOJ2240，POJ1782。

题目描述：

编写程序，实现字符宽度编码。编码规则如下。

（1）任何 2～9 个相同字符构成的序列编码成 2 个字符，第 1 个字符是序列的长度，用数字字符 2～9 表示，第 2 个字符为这一串相同字符序列中的字符；超过 9 个相同字符构成的序列，编码方法是先编码前面 9 个字符，然后再编码剩余的字符。

（2）任何不包含连续相同字符的序列，编码方法是先是字符“1”，然后是字符序列本身，最后还是字符“1”；如果字符“1”是序列中的字符，则对每个“1”用两个字符“1”替换。

例如，字符串“12142”，没有连续相同的字符，则编码后前后都是字符 1，中间是字符串本身，该字符串又包含了两个“1”，对每个“1”，用两个“1”替换，因此编码后为“111211421”。

输入描述：

输入文件包含若干行，每行的字符都是大小写字母字符、数字字符、空格或标点符号，没有其他字符。

输出描述：

对输入文件中的每行进行字符宽度编码，并输出。

样例输入：	样例输出：
`AAAAAABCCCC`	`6A1B14C`
`12344`	`11123124`

练习 4.4　摩尔斯编码（P，MTHBGWB），ZOJ1068，POJ1051。

题目描述：

摩尔斯编码采用点号“. ”和短划线“–”序列来代表字符。实际编码时，电文中的字符用空格隔开。表 4. 1 是摩尔斯编码中各字符对应的编码。

表 4.1　摩尔斯编码

字符	编码	字符	编码	字符	编码	字符	编码	字符	编码
A	.–	G	––.	M	––	S	...	Y	–.––
B	–...	H	....	N	–.	T	–	Z	––..
C	–.–.	I	..	O	–––	U	..–		
D	–..	J	.–––	P	.––.	V	...–		
E	.	K	–.–	Q	––.–	W	.––		
F	..–.	L	.–..	R	.–.–	X	–..–		

注意，表 4.1 中点号和短画线有 4 个组合没有采用。本题将这 4 种组合分配给以下的字符：下划线为“. – – ”；点号为“– – –.”；逗号为“. – . – ”；问号为“– – – –”。

因此，电文“ACM_GREATER_NY_REGION”被编码为：.– –.–. –– . .–– ––. .–. . .– – . .–. ..–– –. –.–– ..–– .–. . ––. .. ––– –.。

Ohaver 基于摩尔斯编码提出了一种加密方法。这种方法的思路是去掉字符间的空格，并且在编码后给出每个字符编码的长度。例如，电文“ACM”编码成“. – –. –. – –242”。

Ohaver 的加密（解密也是一样的）方法分为 3 个步骤。

（1）将原文转换成摩尔斯编码，去掉字符间的空格，然后把每个字符长度的信息添加在后面。

（2）将表示各字符长度的字符串反转。

（3）按照反转后的各字符长度，用摩尔斯编码解释点号和短画线序列，得到密文。

例如，假设密文为“AKADTOF_IBOETATUK_IJN”，解密步骤如下。

（1）将密文转换成摩尔斯编码，去掉字符间的空格，添加由各字符长度组成的字符串，得到“.--.-.--..----..-...--..-...---.-.--..--.-..--...----.232313442431121334242”。

（2）将字符长度字符串反转，得到“242433121134244313232”。

（3）按照反转后的各字符长度，用摩尔斯编码解释点和短画线序列，得到原文为“ACM_GREATER_NY_REGION”。

本题的目的是实现 Ohaver 的解密算法。

输入描述：

输入文件包含多个测试数据。输入文件的第 1 行为一个正整数 *n*，表示测试数据的个数。每个测试数据占一行，为一个用 Ohaver 加密算法加密后的密文。每个密文中允许出现的符号为大写字母、下划线、逗号、点号和问号。密文长度不超过 100 个字符。

输出描述：

对每个密文，首先输出密文的序号，然后是冒号、空格，最后是解码后的原文。

样例输入：

```
2
AKADTOF_IBOETATUK_IJN
?EJHUT.TSMYGW?EJHOT
```

样例输出：

```
1: ACM_GREATER_NY_REGION
2: TO_BE_OR_NOT_TO_BE?
```

4.2 回文的判断与处理

所谓回文（palindrome）字符串，就是从左向右读和从右向左读结果相同的字符串。回文的判断与处理经常出现在程序设计竞赛题目中。例 4.5 实现了回文的判断；例 4.6 实现了回文的构造，对于不是回文的字符串，通过在其后添加最少的字符，使其成为回文；例 4.7 是回文字符串和镜像字符串的判断。

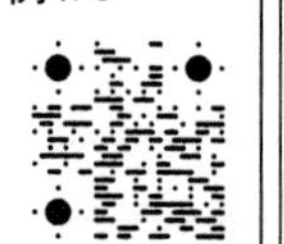

例 4.5 回文的判断。

题目描述：

输入一个字符串，判断是否为回文。

输入描述：

输入文件包含多个测试数据。每个测试数据占一行，为一个字符串。字符串中只包含小写字母字符，长度不超过 100 个字符。输入文件的最后一行为“end”，代表输入结束，无须判断是否为回文。

输出描述：

对每个字符串 a，如果该字符串为回文，则输出“a is a palindrome! ”；如果 a 不是回文，则输出“a is not a palindrome!”。其中 a 为输入的字符串。

样例输入：

```
abcba
abcdefcba
end
```

样例输出：

```
abcba is a palindrome!
abcdefcba is not a palindrome!
```

分析：判断回文的方法很简单，假设字符串长度为 n，只需依次判断字符串中第 i 个字符与第 $n-1-i$ 个字符是否相等即可，$i=0, 1, 2, 3,\cdots, n/2$，代码如下。

```
int huiwen( char *s )  //判断回文的函数，返回 1 表示 s 是回文，返回 0 表示 s 不是回文
{
    char *p1, *p2;    int i, t = 1;
    p1 = s;  p2 = s + strlen(s)- 1;       //p1 指向第 0 个字符，p2 指向最后一个字符
    for( i=0; i<=strlen(s)/2; i++ ){
        if( *p1!=*p2 ){ t = 0;  break; } //对应字符不相等，提前结束判断
        p1++;  p2--;
    }
    return t;
}
int main( )
{
    char str[102];
    while ( 1 ){
        scanf( "%s", str );                   //输入字符串
        if( strcmp(str, "end")==0 ) break;
        if( huiwen(str)) printf( "%s is a palindrome!\n", str );
        else  printf( "%s is not a palindrome!\n", str );
    }
    return 0;
}
```

例 4.6　构造回文。

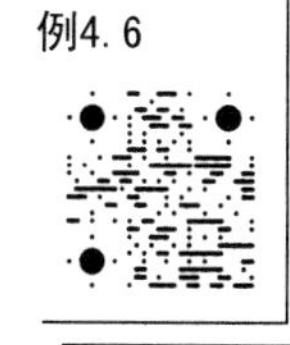

题目描述：

如果一个字符串不是回文，则可以在其后面添加一些字符，使其变成回文。本题的目的是，给定一个字符串 a，输出长度最小的字符串 x，x 添加在 a 的后面，并且 ax 为回文。

输入描述：

输入文件包含多个测试数据。每个测试数据占一行，为一个字符串。字符串中只包含小写字母字符，长度不超过 100 个字符。

输出描述：

对每个字符串 a，如果该字符串为回文，则输出“a is a palindrome!”，其中 a 为输入的字符串；如果 a 不是回文，则输出字符串 x，x 是添加在 a 后面并使 ax 成为回文的最短字符串。

样例输入：

```
abcba
abcdc
```

样例输出：

```
abcba is a palindrome!
ba
```

分析：设字符串 a 的长度为 n，如果 a 不是回文，则要构造回文，最多需要添加 $n-1$

个字符（取字符串中的前 n–1 个字符，按相反的顺序添加在字符串后面）。

本题要求最少需要添加多少个字符，则依次考查以下子串 a_i：从字符串的第 i 个字符开始，一直到最后一个字符所组成的子串，$i = 0, 1, \cdots, n-1$。只要第一个子串 a_i 为回文，则需要添加的最少字符就是第 i 个字符前的所有字符，顺序刚好相反。

例如，对样例输入中的字符串“abcdc”，判断如下。

$i = 0$ 时，子串 a_i 为“abcdc”，不是回文。

$i = 1$ 时，子串 a_i 为“bcdc”，不是回文。

$i = 2$ 时，子串 a_i 为“cdc”，是回文，因此需要添加的长度最小字符串是“ba”，即第 2 个字符前的所有字符以相反的顺序组成的字符串；并且不需再判断下去。代码如下。

```
//判断 s 字符串中从第 start 个字符开始共 n 个字符所组成的子串是否为回文
int judge( char *s, int start, int n )
{
    for( int i=0; i<n/2; i++ ){
        if( s[start+i] != s[start+n-i-1] ) return 0;
    }
    return 1;    //回文
}
int main( )
{
    char str[101];  int i, j, len, d;
    while( gets(str)){
        len = strlen(str);
        for( i=0; i<len; i++ ){
            d = judge(str, i, len-i);
            //从第 0 个字符到最后 1 个字符组成的子串(就是字符串本身)为回文
            if( i==0 && d ){ printf( "%s is a palindrome!\n", str );  break; }
            if( d ){   //从第 i 个字符到最后一个字符组成的子串为回文
                //添加的字符为第 i 个字符前的所有字符，顺序刚好相反
                for( j=i-1; j>=0; j--) putchar(str[j]);
                putchar('\n');  break;
            }
        }
    }
    return 0;
}
```

例4.7

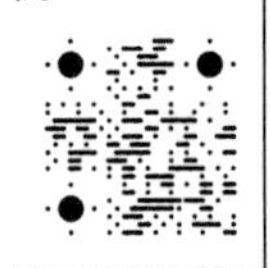

例 4.7　镜像回文（Palindromes），ZOJ1325，POJ1590。

题目描述：

回文字符串就是从前往后读与从后往前读完全一样的字符串，如“ABCDEDCBA”。

所谓镜像字符串，就是将字符串中的每个字符转换成它的相反字符（如果该字符存在相反字符的话）后，得到的字符串从后往前读，跟原来的字符串一样。本题中的镜像字符串允许出现的字符及其对应的相反字符如表 4.2 所示。例如，

“3AIAE”就是一个镜像字符串，各字符转换成其相反字符后，变成“EAIA3”，这个字符串从后往前读，就是原来的字符串。

表 4.2　镜像字符串中允许出现的字符及其对应的相反字符

有效字符	相反字符	有效字符	相反字符	有效字符	相反字符	有效字符	相反字符	有效字符	相反字符
A	A	H	H	O	O	V	V	3	E
B		I	I	P		W	W	4	
C		J	L	Q		X	X	5	Z
D		K		R		Y	Y	6	
E	3	L	J	S	2	Z	5	7	
F		M	M	T	T	1	1	8	8
G		N		U	U	2	S	9	

镜像回文字符串就是同时满足回文字符串和镜像字符串条件的字符串。例如，“ATOYOTA”就是一个镜像回文字符串，因为这个字符串从后往前读跟原来的字符串是一样的，并且将字符串中的每个字符用它的相反字符替换，得到的字符串也为“ATOYOTA”，该字符串从后往前读，跟原来的字符串也一样。当然，在这个字符串里，字符“A”“T”“O”和“Y”的相反字符都是它们本身。

注意，数字“0”和字母“O”很相似，但只有字母“O”才是有效的字符。

输入描述：

输入文件包含多个字符串，每行一个，每个字符串包含 1～20 个有效字符，每个字符串中都不包含无效的字符。输入数据一直到文件尾。

输出描述：

对每个字符串，首先输出字符串本身，紧接着根据情况输出以下字符串之一。

" — is not a palindrome." 如果这个字符串既不是回文，也不是镜像字符串。

" — is a regular palindrome." 如果这个字符串是回文，但不是镜像字符串。

" — is a mirrored string." 如果这个字符串不是回文，但是镜像字符串。

" — is a mirrored palindrome." 如果这个字符串既是回文，也是镜像字符串。

每个字符串输出之后有一个空行。

样例输入：

```
NOTAPALINDROME
ISAPALINILAPASI
2A3MEAS
ATOYOTA
```

样例输出：

```
NOTAPALINDROME -- is not a palindrome.

ISAPALINILAPASI -- is a regular palindrome.

2A3MEAS -- is a mirrored string.

ATOYOTA -- is a mirrored palindrome.
```

分析：这道题其实很简单，前面例 4.5 和例 4.6 已经实现了对回文字符串的判断。对镜像字符串的判断也很简单，假设字符串长度为 n，只需依次判断字符串中第 i 个字符与第 $n-1-i$ 个字符的相反字符是否相等即可，$i = 0, 1, 2, 3, \cdots, n/2$。如果同时满足回文字符串和镜像字符串，则是镜像回文字符串。但要注意一种特殊情形，如果字符串长度为 1，且

唯一的字符没有相反字符，则该字符串不是镜像字符串，但它是回文，代码如下。

```
char charset[36] = "ABCDEFGHIJKLMNOPQRSTUVWXYZ123456789";    //字符集
char mirrors[36] = "A   3  HIL JM O   2TUVWXY51SE Z  8 ";//各字符对应的镜像字符
char instring[80];                         //读入的字符串
char messages[4][30] = {                   //输出的信息
" -- is not a palindrome.",                //不是回文字符串，也不是镜像字符串
" -- is a regular palindrome.",            //回文字符串
" -- is a mirrored string.",               //镜像字符串
" -- is a mirrored palindrome." }; //回文字符串，且是镜像字符串
char get_mirror( char ch )                 //获得字符 ch 的镜像字符
{
   for( int i=0; ; i++ )
      if( charset[i]==ch ) return( mirrors[i] );
}
int check_string( void )   //判断字符串：回文字符串、镜像字符串、镜像回文字符串等
{
   int i, len = strlen(instring);
   int mirror = 2, palin = 1;    //mirror 表示镜像字符串，palin 表示回文字符串
   if( len==1 ){
      if(get_mirror(instring[0])==' ') mirror = 0;//没有相反字符，用空格字符' '代表
   }
   else{
      for( i = 0; i < len/2; i++ ){         //判断镜像
         if(instring[i] != get_mirror(instring[len-1-i])){ mirror = 0; break; }
      }
   }
   for( i = 0; i < len/2; i++ ){            //判断回文
      if( instring[i]!=instring[len-1-i] ){ palin = 0;  break; }
   }
   return(palin + mirror);
}
int main(void)
{
   while( scanf("%s", instring)!=EOF )
      printf( "%s%s\n\n", instring, messages[check_string()] );
   return 0;
}
```

在上述代码中，check_string( )函数的返回值为 0、1、2 或 3，含义分别表示输入的字符串为不是回文字符串也不是镜像字符串、是回文字符串、是镜像字符串、是回文字符串且是镜像字符串。在 main( )函数中，根据 check_string( )函数的返回值输出二维字符数组 messages 中对应的信息。

练习题

练习 4.5 添加后缀构成回文（Suffidromes），ZOJ1865，POJ2615。

题目描述：

给定两个由小写字母字符组成的字符串 a 和 b，输出长度最小的字符串 x，x 由小写字母字符组成，且满足 ax 和 bx 中有且仅有一个是回文。

输入描述：

输入文件包含多个测试数据，每个测试数据为两个字符串 a 和 b，每个字符串单独占一行，每个字符串包含 0～1 000 个小写字母字符。

输出描述：

对每个测试数据，输出占一行，为求得的字符串 x。如果多个 x 满足题中的条件，输出按字母顺序最靠前的一个。如果不存在满足条件的 x，则输出“No Solution.”。

样例输入：

```
abab
ababab
abc
def
```

样例输出：

```
Baba
ba
```

提示：回文的构造可参考例 4.6 的方法。

4.3　子 串 处 理

字符串中任意一个由连续的字符组成的字符序列称为该字符串的子串。有的时候，从字符串中抽取不连续的字符所组成的字符序列，也可以看成是字符串的子串。例 4.8 是连续字符组成的子串；例 4.9 是不连续字符组成的子串。

需要说明的是，子串处理中的有些问题属于字符串模式匹配问题（详见第 4.4 节），可以用朴素的模式匹配算法或 KMP 算法实现。本节例题和练习题的求解均不需要采用这些算法。

例 4.8　字符串的幂（Power Strings），ZOJ1905，POJ2406。

例4. 8

题目描述：

给定两个字符串 a 和 b，定义 a*b 为两个字符串的连接。例如，设 a 为字符串“abc”，b 为字符串“def”，则 a*b = "abcdef"。如果将字符串的连接理解为乘法，则字符串的非负整数次幂递归地定义为：a^0 = "" (空串)，a^(*n*+1)= a*(a^*n*)。

输入描述：

输入文件包含多个测试数据，每个测试数据占一行，为一个字符串 s，s 中的字符都是可显示的字符。s 的长度至少为 1，最多不超过 1 000 000 个字符。输入文件最后一行为字符“.”，代表输入结束。

输出描述：

对每个字符串 s，输出满足以下条件的最大整数 *n*：s = a^*n*，a 为某个字符串。

样例输入：

```
aaaa
ababab
.
```

样例输出：

```
4
3
```

分析：题目中虽然没有直接要求 a 为 s 的子串，但如果 a 不是 s 中由连续字符组成的

子串，则不可能存在整数 n，使得 s = a^n。另外，对任意字符串 s，满足条件的子串 a 及整数 n 总是存在的，因为如果 a 为字符串 s 本身，则 s = a^1 总是成立的。

本题的求解思路是，依次判断字符串 s 是否能分成 i 等分，i 从 2 开始计起并递增；如果 s 能分成 i 等分，但某些等分不相同，则 i 递增 1，再判断是否能等分，如图 4.3（a）所示；如果每等分都相同，则再对第 1 等分按照上述思路进行细分，如果不能再细分成更小的、相等的等分，则要求的 n 就是此时 i 的值，如图 4.3（b）所示；如果对第 1 等分能再细分成更小的、相等的等分，则再进行细分，如图 4.3（c）所示。在图 4.3（c）中，求得的 n = 9。

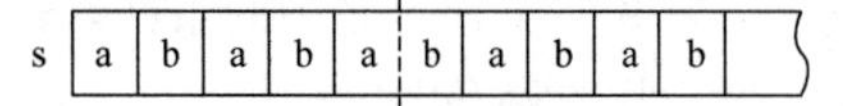

（a）将s分成2等分，但这2个等分不相同，继续判断能否分成3等分，以此类推

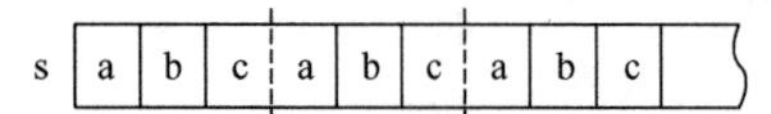

（b）将s分成3等分，每等分都相同，再对第1等分细分时，不能再细分成更小的、相等的等分

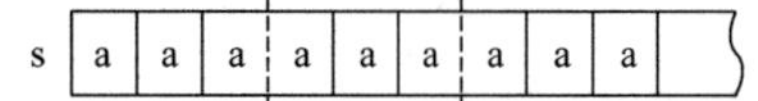

（c）将s分成3等分，每等分都相同，并且对其中第1等分再细分时能再细分成更小的、相等的等分

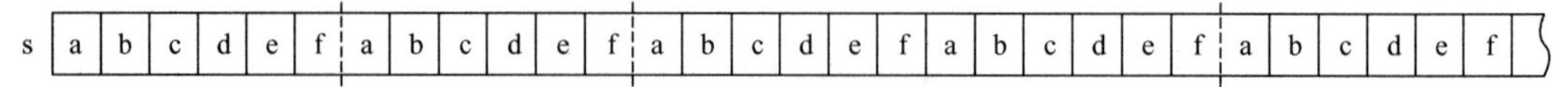

（d）将s分成5等分，每等分都相同，接下来对第1等分从判断能否细分成5等分开始判断

图 4.3　在 s 中查找满足条件的子串

由于字符串的长度最长可达 1 000 000 个字符，所以上述细分过程必须快速地结束。下面代码的思路是，如果字符串 s 能细分成 i 等分，且这 i 个等分都相同，则在对第 1 等分再细分时，从判断能否细分成 i 等分开始判断能否细分成 i、i+1……等分。如图 4.3（d）所示，s 分成 5 等分且各等分都相等，则对第 1 等分不需要判断是否能分成 2～4 等分，这是因为如果该等分能细分成 2～4 等分且各等分相同，则在前面对整个字符串的细分过程就能判断出这种情形。想象一下，假设每个等分都是“aaaaaa”，它的确可以再细分成 2 等分且这 2 个等分相等，于是整个字符串分成 5*2=10 个等分。但这种分法在前面将整个字符串分成 2 等分，再将每个等分细分成 5 等分，总共是 10 等分时已经考查过了，不会等到这时才考查。

注意，本题的解题过程包含了分治的思想，将 s 字符串逐渐细分成更小的字符串，关于分治法，详见第 7.3 节。

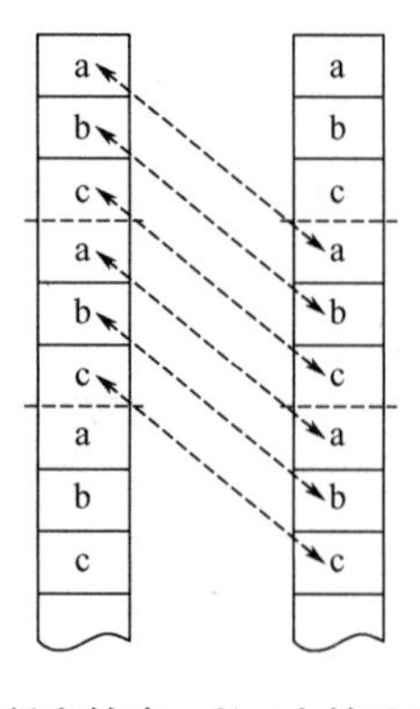

图 4.4　判断字符串 s 的 i 个等分是否都相同

下面的代码在判断字符串 s 的 *i* 个等分是否都相同时采取的思路可以用图 4.4 来描述。每个等分长度为 *m*/*i*，依次判断第 0 个与第 *m*/*i* 个字符是否相同，第 1 个与第 *m*/*i*+1 个字符是否相同，以此类推，直至所有的字符对都相同，则这 *i* 个等分都相同，代码如下。

```
char s[1000002];    //读入的字符串 s
int main( )
{
    int i, j, m; //m 最终的值是将 s 分成 n 等分时每等分的长度，且 n=strlen(s)/m
    int L;        //L 初始为 s 的长度，如果 s 能分成 i 等分，则 L 的值缩小到 L/i
    while( gets(s)){
        if( strcmp(s, ".")==0 ) break;    //输入结束
        m = L = strlen(s);
        for( i=2; i<=L; i++ ){
            while( L%i==0 ){                  //s 能分成 i 等分，每等分长度为 m/i
                L /= i;
                for( j=0; j<m-m/i; j++ )  //判断 i 个等分是否都相同
                    if( s[j]!=s[j+m/i] ) break;
                if( j==m-m/i )      //上述 for 循环正常结束，即这 i 个等分都相同
                    m /= i;  //则继续细分第 1 个等分(长度为 m/i)，且从细分成 i 等分开始判断
            }
        }
        printf( "%d\n", strlen(s)/m );
    }
    return 0;
}
```

例 4.9　字符串包含问题（All in All），ZOJ1970，POJ1936。

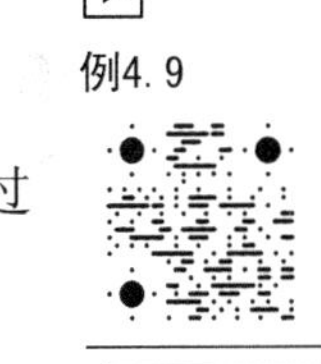

题目描述：

给定两个字符串 s 和 t，判断 s 是否是 t 的子串。也就是说，是否能通过从 t 中去掉一些字符，使得剩余的字符构成的字符串是 s。

输入描述：

输入文件包含多个测试数据。每个测试数据占一行，为两个字符串 s 和 t，这两个字符串是由大小写字母字符构成的，两个字符串之间用空格隔开。输入数据一直到文件尾。

输出描述：

对每个测试数据，判断 s 是否为 t 的子串，如果是则输出 Yes，否则输出 No。

样例输入：	样例输出：
person compression	No
VERDI vivaVittorioEmanueleReDiItalia	Yes

分析：本题的思路是，对字符串 s 的第 0 个字符 s[0]，在字符串 t 中进行查找，假设查找到，其第 1 次出现的位置为 t0；在字符串 t 的 t0 位置的下一个位置继续查找 s[1]，假设查找到，其（第 1 次出现的）位置为 t1；在字符串 t 的 t1 位置的下一个位置继续查找 s[2]，以此类推。如果对 s 中的每个字符，都查找到，则 s 是 t 的子串；否则如果 s 中后面某个字符在 t 中没有找到对应的字符，则 s 不是 t 的子串。

例如，对第 1 个测试数据，在字符串 t 中查找到字符串 s 的前两个字符 s[0]和 s[1]，

如图 4.5（a）所示；接着查找字符 s[2]（为字符“r”），没查找到且字符串 t 已经扫描完毕，所以不会再继续查找字符串 s 中的其他字符，可以得出结论，s 不是 t 的子串。而在第 2 个测试数据中，对 s 中的每个字符都能在字符串 t 中查找到，如图 4.5（b）所示，所以 s 是 t 的子串。

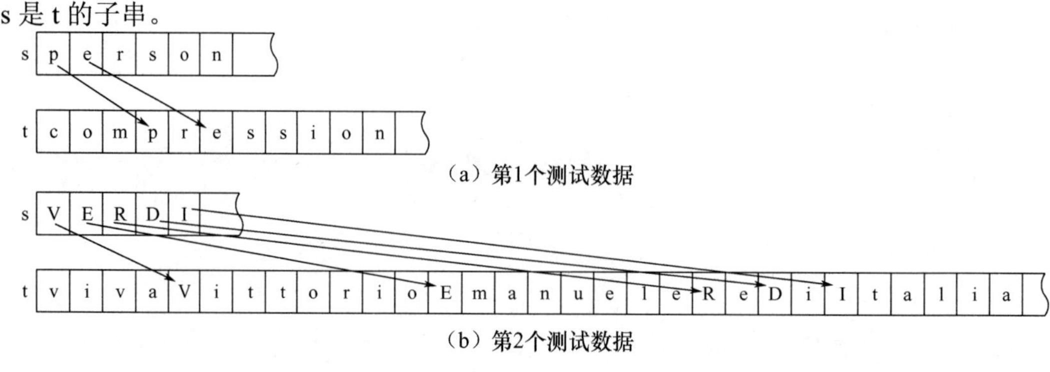

图 4.5　依次在 t 中查找 s 中的每个字符

代码如下。

```
char s[1000000], t[1000000];         //读入的字符串 s, t
int main( )
{
    long ls, lt, ps, pt;              //字符串 s 和 t 的长度，字符串 s 和 t 的查找位置
    while( scanf("%s%s", s, t)!= EOF ){
        ls = strlen(s);  lt = strlen(t);
        for( ps=pt=0; ps<ls && pt<lt; pt++ ){
            if( s[ps] == t[pt]) ps++;
        }
        if( ps<ls ) puts("No");  //s 字符串中某些字符在 t 中没有找到对应的字符
        else  puts("Yes");
    }
    return 0;
}
```

练习题

练习 4.6　令人惊讶的字符串（Surprising Strings），ZOJ2814，POJ3096。

题目描述：

字符串 S 由字母字符组成，它的“D－对字符串”为 S 中相隔 *D* 个位置的两个字符组成的有序对。如果 S 所有的“D－对字符串”都不相同，则称 S 是“D－唯一的”。如果 S 对所有可能的 *D* 值，都是“D－唯一的”，则称 S 是一个“令人惊讶的字符串”。

例如，考虑字符串“ZGBG”，它的“0－对字符串”为“ZG”“GB“和“BG”，由于这三个字符串都不相同，因此“ZGBG”是“0－唯一”的。同样，字符串“ZGBG”的“1－对字符串”为“ZB”和“GG”，并且由于这两个字符串不同，所以“ZGBG”是“1－唯一”的。最后，字符串“ZGBG”的“2－对字符串”只有一个，就是“ZG”，因此“ZGBG”也是“2－唯一”的。

因此，“ZGBG”是一个“令人惊讶的字符串”。注意，“ZG”既是“ZGBG”的“0－对字符串”，也是“ZGBG”的“2－对字符串”，这是不相关的，因为 0 和 2 是不同的距离。

输入描述：

输入文件中包含若干个非空字符串，由大写字母字符组成，长度最长为 79 个字符。每个字符串占一行。输入文件的最后一行为“*”字符，代表输入结束。

输出描述：

对每个字符串，判断是否为“令人惊讶的字符串”，并输出。

样例输入：

```
ZGBG
BCBABCC
*
```

样例输出：

```
ZGBG is surprising.
BCBABCC is NOT surprising.
```

4.4　模式匹配问题及 KMP 算法

4.4.1　字符串的模式匹配问题

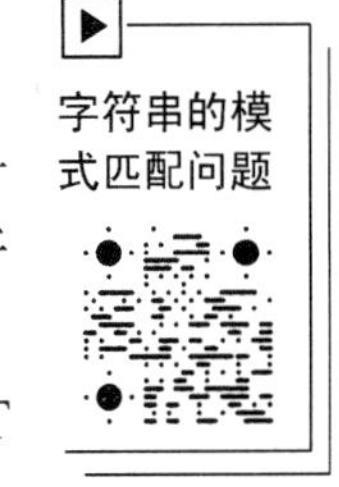

字符串的模式匹配是指给定目标字符串 T（Target，简称目标串）和一个模板字符串 P（Pattern，简称模板串），在 T 中查找与 P 完全相同的子串，返回 T 中和 P 匹配的第一个子串的首字符位置。

例如，在下面的例子中，T 为“abababababba”，P 为“abababb”，在 T 的第 4 个字符处匹配到了 P，因此匹配成功，且应返回 4。

```
    0 1 2 3 4 5 6 7 8 9 10 11
T:  a b a b a b a b a b b  a
P:          a b a b a b b
```

字符串的模式匹配应用非常普遍。Word 等编辑软件提供的查找功能、IE 浏览器提供的页面内搜索功能，都是模式匹配的应用。另外，论文的查重，其基本原理也是字符串的模式匹配。

字符串模式匹配问题的求解有以下两个算法。

（1）朴素的模式匹配算法，也称暴力求解（Bruce Force，BF）算法，是一种带回溯的算法，算法思路很好理解，但时间复杂度较高，为 $O(m \times n)$，其中 m 为模板串 P 的长度，n 是目标串 T 的长度。

（2）KMP 算法，避免了回溯，因此时间复杂度较低，为 $O(m+n)$。

4.4.2　朴素的模式匹配算法

朴素的模式匹配算法

朴素的模式匹配算法，其原理非常简单且直观，如图 4.6 所示。从第 0 趟开始比较，在第 0 趟，将模板串 P 的第 0 个字符对准目标串 T 的第 0 个字符，将两个字符串对应位置上的字符一一比较，如果匹配成功则结束，否则匹配失败（简称失配），将 P 右移一个位置进入第 1 趟比较；以此类推；第 s 趟比较是从 T 的第 s 个字符和 P 的第 0 个字符开始比较。

反复进行每一趟的比较，直到出现以下情况。

（1）执行到某一趟，模板串 P 的所有字符与目标串 T 中对应的字符都相等，匹配成功。

（2）模板串 P 移动到最后可能与目标串 T 比较的位置，但还不能匹配，则匹配失败。

T:　t_0　t_1　t_2　t_3　t_4　t_5　t_6　t_7　t_8　$\cdots$　t_{n-1}

第0趟　P:　p_0　p_1　p_2　$\cdots$　p_{m-1}

第1趟　P:　　p_0　p_1　p_2　$\cdots$　p_{m-1}

第2趟　P:　　　p_0　p_1　p_2　$\cdots$　p_{m-1}

图 4.6　朴素的模式匹配算法执行原理

例 4.10　朴素的模式匹配算法。

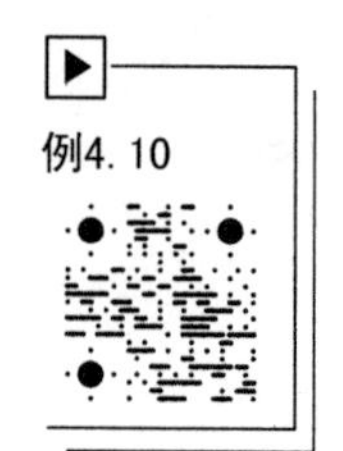

题目描述：

用朴素的模式匹配算法实现在目标串中查找模板串。

输入描述：

输入文件包含多个测试数据。每个测试数据占两行，第 1 行为目标串 T，长度范围在[10, 100]；第 2 行为模板串 P，长度范围在[2, 10]。输入文件的最后一行为 end，代表输入结束。假定 T 和 P 只包含小写字母字符。

输出描述：

对每个测试数据，如果能在 T 中查找到 P，输出 yes，否则输出 no。

样例输入：

```
abcacababababcb
ababc
end
```

样例输出：

```
yes
```

分析：朴素的模式匹配算法是一种带回溯的算法，如图 4.7 所示。假设第 s 趟在 P 的 p_{j+1} 位置出现不匹配，从而需要执行第 s+1 趟，但在第 s+1 趟：

（1）模板串 P 从失配位置 p_{j+1} 回溯到 P 的起始位置 p_0 开始比较。

（2）目标串 T 从失配位置 t_{s+j+1} 回溯到 T 的下一个起始位置 t_{s+1} 开始比较。

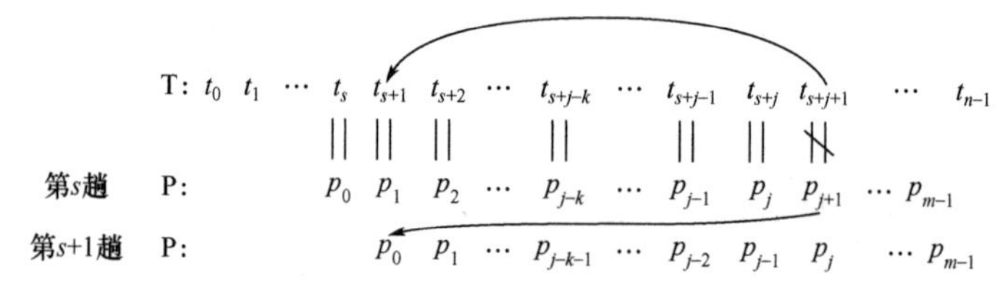

图 4.7　朴素模式匹配算法中的回溯

朴素的模式匹配算法最多需要比较 $n-m+1$ 趟，最坏情况下，每趟比较都是在模板串最后一个字符才判断出失配，一直到最后一趟才得出结论；因此，最多需要比较 $(n-m+1)\times m$ 次。因此该算法的最坏时间复杂度为 $O(m\times n)$。最坏情况下的例子如下。

T：aaaaaaaaaaaaaaaaaaaa…

P：aaaaaab

根据前面的分析，朴素的模式匹配算法实现代码如下。

```
//在 T 中查找 P，返回首次完全匹配位置，如果找不到，则返回-1
int FindPat( char T[], char P[] )
{
    int lenT = strlen(T), lenP = strlen(P);
```

```
    if( lenP>lenT ) return -1;
    int len = lenT - lenP;
    int i, j, index = -1;                       //index 为匹配的位置
    for( i=0; i<=len; i++ ){                    //i 为第 i 趟比较时目标串的起始位置
        for( j=0; j<lenP; j++ ){
            if( T[i+j]!=P[j] ) break;           //不匹配
        }
        if( j>=lenP ){                          //所有字符都匹配了
            index = i; break;
        }
    }
    return index;
}
int main( )
{
    char T[102], P[22];
    while( 1 ){
        scanf("%s", T);
        if( strcmp(T, "end" )==0 ) break;
        scanf("%s", P);
        if(FindPat(T, P)>=0) printf("yes\n");
        else printf("no\n");
    }
    return 0;
}
```

4.4.3　KMP 算法

1. KMP 算法的思想及实现

造成朴素模式匹配算法复杂度很高的原因是有回溯，而这些回溯是可以避免的。消除这些回溯，就得到了 KMP 算法，它是由 D.E. Knuth、J.H. Morris、V.R. Pratt 三人共同提出的，故取这三人的姓氏命名此算法。

需要说明的是，有些文献中 KMP 算法的模板串和目标串的字符下标是从 1 开始计起的，而现在一般从 0 开始计起。

讨论一般情形，假设目标串为 T: $t_0t_1t_2\cdots t_{n-1}$，模板串为 P: $p_0p_1p_2\cdots p_{m-1}$，其长度分别为 n 和 m。

用朴素的匹配算法执行第 s 趟匹配比较时，从目标串 T 的 t_s 与模板串 P 的 p_0 开始比较，直到在模板串 P 的第 j+1 个位置失配（即 t_{s+j+1} 和 p_{j+1} 不相等），如图 4.8 所示。

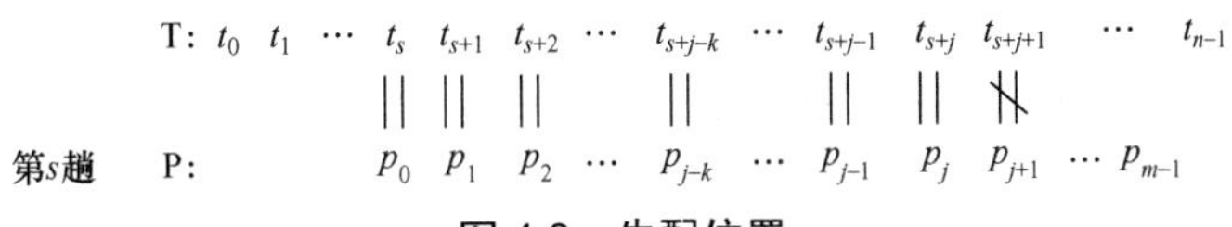

图 4.8　失配位置

第 s 趟比较，由于在模板串 P 的第 j+1 个位置失配，则有：

$$p_0p_1p_2\cdots p_j = t_st_{s+1}t_{s+2}\cdots t_{s+j},\ p_{j+1}\neq t_{s+j+1} \tag{4–1}$$

按照朴素的匹配算法，下一趟（即第 s+1 趟）应从 T 的第 s+1 位置与模板串 P 的 p_0 重新开始匹配比较。若想匹配，必须满足：

$$p_0p_1p_2\cdots p_{j-1}\cdots p_{m-1} = t_{s+1}t_{s+2}t_{s+3}\cdots t_{s+j}\cdots t_{s+m} \tag{4–2}$$

如果在模板串 P 中，有：

$$p_0p_1\cdots p_{j-1}\neq p_1p_2\cdots p_j \tag{4–3}$$

由式（4–1）、式（4–3）可以推出 $p_0p_1\cdots p_{j-1}\neq t_{s+1}t_{s+2}\cdots t_{s+j}\ (=p_1p_2\cdots p_j)$。

所以第 s+1 趟不需要真正进行匹配比较，就能断定它必然失配。也就是说，第 s 趟和第 s+1 趟模板串 P 的对齐部分不相等，如图 4.9 中的虚线框所示，则第 s+1 趟不需要真正进行匹配比较。

T: t_0 t_1 ⋯ t_s t_{s+1} t_{s+2} ⋯ t_{s+j-k} ⋯ t_{s+j-1} t_{s+j} t_{s+j+1} ⋯ t_{n-1}

第s趟 P: p_0 p_1 p_2 ⋯ p_{j-k} ⋯ p_{j-1} p_j p_{j+1} ⋯ p_{m-1}

第s+1趟 P: p_0 p_1 ⋯ p_{j-k-1} ⋯ p_{j-2} p_{j-1} p_j ⋯ p_{m-1}

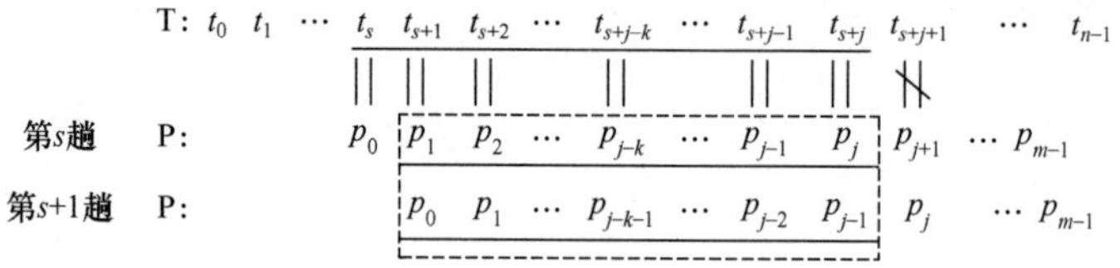

图 4.9　第 s 趟和第 s+1 趟模板串 P 的对齐部分

同理，如果在 P 中：

$$p_0p_1\cdots p_{j-2}\neq p_2p_3\cdots p_j \tag{4–4}$$

则第 s+2 趟也不需要真正进行匹配比较，就能断定它必然失配。

直到某个值 k，使得 $p_0p_1\cdots p_{k+1}\neq p_{j-k-1}p_{j-k}\cdots p_j$，但 $p_0p_1\cdots p_k = p_{j-k}p_{j-k+1}\cdots p_j$，才有：

$$\begin{array}{cccc} p_0\ p_1\ \cdots\ p_k = t_{s+j-k} & t_{s+j-k+1} & \cdots & t_{s+j} \\ \| & \| & \cdots & \| \\ p_{j-k} & p_{j-k+1} & \cdots & p_j \end{array}$$

对模板串 P 以及某个位置 j，存在最大的 k 值，使得 $p_0p_1\cdots p_k = p_{j-k}p_{j-k+1}\cdots p_j$，其中 $p_0p_1\cdots p_k$ 称为 $p_0p_1\cdots p_j$ 的**前缀子串**，$p_{j-k}p_{j-k+1}\cdots p_j$ 称为 $p_0p_1\cdots p_j$ 的**后缀子串**，如图 4.10 所示。注意，k 不能等于 j，否则等式左右两边是同一个字符串，如果 k 值有意义则 $0\leqslant k<j$。$k=-1$ 意味着 $p_0p_1p_2\cdots p_j$ 中没有符合要求（即等于后缀子串）的前缀子串。

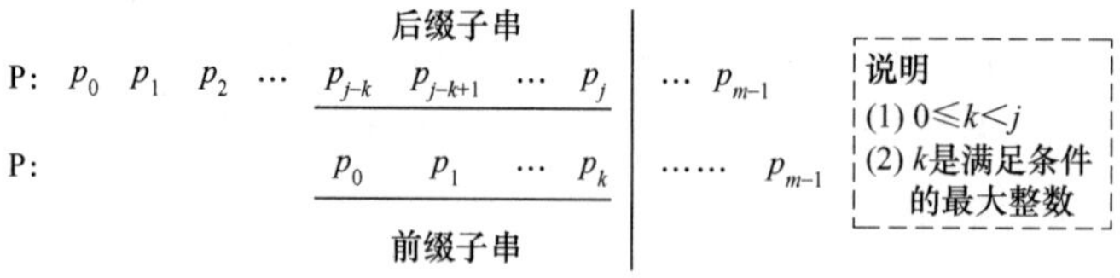

后缀子串

P: p_0 p_1 p_2 ⋯ p_{j-k} p_{j-k+1} ⋯ p_j ⋯ p_{m-1}

P: p_0 p_1 ⋯ p_k …… p_{m-1}

前缀子串

说明
(1) $0\leqslant k<j$
(2) k是满足条件的最大整数

图 4.10　前缀子串和后缀子串

因此，$k=f(j)$的含义是，模板串 P 中字符 p_j 之前（含 p_j）的字符串 $p_0p_1\cdots p_j$ 中能与相应后缀子串匹配的最大前缀子串是 $p_0p_1\cdots p_k$，其长度是 k+1。这里将 k 表示成 $f(j)$的形式，是因为对给定的模板串，每一个 j 值对应唯一的 k 值，可以将 k 视为 j 的函数。

D.E. Knuth 等人发现，对于不同的 j，k 的取值仅依赖于模板串 P 本身前 j+1 个字符（$p_0p_1\cdots p_j$），与目标串无关。这就意味着，可以在进行模式匹配前，先将模板串每个位置对应的 k 值求出来。而且，在多个不同的目标串中查找 P 时都可以利用这些 k 值加快匹配比较进程。

例如，在图 4.11 中，模板串 P 为“abaabcac”，对位置 $j=4$，求得的 k 为 1。想象一

下，有两张纸条，都写着“abaabcac”，固定上面那一张纸条，从 $k=j-1=3$（k 能取到的最大值）的位置开始拖动下面那张纸条，观测前缀子串和后缀子串（即虚线框中的部分）是否相等，直到 $k=j-3=1$ 时首次相等就停下。

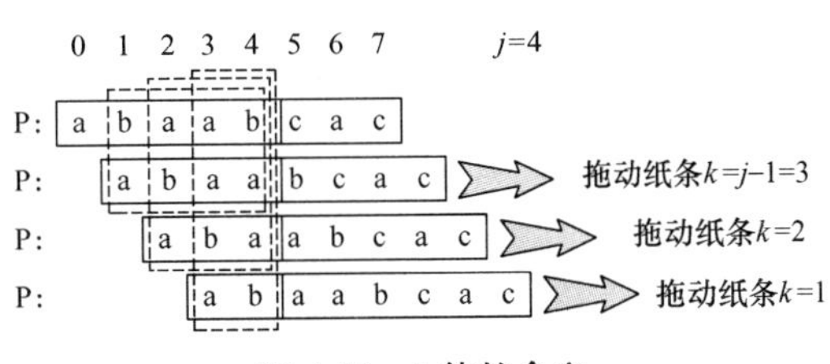

图 4.11　k 值的含义

因此，利用上一趟比较的结果，即模板串 P 位置 j（含 j）前的字符都匹配，和 P 的特征（与 j 对应的 k 值），可以跳过很多趟不必要进行的比较，即可以滑动 $j\text{–}k$ 位，如图 4.12 所示。

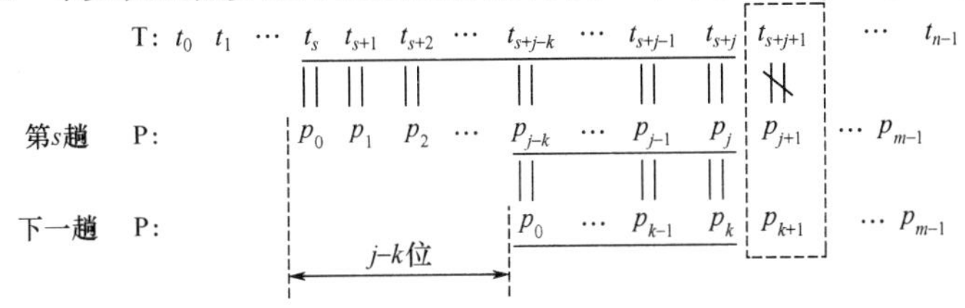

图 4.12　上一趟失配后，下一趟模板串可以右移 $j\text{-}k$ 位

综上分析，可以得出以下结论。

（1）在第 $s+1$ 趟，可以把第 s 趟比较失配时的模板串 P 从当时位置直接向右移动 $j\text{–}k$ 位。第 s 趟 p_0 是对准 t_s，第 $s+1$ 趟可以将 p_0 对准 t_{s+j-k}，从而让 p_{k+1} 对准 t_{s+j+1}。特别地，当 $k=-1$ 时，模板串向右移动 $j+1$ 位的效果是将 p_0 对准上一轮的失配时的位置 t_{s+j+1}。

（2）因为在目标串 T 中，t_{s+j} 前的字符（含 t_{s+j}）已经和模板串 P 中 p_k 前（含 p_k）的字符匹配了，因此在第 $s+1$ 趟，可以直接从 T 的 t_{s+j+1} 字符（即上一趟失配的位置）与模板串中的 p_{k+1} 开始，继续向下进行匹配比较。可以理解为“从哪里跌倒，就从哪里爬起来”。

例 4.11　KMP 算法的实现。

题目描述：

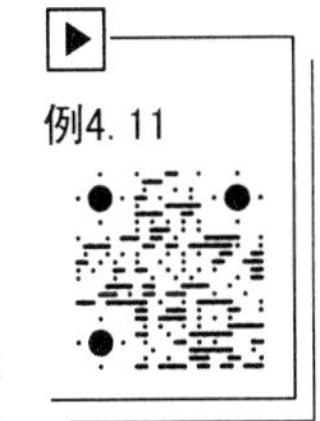

用 KMP 算法实现在目标串 T 中查找模板串 P。假定 T 和 P 只包含小写字母字符。

输入描述：

输入文件包含多个测试数据。每个测试数据占 2 行，第 1 行为目标串 T，长度范围在[10, 100]；第 2 行为模板串 P，长度范围在[2, 10]。输入文件的最后一行为 end，代表输入结束。

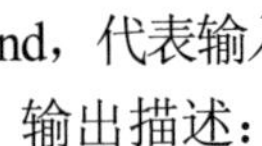

输出描述：

对每个测试数据，如果能在 T 中查找到 P，输出 yes，否则输出 no。

样例输入：	样例输出：
abcacabababcb	yes
ababc	
end	

分析：假定对模板串 P 的每个位置 j，对应的 k 值是已知的，它就是后面将要求解的

前缀函数值。现给出 KMP 算法，该算法使用整型数组 f[ ]表示前缀函数，代码如下。

```
//KMP 算法：在 T 中查找 P，返回首次完全匹配位置，如果找不到，则返回-1
int KMP( char T[], char P[], int f[] )
{
    int lenT = strlen(T), lenP = strlen(P);
    if( lenP>lenT ) return -1;
    int posP = 0, posT = 0;              //模板串和目标串的比较位置
    while( posP<lenP && posT<lenT ){
        if( P[posP] == T[posT] ){       //对应字符匹配
            posP++;  posT++;
        }
        else if( posP==0 ) posT++;      //第 0 个字符就不匹配，直接执行下一趟
        else  posP = f[posP-1] + 1;     /*在上一个位置匹配后 posT 已经加了 1，这里不
                                          变，posP 改为 k+1，k 的值是 f[posP-1](详
                                          见前面结论中的第 2 点)，注意在上一个位置匹
                                          配后 posP 已经加了 1*/
    }
    if( posP<lenP ) return -1;          //匹配失败
    else  return (posT-lenP);           //匹配成功，匹配位置是(posT-lenP)
}
```

求模板串P的前缀函数

在上述代码中，变量 posT 和 posP 的变化就体现了 KMP 算法的思想。

（1）posT 表示每次比较时目标串的对应位置，在每趟比较中的每次比较及切换到下一趟，posT 总是加 1。

（2）posP 表示每次比较时模板串中的对应位置，在每趟比较中的每次比较，posP 加 1；当切换到下一趟，posP 的值改为 k+1。

2. 求模板串 P 的前缀函数

至此，例 4.11 的代码还不能执行，因为依赖于模板串的前缀函数 f[ ]，以下讨论 f[ ]的计算。

对模板串 P: $p_0p_1p_2\cdots p_{j-1}\cdots p_{m-1}$，其前缀函数定义如下。

$$k=f(j)=\max\{h \mid 0\leqslant h<j，且\ p_0p_1\cdots p_h = p_{j-h}p_{j-h+1}\cdots p_j\} \qquad (4\text{–}5)$$

注意，k 是由式（4–5）定义的函数式确定的，可以表示成 $k = f(j)$；同时这些 k 值在程序里往往是存储在数组里，所以在涉及算法实现时也可以表示成 $k = f[j]$。而且，同一个模板串 P 的前缀函数只需计算一次，就能应用在多个目标串 T 中查找该模板串。

例如，如图 4.13 所示，模板串为“abababacad”，考虑位置 j=4，有 2 个 h 值满足前缀子串和后缀子串相等，分别为 2 和 0，因此 $f(4)=\max\{h\} = 2$。

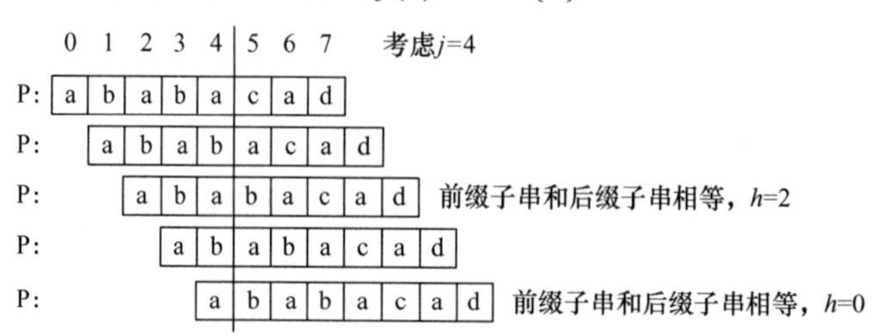

图 4.13　求前缀函数值的例子

$f(j)$的值可以用递推的方法来求解。

（1）当 $j=0$ 时，$f(j)=-1$。注意，如果 $f(0)$取不同的值，则最终求得的 $f(j)$也不一样。例如，KMP 算法原文将模板串第 1 个字符（相当于 $j=0$）的前缀函数值初始为 0。

（2）当 $j>0$ 时，设 $f(j)=k$，则有：

$$0 \leqslant k<j \text{，且 } p_0p_1\cdots p_k = p_{j-k}p_{j-k+1}\cdots p_j \tag{4-6}$$

而
$$f(j+1)=\max\{ h \mid 0\leqslant h<j+1 \text{，且 } p_0p_1\cdots p_h = p_{j+1-h}p_{j+1-h+1}\cdots p_{j+1} \}$$

可分以下两种情况讨论。

1）如果 $p_{k+1} = p_{j+1}$，这是最理想的情形，因为 $p_0p_1\cdots p_kp_{k+1} = p_{j-k}p_{j-k+1}\cdots p_jp_{j+1}$，且不存在 $k'>k$，使得 $p_0p_1\cdots p_{k'}p_{k'+1} = p_{j-k'}p_{j-k'+1}\cdots p_jp_{j+1}$，所以 $f(j+1)=k+1=f(j)+1$。

2）如果 $p_{k+1} \neq p_{j+1}$，则从式（4–6）出发，寻找使得以下式（4–7）成立的 r，也就是在 $p_0p_1\cdots p_k$ 中找最长的前缀子串，使得：

$$p_0p_1\cdots p_r = p_{k-r}p_{k-r+1}\cdots p_k \tag{4-7}$$

式（4–7）中的 r 其实就是 k 的前缀函数值，也就是 $r=f(k)$。注意，$f(k)$是已知的，因为 $k<j$，在求 $f(j)$时，$f(0)$、$f(1)$、…、$f(j-1)$已经求出来了。

这时存在以下两种情况。

① 找到 r，也就是说 $r=f(k)\geqslant 0$。综合式（4–6）、式（4–7）有 $p_0p_1\cdots p_r = p_{k-r}p_{k-r+1}\cdots p_k = p_{j-r}p_{j-r+1}\cdots p_j$。

这时，如果有 $p_{r+1}=p_{j+1}$，则由 $f(j+1)$的定义，有 $f(j+1)=r+1=f(k)+1=f(f(j))+1$。

若 $p_{r+1}\neq p_{j+1}$，则再从 $p_0p_1\cdots p_r$ 中寻找最长的前缀子串，即取出 $f(r)$的值，设为 s，并判断 p_{s+1} 是否等于 p_{j+1}。如此递推，直到 $f(s)=-1$ 才算结束。

② 找不到 r，即 $f(k)=-1$，此时 $f(j+1)=-1$。

如此，可以得出 $f(j)$的递推公式为：

$$f(j+1)\begin{cases} f^{(m)}(j)+1, & \text{若能找到最小的正整数 } m\text{，使得 } p_{f^{(m)}(j)+1}=p_{j+1} \\ -1, & \text{找不到满足上述条件的 } m\text{；或者 } j=0 \end{cases}$$

其中，$f^1(j)=f(j)$，$f^2(j)=f(f(j))$，$f^3(j)=f^2(f(j))=f(f(f(j)))\cdots$

前缀函数求解实例分析 1：这对应到 $p_{k+1}=p_{j+1}$ 的理想情形，如图 4.14 所示。

```
P: a b a b a b|a c a b a a a   (j=5，k=3，即f(5)=3)
P:       a b a b|a b a c a b a a a  (因为p_{k+1}=p_{j+1}，所以 f(6)=f(5)+1=4)
```

图 4.14　前缀函数求解实例分析 1

前缀函数求解实例分析 2：这对应到 $p_{k+1}\neq p_{j+1}$，但递推 1 次就发现 $r=f(k)$且 $p_{r+1}=p_{j+1}$ 的情形，如图 4.15 所示。

```
P: c b c b a c b c b|c b a      (j=8，k=3，即f(8)=3)
P:             c b c b|a c b c b c b a  (p_{k+1}≠p_{j+1})
对P': c b c b|     (前缀子串，f(3)=r=1)
          c b|c b
P:                 c b|c b a c b c b c b a  (p_{r+1}=p_{j+1})
(因为p_{r+1}=p_{j+1}，所以 f(9)=r+1=2)
```

图 4.15　前缀函数求解实例分析 2

前缀函数求解实例分析 3：这对应到 $p_{k+1} \neq p_{j+1}$，需要递推 2 次才能找到 $s=f(r)=f(f(k))$ 且 $p_{s+1} = p_{j+1}$ 的情形，如图 4.16 所示。

```
P:   a d a a d a a d a | d b c c   (j=8, k=5, 即f(8)=5)
P:         a d a a d a | a d a d b c c   (p_{k+1}≠p_{j+1})
对P′:  a d a a d a |  (前缀子串1)
             a d a | a d a  (找到f(k)=r=2, 但p_{r+1}≠p_{j+1})
对P″:  a d a |  (前缀子串2)
               a | d a  (继续找到f(r)=f(f(k))=s=0, 且p_{s+1}=p_{j+1})
P:                   a | d a a d a a d a d b c c
(因为p_{s+1}=p_{j+1}, 所以f(9)=s+1=1)
```

图 4.16　前缀函数求解实例分析 3

对上述实例分析 3 中的模板串 P = "adaadaadadbcc"，最终求得的前缀函数如表 4.3 所示。

表 4.3　求得的前缀函数

j	0	1	2	3	4	5	6	7	8	9	10	11	12
p_j	a	d	a	a	d	a	a	d	a	d	b	c	c
$f(j)$	−1	−1	0	0	1	2	3	4	5	1	−1	−1	−1

前缀函数求解的实现代码如下。

```
void prefix( char P[], int f[] )                          //计算前缀函数
{
    int j, k, lenP = strlen(P);  f[0] = -1;
    for( j=0; j<lenP-1; j++ ){        //求 f[j+1]
        k = f[j];  //k = -1 意味着 p0p1p2…pj 中没有符合要求(即等于后缀子串)的前缀子串
        //反复递推，直到：
        //情形一：某个(前缀)子串的 k>=0 且满足 P[j+1] = P[k+1]
        //情形二：不断递推(执行循环)都没出现情形一，而执行完某一轮循环后 k<0
        while( P[j+1] != P[k+1] && k>=0 ) k = f[k];
        if( P[j+1] == P[k+1] ) f[j+1] = k + 1;        //情形一
        else  f[j+1] = -1;                              //情形二
    }
}
```

模板串P的前缀函数求解的实现

有了 prefix( )函数，再加上以下的 main( )函数，例 4.11 的代码才算完整地实现了。

```
int main( )
{
    char T[102], P[22];  int f[22];
    while(1){
        scanf("%s", T);
        if( strcmp(T, "end" )==0 ) break;
        scanf("%s", P);
        prefix( P, f );              //计算 P 的前缀函数，保存在数组 f 中
        if( KMP(T, P, f)>=0) printf("yes\n");
```

```
        else  printf("no\n");
    }
    return 0;
}
```

KMP算法的另一种描述及实现

3. KMP 算法的另一种描述及实现

注意，有的教材是假设某一趟比较在 P_j 位置失配，如图 4.17 所示，从而将 k 值定义成：

$$k = n_1[j] = \begin{cases} -1, & j = 0 \\ \max\{h \mid 0 < h < j, p_0 p_1 \cdots p_{h-1} = p_{j-h} p_{j-(h-1)} \cdots p_{j-1}\}, & \text{如果 } h \text{ 存在} \\ 0, & \text{如果 } h \text{ 不存在} \end{cases} \quad (4\text{–}8)$$

因此，$k = n_1[j]$的含义是，模板串 P 中字符 p_j 之前（不含 p_j）的字符串 $p_0p_1\cdots p_{j-1}$ 中，能与相应后缀子串匹配的最大前缀子串是 $p_0p_1\cdots p_{k-1}$，其长度是 k。本文将 $n_1[j]$称为特征值，所有 j 的特征值构成模板串 P 的特征向量。

有了 k 值，下一趟比较，也是将模板串右移 $j–k$ 位，如图 4.17 所示（注意与图 4.12 对比），但这时 k 值的含义和大小和图 4.12 中的 k 值不一样了。

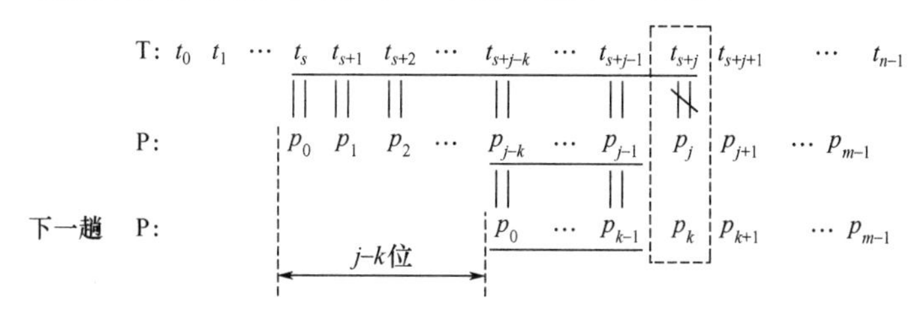

图 4.17　上一趟失配后，下一趟模板串也是右移 j-k 位

特征向量 n_1 还可以优化，将优化后的特征向量记为 n_2。例如，当匹配时发现 $t_{s+j} \neq p_j$，假设 $n_1[j] = k$，此时应把模板串 P 右移 $j–k$ 位，如图 4.17 所示，即用 p_k 和 t_{s+j} 比较。如果 $p_j=p_k$，则 $t_{s+j} \neq p_k$，因此还需右移，假设 $r = n_2[k]$（$k<j$，所以在求 $n_2[j]$时，$n_2[k]$已经求出来了），则要一直右移到 p_{r-1} 和 t_{s+j-1} 对齐（这两个字符及前面的字符都已经对应相等了），然后用 p_r 来与 t_{s+j} 比较，如图 4.18 所示。根据上述描述，$n_2[j]$定义为：

$$n_2[j] = \begin{cases} -1, & j = 0 \\ n_2[k], & \text{如果 } p_j = p_k \ (k = n_1[j]) \\ k, & \text{如果 } p_j \neq p_k \ (k = n_1[j]) \end{cases} \quad (4\text{–}9)$$

图 4.18　优化后的特征向量

对上述实例分析 3 中的模板串 P = "adaadaadadbcc"，求得的前缀函数 f、特征向量 n_1、优化后的特征向量 n_2 如表 4.4 所示。根据式（4–5）、式（4–8）及表 4.4 可以看出，f 和 n_1 满足以下关系。

$$n_1[j]=f[j-1]+1,\ 1\leqslant j\leqslant m-1 \qquad (4\text{–}10)$$

但 f 和 n_2 没有直观上的联系。

表 4.4　求得的前缀函数和特征向量

j	0	1	2	3	4	5	6	7	8	9	10	11	12
p_j	a	d	a	a	d	a	a	d	a	d	b	c	c
$f[i]$	–1	–1	0	0	1	2	3	4	5	1	–1	–1	–1
$n_1[j]$	–1	0	0	1	1	2	3	4	5	6	2	0	0
$n_2[j]$	–1	0	–1	1	0	–1	1	0	–1	6	2	0	0

以下 next2( )函数实现了计算优化后的特征向量。

```
void next2(char P[], int n2[])          //计算优化后的特征向量
{
    int j = 0,  k = -1;
    int m = strlen(P);                  //m 为模板串 P 的长度
    n2[0] = -1;
    while( j<m ){                       //计算 i=1..m-1 的 next 值
        while( k>=0 && P[j]!=P[k] )  //求等于相应后缀子串的最大前缀子串
            k = n2[k];
        j++;  k++;  if(j==m) break;
        if( P[j] == P[k] )              //P[i]和 P[k]相等，优化
            n2[j] = n2[k];
        else n2[j] = k;                 //不需要优化，就是位置 j 的最大前缀子串长度
    }
}
```

注意，在上述函数中，如果不做优化，即把第 2 个参数换成 n1，再把 while 循环中的整个 if…else…语句换成语句 n1[j]=k，则得到优化前的特征向量 n1。

利用优化后的特征向量 n2，以下 KMP2( )函数实现了 KMP 算法。

```
int KMP2( char T[], char P[], int n2[] )
{
    int lenT = strlen(T), lenP = strlen(P);
    if( lenP>lenT ) return -1;
    int posP = 0, posT = 0;                    //模板串和目标串的比较位置
    while( posP<lenP && posT<lenT) {     //反复比较对应字符
        if( posP==-1 || T[posT]==P[posP] )
            posP++, posT++;
        else  posP = n2[posP];  //这里可以直接换成 n1（注意这里和前面的 KMP 函数略有不同）
    }
    if( posP>=lenP ) return (posT - lenP);
    else  return (-1);
}
```

4.4.4　例题解析

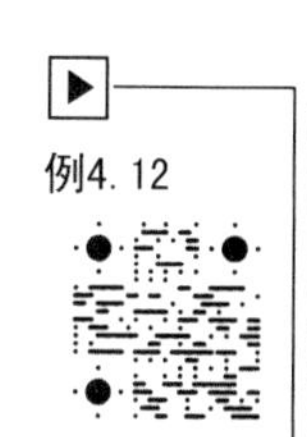

例 4.12　马龙的字符串（Marlon's String），ZOJ3587。

题目描述：

设 S 为字符串，令 $S_{i..j}$ 代表 S 的从第 i 个字符到第 j 个字符的子串。

给定字符串 S 和 T，计算满足以下条件的四元组(a, b, c, d)的个数：$S_{a..b} + S_{c..d} = T$，$a \leqslant b$，$c \leqslant d$，这里的加号（+）表示把两个字符串连接起来。

输入描述：

输入文件的第 1 行为一个正整数 Tc，表示测试数据个数。每个测试数据占两行，第 1 行为字符串 S，第 2 行为字符串 T。S 和 T 的长度范围在[1, 100 000]。S 和 T 中均只包含字母字符。

输出描述：

对每个字符串，输出占一行，为求得的结果。

样例输入：

```
1
aaabbb
ab
```

样例输出：

```
9
```

分析：题目在定义符号 $S_{i..j}$ 时没有说明 $S_{i..j}$ 是否包含第 j 个字符，但仔细思考一下，在定义 $S_{i..j}$ 时包含或者不包含第 j 个字符，求得的四元组(a, b, c, d)的个数是一样的。本题姑且约定 $S_{i..j}$ 包含第 j 个字符。

本题是一道非常好的 KMP 算法应用题。具体的求解方法如下。

（1）先计算出 T 的前缀函数。

（2）然后利用 KMP 算法依次统计 T 的左边子串 $t_0t_1\cdots t_j$ 在 S 中出现的次数（允许这些出现的位置存在交叉），存放在 ans1[j]中。

（3）再统计 T 的右边子串在 S 中出现的次数，这里可以把 S 和 T 都逆序，再执行一遍 KMP 算法，依次统计逆序后 T 的左边子串 $t_0t_1\cdots t_j$（相当于原始 T 的右边子串）在逆序后 S 中出现的次数，存放在 ans2[j]中。

（4）ans1 和 ans2 这两个数组统计好以后，ans1[j]表示 T 从第 j 个字符处断开左边子串在 S 中出现的次数，ans2[lenT−1−j−1]表示 T 的剩余子串（右边子串）在 S 中出现的次数，根据排列组合中的乘法原理，二者乘积表示 T 从第 j 个字符处断开，且在 S 中找到符合要求的子串的方案数。

（5）最后根据排列组合的加法原理，累加所有的 ans1[j]*ans2[lenT−1−j−1]就得到了答案。

本题对 KMP 算法稍做修改以便执行一次就统计出 T 的所有子串 $t_0t_1\cdots t_j$ (j=0, 1, 2,⋯) 在 S 中出现的次数。如图 4.19 所示，在每一轮的比较过程中，如果字符串 S 和 T 对应字符相等就要累计 ans1[ ]（详见代码注释）。假设某一轮在 t_{j+1} 处失配，则 $t_0t_1\cdots t_j$ 和 S 中对应子串相等了，在这个过程中，ans1[0]～ans1[j]都各自增加了 1。KMP 算法结束条件为遍历完 S 整个字符串。

但是上述 KMP 算法执行过程有个严重的缺陷，由于从上一趟失配过渡到下一趟的比较，T 移动了 $j-k$ 位，且从上一次失配的位置继续比较，从而跳过了一些字符的比较，如图 4.19 所示，导致 ans1[ ]计算不正确。怎么弥补呢？其实只需加上 $t_0t_1\cdots t_j$ 的前缀子串和后

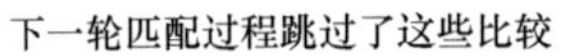

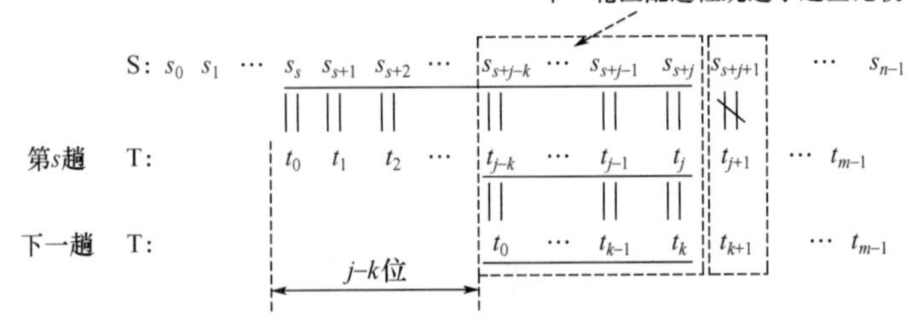

图 4.19 在匹配过程中对应字符相等就累计 ans1[ ]

缀子串匹配的次数。实现方法为，从 T 的最后一个字符开始，如果第 j 个字符的 $k = f(j) \geqslant 0$，则把 ans1[j]累加到 ans1[k]，意思是只要在 S 中能找到一个 $t_0t_1 \cdots t_j$，S 中就存在一个 $t_0t_1 \cdots t_k$，如图 4.19 所示。代码如下。

```
#define NN 100006
#define LL long long
int f[NN];                              //字符串 T 的前缀函数
LL ans[NN], ans1[NN], ans2[NN];
int lenT;                               //T 的长度
void prefix( char P[] )                 //计算前缀函数
{
    int j, k, lenP = strlen(P);  f[0] = -1;
    for( j=0; j<lenP-1; j++ ){          //求 f[j+1]
        k = f[j];
        while( P[j+1]!=P[k+1] && k>=0 ) k = f[k];
        if( P[j+1]==P[k+1] ) f[j+1] = k + 1;     //情形一
        else  f[j+1] = -1;                       //情形二
    }
}
void KMP( char S[], char T[] ) //统计 T 的 0~j 子串在 S 中的匹配次数，存储在 ans[j]中
{
    int i=0, j=0, lenS=strlen(S), lenT=strlen(T);
    while( i<lenS ){                    //遍历完 S 整个字符串
        if( S[i]==T[j] ){               //对应字符匹配
            ans[j]++;                   //就累计 ans[j]
            i++;  j++;
        }
        else if(j==0) i++;              //第 0 个字符就不匹配，直接执行下一趟
        else  j = f[j-1] + 1;           //上一轮失配了，切换到下一轮
    }
    for( j=lenT-1; j>=0; j-- ){
        if( f[j]>=0 )                   //这里要加上子串中自己可以和自己匹配的串的个数
            ans[f[j]] += ans[j];
    }
}
void Swap( char s[] )                   //将字符串 s 逆序
{
```

```
    int i;  char t;  int len = strlen(s);
    for( i=0; i<len/2; i++ ){
        t=s[i];  s[i]=s[len-i-1];  s[len-i-1]=t;
    }
}
int main( )
{
    int Tc, j;  LL answer;  char S[NN], T[NN];     //读入的2个字符串
    scanf( "%d", &Tc );
    while( Tc-- ){
        scanf( "%s%s", &S, &T );
        lenT = strlen(T);
        prefix( T );                      //求T的前缀函数
        memset( ans, 0, sizeof(ans));
        KMP(S, T);                        //依次统计T的左边子串t0t1…ti在S中出现的次数
        memcpy( ans1, ans, sizeof(ans));
        Swap(S);  Swap(T);                //将S和T逆序
        memset( ans, 0, sizeof(ans));
        prefix(T);                        //求逆序后T的前缀函数
        KMP(S, T);    //依次统计逆序后T的左边子串t0t1…ti在逆序后的S中出现的次数
        memcpy( ans2, ans, sizeof(ans));
        answer = 0;
        for( j=0; j<lenT-1; j++ ) answer += ans1[j]*ans2[lenT-1-j-1];
        printf( "%lld\n", answer );
    }
    return 0;
}
```

例4.13　模糊匹配。

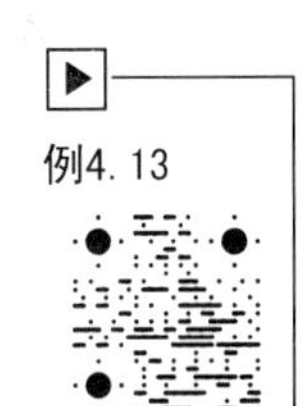

题目描述：

本题要实现含通配符“?”的模式匹配。

输入描述：

输入文件包含多个测试数据。每个测试数据包含以下3部分。

（1）第1行是模板串，占一行，长度为3～20，模板串中包含一个通配符“?”，且“?”符号前后均还有其他字符。

（2）第2行是一个整数 n，$1\leqslant n\leqslant 10$。

（3）接下来有 n 行，每一行为一个目标串，长度在20～10 000。

约定模板串和目标串中均只包含小写字母。输入文件最后一行为“end.”，代表输入结束。

输出描述：

对每个测试数据，首先输出“case #:”(#为测试数据的序号，从1开始计起)，然后对每个目标串，输出模板串的匹配串；如果没有匹配串，则输出“none”，每个目标串的输出之后空一行。其他格式输出要求如样例输出所示。

样例输入：
```
ab?ac
3
ababaacaaaaaaaaaaaaaaabbacaaaaaaaaaacaaaaaaa
aaabdacabasasaaaaaaaaaaaaaaaadaaaaaaaddddaaaaadda
defaduiopaetsersiopal
end.
```

样例输出：
```
case 1:
abaac
abbac

abdac

none
```

分析：本题的求解思路比较简单，但实现起来比较烦琐。因为模板串中只包含一个“?”，且“?”符号前后均还有其他字符，设“?”前的字符串为 tmp1，“?”后的字符串（不含“?”）为 tmp2，tmp2 的长度为 len2。计算 tmp1 的前缀函数，并采用 KMP 算法在目标串中查找 tmp1，每找到一个匹配的子串，跳过一个字符（这个字符对应“?”），用 strncmp( )函数比较目标串中后续 len2 长子串是否和 tmp2 相同，如果相同，就找到一个匹配的字符串了。代码如下。

```
#define MAXP 22
#define MAXT 10002
char target[MAXT],pattern[MAXP];    //目标串和模板串
int f[MAXP];                        //前缀函数
int pos, n;                         //通配符的位置；每个测试数据中，目标串的数目
void prefix( char pat[] )           //计算前缀函数
{
    int len = strlen(pat);  f[0] = -1;
    for( int j=1; j<len; j++ ){
        int k = f[j-1];
        while( pat[j]!=pat[k+1] && k>=0 ) k = f[k];
        if( pat[j]==pat[k+1] ) f[j] = k+1;
        else  f[j] = -1;
    }
}
int kmp( char pat[], char tag[] )   //KMP 算法
{
    int posP = 0, posT = 0;
    int lenP = strlen(pat), lenT = strlen(tag);
    while( posP<lenP && posT<lenT ){
        if( pat[posP]==tag[posT] ){ posP++;  posT++; }
        else if( posP==0 ) posT++;
        else  posP = f[posP-1] + 1;
    }
    if( posP<lenP ) return -1;
    else  return(posT-lenP);
}
void fuzzy( char pat[], char tag[] )    //通配符?
{
    int lenP = strlen(pat), lenT = strlen(tag);
```

```
    char tmp1[MAXP] = {0};  strncpy( tmp1, pattern, pos );    //?号前的字符串
    char tmp2[MAXP] = {0};  strncpy( tmp2, pattern+pos+1, lenP-pos );
                                                              //?号后的字符串
    char tmp[MAXP] = {0};                     //临时存储找到的字符串
    int len1 = strlen(tmp1), len2 = strlen(tmp2);
    prefix( tmp1 );
    bool bexist = false;                      //是否存在匹配串的标志
    char *p0 = tag;                           //当前搜索的起始位置
    int pos1;                                 //pos1 为在剩下的串中查找到的位置
    char *t1;                                 //tmp1 匹配的起始位置
    while( 1 ){
        if( (pos1=kmp( tmp1, p0 ))!=-1 ){ //找到匹配 tmp1 的位置
            t1 = p0 + pos1;
            if( strncmp(t1+len1+1, tmp2, len2)==0 ){//判断?后 len2 长子串是否和 tmp2 相同
                bexist = true;
                memset( tmp, 0, sizeof(tmp) );  strncpy( tmp, t1, len1+len2+1 );
                printf( "%s\n", tmp );
            }
            p0 = p0 + pos1 + 1;               //从当前匹配的下一个位置重新开始搜索
            if(*p0==0) break;                 //串结束
        }
        else  break;
    }
    if( !bexist ) printf( "none\n" );
    printf( "\n" );
}
int main( )
{
    int i, kase = 1;
    while( 1 ){
        memset( pattern, 0, sizeof(pattern) );
        scanf( "%s", pattern );
        if( strcmp(pattern, "end." )==0 ) break;
        char *p;
        p = strchr( pattern, '?' );           //在模板串中查找'?'，返回找到字符的地址
        pos = p - pattern;                    //模板串中'?'前的字符个数
        printf( "case %d:\n", kase );  kase++;
        scanf( "%d", &n );
        for( i=0; i<n; i++ ){                 //处理 n 个目标串
            memset( target, 0, sizeof(target) );
            scanf( "%s", target );
            fuzzy( pattern, target );
        }
    }
    return 0;
}
```

练习题

练习 4.7 Oulipo，POJ3461。

题目描述：

统计给定的单词在一段文本中出现的次数。更正式地描述为，给定一个字符集{'A', 'B', 'C', …, 'Z'}，以及字符集上的两个有限字符串，即单词 W 和文本 T，统计 W 在 T 中的出现次数。W 中所有连续字符都必须和 T 中连续字符完全匹配；T 中匹配到的 W 字符串可以重叠。

输入描述：

输入文件的第 1 行为一个正整数 n，代表测试数据个数。每个测试数据的格式如下。

（1）第 1 行为单词 W，是字符集{'A', 'B', 'C', …, 'Z'}上的字符串，1≤|W|≤10 000，|W| 表示 W 的长度。

（2）第 2 行为文本 T，也是字符集{'A', 'B', 'C', …, 'Z'}上的字符串，|W|≤|T|≤1 000 000。

输出描述：

对每个测试数据，输出一行，为一个整数，表示 W 在 T 中出现的次数。

样例输入：

```
1
AZA
AZAZAZA
```

样例输出：

```
3
```

练习 4.8 Knuth-Morris-Pratt Algorithm（KMP 算法），ZOJ3957。

题目描述：

编程实现，在给定的字符串 S 中查找字符串“cat”和“dog”出现的总次数。

输入描述：

输入文件的第 1 行为一个整数 T（1≤T≤30），代表测试数据个数。每个测试数据占一行，为一个字符串 S，1≤|S|≤1 000。

输出描述：

对每个测试数据，输出一行，为一个整数，表示在字符串 S 中“cat”和“dog”出现的总次数。

样例输入：

```
2
catcatcatdogggy
docadosfascat
```

样例输出：

```
4
1
```

4.5 其他竞赛题目解析

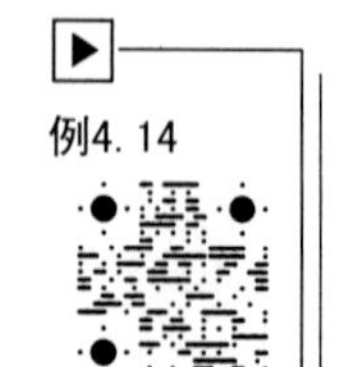
例4. 14

本节将分析 2 道字符及字符串处理方面的题目。

例 4.14 数字字符。

题目描述：

最早的计算机使用点阵来显示数字和文字。例如，把数字 0、1、2、3、4、5、6、7、8、9 分别用以下的图案表示。

```
***  *  *** *** * * *** *** *** *** ***
* *  *    *   * * * *   *     * * * * *
* *  *  *** *** *** *** ***   * *** ***
* *  *  *     *   *   * * *   * * *   *
***  *  *** ***   * *** ***   * *** ***
 0   1   2   3   4   5   6   7   8   9
```

本题要求把输入的数字变成以上的图案进行输出。

输入描述：

输入数据可能包含多行，每行是一个正整数 $n(0<n\leqslant 99\ 999)$。

输出描述：

对输入的每个正整数，输出相应的图案数字。每个数字间用一列空格隔开，最后一位数字之后没有空格。

样例输入：

```
1234
```

样例输出：

```
 *  *** *** * *
 *    *   * * *
 *  *** *** ***
 *  *     *   *
 *  *** ***   *
```

分析：本题考查的是字符数组的使用。把 0～9 共 10 个数字的图案形式存放在一个三维字符数组 digit[10][5][4]中。第 1 维“10”代表 10 个数字；第 2 维“5”代表每个数字的图案形式的图案形式有 5 行；第 3 维“4”代表每行有 3 个字符，最后一个字符为字符串结束标志。

在读入整数时，采用字符形式读入更为方便，因为这种方式获取整数的总位数（即字符串的长度）、取得整数的每位（即字符数组中的每个字符）都是很方便的。对每个整数都输出 5 行，第 i 行由整数中每个数字的第 i 行组成。

另外，本题要求每个数字之间有一个空列，而在最后一个数字后没有空列，在输出时要特别注意。代码如下。

```
char digit[10][5][4] = {                        //存储数字 0～9 的字符形式
    {"***", "* *", "* *", "* *", "***"},        //0
    {" * ", " * ", " * ", " * ", " * "},        //1
    {"***", "  *", "***", "*  ", "***"},        //2
    {"***", "  *", "***", "  *", "***"},        //3
    {"* *", "* *", "***", "  *", "  *"},        //4
    {"***", "*  ", "***", "  *", "***"},        //5
    {"***", "*  ", "***", "* *", "***"},        //6
    {"***", "  *", "  *", "  *", "  *"},        //7
    {"***", "* *", "***", "* *", "***"},        //8
    {"***", "* *", "***", "  *", "***"}         //9
};
int main( )
{
    int i, j;  char ch[6];                      //以字符形式读入整数
    while( scanf("%s", ch)!=EOF ){
```

```
        int len = strlen(ch);
        for( i=0; i<5; i++ ){               //输出 5 行
            for( j=0; j<len; j++ ){         //输出该整数每位数字的每行
                printf( "%s", digit[ch[j]-'0'][i] );
                if( j<len-1 ) printf( " " );
            }
            printf( "\n" );
        }
    }
    return 0;
}
```

例 4.15 英语数字翻译（English-Number Translator），ZOJ2311，POJ2121。

题目描述：

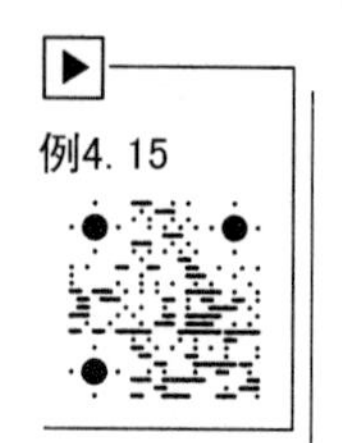

在本题中，要求将英文单词表示的整数翻译成阿拉伯数字形式。整数的范围为–999 999 999～999 999 999。以下是整数中可能出现的所有英文单词。

negative, zero, one, two, three, four, five, six, seven, eight,
nine, ten, eleven, twelve, thirteen, fourteen, fifteen, sixteen,
seventeen, eighteen, nineteen, twenty, thirty, forty, fifty, sixty,
seventy, eighty, ninety, hundred, thousand, million

输入描述：

输入包含多个测试数据。每个测试数据占一行，为一串英文单词所表示的整数。注意，负数最前面的单词是 negative；当能用单词 thousand 表示时，就不会用 hundred 来表示。例如，1 500 表示成英文是 one thousand five hundred，而不是 fifteen hundred。输入以空行结束。

输出描述：

对每个测试数据，输出一行，为对应的整数。

样例输入：	样例输出：
`negative seven hundred twenty nine`	`-729`
`eight hundred fourteen thousand twenty two`	`814022`
（表示输入结束的空行）	

分析：这是一道很有意思的题目。将英文整数中可能出现的所有英文单词（共 31 个）存储到一个二维字符数组中（详见下面的代码）。当 i 取值为 0～20 时，第 i 个单词所表示的数值为 i；当 i 取值为 21～27 时，第 i 个单词所表示的数值为 $(i-18)\times10$。hundred、thousand、million 这 3 个单词的处理很特别。注意这 3 个单词不会出现的英文整数的最前面。

（1）hundred 会使前一个单词（注意是一个单词，因为根据题目的意思，测试数据中不可能出现 twenty one hundred 这种英文数字）所表示的数值扩大 100 倍。例如，seven hundred twenty nine，第一个英文单词所表示的数值是 7，第 2 个单词为 hundred，它会使 7 扩大 100 倍，即变成 700。

（2）thousand 会使前面若干个单词所表示的数值扩大 1 000 倍。例如，eight hundred fourteen thousand twenty two，其中 eight hundred fourteen 表示的数值为 814，紧接着是 thousand，它会使 814 扩大 1 000 倍，即变成 814 000。

（3）million 会使前面若干个单词所表示的数值扩大 1 000 000 倍。例如，twenty one

million 所表示的数值将是 21 000 000，代码如下。

```
char *string[] = {
    "zero" ,"one" ,"two","three","four" ,"five","six" ,"seven" ,"eight" ,"nine" ,
    "ten" ,"eleven" ,"twelve" ,"thirteen" ,"fourteen" ,"fifteen" ,"sixteen" ,
    "seventeen" ,"eighteen" ,"nineteen" ,"twenty","thirty","forty","fifty" ,
    "sixty","seventy" ,"eighty" ,"ninety" ,"hundred" ,"thousand" ,"million"
};
int main( )
{
    int i, sign;        //当第 1 个单词为"negative"时，表示负数，sign = -1
    long temp;          //前面若干个英文单词累积所表示的数值
    long sum;           //整个英文数字所表示的数值
    char str[20] = {'\0'}, ch;              //读入的每个单词，及单词中的字符
    while( scanf( "%c", &ch )!= EOF ) { //输入字符串
        if( ch==10 ) break;  //要加上这一行，题目中有一句话“输入以空行结束”
        i = 0;  str[i++] = ch;
        while( scanf("%c", &ch), ch!=' ' && ch!='\n' )    //读入第一个单词
            str[i++] = ch;
        str[i] = '\0';  sum = temp = 0;  sign = 1;
        if( 0 == strcmp(str, "negative")) sign = -1;
        else {
            for( i=0; i<28; i++ ) {
                if( 0==strcmp(str, string[i])) {
                    if(i<=20) temp += i;
                    else if(i<28) temp += (i-18)* 10;
                }
            }
        }
        while(ch!='\n'){
            i = 0;
            while( scanf("%c", &ch), ch!=' ' && ch!='\n' ) //继续读入其他单词
                str[i++] = ch;
            str[i] = '\0';
            for(i=0;i<31;i++){
                if( 0==strcmp(str, string[i])){
                    if(i<=20) temp += i;
                    else if(i<28) temp += (i-18)* 10;
                    else if(i==28) temp *= 100;        //hundred
                    else if(i==29)         //thousand
                    { temp *= 1000; sum += temp; temp = 0; }
                    else if(i==30)       //million
                    { sum += temp; sum *= 1000000; temp = 0; }
                    break;
                }
            }
        }
```

```
        sum += temp;  printf( "%ld\n", sum*sign );
    }
    return 0;
}
```

练习题

练习 4.9 LC 显示器（LC-Display），ZOJ1146，POJ1102。

题目描述：

编写程序，模拟 LC 显示器来显示整数。

输入描述：

输入文件包含多行，每一行中有两个整数 s 和 n，$1\leqslant s\leqslant 10$，$0\leqslant n\leqslant 99\ 999\ 999$。$s$ 是显示的大小，n 是要显示的整数。最后一行为两个 0，代表输入结束。

输出描述：

以 LC 显示器方式输出输入文件中的整数，用符号“-”表示水平的线段，用符号“|”表示垂直的线段。整数中的每个数字占 s+2 列、2s+3 行。在输出时，对每两个数字之间的空白区域，要确保用空格填满，对最后一个数字之后的空白区域，不能输出空格。每两个数字之间仅有一个空列。样例输出中给出了 0～9 每个数字的输出格式。每个整数之后输出一个空行。

样例输入：

```
2 12345
3 67890
0 0
```

样例输出：

```
      --   --        --
   |    |    | |  | |
   |    |    | |  | |
      --   --   --   --
   | |       |    |    |
   | |       |    |    |
      --   --        --

 ---   ---   ---   ---   ---
|         | |   | |   | |   |
|         | |   | |   | |   |
|         | |   | |   | |   |
 ---         ---   ---
|   |     | |   |     | |   |
|   |     | |   |     | |   |
|   |     | |   |     | |   |
 ---         ---   ---   ---
```

练习 4.10 单词逆序（Word Reversal），ZOJ1151。

题目描述：

对一组单词，输出每个单词的逆序，并且不改变这些单词的顺序。

输入描述：

输入文件包含多个测试数据。第 1 行为一个正整数 N，代表测试数据的个数。然后是一个空行，接下来是 N 个测试数据，测试数据之间有一个空行。每个测试数据的第 1 行为一个整数 K，代表有 K 组单词，每组单词占一行，包含若干个单词，这些单词用空格隔开，每个单词仅由大小写字母字符组成。

输出描述：

对每个测试数据，相应有一组输出，每两个测试数据的输出内容之间有一个空行。

对每个测试数据中的每组单词，输出一行，为逆序后的各个单词。

样例输入：

```
1

2
I am happy today
I want to win the practice contest
```

样例输出：

```
I ma yppah yadot
I tnaw ot niw eht ecitcarp tsetnoc
```

练习 4.11　多项式表示问题（Polynomial Showdown），ZOJ1720，POJ1555。

题目描述：

给定多项式的系数，要求输出多项式的可读格式，并去掉多余的字符，多项式中自变量的幂的次数为 8 到 0。例如，假设给定的系数为 0、0、0、1、22、–333、0、1 和–1，则输出的多项式为“x^5 + 22x^4 – 333x^3 + x – 1”。

在表示多项式时要遵守以下规则。

（1）多项式的各项必须按幂的次数由高到低的顺序排列。

（2）指数用符号“^”来表示。

（3）常数项仅用常数来表示，不需要乘以 x^0。

（4）只有系数非 0 的项才需要表示出来。如果所有项的系数都为 0，则要输出常数项，即 0。

（5）二元运算符“+”和“–”左右两边各有一个空格符号，此外没有多余的空格符号。

（6）如果多项式的第 1 项系数为正，则系数前面没有正号；如果第 1 项的系数为负，则在系数前有符号，如–7x^2 + 30x + 66。

（7）对系数为负的项，除非该项是第 1 项，否则该项的系数应该表示成减去对应的正数项，也就是说，不能输出“x^2 + –3x”，而应该输出“x^2 – 3x”。

（8）常数 1 和–1 只能出现在常数项，也就是说，不能输出“–1x^3 + 1x^2 + 3x^1 – 1”，而应该输出“–x^3 + x^2 + 3x – 1”。

输入描述：

输入文件包含多个测试数据。每个测试数据占一行，为多项式的 9 个系数，用空格隔开，每个系数的绝对值不超过 1 000。

输出描述：

对每个测试数据所给出的 9 个系数，输出一行，为对应的多项式。

样例输入：

```
0 0 0 1 22 -333 0 1 -1
0 0 0 0 0 0 -55 5 0
```

样例输出：

```
x^5 + 22x^4 - 333x^3 + x - 1
-55x^2 + 5x
```

4.6　实践进阶：特殊的输入/输出的处理

本书第 1.3.3 节总结了程序设计竞赛的 4 种基本输入情形及其组合，第 1.5 节总结了基本输入/输出的处理，本节总结一些特殊输入/输出的处理，这些特殊的输入/输出一般都

实践进阶：特殊的输入/输出的处理

涉及字符及字符串的处理。需要说明的是，在 C 语言里，只能用字符数组、字符指针处理字符及字符串。C++语言提供了 string 类，封装了很多有用的方法，也可以直接输入/输出 string 对象，读者可查阅相关文献并在平时练习时多多尝试。

本节首先总结 C/C++语言中字符及字符串的输入/输出方法。在 C 语言中，字符的输入/输出主要有以下几种方式。

（1）getchar( )函数输入、putchar( )函数输出。

（2）scanf( )函数输入、printf( )函数输出（使用%c 控制符）。

在 C 语言中，字符串的输入/输出主要有以下几种方式。

（1）scanf( )函数输入、printf( )函数输出（使用%s 控制符）。其中，scanf( )函数在读入字符串时是以空格键、Tab 键和回车键作为分隔字符串的标志，所以不能读入包含空格的字符串。

（2）gets( )函数输入、puts( )函数输出。其中，gets( )函数在读入字符串时是以回车键作为分隔字符串的标志，所以可以读入包含空格的字符串。但由于 gets( )函数可以无限读取，如果读入的字符数超出了指定的存储空间，就会造成溢出且会覆盖其他存储空间的内容，这是很危险的，所以在 2011 年发布的 C 语言标准 C11 里已经去除了 gets( )函数。由于程序设计竞赛题目对输入数据的格式是很严谨的，测试数据一定符合题目的格式，如果 OJ 系统采用的编译器支持 gets( )函数，就可以放心地用。如果 OJ 系统采用的编译器不支持 gets( )函数，那就不能用了。

（3）使用循环结构控制每次输入/输出一个字符也可以输入/输出字符串。

在 C++语言中，字符及字符串的输入/输出主要有以下几种方式。

（1）使用 cin 输入、cout 输出。

（2）调用 cin、cout 这些输入/输出流类里封装的方法（如 cin.getline）来输入和输出。

4.6.1 特殊输入的处理

1. 夹杂各种数据类型但格式固定的输入数据的处理

特殊输入的处理

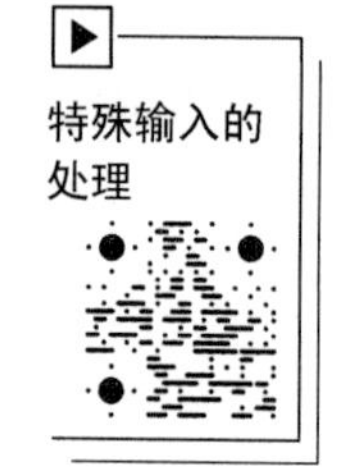

对夹杂各种数据类型但格式固定的输入数据，如例 5.10 的输入数据为两个时间，格式为“00:00:03 00:00:06”，夹杂着整数（还有前导 0）、字符（冒号和空格），但格式固定，且程序设计竞赛题目对输入/输出是非常严谨的。对这种数据，适合用 scanf( )函数读入，例 5.10 可以采用“scanf("%d:%d:%d %d:%d:%d", &h1, &m1, &s1, &h2, &m2, &s2)”读入两个时间的时、分、秒，且都为整数。如果采用其他方法，只能视为一个完整的字符串读入，然后还需要额外的代码才能从这个字符串中提取到所需的 6 个整数。

2. 读入包含空格的字符串

在 C11 之前的标准里，可以使用 gets( )函数读入包含空格的字符串，在 C11 标准里，则不能使用 gets( )函数了。可以采用以下替代方法：在 scanf( )函数中使用“%[^\n]”，其含义是读入除换行符“\n”以外的字符，因此可以实现读入一行字符（可以包含空格），遇到回车截止。具体代码如下。

```
scanf("%[^\n]", str);     //读入一行字符(可以包含空格)，遇到回车截止
```

3. 在读入字符及字符串时是否需要跳过上一行的换行符

在程序设计竞赛题目里，经常遇到在读入字符及字符串时是否需要跳过上一行的换行符的问题，如例 3.3、例 8.1。例如，假设要读入以下迷宫地图（3 和 4 分别表示迷宫的行数和列数，S 和 D 分别表示迷宫的入口和出口，“.”表示可通行的方格，“X”表示墙壁，不可通行）。

```
3 4
S...
.X.X
...D
```

首先要明白，每行数据的末尾都有一个换行符，是否需要用专门的语句跳过上一行的换行符，要分以下情况讨论。

（1）scanf( )函数（使用%s 控制符）可以一行一行地读字符串，它会自动跳过上一行的换行符。例如，可以使用下面的代码段来读入上面的迷宫地图。读入的迷宫地图在 map 数组中的存储情况如图 4.20（a）所示。

```
int i, j, m, n;                          //m, n: 迷宫的行和列
char map[10][10] = { 0 };                //迷宫地图（各元素初始化为 0，充当串结束标志）
scanf( "%d%d", &m, &n );                 //读入迷宫的行和列
for( i=0; i<m; i++ ) scanf( "%s", map[i] );          //读入迷宫
for( i=0; i<m; i++ ) printf( "%s\n", map[i] );       //输出迷宫地图
```

	0	1	2	3
0	S	.	.	.
1	.	X	.	X
2	.	.	.	D

（a）scanf( )函数读入（%s）

	0	1	2	3
0	\n	S	.	.
1	.	\n	.	X
2	.	X	\n	.

（b）scanf( )函数读入（%c）

图 4.20　读入迷宫地图到 map 数组中

（2）scanf( )函数（使用%c 控制符）可以一个一个字符地读字符串，这种方式不能跳过上一行的换行符。在实际题目中，经常会采取这样的方式读入字符串，如需要在读入过程中对一个个字符进行转换、比较、复制等处理时。例如，在上面的例子中，需要在读入迷宫地图过程中记录迷宫入口和出口的位置。

如果使用以下代码读入迷宫地图，则地图在 map 数组中的存储情况如图 4.20（b）所示。其中，map 数组第 0 行的 4 个字符分别为上一行的换行符，地图中第 0 行的前 3 个字符；map 数组第 1 行的 4 个字符分别为地图中第 0 行的最后一个字符、末尾的换行符、地图中第 1 行的前 2 个字符；map 数组第 2 行的 4 个字符分别为地图中第 1 行的后 2 个字符、末尾的换行符、地图中第 2 行的第 1 个字符。地图中第 2 行的后 3 个字符没有读入，因此输出的迷宫地图不正确。

```
for( i=0; i<m; i++ ){                //读入迷宫
    //getchar( );                    //跳过上一行末尾的符的代码（被注释了）
```

```
        for( j=0; j<n; j++ ) scanf( "%c", &map[i][j] );
    }
    for( i=0; i<m; i++ ){              //输出迷宫地图
        for( j=0; j<n; j++ ) printf( "%c", map[i][j] );
        printf( "\n" );
    }
```

一旦不能自动跳过上一行的换行符，那就需要在读入有用的字符数据前用专门的语句读入上一行的换行符，常用的方法有以下几个。

（1）使用“getchar( );”语句，读入上一行的换行符，不赋值给任何变量。

（2）使用“c = getchar( );”语句，赋给 c，c 是一个没有其他用途的临时变量。

（3）使用“scanf("%c", &c);”语句，赋给 c，c 是一个没有其他用途的临时变量。

具体实现时只需将上面代码中被注释的 getchar( )语句启用就可以了。注意，这种情形下在读入每一行之前都要跳过上一行的换行符。

4. 表示测试数据开始和结束的标志为字符型数据

例 4.1、练习 9.6 属于这种情形。对于这种情形，通常需要将测试数据中的每行数据以字符形式读入，然后用 strcmp( )函数来判断是否是测试数据开始和结束的标志。

4.6.2 特殊输出的处理

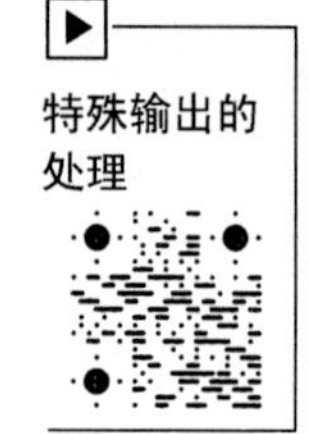

1. 每两个数据之间用空格隔开

有的题目（如练习 1.1）要求在一行输出数据中除最后一个数据外，其他每个数据之后都输出空格，即所谓的“每两个数据之间用一个空格隔开”，处理方法与以下空行的处理方法类似。

2. 每两个测试数据的输出用空行隔开

有的题目要求除最后一个测试数据外，每个测试数据的输出内容之后都输出空行，最后一个测试数据的输出内容之后不输出空行，即所谓的“每两个测试数据的输出之间用一个空行隔开”。

如果知道测试数据的个数（第 1 种输入情形，假设为 N 个测试数据），就比较好处理，只需在第 1～N–1 个测试数据输出之后再输出一个空行，最后一个（即第 N 个）测试数据输出之后不输出一个空行，详见例 1.7。

如果不知道测试数据的个数（第 2 种或第 3 种输入情形），可以采用的方法是反其道而行，在除第 1 个测试数据外的每个测试数据的输出内容之前输出空行。具体方法是：设置一个状态变量 bfirst，代表是否为第 1 个测试数据，初始值为 true；如果 bfirst 为 false，则在测试数据的输出内容之前输出空行。因此，当读入第 1 个测试数据时，因为 bfirst 为 true，不输出空行，然后把 bfirst 设置为 false；之后，在每个测试数据的输出内容之前都会输出空行。

时间和日期的处理

时间和日期处理是程序设计竞赛里一类比较常见的问题。本章总结时间和日期处理的相关问题及解题方法，并通过程序设计竞赛题目阐述这些解题方法的实现。最后在实践进阶里，总结了程序设计竞赛里非常重要的一项技能——程序调试。

5.1 相关问题

需要说明的是，不同的编程语言处理时间和日期问题的难度不同。在 C 语言的头文件 time.h 里定义了表示时间的结构体 tm，以及一些函数（如 clock( )、time( )等），C++语言本身除了兼容这些函数外，并没有封装时间和日期处理相关的类，因此，用 C/C++语言解答此类题目时不能使用现成的类，大部分时候需要自己编写代码来实现。而 Java、Python 等语言，由于封装了日期、日历等相关的类，处理此类问题要容易一些。本章主要基于 C/C++语言讨论此类问题的处理方法，当然这些方法也适用于 Java、Python 等语言。

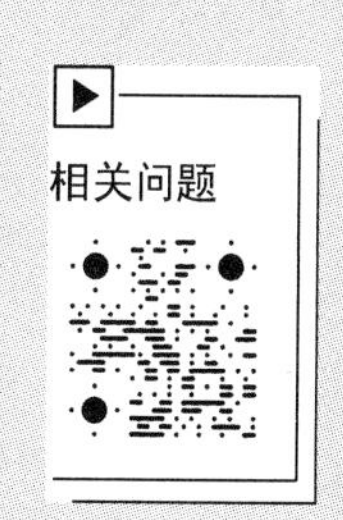

时间和日期处理一般都避免不了闰年判断问题。符合下面两个条件之一的年份为闰年：一是能被 4 整除，但不能被 100 整除；二是能被 400 整除。例如，2004、2000 年是闰年，2005、2100 年则不是闰年。

以图 5.1 为例，假设整个圆代表所有年份构成的集合。用条件（1）“能否被 4 整除”，将整个集合一分为二，其中子集（Ⅰ）表示不能被 4 整除，该子集代表的年份不是闰年。对圆中剩下的部分，再施加条件（2）“能否被 100 整除”，又一分为二，其中子集（Ⅱ）表示的年份能被 4 整除，但不能被 100 整除，这些年份是闰年。对圆中剩下的部分，再施加条件（3）“能否被 400 整除”，又一分为二，其中，子集（Ⅲ）表示的年份能被 400 整除，是闰年；子集（Ⅳ）表示的年份能被 100 整除，但不能被 400 整除，不是闰年。因此在图 5.1 中，子集（Ⅱ）和（Ⅲ）表示的年份是闰年。

假设用变量 year 表示年份，可用下面的逻辑表达式来判断闰年。

(year % 4 == 0 && year % 100 != 0)|| year % 400 == 0

如果上述逻辑表达式的值为 1，则 year 为闰年；如果值为 0，则 year 为平年。

时间和日期处理主要有以下几类问题，本节将总结这些问题的求解方法，在第 5.2 节将解析竞赛题目并给出练习题。

Ⅱ能被4整除，但不能被100整除

（2）能否被100整除

Ⅲ能被400整除

Ⅰ不能被4整除

Ⅳ能被100整除，但不能被400整除

（3）能否被400整除

（1）能否被4整除

图 5.1　闰年的判断

1. 星期数计算

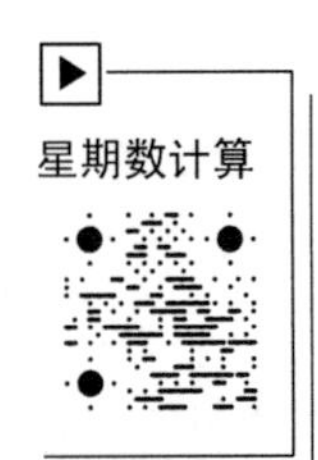

在程序设计竞赛里，经常出现根据公历日期（年、月、日）推算出星期几的问题。首先约定用数字代表星期几，这些数字称为星期数。星期数有以下几种计算方法。不同的方法对星期数有不同的约定，如约定星期日为 0，星期一至星期六为 1～6，或者约定星期一到星期日为 1～7。本书统一约定采用后者，因此对有些算法的计算结果要转换。

（1）基姆拉尔森公式

$$w = (d + 2*m + 3*(m+1)/5 + y + y/4 - y/100 + y/400) \% 7$$

注意，公式中的除法都是整数的除法，不保留余数。各符号含义如下。

w：星期数，0 代表星期一，1 代表星期二，……，6 代表星期日；把求得的 w 值加 1 就符合本书的统一约定了。

y：年份。

m：月份，3≤m≤14，某年的 1、2 月要看成上一年的 13、14 月来计算；3～12 月，m 的值依次为 3～12。例如，2019 年 1 月 1 日，则 y = 2018，m=13。

d：日。

例如，2019 年 8 月 6 日，w = (6+2*8+3*(8+1)/5+2019+2019/4–2019/100+2019/400)% 7 = (6+16+5+2019+504–20+5)%7 = 2535%7 = 1，w 再加 1 等于 2，因此是星期二。

以下 weekday1( )函数实现了用基姆拉尔森公式求星期数。

```
int weekday1( int y, int m, int d ) //用基姆拉尔森公式求星期数
{
    if( m==1 || m==2 ) m += 12, y--;
    int w = ( d + 2*m + 3*(m+1)/5 + y + y/4 - y/100 + y/400) % 7;
    return ++w;     //加 1 是为了符合统一约定：用数字 1～7 代表星期一至星期日
}
```

（2）蔡勒公式

$$w = (ty + ty/4 + c/4 - 2*c + 26*(m+1)/10 + d - 1 + 7)\%7$$

注意，这个公式中的除法也都是整数的除法，不保留余数。各符号含义如下。

w：星期数，0 代表星期日，1～6 代表星期一到星期六。为了符合本书的统一约定，求得的 w 值需要转换，详见以下代码及注释。

ty：年份的后 2 位，即 ty = y%100。

c：年份的前 2 位，即 c = y/100。

m：月份，值及含义与基姆拉尔森公式中的一样。

d：日。

例如，2019 年 8 月 6 日，w = (19+4+5–2*20+26*(8+1)/10+6–1+7)% 7 = (19+4+5–40+23+6 –1+7)%7 = 23%7 = 2，因此是星期二。

以下 weekday2( )函数实现了用蔡勒公式求星期数。

```
int weekday2( int y, int m, int d ) //用蔡勒公式求星期数
{
    if( m==1 || m==2 ) m += 12, y--;
    int c = y / 100, ty = y % 100;
    int w = (ty + ty/4 + c/4 - 2*c + 26*(m+1)/10 + d - 1) % 7;
    return w%7==0 ? 7 : (w+7)%7;     //转换，使得 w 值符合统一约定，+7 是考虑负数情况
}
```

可以编写以下完整程序，用以上计算方法来计算并输出 2000 年 1 月 1 日至 2019 年 12 月 31 日的星期数。

```
int leap( int year ) //闰年判断
{
    if( (year%4==0 && year%100!=0)|| year % 400 == 0 ) return 1;
    else  return 0;
}
int main( )
{
    int year, month, day, dayend;
    int days[12] = {31, 28, 31, 30, 31, 30, 31, 31, 30, 31, 30, 31};//平年每月天数
    freopen( "weekday1.out", "w", stdout );  //将星期数输出到文件，文件名可更换
    for( year=2000; year<=2019; year++ ){
        for( month=1; month<=12; month++ ){
            dayend = days[month-1];
            if( leap(year)&& month==2 ) dayend++;
            for( day=1; day<=dayend; day++ )
                printf("%d\n", weekday1(year, month, day)); //可换成 weekday2 函数
        }
    }
    return 0;
}
```

可以在 Excel 里验证上述计算结果的正确性。如图 5.2 所示，首先在 Excel 文件里输入日期 2000/1/1，并填充到 2019/12/31；用 Excel 里的 WEEKDAY 函数计算出星期数，该函数的第 2 个参数取值为 2，表示返回值 1～7 代表星期一～星期日，这正是本书约定的；然后将上述程序的输出内容复制到 Excel 文件的 C 列；最后在 D 列，用公式和填充功能比较 B 列和 C 列各

行是否一致，其中 D2 单元格的公式是“B2=C2”。同样，在 F 列验证 weekday2( )函数的计算结果。从图 5.2 可以看出，D、F 列均为 TRUE，因此以上两个计算公式都是正确的。

Microsoft Excel - 验证.xls

B2 =WEEKDAY(A2, 2)

	A	B	C	D	E	F	G	H	I
1	日期	星期数	weekday1	验证	weekday2	验证			
2	2000/1/1	6	6	TRUE	6	TRUE			
3	2000/1/2	7	7	TRUE	7	TRUE			
4	2000/1/3	1	1	TRUE	1	TRUE			
5	2000/1/4	2	2	TRUE	2	TRUE			
6	2000/1/5	3	3	TRUE	3	TRUE			

Sheet1 / Sheet2 / Sheet3

就绪

图 5.2　验证星期数计算结果的正确性

（3）利用基准日期的星期数计算给定日期的星期数

如果已知某个基准日期的星期数 w（约定取值 1～7 代表星期一到星期日），以及自基准日期到给定日期的天数是 totaldays（给定日期在基准日期之后），则求给定日期的星期数无须采用基姆拉尔森公式或蔡勒公式，直接利用取余运算即可。本来取余的计算式是(w+totaldays)%7，但对 7 取余落入范围[0, 6]，与本书约定不一致，所以要加 1，为了抵消加 1 的效果，取余之前先减 1，因此正确的计算公式为(w+totaldays−1)%7+1。

如果给定日期在基准日期之前，且从给定日期到基准日期的天数是 totaldays，则计算公式为((w−totaldays−1)%7+7)%7+1。注意，第一次取余运算结果可能为负数，所以加 7 再取余。

2. 天数计算

天数计算问题包括以下几个。

（1）根据公历日期（年、月、日），推算出该日期是当年第几天。

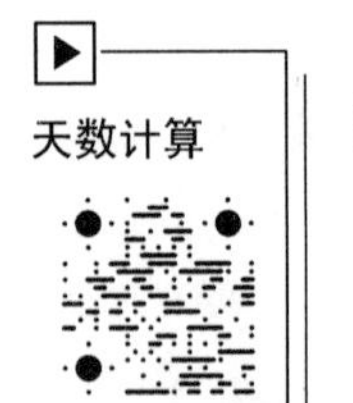

（2）根据给定的公历日期（年、月、日），推算出该日期是某个基准日期（如 2000 年 3 月 1 日）以来的第几天，假定给定日期在基准日期之后。

（3）给定两个公历日期，推算出相差多少天。

（4）反过来，给定自某个日期起经过的天数，求现在的日期和星期数。

第 1 个问题比较简单，把前面几个月的天数累加（如果是闰年且包含了 2 月，则天数还要加 1），再加上当月经过的天数即可。

第 2 个问题也比较简单，考虑一种特殊情况，给定日期和基准日期是同一年，先计算出这两个日期分别在当年是第几天，相减即可；如果不是同一年，则需要把基准日期到当年 12 月 31 日的天数、两个日期之间整年的天数（平年 365 天、闰年 366 天）、给定日期在当年的天数累加起来。

第 3 个问题，如果题目告知了基准日期（如 2000 年 1 月 1 日），那也比较简单，先计算出这两个日期是该基准日期以来的第几天，将这两个值相减即为答案；如果题目没有告知基准日期，人为地将题目中日期数据范围以前的一个日期作为基准日期即可。

第 4 个问题的处理方法是：从给定的天数出发做减法，依次减去给定年份当年剩余天数、

接下来每一年天数，根据剩余天数够不够减，可以确定在哪一年；再从减去后剩余天数出发继续做减法，依次减去所确定年份的每个月的天数（注意，闰年 2 月份加一天），根据剩余天数够不够减，可以确定在哪一月；最后确定在该月的哪一天。确定日期后，就可以计算出星期数。

3. 日期合法性判断

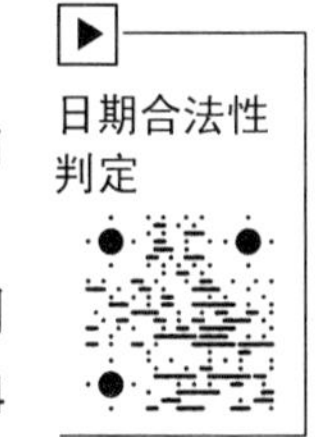

给定一个日期（年、月、日），判断是否为合法的公历日期，如“2019/2/29”“2019/3/32”等都是非法的日期。另外，由于日期有多种格式，如“年/月/日”“月/日/年”“日/月/年”，如果年份只用后两位数，则一个日期可能有多种合法的解释。例如，“02/03/04”可能为 2002 年 3 月 4 日、2004 年 2 月 3 日、2004 年 3 月 2 日。

解答这类题目的方法是：首先确定年份是否合法，年份一般为 4 位数字，但有时也允许采用后 2 位数字来简化表示；再确定月份是否合法，月份必须是 1～12 月，但注意题目是否要求 1～9 月带前导 0，如 09；最后确定日期是否合法，如不能超过该月的天数，这里需要注意每个月的天数，以及闰年的 2 月份比平年的多一天。

日历转换

4. 日历转换

历史上各国提出了多种历法，现在多采用公历。例 5.1 的题目描述介绍了公历的起源。

所谓日历转换，就是两种日历（如公历、历史上其他历法、其他人为设计或假想的历法）之间的转换，通常是给定一种历法下的一个日期，要求转换到另一种历法。解答这类题目的代码通常比较烦琐，也无特殊技巧可言，一般只需严格按历法的规则进行转换即可。

5. 时间表示及转换

时间表示及转换

我们通常采用的时间（时、分、秒）是 60 进制，但其他人为设计或假想的时间制式可能是其他进制（如例 5.9）。时间表示及转换题目往往涉及以下几个问题。

（1）判断一个时间是否合法，如不能有 61 秒；以及要注意中午（12 小时制）和凌晨时间（24 小时制）的特殊表示，详见练习 5.5。

（2）计算两个时间之间相差的秒数，这个问题的解答和计算两个日期之间相差天数有点类似，此处不再赘述。

（3）不同时间制式之间的转换，包括 12 小时制和 24 小时制之间的转换（如练习 5.5）。

6. 其他问题

时间和日期问题还包括统计两个日期之间某个星期数的个数（如练习 5.4）、两个日期之间所有日期里某个数字出现的次数（如练习 5.6）等。

5.2 例题解析

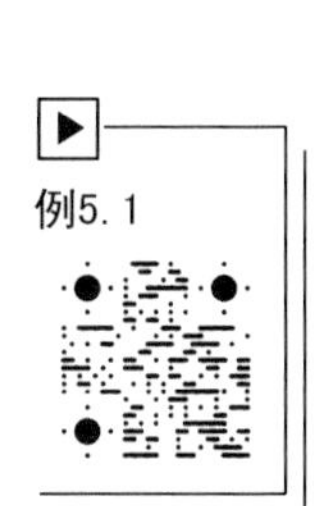

5.2.1 星期数计算

例 5.1　今天是几号（What Day Is It?），ZOJ1256。

题目描述：

今天所用的日历来源于古罗马，Julius Caesar 编写了现今被公认的 Julian 历法。在这种历法中所有的月都有 31 天，除了 4 月、6 月、9 月和 11 月，这几个月每月有 30 天，以及 2 月在闰年时有 29 天，平年时有 28 天。同时，在这个历法体系中，每 4 年有一个闰年。那是因为古罗马的天文学家计算出每年有 365.25 天，所以每过 4 年，需要额外地加上一天来保持日历与季节相一致。为此，在闰年的时候将 2 月加上一天。

在 Julian 历法中，任何一年只要是 4 的倍数就是闰年，在这一年中，2 月有 29 天。

在 1582 年，罗马教皇 Gregory 的天文学家发现每年不是有 365.25 天而是有将近 365.242 5 天。所以，闰年的规则应该校订为如下规则。

在 Gregorian 历法中，任何一年如果是 4 的倍数就是闰年，除非这一年是 100 的倍数但不是 400 的倍数。

为了补偿因为季节与日历的偏差引起的偏移，那时日历实际上已经偏移了 10 天，因此 1582 年 10 月 4 日之后的第一天（即 10 月 5 日）被宣布为 10 月 15 日。

英国及其帝国（包括美国）直到 1752 年才采用 Gregorian 历法，那时日历实际上偏移了 11 天，因此 1752 年 9 月 2 日之后的第 1 天（即 9 月 3 日）被宣布为 9 月 14 日。

编写一个程序，用当时的历法将美国的一个日期转换并输出这一天是星期几。

输入描述：

输入文件包含多个测试数据。每个测试数据占一行，每行有 3 个正整数，代表一个日期，格式是“月 日 年”，月、日、年均为正整数。输入文件的最后一行为三个 0，表示输入结束。

输出描述：

对每个测试数据，输出该日期及星期几，格式如样例输出所示。一个不合法的日期或者一个对于美国历法不存在的日期应该输出错误提示信息，如样例输出所示。

样例输入：

```
11 15 1997
9 2 1752
9 14 1752
4 33 1997
0 0 0
```

样例输出：

```
November 15, 1997 is a Saturday
September 2, 1752 is a Wednesday
September 14, 1752 is a Thursday
4/33/1997 is an invalid date.
```

分析：本题的意思是，以 1752 年 9 月 2 日为界，在这之前采用 Julian 历法，年份能被 4 整除就是闰年，在这之后采用 Gregorian 历法，年份不能被 100 整除但能被 4 整除、或者能被 400 整除才是闰年。现在，给定一个日期（如样例数据所示，1752 年 9 月 2 日前后都有可能），求该日期是星期几。另外，样例数据也提示，1752 年 9 月 2 日是星期三，1752 年 9 月 14 日是星期四。

首先判断给定的日期是不是合法的，判断的条件是月份在 1～12，天数≤该月份的天数，同时要注意 1752.9.3～9.13 是不合法的。接下来，如果给定日期在 1752 年 9 月 2 日以前，则统计给定日期到 1752 年 9 月 2 日的天数；如果给定日期在 1752 年 9 月 14 日以后，则统计 1752 年 9 月 14 日到给定日期的天数。然后按第 5.1 节计算星期数的第 3 种方法计算出星期数。最后按题目要求进行输出。代码如下。

```
//存储平年和闰年各月的天数
int mdays[2][13] = { { 0, 31, 28, 31, 30, 31, 30, 31, 31, 30, 31, 30, 31 },
```

```
        { 0, 31, 29, 31, 30, 31, 30, 31, 31, 30, 31, 30, 31 } };
char months[13][15] = { "", "January", "February", "March", "April","May", "June",
        "July", "August", "September", "October", "November", "December" };
char weekday[8][10] = { "", "Monday", "Tuesday", "Wednesday", "Thursday",
        "Friday", "Saturday", "Sunday" };      //约定星期数 1~7 代表星期一到星期日
int is_leap(int year)
{
    if( year<=1752 ) return year%4 == 0;     //Julian Rule
    else  return (year%4==0 && year%100)|| year%400 == 0;  //Gregorian Rule
}
int is_valid(int year, int month, int day)  //判断日期是否合法
{
    if( year!=1752 )                         //1752 年以外的年份
        return month>=1&&month<=12&&day >= 1&&day <= mdays[is_leap(year)][month];
    else if( month!=9 ) //1752 年的其他月份(1752 年，按两种历法算都是闰年)
        return month >= 1 && month <= 12 && day >= 1 && day <= mdays[1][month];
    else  //1752 年 9 月份(注意，1752.9.3-9.13 是不合法的)
        return day == 1 || day == 2 || (day >= 14 && day <= 30);
}
int before(int year, int month, int day)     //1 月 1 日到该日期的天数
{
    int i, leap = is_leap(year), sum = 0;
    for( i=1; i<month; i++ ) sum += mdays[leap][i];
    return sum + day;
}
int after(int year, int month, int day)      //该日期到 12 月 31 日的天数
{
    int i, leap = is_leap(year), sum = 0;
    for( i=month+1; i<=12; i++ ) sum += mdays[leap][i];
    return mdays[leap][month] - day + sum;
}
int main( )
{
    int month, day, year;
    int bb = before(1752, 9, 2);             //1752.1.1 到 1752.9.2 的天数
    int aa = after(1752, 9, 14);             //1752.9.14 到 1752.12.31 的天数
    while( 1 ){
        scanf("%d%d%d", &month, &day, &year);
        if( month==0 && day==0 && year==0 ) break;
        if( !is_valid(year, month, day)){     //无效日期
            printf("%d/%d/%d is an invalid date.\n", month, day, year);  continue;
        }
        int i, total = 0, res;
        if( year<1752 ){  //1752 年前的日期，统计该日期到 1752 年 9 月 2 日的天数
            total = after(year, month, day);
            for( i=year+1; i<1752; i++ ) total += is_leap(i)?366:365;
            total += bb;  res = ((3 - total - 1)% 7 + 7)% 7 + 1;
```

```
        }
        else if( year>1752 ){  //1752年后的日期，统计1752年9月14日到该日期的天数
            total = aa;
            for( i=1753; i<year; i++ )
                total += is_leap(i)? 366 : 365;
            total += before(year, month, day);  res = (total + 4 - 1)% 7 + 1;
        }
        else if( month<9 || (month==9 && day<=2)){  //1752年9月2日及以前
            total = before(1752, 9, 2)- before(1752, month, day);
            res = ((3 - total - 1)% 7 + 7)% 7 + 1;
        }
        else {                  //1752年其他日期
            total = after(1752, 9, 14)- after(1752, month, day);
            res = (total + 4 - 1)% 7 + 1;
        }
        printf("%s %d, %d is a %s\n", months[month], day, year, weekday[res]);
    }
    return 0;
}
```

例 5.2　五一假期（May Day Holiday），ZOJ3876。

题目描述：

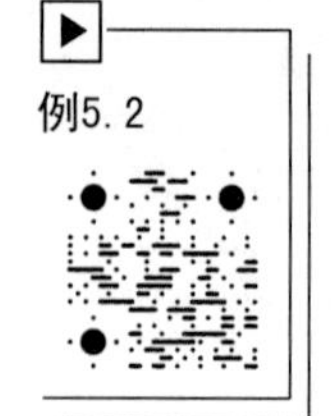

在马尔加大学，五一节是5月1日至5月5日的5天假期。由于周六或周日可能与五一假期相邻，因此连续假期实际上可能长达9天。例如，2016年5月1日为周日，连续休假6天（4月30日至5月5日），2017年5月1日为周一，假期为9天（4月29日至5月7日）。

给定年份，求五一节的连续假期有多长。

输入描述：

输入文件包含多个测试数据。输入文件的第1行是一个正整数 T，表示测试数据的个数。每个测试数据占一行，为一个整数 y（$1\,928 \leqslant y \leqslant 9\,999$），表示年份。

输出描述：

对每个测试数据所表示的年份，输出五一连续假期的天数。

样例输入：
```
2
2016
2017
```

样例输出：
```
6
9
```

分析：本题比较简单。先算出5月1日为星期一至星期日时分别对应的连续假期天数，如图5.3所示，并将这些天数存储在数组 ans 里；然后对输入的年份 year，利用基姆拉尔森公式求 year 年5月1日的星期数，直接到 ans 数组里取值即可。

星期数	6	7	1	2	3	4	5	6	7	1	2	3	4
连续假期的天数			9	6	5	5	5	5	6				

图 5.3　5月1日为周一至周日时的五一节连续假期天数

代码如下。

```
int ans[ ] = {0, 9, 6, 5, 5, 5, 5, 6};        //5月1日为星期1～7对应的连续假期天数
int weekday1( int y, int m, int d )         //用基姆拉尔森公式求星期数
{
    if( m==1 || m==2 ) m+=12, y--;
    int w = ( d + 2*m + 3*(m+1)/5 + y + y/4 - y/100 + y/400) % 7;
    return ++w;     //加1是为了符合统一约定：用数字1～7代表星期一～星期日
}
int main( )
{
    int T, year, month = 5, day = 1, w;    scanf( "%d", &T );
    while( T-- ){
        scanf("%d", &year);    w = weekday1( year, month, day );  //计算星期数
        printf("%d\n", ans[w]);
    }
    return 0;
}
```

5.2.2　天数计算

例 5.3　相隔天数。

例5.3

题目描述：

输入两个公历日期，输出二者相隔天数。

输入描述：

输入文件包含多个测试数据。第 1 行为一个正整数 K，代表测试数据数目；接下来有 K 行测试数据，每个测试数据占一行，为 6 个整数，前 3 个整数代表第 1 个日期（年、月、日），后 3 个整数代表第 2 个日期，测试数据保证为有效日期，且第 1 个日期早于第 2 个日期。

输出描述：

对每个测试数据，输出一行，为两个日期之间相隔的天数。

样例输入：

```
2
2016 1 1 2016 1 2
2016 1 1 2016 3 2
```

样例输出：

```
1
61
```

分析：首先统计出两个日期分别是所在年份的第几天。如果两个日期是同一年，则两个天数相减就是相差的天数。如果不是同一年，则需要累计三部分天数，即第 1 个日期到当年年底的天数；两个日期之间整年的天数；第 2 个日期在当年的天数。代码如下。

```
int sum_day( int month, int day )    //统计平年某月某日在当天是第几天
{
    int i, d = day;
    int day_tab[12] = { 31, 28, 31, 30, 31, 30, 31, 31, 30, 31, 30, 31 };
    for( i=0; i<month-1; i++ ) d += day_tab[i];
    return (d);
```

```
}
int leap( int year )                      //判断是否为闰年
{
    int L = (year%4==0&&year%100!=0||year%400==0);  return L;
}
int main( )
{
    int y1, m1, d1, y2, m2, d2;  int spandays, days1, days2;
    int K, i, y;  scanf( "%d", &K );
    for(i=1; i<=K; i++){
        scanf( "%d%d%d", &y1, &m1, &d1 );  scanf( "%d%d%d", &y2, &m2, &d2 );
        spandays = 0;
        days1 = sum_day(m1, d1);        //求第 1 个日期是第几天
        if( leap(y1)&& m1>=3 )          //年份是闰年且月份大于等于 3，则天数还要加 1
            days1 = days1 + 1;
        days2 = sum_day(m2, d2);        //求第 2 个日期是第几天
        if( leap(y2)&& m2>=3 )          //年份是闰年且月份大于等于 3，则天数还要加 1
            days2 = days2 + 1;
        if(y1==y2) spandays += days2 - days1;  //同一年
        else {   //不同年
            for(y=y1+1; y<y2; y++){   //整年的天数
                spandays += 365;
                if(leap(y)) spandays++;
            }
            spandays += 365-days1;    //加上第一个日期到当年 12 月 31 日的天数
            if(leap(y1)) spandays++; //如果是闰年，则是 366-days1，或者加 1 也可以
            spandays += days2;        //加上第二个日期在当年的天数
        }
        printf( "%d\n", spandays );
    }
    return 0;
}
```

例 5.4 日历（Calendar），ZOJ2420，POJ2080。

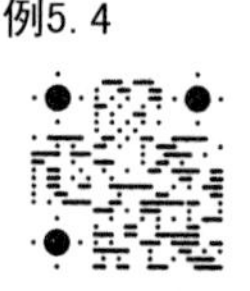

例5. 4

题目描述：

给定自公元2000年1月1日以来已经过去的天数，你的任务求日期和星期几。

输入描述：

输入文件包含若干行测试数据，每行包含一个正整数 n，是自公元2000年1月1日以来经过的天数。最后一行为整数–1，代表输入结束。假定求得的日期不在9999年之后。

输出描述：

对于每个测试数据，输出一行，格式为“YYYY–MM–DD DAYofWEEK”，其中DAYofWEEK 必须是 Sunday、Monday、Tuesday、Wednesday、Thursday、Friday、Saturday 之一。

样例输入：

```
1730
1751
-1
```

样例输出：

```
2004-09-26 Sunday
2004-10-17 Sunday
```

分析：已知 2000 年 1 月 1 日后第 *n* 天，从 *n* 中去除整年的天数（注意区分闰年和平年），就可以确定所求日期所在的年份；再从剩余天数中去除整月的天数，就可以确定所求日期所在的月份，可以事先将平年和闰年各月的天数存在 mday 二维数组里；剩下不足月的天数就是所求日期所在月份里第几天。

另外，已知 2000 年 1 月 1 日是星期六，则 *n* 天后的星期数无须采用基姆拉尔森公式或蔡勒公式求解，直接用取余运算(6+n)%7 就能得到答案，得到的结果 0、1～6 分别代表星期日、星期一至星期六，事先把星期的英文存在 week 数组里，代码如下。

```
//mday[0][k]: 平年 k 月份天数; mday[1][k]: 闰年 k 月份天数
int mday[2][13] = { 0, 31, 28, 31, 30, 31, 30, 31, 31, 30, 31, 30, 31,
    0, 31, 29, 31, 30, 31, 30, 31, 31, 30, 31, 30, 31 };
char week[7][20] = {"Sunday", "Monday", "Tuesday", "Wednesday",
    "Thursday", "Friday", "Saturday"};
int main( )
{
    int n, y;                   //读入的天数 n, n 天后对应的是 2000 年后第 y 年
    int m, weekday;             //n 天后对应的月份, n 天后的星期数
    int days, t;                //days 为累计的天数, t 为平年或闰年的天数
    while( 1 ){
        cin >> n ;   if( n==-1 )  break;
        weekday = (6+n)% 7;  //已知 2000 年 1 月 1 日是星期六
        n++;  //n+1 是要折算成求得的日期是当年第几天(如对 2000 年, 显然要加上 1 月 1 日这一天)
        for( y=days=0 ; days<n; days+=t, y++ ){  //确定年份
            if( y%400==0 || y%4==0 && y%100 ) t = 366;
            else  t = 365;
        }
        y--;  days -= t;  n -= days;
        cout <<y+2000 <<'-'; //输出年份
        t -= 365;               //t = 0: 平年; 或 t = 1: 闰年
        for( m=0, days=0; days<n;  m++, days+=mday[t][m] )    //确定月份
            ;
        cout <<setw(2)<<setfill('0')<<m <<'-';                  //输出月份
        days -= mday[t][m]; n -= days;
        cout <<setw(2)<<setfill('0')<<n <<' '; cout <<week[weekday] <<endl;
    }
    return 0;
}
```

5.2.3　日期合法性判断

例 5.5　日期问题。

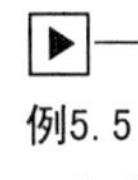

例5.5

题目描述：

小明正在整理一批历史文献。这些历史文献中出现了很多日期。小明知道这些日期都在 1960 年 1 月 1 日至 2059 年 12 月 31 日。令小明头疼的是，这些日期

采用的格式非常不统一，有采用“年/月/日”的，有采用“月/日/年”的，还有采用“日/月/年”的。更加麻烦的是，年份也都省略了前两位，使得文献上的一个日期，存在很多可能的日期与其对应。

例如，02/03/04，可能是2002年03月04日、2004年02月03日或2004年03月02日。

给出一个文献上的日期，你能帮助小明判断有哪些可能的日期与其对应吗？

输入描述：

一个日期，格式是“AA/BB/CC”。(0≤A, B, C≤9)

输出描述：

输出若干个不相同的日期，每个日期一行，格式是“yyyy–MM–dd”。多个日期按从早到晚的顺序排列。

样例输入：

```
02/03/04
```

样例输出：

```
2002-03-04
2004-02-03
2004-03-02
```

分析：首先声明，本题采用的方法对日期合法性检查不具通用性，只是根据题意及数据范围采用最简单的方法。

具体方法为，对读入的字符串，因为只有“年/月/日”“月/日/年”“日/月/年”3 种情形，且合法的日期前面是 19 或 20，这样一组合，就只有 6 种情形，提取相应的字符构成日期数字字符串存储在数组 a 里；对前 3 个日期和后 3 个日期分别按从小到大排序，由于只有 3 个数据，只需比较和交换 3 次即可，无须调用排序函数；另外还要注意日期相等的情形，如 02/02/02，这时只需把多余的日期置为非法取值即可；依次检查这 6 个日期，提取年、月、日 3 个整数，排除所有非法日期的情形，只输出合法的日期，这里事先把平年和闰年每月的天数存储起来备查。代码如下。

```
//mday[0][k]: 平年 k 月份天数; mday[1][k]: 闰年 k 月份天数
int mday[2][13] = { 0, 31, 28, 31, 30, 31, 30, 31, 31, 30, 31, 30, 31,
   0, 31, 29, 31, 30, 31, 30, 31, 31, 30, 31, 30, 31 };
int leap( int year )
{
   if( (year%4==0 && year%100!=0)|| year%400==0 ) return 1;
   else  return 0;
}
int main()
{
   int s, t, i, y, m, d, L;
   char date[20], a[6][20], min[20]="19600101", max[20]="20591231";
   scanf("%s", &date);  //"02/03/04", 年/月/日, 月/日/年, 日/月/年
   a[0][0]='1';a[0][1]='9';a[0][2]=date[0];a[0][3]=date[1];a[0][4]=date[3];
      a[0][5]=date[4];a[0][6]=date[6];a[0][7]=date[7];a[0][8]='\0';
   a[1][0]='1';a[1][1]='9';a[1][2]=date[6];a[1][3]=date[7];a[1][4]=date[0];
      a[1][5]=date[1];a[1][6]=date[3];a[1][7]=date[4];a[1][8]='\0';
   a[2][0]='1';a[2][1]='9';a[2][2]=date[6];a[2][3]=date[7];a[2][4]=date[3];
      a[2][5]=date[4];a[2][6]=date[0];a[2][7]=date[1];a[2][8]='\0';
```

```
    a[3][0]='2';a[3][1]='0';a[3][2]=date[0];a[3][3]=date[1];a[3][4]=date[3];
        a[3][5]=date[4];a[3][6]=date[6];a[3][7]=date[7];a[3][8]='\0';
    a[4][0]='2';a[4][1]='0';a[4][2]=date[6];a[4][3]=date[7];a[4][4]=date[0];
        a[4][5]=date[1];a[4][6]=date[3];a[4][7]=date[4];a[4][8]='\0';
    a[5][0]='2';a[5][1]='0';a[5][2]=date[6];a[5][3]=date[7];a[5][4]=date[3];
        a[5][5]=date[4];a[5][6]=date[0];a[5][7]=date[1];a[5][8]='\0';
    char tmp[20];
    char invalid[20] = "999999";  //无效的日期
    //对 a[0], a[1], a[2]这三个日期按从小到大排序(只需 3 次比较)
    if( strcmp(a[0], a[1])>0 )
    { strcpy(tmp, a[0]); strcpy(a[0], a[1]); strcpy(a[1], tmp); }
    if( strcmp(a[1], a[2])>0 )
    { strcpy(tmp, a[1]); strcpy(a[1], a[2]); strcpy(a[2], tmp); }
    if( strcmp(a[0], a[1])>0 )
    { strcpy(tmp, a[0]); strcpy(a[0], a[1]); strcpy(a[1], tmp); }
    //排序后，如果 a[0], a[1], a[2]这三个日期相等还得处理
    if( strcmp(a[0], a[1])==0  ) strcpy(a[0], invalid);
    if( strcmp(a[1], a[2])==0  ) strcpy(a[2], invalid);
    //对 a[3], a[4], a[5]这三个日期按从小到大排序(只需 3 次比较)
    if( strcmp(a[3], a[4])>0 )
    { strcpy(tmp, a[3]); strcpy(a[3], a[4]); strcpy(a[4], tmp); }
    if( strcmp(a[4], a[5])>0 )
    { strcpy(tmp, a[4]); strcpy(a[4], a[5]); strcpy(a[5], tmp); }
    if( strcmp(a[3], a[4])>0 )
    { strcpy(tmp, a[3]); strcpy(a[3], a[4]); strcpy(a[4], tmp); }
    if( strcmp(a[3], a[4])==0  ) strcpy(a[3], invalid);
    if( strcmp(a[4], a[5])==0  ) strcpy(a[5], invalid);
    for(i=0; i<6; i++){  //检查 a[0]～a[5]这 6 个日期是否合法
        s = strcmp(a[i], min);  t = strcmp(a[i], max);
        if( !(s>=0 && t<=0)) continue;
        y=(a[i][0]-'0')*1000+(a[i][1]-'0')*100+(a[i][2]-'0')*10+a[i][3]-'0';//年
        m=(a[i][4]-'0')*10+a[i][5]-'0'; d = (a[i][6]-'0')*10+a[i][7]-'0'; //月、日
        L = leap(y);
        if( m<1||m>12 ) continue;
        if( d<=0||d>mday[L][m] ) continue;  //根据题目意思，d 可以取到 0，要排除
        printf("%c%c%c%c-%c%c-%c%c\n",
            a[i][0],a[i][1],a[i][2],a[i][3],a[i][4],a[i][5],a[i][6],a[i][7]);
    }
    return 0;
}
```

例 5.6　电影系列题目之《先知》。

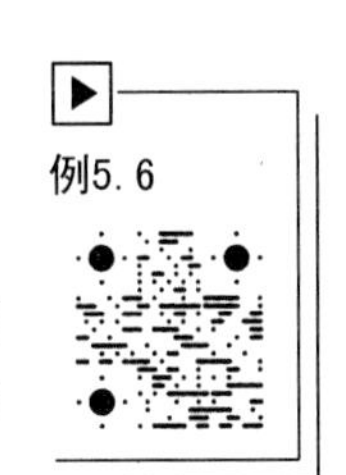

题目描述：

2008 年，好莱坞拍摄了尼古拉斯 • 凯奇主演的科幻电影《先知》(Knowing)。

1958 年，一群学生将自己的绘画作品封藏在时间胶囊里并深埋入基石之下，其中一名神秘的女生，似乎听到了耳边的私语声，她将整张绘纸填写

上了数排无规则的数字。50 年后，一批新时代的学生从地下挖出并开启时间胶囊。之前那位女生留下的神秘数字被一个小男孩 Caleb 拿到。Caleb 的父亲 Ted 教授（尼古拉斯·凯奇饰演）揭秘了一个惊人的发现，即这些数字竟然毫厘不差地预言了过去 50 年里每个重大灾难所发生的日期、死亡人数和其他匹配数字……

在本题中，读入一串数字，提取其中可能包含的从 1958–01–01 到 2008–12–31 的日期。

输入描述：

输入文件包含多个测试数据。每个测试数据占一行，为一串数字，最长可达 1 000 位。输入文件的最后一行为 0，表示输入结束。

输出描述：

对每个测试数据，输出其中包含的从 1958–01–01 到 2008–12–31 的日期，格式如样例输出所示；如果不包含任何日期，则输出“none”。每个测试数据之后输出一个空行。

样例输入：

```
289390876121298082023196009112890389203220010911890898708797987
12890828928938009897808087761
0
```

样例输出：

```
1960-09-11
2001-09-11

None
```

分析：本题全程都是字符串处理。首先，每个测试数据只能视为一个最长可达 1 000 位的字符串读入。本题的日期范围比较小，所以，事先将范围内所有的闰年年份以字符串的形式存储在 leaps 字符数组里备用，同时把天数为 31 的月份也以字符串的形式存储在 m31s 字符数组里备用。

然后，扫描字符串中每个字符，如果是 1 或 2，则把接下来的 4 个字符复制到 year 数组、后续的 2 个字符复制到 month 数组、再后续的 2 个字符复制到 day 数组，这 3 个字符数组存储的是可能的年份、月份和日。

最后，用 strcmp( )函数判断年、月、日的组合是否为一个合法的日期。例如，当年份介于 1957 和 2008 之间、月份介于 01 和 12 之间，如果月份是有 31 天的那些月份且日介于 01 和 31 之间（对天数为 28、29、30 天的月份，做类似处理），那就是一个合法的日期。

还有一点要注意，对包含合法日期的数据，只要找到一个合法的日期，就可以输出（无须等到把所有合法日期找出来后一并输出），一直到扫描完整个字符串后，都没有找到合法的日期，则要输出“none”。这一点是通过状态变量 bexist 实现的。该状态取 true 的含义是“存在合法的日期”，取 false 的含义是“不存在合法的日期”。对每个测试数据，bexist 的初始值为 false，只要找到第一个合法的日期，就将 bexist 的值置为 true；如果整个字符串扫描完毕，bexist 的值仍为 false，则说明没有合法的日期。代码如下。

```
    char  leaps[13][5]  =  {  "1960","1964","1968","1972","1976","1980",
"1984","1988","1992","1996","2000","2004","2008" }; //1958～2008之间的闰年
```

```
char m31s[7][3] = { "01","03","05","07","08","10","12" };  //天数为31的月份
int main( )
{
    char num[1001], year[5], month[3], day[3];
    int i, j, k, len;   bool bexist;          //取值为true表示存在合法的日期
    while( 1 ){
        memset( num, 0, sizeof(num));  memset( year, 0, sizeof(year));
        memset( month, 0, sizeof(month));  memset( day, 0, sizeof(day));
        scanf( "%s", num );
        if( strcmp( num, "0" )==0 ) break;
        len = strlen( num );  bexist = false;
        for( i=0; i<len-8; i++ ){
            if( num[i]=='1' || num[i]=='2' ){
                memcpy( year, num+i, 4 );       //复制可能的年、月、日
                memcpy( month, num+i+4, 2 );  memcpy( day, num+i+6, 2 );
                if( strcmp( year, "1957")>0 && strcmp( year, "2009")<0 ){
                    if( strcmp( month, "00")>0 && strcmp( month, "13")<0 ){
                        for( j=0; j<7; j++ )
                            if( strcmp( month, m31s[j] )==0 ) break;
                        if( j<7 ){                  //天数为31的月份
                            if( strcmp( day, "00")>0 && strcmp( day, "32")<0 ){
                                bexist = true;
                                printf( "%s-%s-%s\n", year, month, day );
                            }
                        }
                        else {                      //天数不为31的月份(含2月份)
                            if( strcmp( month, "02" )==0 ){ //2月份，考虑闰年
                                for( k=0; k<13; k++ )
                                    if( strcmp( year, leaps[k] )==0 ) break;
                                if( k<13 ){      //闰年，2月份
                                    if(strcmp(day,"00")>0 && strcmp(day,"30")<0){
                                        bexist = true;
                                        printf( "%s-%s-%s\n", year, month, day );
                                    }
                                }
                                else {              //平年，2月份
                                    if(strcmp(day,"00")>0 && strcmp(day,"29")<0){
                                        bexist = true;
                                        printf( "%s-%s-%s\n", year, month, day );
                                    }
                                }
                            }
                            else {                  //其他天数为30的月份
                                if(strcmp(day,"00")>0 && strcmp(day,"31")<0 ){
                                    bexist = true;
                                    printf( "%s-%s-%s\n", year, month, day );
                                }
```

```
                        }
                    }
                }
            }
        }
    }
    if( !bexist ) printf( "none\n" );
    printf( "\n" );
  }
  return 0;
}
```

5.2.4 日历转换

例5.7

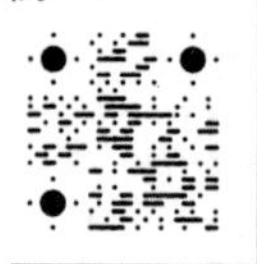

例 5.7 玛雅历（Maya Calendar），POJ1008。

题目描述：

M.A. Ya 教授发现玛雅人曾使用一种一年有 365 天的称为 Haab 的历法。这个 Haab 历法有 19 个月，前 18 个月，每个月有 20 天，月份的名字分别是 pop、no、zip、zotz、tzec、xul、yoxkin、mol、chen、yax、zac、ceh、mac、kankin、muan、pax、koyab、cumhu。这些月份中的日期用 0 到 19 表示；Haab 历的最后一个月叫做 uayet，它只有 5 天，用 0 到 4 表示。

玛雅人还使用过另一种称为 Tzolkin 的历法，这种历法将一年分成 13 个不同的时期，每个时期有 20 天，每一天用一个数字和一个单词相组合的形式来表示。使用的数字是 1～13，使用的单词共有 20 个，分别是 imix、ik、akbal、kan、chicchan、cimi、manik、lamat、muluk、ok、chuen、eb、ben、ix、mem、cib、caban、eznab、canac、ahau。注意，一年中的每一天都有着明确唯一的描述，如从一年的开始，日期可依次描述为 1 imix、2 ik、3 akbal、4 kan、5 chicchan、6 cimi、7 manik、8 lamat、9 muluk、10 ok、11 chuen、12 eb、13 ben、1 ix、2 mem、3 cib、4 caban、5 eznab、6 canac、7 ahau、8 imix、9 ik、10 akbal……也就是说，数字和单词各自独立循环使用。

Haab 历和 Tzolkin 历中的年都用数字 0, 1, …表示，数字 0 表示“世界开始”。所以第一天被表示成：

Haab: 0．pop 0

Tzolkin: 1 imix 0

请帮助 M.A.Ya 教授编写一个程序可以把 Haab 历转化成 Tzolkin 历。

输入描述：

输入文件的第 1 行表示要转化的 Haab 历日期数量。接下来的每一行表示一个 Haab 历日期，年份小于 5000。Haab 历中的日期由“日．月份 年数”的形式表示。

输出描述：

第 1 行表示输出的日期数量。接下来的每一行表示一个 Haab 历日期所对应的 Tzolkin 历日期。Tzolkin 历中的日期由“天数字 天名称 年数”的形式表示。

样例输入：

```
2
```

样例输出：

```
2
```

```
0. pop 0                              1 imix 0
10. zac 1995                          9 cimi 2801
```

分析：本题比较简单。Tzolkin 历类似于例 5.8 中我国采用的干支纪年法。首先计算出自“世界开始”以来到该日期的天数，计算式为年数×365+月数×20+该月的日期；然后换算成 Tzolkin 历下的年、月、日，年就是天数除 260，月就是天数对 20 取余，日就是天数对 13 取余再加 1，这两个取余式子详见附录 A 第 62 点。代码如下。

```
char Haab_Month[19][10] = { "pop", "no", "zip", "zotz", "tzec", "xul",
    "yoxkin", "mol", "chen", "yax", "zac", "ceh", "mac", "kankin",
    "muan", "pax", "koyab", "cumhu", "uayet" };
char Tzolkin_Month[20][10] = { "imix", "ik", "akbal", "kan", "chicchan",
    "cimi", "manik", "lamat", "muluk", "ok", "chuen", "eb", "ben",
    "ix", "mem", "cib", "caban", "eznab", "canac", "ahau" };
int main( )
{
    int n, day, year;  char month[10];
    scanf( "%d", &n );  printf( "%d\n", n );
    while( n-- ){
        scanf( "%d.", &day );  scanf( "%s%d", month, &year );
        int i, sum = 0;
        for( i = 0; i < 19; i++ )
            if( strcmp(Haab_Month[i], month)==0 ) break;
        sum = (year * 365)+ (i * 20)+ day;                  //算天数
        year = sum / 260;                                   //Tzolkin 历中的年
        strcpy( month, Tzolkin_Month[sum% 20] );            //Tzolkin 历中的天名称
        day = sum % 13 + 1;                                 //Tzolkin 历中的天数字
        printf( "%d %s %d\n", day, month, year );
    }
    return 0;
}
```

例 5.8　干支纪年法。

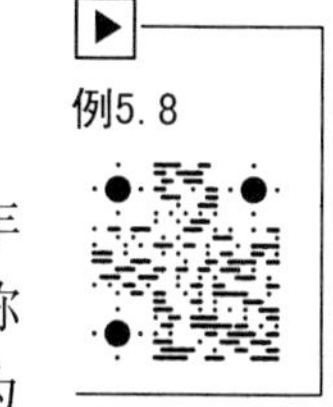

题目描述：

2009 年是国庆 60 周年。60 周年为一个甲子，这种说法来源于干支纪年法。在中国古代的历法中，甲、乙、丙、丁、戊、己、庚、辛、壬、癸被称为“十天干”，子、丑、寅、卯、辰、巳、午、未、申、酉、戌、亥被称为“十二地支”。两者按固定的顺序互相搭配，组成了干支纪年法。现已知 2009 年是己丑年，输入 2009 年以后的一个年份，输出对应的干支纪年。在本题中用数字字符 0～9 代表“十天干”，用字母字符 A～L 代表“十二地支”，因此己丑年为 5B。

输入描述：

输入文件包含多个测试数据，每个测试数据占一行，为 2009 年（不含 2009 年）以后的一个年份。测试数据一直到文件尾。

输出描述：

对每个测试数据，输出年份对应的干支纪年编码。

样例输入：	样例输出：
2012	8E
2019	5L

分析：干支纪年法中天干和地支的搭配可以用图 5.4 来表示，因为天干有 10 个，地支有 12 个，从“甲子”开始到“癸酉”，天干已经用完，又从“甲”开始，所以下一个干支纪年是“甲戌”。

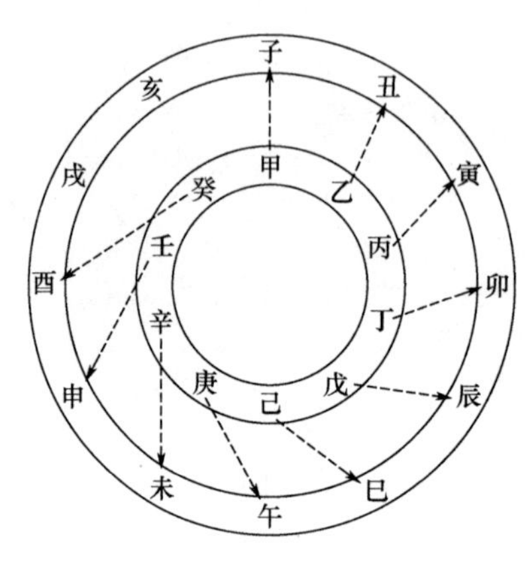

图 5.4　天干地支

本题涉及通过取余运算使得线性序列构成环状序列，有关这一技巧的阐述详见附录 A 第 62 点。已知 2009 年是己丑年，即 5B，对于 2009 年以后的一个年份 year，求天干的方法是用(5+year–2009)对 10 取余。

求地支的方法类似。但要注意，天干的编码是从 0 开始计起，与此类似，如果地支编码中的 A 对应 0，那么 B 就是对应 1，所以求地支时要加 1，而不是加 2。

在本题中，是用数字字符和字母字符来表示天干和地支的，所以求得天干和地支后，分别加上字符'0'和字符'A'，就可以得到对应天干和地支的字符。代码如下。

```
int main( )
{
    int year;  char g, d; //年份对应的天干和地支
    while( scanf( "%d", &year )!=EOF ){
        g = (5+year-2009)%10 + '0';  d = (1+year-2009)%12 + 'A';
        printf( "%c%c\n", g, d );
    }
    return 0;
}
```

5.2.5　时间表示及转换

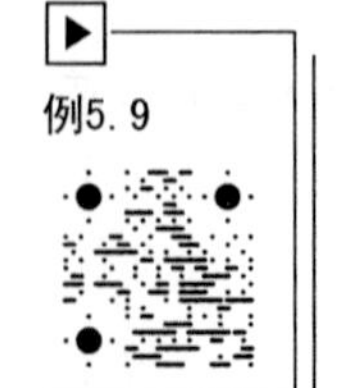

例 5.9　公制时间（Metric Time），POJ2210。

题目描述：

公制时间一天的时间长度与经典时间相同。在公制时间里，一天被分为 10 个公制小时，每个小时分为 100 公制分钟，每个分钟分为 100 公制秒。10 个公制日构成一个公制周，10 个公制周构成一个公制月，10 个公制月构

成一个公制年。

编写程序，将经典时间转换为公制时间。公制小时、公制分钟和公制秒从零开始计数。公制日和公制月从 1 开始。存在公制零年。公制秒应四舍五入为最接近的较小整数值。假设 0:0:0 1.1.2000 经典时间等于 0:0:0 1.1.0 公制时间。

输入描述：

输入文件的第 1 行为一个正整数 *N*，表示测试数据个数。每个测试数据占一行，表示经典时间，格式为“小时:分钟:秒　日.月.年”。日期保证有效，且 2000≤年份≤50000。

输出描述：

对每个测试数据，输出一行，为与经典时间对应的公制时间，格式为“mhour:mmin:msec mday.mmonth.myear”。

样例输入：

```
2
0:0:0 1.1.2000
15:54:44 2.10.20749
```

样例输出：

```
0:0:0 1.1.0
6:63:0 7.3.6848
```

分析：我们在实际生活中采用的是经典时间制式，每天 24 小时，每小时 3 600 秒，每天 86 400 秒。而公制时间每天是 100 000 秒。注意，经典时间里的一天和公制时间里的一天时长是一样的，因此仅根据输入的时间就可以换算成公制时间。其方法为，首先统计经典时间里的总秒数；再换算成公制时间里的总秒数；最后结合整数除法和取余运算将总秒数换算成公制时间里的时、分、秒。

日期换算方法为，先统计该日期自 2000 年 1 月 1 日（也就是公制时间的零年）以来的总天数，再结合整数除法和取余运算将天数换算成公制时间里的年、月、日，代码如下。

```
int monthday[2][13] = {  //平年和闰年各月天数
    { 0, 31, 28, 31, 30, 31, 30, 31, 31, 30, 31, 30, 31 },
    { 0, 31, 29, 31, 30, 31, 30, 31, 31, 30, 31, 30, 31 } };
int isleapyear(int y)
{
    if( y%100==0 && y%400!=0 ) return 0;
    return  y%4==0;
}
int main( )
{
    int h, min, s, d, mon, y;        //输入的经典时间：小时:分钟:秒 日.月.年
    int N;  scanf("%d", &N);
    while( N-- ){
        scanf("%d:%d:%d %d.%d.%d", &h, &min, &s, &d, &mon, &y);
        long long totalsec = h * 3600+ min * 60+ s;  //经典时间里的总秒数
        totalsec = totalsec * 100000/ (3600 * 24);  //换算成公制时间里的总秒数
        printf("%lld:%lld:%lld", totalsec/10000, totalsec%10000/100,
            totalsec%100);                          //换算成公制时间里的时分秒
        int totalday = 0;
        if( y!=2000 )                               //累计整年的天数
            totalday = 366 + 365*(y-1-2000)+ (y-1-2000)/4 - (y-1-2000)/100
                + (y-1-2000)/400;
```

```
        bool leap = isleapyear(y);
        for(int i=1; i<mon; i++) totalday += monthday[leap][i];
                                                  //累计整月的天数
        totalday += d-1;
        printf(" %d.%d.%d\n",totalday%100+1,totalday%1000/100+1,totalday/1000);
    }
    return 0;
}
```

例 5.10 通话时间。

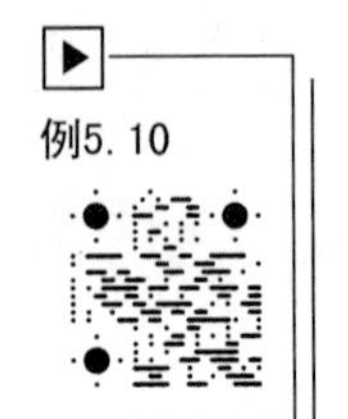

题目描述：

假设记录了打电话的开始时刻和结束时刻 t1 和 t2，请计算此次通话一共用了多少秒。已知每次通话时间不超过 12 个小时，因此答案一定为闭区间[0, 43 200]之内的整数。

输入描述：

输入文件包含多个测试数据。每个测试数据占一行，包含 t1 和 t2，用一个空格隔开。时间格式为“HH:MM:SS”，其中 $0 \leqslant HH \leqslant 23, 0 \leqslant MM, SS \leqslant 59$。HH、MM 和 SS 都是两位数字，因此 0:1:2 是不合法的时间（应写为 00:01:02）。测试数据保证后一个时间大于前一个时间。

输出描述：

对每个测试数据，输出间隔的秒数。

样例输入：	样例输出：
00:00:03 00:00:06	3
05:17:23 12:23:35	25572

分析：得益于程序设计竞赛题目对输入/输出的严谨性，本题可以采用 scanf( )函数读入输入数据，从而很方便地从夹杂着整数（还有前导 0）、字符（冒号和空格）的输入数据中提取到所需的 6 个整数（代表两个时间的时、分、秒）。然后将两个时间的时、分、秒对应相减，但要注意，分和秒的差值可能会小于 0，这时需要像减法中的借位一样往时和分借 1 过来，算出两个时间的差后，再统计秒数就很简单了。代码如下。

```
int main()
{
    char str[18];
    int h1, m1, s1, h2, m2, s2, h, m, s;
    while( scanf("%d:%d:%d %d:%d:%d", &h1, &m1, &s1, &h2, &m2, &s2)!=EOF ){
        h = h2 - h1;  m = m2 - m1;  s = s2 - s1;
        if( s<0 ){ s += 60;  m--; }
        if( m<0 ){ m += 60;  h--; }
        printf( "%d\n", h*3600+m*60+s );
    }
    return 0;
}
```

练习题

练习 5.1　幸运周（The Lucky Week），ZOJ3939。

题目描述：

如果星期一是所在月的第 1 天、第 11 天或第 21 天，这一周称为“幸运周”。已知第一个幸运周的日期，计算第 N 个幸运周的日期。

输入描述：

输入文件的第 1 行为一个正整数 T，代表测试数据的个数。每个测试数据占一行，为 4 个整数 Y、M、D、N（$1 \leqslant N \leqslant 10^9$），$Y$、$M$、$D$ 分别代表第一个幸运周周一的年、月、日。第一个幸运周周一的日期在 1753 年 1 月 1 日和 9999 年 12 月 31 日之间（含这两个日期）。

输出描述：

对每个测试数据，输出第 N 个幸运周周一的日期。

样例输入：

```
2
2016 4 11 2
2016 1 11 10
```

样例输出：

```
2016 7 11
2017 9 11
```

练习 5.2　黑色星期五。

题目描述：

给定年份，统计该年出现了多少次既是 13 日又是星期五（称为“黑色星期五”）的情形。

输入描述：

输入文件只有一行，即某个特定的年份（大于或等于 1998 年）。

输出描述：

输出只有一行，即在这一年中，出现了多少次“黑色星期五”。

样例输入：

```
1998
```

样例输出：

```
3
```

练习 5.3　一年中的第几天。

题目描述：

输入一个日期，输出该日期是当年的第几天。

输入描述：

输入文件包含多个测试数据，每个测试数据占一行，为 3 个整数 y、m、d。输入文件的最后一行为 3 个 0，代表输入结束。

输出描述：

对每个测试数据，输出占一行，为一个数值，代表该日期是当年的第几天。

样例输入：

```
2016 3 1
0 0 0
```

样例输出：

```
61
```

练习 5.4　星期六。

题目描述：

给定两个日期，保证日期合法，计算两个日期之间有多少个星期六。

输入描述：

输入文件的第 1 行为一个整数 T，$1 \leqslant T \leqslant 3\ 000$，代表测试数据的个数；接下来是 T 个测试数据，每个测试数据占两行，每行包含一个日期，格式为 xxxx–xx–xx（年–月–日），保证第一个日期在第二个日期之前，且两个日期的年份在 1900 年到 2100 年之间。

输出描述：

对于每个测试数据，输出一行，表示答案。

样例输入：

```
1
2018-12-01
2018-12-08
```

样例输出：

```
2
```

练习 5.5 时间和日期格式转换，POJ3751。

题目描述：

世界各地有多种格式来表示日期和时间。对于日期的常用格式，在中国常采用的格式是“年年年年/月月/日日”或写为英语缩略表示的“yyyy/mm/dd”。北美所用的日期格式则为“月月/日日/年年年年”或“mm/dd/yyyy”，如将“2009/11/07”改成这种格式，对应的则是“11/07/2009”。对于时间的格式，则常有 12 小时制和 24 小时制的表示方法，24 小时制用 0～24 来表示一天中的 24 小时，而 12 小时制则采用 1～12 表示小时，再加上 am/pm 来表示上午/下午，如“17:30:00”是采用 24 小时制来表示时间，其对应的 12 小时制的表示方法是“05:30:00pm”。注意，12:00:00pm 表示中午 12 点，而 12:00:00am 表示深夜 12 点。

对于给定的采用“yyyy/mm/dd”加 24 小时制（用短横线“–”连接）来表示日期和时间的字符串，请编程实现将其转换成“mm/dd/yyyy”加 12 小时制格式的字符串。

输入描述：

输入文件的第 1 行为一个整数 T（$T \leqslant 10$），代表测试数据的数目；接下来有 T 行测试数据，每行都是一个需要转换的时间的日期字符串。

输出描述：

对每个测试数据，输出一行，表示转换之后的结果。注意，中午和凌晨时间的特殊表示。

样例输入：

```
2
2009/11/07-12:12:12
1970/01/01-00:01:01
```

样例输出：

```
11/07/2009-12:12:12pm
01/01/1970-12:01:01am
```

练习 5.6 有多少个 9（How Many Nines），ZOJ3950。

题目描述：

用格式“YYYY–MM–DD”表示一个日期（如 2017–04–09），计算从 Y1–M1–D1 到 Y2–M2–D2 之间（含这两个日期）的所有日期中有多少个 9。

输入描述：

输入文件的第 1 行为一个整数 T（$1 \leqslant T \leqslant 10^5$），代表测试数据的个数。每个测试数据占一行，为 6 个整数 Y1、M1、D1、Y2、M2、D2。测试数据保证 Y1–M1–D1 不会大于 Y2–M2–D2。这两个日期都在 2000–01–01 到 9999–12–31 之间，测试数据保证日期是有效的。

注意，本题的数据量非常大，推荐采用更快的输入方法，如 C 语言的 scanf( )/printf( )

函数。

输出描述：

对每个测试数据，输出一行，为求得的答案（一个整数）。

样例输入：
```
2
9996 02 01 9996 03 01
2000 01 01 9999 12 31
```

样例输出：
```
93
1763534
```

5.3　实践进阶：程序调试

第 3.4 节中的图 3.10 给出了解答程序设计竞赛题目的一般流程，从图 3.10 中可以看出，除算法设计和实现外，最重要的能力是程序测试和程序调试。第 3.4 节总结了程序测试方法，本节总结程序调试目的、方法和技巧。

5.3.1　调试目的

调试目的

如图 3.10 所示，解答程序设计竞赛题目时，以下情形需要调试程序。

（1）编写完解答程序后，用题目中所给的样例数据进行测试，如果程序无法正常运行（如没有输出或运行时出错终止），或者能正常运行但输出结果不正确，这就需要调试，以检查并排除完程序中的错误。

（2）用样例数据测试通过，但提交到 OJ 系统后，评判结果为 WA 或 RTE，甚至 TLE，如果有测试数据文件（不管是标准的数据文件，还是自拟的数据文件），利用测试数据文件找到导致程序 WA、RTE、TLE 的数据，那就需要用这些数据调试程序，以检查并排除完程序中的错误。

因此，程序调试的目的之一是，对于一个语法正确的程序，经测试得知程序的运行结果是错误的，想一步一步运行程序，以便找出程序中的错误（指逻辑错误）。

此外，阅读、分析、理解高手的解答程序，也是提高自己解题能力的一种重要途径。这时往往需要通过调试的手段观察和分析程序（或算法）的执行过程，这也是程序调试的另一个目的。

5.3.2　调试步骤和方法

不管什么编程语言，它们的集成开发环境（Integrated Development Environment，IDE）一般都提供了调试功能。这些 IDE 可能界面差别比较大，但调试步骤和方法基本是一致的，具体如下。

（1）设置断点。断点的含义是程序在每次执行到设置了断点的语句处就暂停。因此应该在哪条语句处设置断点，应视具体算法、要求而定。需要注意的是，如果断点前有输入语句，程序会在断点前的输入语句处就暂停，等待用户从键盘上输入数据。用户输入数据后才在断点处暂停。

（2）断点设置好以后，选择 IDE 界面中的对应菜单命令，进入调试状态。

（3）进入调试状态后，单步执行程序（即一行一行地执行程序代码），观察程序在给定输入下是否按预期步骤执行，也可在相应的窗口里观察程序执行过程中相关变量值的变化。

（4）如果执行到某条有函数调用发生的代码，单步执行会一次性地执行完该函数调用。有时想进入到该函数内部，观察程序代码是如何执行的，这时可以单击相应按钮或选择相应菜单命令进入到函数内部执行；也可以单击相应按钮或选择相应菜单命令从函数内部的执行返回到调用该函数的代码处继续调试。

5.3.3 调试技巧

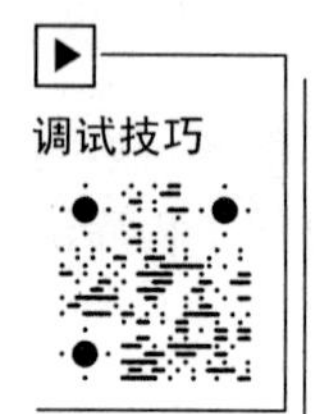

在调试过程中，经常需要掌握以下两个技巧（一般的 IDE 都支持）。

（1）在调试过程中，如果希望改变某个变量的值继续调试，而不想重新调试程序的话，可以在观察窗口改变变量的值，继续调试。

（2）在调试过程中，还可以继续插入新的断点，同样当程序执行到该断点处时，程序会自动停下来。

当然，不同的 IDE 工具的调试功能有强有弱。一些 IDE 工具可能还有其他更实用的技巧，这需要参赛选手在平时做题时不断尝试和积累。

高精度计算

高精度计算也是程序设计竞赛里一类常见的题目。本章介绍高精度数的概念和相关基础知识，高精度计算的原理，以及高精度数运算（加、减、乘、除）的实现。最后在实践进阶里，总结了代码优化的方法。

6.1 基础知识

6.1.1 高精度数

在计算机里，32 位有符号整数的取值范围是-2^{31}～$2^{31}-1$（即$-2\,147\,483\,648$～$+2\,147\,483\,647$），32 位无符号整数的取值范围是 0～$2^{32}-1$（即 0～4 294 967 295）；64 位有符号整数的范围是-2^{63}～$2^{63}-1$（即$-9\,223\,372\,036\,854\,775\,808$～9 223 372 036 854 775 807），64 位无符号整数的范围是 0～$2^{64}-1$（即 0～18 446 744 073 709 551 615）。超过这些范围的数据可以用浮点数（double）来表示，如 50 的阶乘。但用浮点数来表示整数通常不便于整数的运算，如整数除法跟浮点数除法含义不一样。另外，超过浮点数取值范围的数据，如一个 1 000 位的整数，无法用常规方法来处理。这些位数很多的数据（包括小数精度很高的浮点数）通常称为高精度数，俗称大数。

注意，不同的编程语言对高精度数运算的支持力度不同。Java 语言封装了 BigDecimal、BigInteger 等类，可以实现高精度数的表示及运算。在 Python 语言中，浮点数的范围是有限的，小数精度也存在限制；但对整数，Python 语言支持不限位数且准确的计算。本章基于 C/C++语言讨论高精度数的处理，C/C++语言对高精度数运算的支持较弱，一般只能用本章介绍的方法来处理，当然这些方法也适用于 Java、Python 语言。

高精度数运算涉及的基础知识包括进制转换、用字符型数组（或整型数组）进行算术运算。在整型数据的处理中经常会涉及进制转换；另外有些问题无法通过直接运算来求解，如统计加法运算中进位的次数等，这就需要用字符型数组（或整型数组）来实现算术运算。

6.1.2 进制转换

所谓进位计数制（简称进制），是指用一组固定的符号和统一的规则来表示数值的方法，按进位的方法进行计数。一种进位计数制包含以下 3 个要素。

（1）数码：计数使用的符号。

（2）基数：使用数码的个数。

（3）位权：数码在不同位上的权值。

例如，日常生活中使用的十进制，它使用的数码是 0、1、2、3、4、5、6、7、8、9 共 10 个；基数就是“十”（10）；位权为，个位是 1（10^0），十位是 10（10^1），百位是 100（10^2）等。

在计算机中进行运算采用的是二进制，它使用的数码只有 0 和 1；基数就是“二”（10）；第 i 位的位权是 2^i，i=0, 1, 2, …。

除了上面介绍的两种进制外，常用的还有八进制和十六进制，在程序设计竞赛题目中可能还有其他进位计数制。各种进制之间的转换主要有两种形式：将其他进制的数转换成十进制；将十进制数转换成其他进制。

对于第一种转换，规则很简单，只需“按权值展开”即可。例如，$(1101.11)_2 = 1\times2^3 + 1\times2^2 + 0\times2^1 + 1\times2^0 + 1\times2^{-1} + 1\times2^{-2} = 8 + 4 + 0 + 1 + 0.5 + 0.25 = (13.75)_{10}$。

对于第二种转换，以十进制数转换成二进制为例讲解。其方法是，对整数部分，除以 2 取余数，注意先得到的余数放在低位，后得到的余数放在高位，余数 0 不能舍去；对小数部分，乘以 2 取整数，注意先得到的整数放在高位，后得到的整数放在低位，整数 0 不能舍去。例如，将十进制数 29.375 转换成二进制的过程如图 6.1 所示。

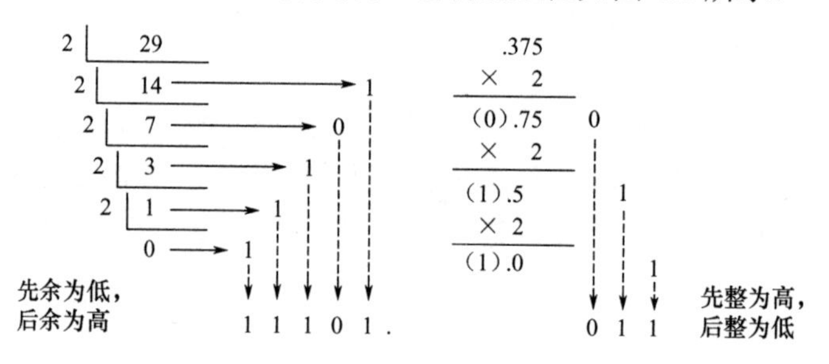

图 6.1　十进制数转换成二进制

因此，$(29.375)_{10}=(11101.011)_2$。

将十进制数转换成其他任何一种进制，其原理与将十进制数转换成二进制的原理是一样的。注意，十进制负整数转换成二进制，由于涉及到补码（详见练习 6.4），直接转换很麻烦，可借助 bitset 类实现，详见附录 A 第 40 点。

进制转换过程中经常需要灵活使用整除和取余运算，具体情形详见例 6.1。

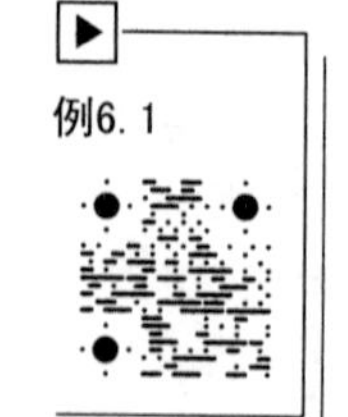

例 6.1　回文数（Palindrom Numbers），ZOJ1078。

题目描述：

一个数是回文数，当且仅当它从左往右读和从右往左读都是一样的，如 75457。当然，这种性质取决于这个数是在什么进制下。例如，17 在十进制下不是一个回文数，但在二进制下是一个回文数（10001）。给定的一组数，验证分别在 2～16 进制下是否是回文数。

输入描述：

输入文件包含若干个整数，每个整数 n 都是在十进制下给出的，每个整数占一行，$0<n<50\,000$。输入文件以 0 表示结束。

输出描述：

如果该整数在某些进制下是回文数，则输出“Number i is palindrom in basis”，分别列出这些基数，其中 *i* 是给定的整数。如果该整数在 2～16 进制下都不是回文数，则输出“Number i is not a palindrom”。

样例输入：	样例输出：
17	Number 17 is palindrom in basis 2 4 16
19	Number 19 is not a palindrom
0	

分析：对读入的每个十进制数 number，依次判断 number 在 2～16 进制下是否为回文数并输出，如果都不是则输出“Number i is not a palindrom”。

在判断十进制数 number 在 basis 进制下是否为回文数时，首先要将十进制数 number 转换成 basis 进制，方法是将 number 除以 basis 取余数。存储余数时要注意以下两个问题。

（1）十进制以上的进制中的数码除了 0～9 外，还有字母，如十六进制的数码为 0～9，以及 A、B、C、D、E、F。那么是否需要将得到的余数以字符形式存放呢？

（2）进制转换时，得到的余数排列顺序是，先得到的余数为低位，后得到的余数为高位。是否有必要严格按照这个顺序存储得到的余数呢？即是否需要逆序？（详见第 6.2.3 节）

对于第 1 个问题，答案是不需要，更方便的做法是在取余数时把得到的余数以整数形式存放到一个整型数组里。例如，在判断十进制数 2847 在十五进制下是否为回文数时，依次得到的余数是 12、9 和 12。其中第 1 和第 3 个余数在十五进制下为字符 C。但在本题中，并不需要得到真正的十五进制数，只需要判断各位数码中的某些位是否相等，所以按整数存储是可以的。

对于第 2 个问题，答案也是不需要的。因为如果一个数是回文数，则各位逆序后仍然是回文数，因此在取余时可以按先后顺序存放到整型数组里，然后判断数组中的数是否构成回文数。

另外，本题的输出也很特别。如果 number 在某些进制下是回文数，则输出这些进制；如果 number 在 2～16 进制下都不是回文数，则是另外一种输出。所以需要设置一个状态变量 IsPal，如果 IsPal 为 false，则表示 number 在 2～16 进制下都不是回文数；初始时 IsPal 为 false，如果首次判断出 number 在某进制下是回文数，则将 IsPal 的值设置为 true，并开始输出进制信息。最后 IsPal 的值如果仍为 false，才会输出“Number i is not a palindrom”。代码如下。

```
//判断 number 在 basis 进制下是否为回文数，如果是，返回 true
bool IsPalindrom( int number, int basis )
{
    //number 最大为 50000，转换成二进制不超过 16 位
    int a[16];                      //将十进制数 number 转换成 basis 进制数得到的每一位
    int i = 0, j = 0, k;            //循环变量
    while( number ){ a[i++] = number % basis;  number /= basis; }
    int Len = i;  k = Len/2;        //Len: 转换到 basis 进制后的位数
    while( j<k ){                   //判断转换后的数是否为回文数
        if( a[j]!=a[Len-1-j] ) return false;
        j++;
    }
    return true;
```

```
    }
    int main( )
    {
        int number;     //读入的每个数
        bool IsPal;     //如果 IsPal 为 false，则 number 在 2～16 进制下都不是回文数
        while( scanf("%d", &number)){
            if( !number ) break;
            IsPal = false;
            for( int i=2; i<=16; i++ ){
                if( IsPalindrom(number, i)){
                    if( !IsPal ){
                        IsPal = true;
                        printf( "Number %d is palindrom in basis", number );
                    }
                    printf( " %d", i );
                }
            }
            if( !IsPal ) printf( "Number %d is not a palindrom", number );
            printf( "\n" );
        }
        return 0;
    }
```

用字符型数组或整型数组实现算术运算

6.1.3 用字符型数组或整型数组实现算术运算

对两个整数直接相加，通常只能得到最终的结果。例如，假设有两个 int 型变量 *a* 和 *b*，它们的值分别是 7 543 和 976 210，计算“*a*+*b*”只能得到最终的结果，即 983 753。

如果要得到运算过程，或者每一位的运算结果，如进位，那就需要把整数的每一位存储到数组里，每个数组元素相当于整数中的某一位，然后按数组元素中的值进行每一位的运算，如图 6.2 所示。

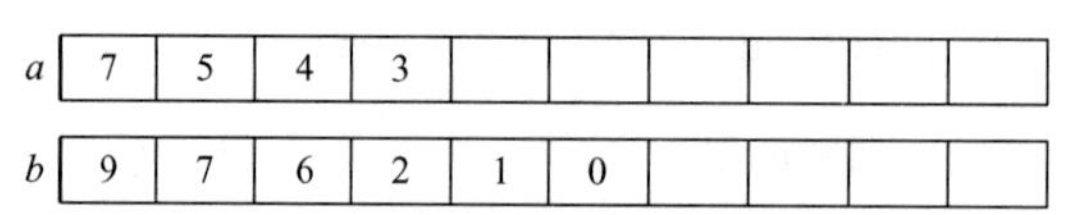

图 6.2　用数组存储整数的每一位

在将整数的每一位存储到数组时，可以选择整型数组，也可以选择字符型数组。到底选择整型数组还是字符型数组，应视题目而定。但采用字符型数组存储时在以下 3 个方面要比用整型数组存储方便得多。

（1）如果用字符数组存储，则整数的总位数就是字符数组中所存储字符串的长度；而用整型数组存储时要得到整数的总位数会稍微麻烦一些。

（2）输入时，用字符数组读入整数很方便；而如果用整型数组存储整数的每一位，则要将读入的整数的每一位先取出来再存储到整型数组中。另外，如果整数很大，超过了整型数据的表示范围，则只能采用字符数组读入。

（3）如果整数是保存在字符数组中，那么在输出时也很方便。

下面例 6.2 就是用字符数组存储整数，以便统计加法运算过程中进位的次数。

不过，对于用字符数组读入整数这种方式，初学者往往难以理解，现举例解释。对于整数 7 543，如果采取以下这种方式读入：

```
int a;  scanf( "%d", &a );                //将整数读入到整型变量中
```

则整数 7 543 以二进制形式存储到整型变量 *a* 所占的 4 个字节中。如果采取以下方式读入：

```
char str[10];  scanf( "%s", str );        //用字符数组读入整数
```

则是将每位数字 7、5、4、3 以数字字符形式读入并存储到字符数组 str 中。当然，要得到每位数字字符对应的数值，以及整个字符数组所表示的数值，要进行一定的转换，详见例 6.2 及后面的例题。

例 6.2　初等算术（Primary Arithmetic），ZOJ1874，POJ2562。

例6.2

题目描述：

给定两个加数，统计加法运算过程中进位的次数。

输入描述：

输入文件中的每一行为两个无符号整数，少于 10 位；最后一行为两个 0，表示输入结束。

输出描述：

对输入文件每一行（最后一行除外）的两个加数，计算它们进行加法运算时进位的次数并输出。具体输出格式详见样例输出。

样例输入：

```
123 456
555 555
123 594
0 0
```

样例输出：

```
No carry operation.
3 carry operations.
1 carry operation.
```

分析：正如前面分析的那样，本题可以采用字符数组来存储读入的两个加数。对两个加数进行加法运算时，要注意以下两点。

（1）在进行加法时，要得到每个数字字符对应的数值，方法是将数字字符减去字符“0”。

（2）从两个加数的最低位开始按位求和，如果和大于 9，则会向前一位进位。要注意某一个加数的每一位都运算完毕，但另一个加数还有若干位没有运算完毕的情形。如图 6.3 所示，999586 + 798，这两个加数分别为 6 位和 3 位数。当第 2 个加数的最低 3 位数都运算完毕时，还会向前进位，这时第 1 个加数还有 3 位没有运算完毕，由于进位的存在，这 3 位在运算时都还会产生进位。

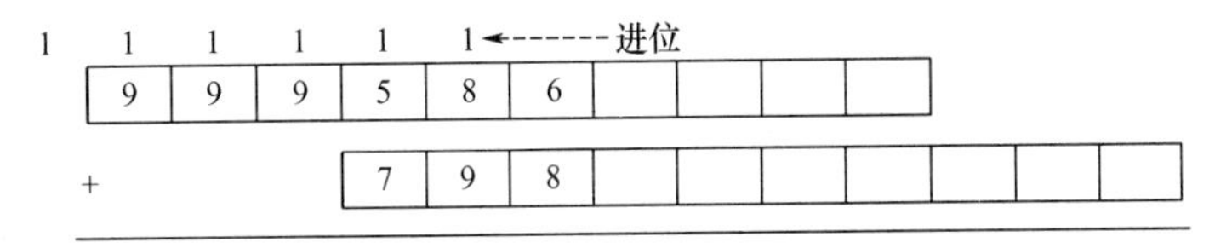

图 6.3　用字符数组实现算术运算

代码如下。

```
int main( )
```

```
{
    char add1[11], add2[11];          //读入的两个加数
    while( scanf("%s%s", add1, add2)){
        if( !strcmp(add1, "0")&& !strcmp(add2, "0")) break;
        int carry = 0;                //进位次数
        int i1 = strlen(add1)- 1, i2 = strlen(add2)- 1, C = 0;  //C:进位
        while( i1>=0 && i2>=0 ){      //从两个加数的右边开始对每位进行加法运算
            if( add1[i1]-'0'+add2[i2]-'0'+C>9 ){ carry++;  C = 1; }
            else  C = 0;
            i1--;  i2--;
        }
        //如果第 1 个加数还有若干位没有运算完
        while( i1>=0 && C==1 ){       //如果 C 为 0 则没有必要继续循环了
            if( add1[i1]-'0'+C>9 ){ carry++;  C = 1; }
            else  C = 0;
            i1--;
        }
        //如果第 2 个加数还有若干位没有运算完
        while( i2>=0 && C==1 ){       //如果 C 为 0 则没有必要继续循环了
            if( add2[i2]-'0'+C>9 ){ carry++;  C = 1; }
            else  C = 0;
            i2--;
        }
        if( carry>1 ) printf( "%d carry operations.\n", carry );
        else if( carry==1 ) printf( "%d carry operation.\n", carry );
        else  printf( "No carry operation.\n" );
    }
    return 0;
}
```

注意，本题中已告知读入的无符号整数少于 10 位，因此可以用 unsigned int 变量（其取值范围是 0～4 294 967 295）来保存读入的整数，并将读入的整数取出各位存放到整型数组中，再按整型数组进行运算，统计进位的次数。读者不妨试试。

另外，本题并不需要存储加法运算的结果，如果需要存储，通常需要将两个加数逆序后再进行运算，详见第 6.3.1 节。

练习题

练习 6.1 设计计算器（Basically Speaking）ZOJ1334，POJ1546。

题目描述：

在计算器中实现进制转换。计算器具有以下特征：它的显示器有 7 位；它的按键除了数字 0 到 9 外，还有大写字母 A 到 F；它支持 2～16 进制。

输入描述：

输入文件中的每一行有 3 个数，第 1 个数是 X 进制下的一个整数，第 2 个数就是 X，第 3 个数是 Y，要实现的是将第 1 个数从 X 进制转换为 Y 进制。这 3 个数的两边可能

有一个或多个空格。输入数据一直到文件尾。

输出描述：

对输入文件中的每行进行进制转换，转换后的数右对齐到 7 位显示器。如果转换后的数的位数太多了，在 7 位显示器中显示不下，则输出“ERROR”，也是右对齐到 7 位显示器。

样例输入：

```
2102101  3 15
  12312  4  2
```

样例输出：

```
    7CA
  ERROR
```

练习 6.2　进制转换（Number Base Conversion），ZOJ1352，POJ1220。

题目描述：

编写程序，实现将一个数从一种进制转换到另一种进制。在这些进制中，可以出现的数码有 62 个：{ 0–9, A–Z, a–z }。

输入描述：

输入文件的第 1 行为一个正整数 *N*，表示测试数据的个数；接下来有 *N* 行测试数据，每个测试数据占一行，每行有 3 个数，分别为输入数据的进制（用十进制表示）、输出数据的进制（用十进制表示）、用输入数据的进制所表示的数。输入/输出数据的进制范围是 2～62，也就是说，A～Z 相当于十进制中的 10～35，a～z 相当于十进制中的 36～61。

输出描述：

对每个测试数据，输出 3 行。第 1 行依次为输入数据的进制、空格、在该进制下的输入数据；第 2 行依次为输出数据的进制、空格、在该进制下的输出数据；第 3 行为空行。

样例输入：

```
1
62 2 abcdefghiz
```

样例输出：

```
62 abcdefghiz
2 11011100000100010111110010010110011111001001100011010010001
```

练习 6.3　Wacmian 数（Wacmian Numbers）。

题目描述：

Wacmian 是 Wacmahara 沙漠里的人，每个人的手除一个大拇指外仅有两个手指。他们发明了自己的数字系统。该系统中使用的数字和用来表示数字的符号都很奇特，具体如下。

% — 0　　　　) — 1

～ — 2　　　　@ — 3

? — 4　　　　\ — 5

$ — –1（没错，他们甚至有负数）

他们的数字系统是六进制的，每位上的数值达到 6 就向该位的左边进位，如下面的例子。

?$～～表示成十进制为 $4\times6^3 + (-1)\times6^2 + 2\times6+2 = 864 - 36 + 12 + 2 = 842$。

$～～表示成十进制为 $(-1)\times6^2 + 2\times6 + 2 = -36 + 12 + 2 = -22$。

你的任务是把 Wacmian 数解释成标准的十进制数。

输入描述：

输入文件包括若干行，每行是一个 Wacmian 数。每个数由 1 至 10 位 Wacmian 数字字符组成。输入文件的最后一行为“#”字符，表示输入结束。

输出描述：

对输入文件中的每个 Wacmian 数，输出一行，为对应的十进制数。

样例输入：
```
?$~~
$~~
#
```
样例输出：
```
842
-22
```

6.2 高精度计算原理及实现要点

6.2.1 高精度计算原理

在初等数学中，我们学过四则运算。图 6.4 演示了四则运算的运算过程，其中，图 6.4（a）是加法运算过程，减法运算过程类似，只是由进位改为借位；图 6.4（b）和图 6.4（c）分别是乘法运算过程和除法运算过程。

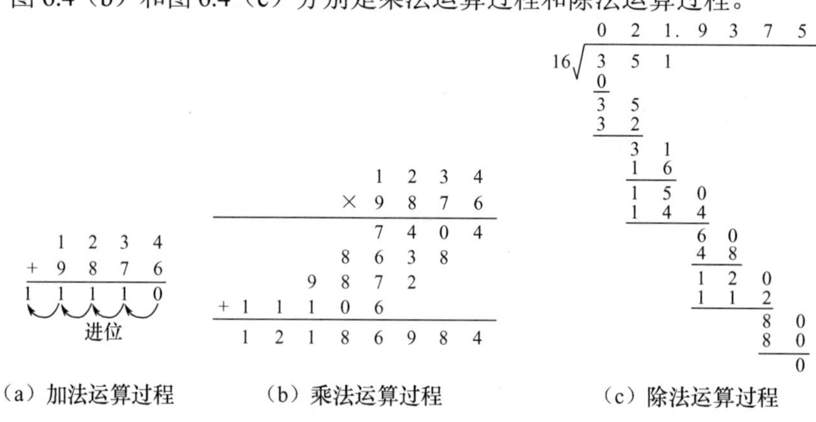

图 6.4　初等数学中四则运算的运算过程

高精度数四则运算的基本原理是用字符数组或整型数组存储参与运算的操作数，用数组元素代表每一位数，并模拟初等数学中的四则运算过程。理论上说，可以对任意多位进行运算，只要有足够多的存储空间。

1. 加减法原理

如图 6.4（a）所示，加减法的运算过程是：将两个操作数右对齐，即第 0 位对齐，从低位到高位（即从右往左）进行每一位的运算。对加法，如果某一位运算的结果超过 10（对其他进制的运算，则是超过进制的基数），则往高位进一位，同时该位的运算结果要减去 10。对减法，如果被减数某一位小于减数对应位，则被减数要往高位借位，如果高位为 0，则要往更高位借位。一旦某一位被借位，则该位的值要减 1。从相邻高位借来的 1，放在当前位，视为 10。

2. 乘法原理

如图 6.4（b）所示，乘法运算的原理和过程是：多位数的乘法是转换成 1 位数的乘法及整

数的加法来实现的，即把第 2 个乘数的每位数乘以第 1 个乘数，把得到的中间结果累加起来；第 2 个乘数的每位数进行乘法运算得到的中间结果，是与第 2 个乘数参与运算的位右对齐的。

3. 除法原理

如图 6.4（c）所示，除法运算的原理和过程是：从被除数的最高位开始，用被除数的最高位除以除数，得到商的最高位（可能为 0），以后每步都是把上一步得到的余数跟当前被除数中的位组合，并除以除数，得到商和余数。

需要注意的是，高精度的一些运算可能需要转换成除法运算来实现，如例 6.6 将八进制小数转换成十进制小数，直接实现比较困难，所以转换成除法运算。

6.2.2　高精度计算的基本思路

高精度计算的基本思路是：用数组存储参与运算的数的每一位，在运算时以数组元素所表示的位为单位进行运算。可以采用字符数组，也可以采用整数数组存储参与运算的数，到底采用字符数组还是整数数组更方便，应视具体题目而定，如下面的例 6.3。

高精度计算的基本思路

例 6.3　skew 二进制（Skew Binary），ZOJ1712，POJ1565。

题目描述：

在 skew 二进制里，第 k 位的权值为 $2^{(k+1)}-1$，skew 二进制的数码为 0 和 1，最低的非 0 位可以取 2。例如：

$$
\begin{aligned}
10120_{(skew2)} &= 1\times(2^5-1)+0\times(2^4-1)+1\times(2^3-1)+2\times(2^2-1)+0\times(2^1-1)\\
&= 31+0+7+6+0=44
\end{aligned}
$$

skew 二进制的前 10 个数为 0、1、2、10、11、12、20、100、101 和 102。

输入描述：

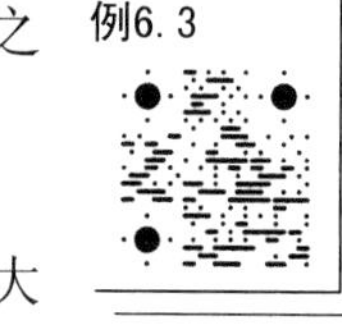

例6. 3

输入文件包含若干行，每行为一个整数 n。$n=0$ 代表输入结束。除此之外，n 是 skew 二进制下的一个非负整数。

输出描述：

对输入文件中的每个 skew 二进制数，输出对应的十进制数。n 的最大值对应到十进制为 $2^{31}-1=2147483647$。

样例输入：

```
10120
1000000000000000000000000000000
0
```

样例输出：

```
44
2147483647
```

分析：很明显，对输入文件中的 skew 二进制数，不能采用整数形式（int）读入，必须采用字符数组。那么需要定义多长的字符数组呢？题目中提到，输入文件中的 skew 二进制数最大值对应的十进制数为 $2^{31}-1=2147483647$，正如样例数据所示，十进制数 2147483647 对应的 skew 二进制数为 1000000000000000000000000000000，因此存储输入文件中的 skew 二进制数可以采用长度为 40 的字符数组。

在把 skew 二进制数转换成十进制时，只需把每位按权值展开求和即可。在本题中，采用字符数组存储高精度数，求高精度数的总位数及取出每位上的数码都是很方便的。代码如下。

```
int main()
{
```

```
    char str[40];                  //读入的每个 skew 二进制数，用字符数组存放
    while( scanf( "%s", str )!=EOF ){
        int len = strlen(str), num = 0; //num 为对应的十进制数
        if( len==1 && str[0]=='0' ) break;
        int weight = 2;            //每位的权值为 weight-1, weight 每次要乘以 2
        for( int i=len-1; i>=0; i-- ){
            num += (str[i]-'0')*( weight - 1 );  weight *= 2;
        }
        printf( "%d\n", num );
    }
    return 0;
}
```

6.2.3 高精度计算要点

以下介绍在进行高精度运算时需要注意的一些问题。

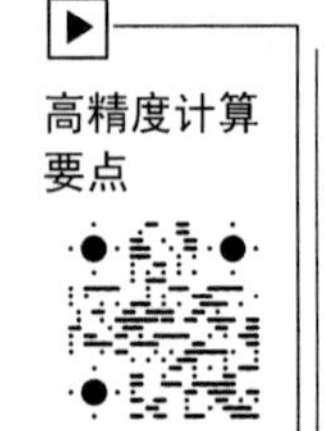

高精度计算要点

1. *是否需要逆序*

不管是加减法还是乘法运算，都是从操作数的第 0 位开始进行的，需要将两个操作数从第 0 位对齐。但是，在读入高精度数时，通常在数组第 0 个元素中存储的是高精度数的最高位。所以，在进行加减法、乘法运算之前，通常需要将高精度数逆序，即在数组第 0 个元素中存储的是最低位。运算完毕后，再将运算结果逆序后输出。

2. *对齐问题*

在加减法和乘法运算过程中，都可能存在对齐问题。对加减法运算，如果读入的高精度数不进行逆序（即第 0 个元素表示最高位），则要找到两个操作数的最低位，对齐后再运算（通常这样运算要更麻烦一些），如例 6.2。在乘法运算过程中，第 2 个乘数的每位数乘以第 1 个乘数，得到的中间结果是与第 2 个乘数参与运算的位右对齐的，如果对齐不正确，得到的结果就是错误的。

练习题

练习 6.4 位运算。

题目描述：

位运算是按二进制位进行的一些运算。本题要求对输入的一个 32 位有符号整数进行如下的位运算：交换整数二进制形式中的第 0 位和第 1 位，交换第 2 位与第 3 位，……，交换第 30 位与第 31 位；然后输出位运算后的整数。本题涉及补码知识。

（1）整数在计算机中是以补码的形式存储的。

（2）补码中，整数最高位为符号位，为 1 表示负数，为 0 表示正数。正数的补码就是其二进制形式。以 1 字节为例，补码 01100001 表示一个正数，转换成十进制为 97。

（3）对负数的补码，如何知道该负数的值是多少？最简单的方法是进行如下变换：从补码的最低位（右边）往最高位（左边）看，最右边所有的 0 及第 1 个 1 不变，其余位变反（含符

号位)。变换后的补码为一个正数，该正数就是负数的相反数。以 1 字节为例，如果有一个负数的补码为 10101100，变换后的补码为 01010100，转换为十进制为 84，因此原来的负数为−84。

输入描述：

输入文件包含多个测试数据。每个测试数据占一行，为一个正整数。输入文件的最后一行为 0，表示输入结束。

输出描述：

对每个测试数据，输出位运算后的整数。

样例输入：

```
32
1189288988
0
```

样例输出：

```
16
-1982649300
```

练习 6.5　各位和。

题目描述：

输入一个正整数，累加各位上的数字。如果得到的和不止 1 位数，则继续进行类似的处理，直至得到的和为 1 位。输出该和。

输入描述：

输入文件包含多个测试数据。每个测试数据占一行，为一个正整数，位数可达 1 000 位。输入文件的最后一行为 0，表示输入结束。

输出描述：

对每个正整数，输出得到的和。

样例输入：

```
38087643953946615493521325481840353
0
```

样例输出：

```
4
```

6.3　高精度数的基本运算

本节以几道竞赛题目为例讲解高精度数的加法、乘法和除法运算的实现方法。

6.3.1　高精度数的加法

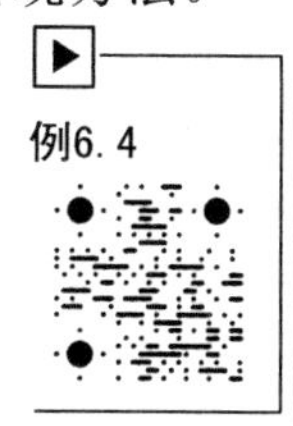

例6. 4

例 6.4　整数探究（Integer Inquiry），ZOJ1292。

题目描述：

十进制大数的加法运算。

输入描述：

输入文件的第 1 行为一个整数 N，表示接下来有 N 组测试数据。每组测试数据最多包含 100 行。每一行由一个非常长的十进制整数组成，这个整数的长度不会超过 100 个字符而且只包含数字，每组测试数据的最后一行为 0，表示这组数据结束。

每两组测试数据之间有一个空行。

输出描述：

对每组测试数据，输出它们的和。每两组输出数据之间有一个空行。

样例输入：

```
1
99999278961257987
126792340765189
998954329065419876
432906541
23
0
```

样例输出：

```
1099080400800349616
```

分析：题目中提到，整数的长度不会超过 100 位，所以这些整数只能采用字符数组读入。但在对每位进行求和时，既可以采用字符形式，也可以采用整数形式。本题用整数形式处理更方便。对读入的字符数组，以逆序的方式将各字符转换成对应的数值存放到整数数组（整数数组中剩余元素的值为 0），然后再以整数方式求和，最后将求和的结果以相反的顺序输出各位。例如，样例输入中的那组数据，逆序转换后每个大数对应到一个整数数组，数组元素表示大数的各位，如图 6.5 所示。注意，第 0 位表示整数的最低位（即个位）。

进位 --→		2	3	2	2	1	2	1	2	1	2	2	1	2	1	2	1	1	1	0	
	7	8	9	7	5	2	1	6	9	8	7	2	9	9	9	9	9	0	0	0	…
	9	8	1	5	6	7	0	4	3	2	9	7	6	2	1	0	0	0	0	0	…
	6	7	8	9	1	4	5	6	0	9	2	3	4	5	9	8	9	9	0	0	…
	1	4	5	6	0	9	2	3	4	0	0	0	0	0	0	0	0	0	0	0	…
+	3	2	0	0	0	0	0	0	0	0	0	0	0	0	0	0	0	0	0	0	…
	6	1	6	9	4	3	0	0	8	0	0	4	0	8	0	9	9	0	1	0	…

图 6.5　大数的加法

求和时，从各整数数组第 0 个元素开始累加，并计算进位。在本题中，求和过程中要注意以下两点。

（1）计算每位和时，得到的进位可能大于 1，如图 6.5 所示。

（2）累加各大数得到的和，其位数可能会比参与运算的大数的位数还要多。稍加分析即可得出结论，如果参与求和运算的大数最大长度为 maxlen，因为参加求和运算的大数个数不超过 100 个，所以求和结果长度不超过 maxlen+2。因此求和时可以一直求和到 maxlen+2 位，然后去掉后面的 0，再以相反的顺序输出各位整数即可。如图 6.5 所示，这组数据求和的结果逆序后为 1099080400800349616。代码如下。

```
int main( )
{
    char buffer[200];          //存储(以字符形式)读入的每个整数
    int array[200][200];       //逆序后的大数(每位是整数形式)
    int answer[200];           //求得的和
    int num_integers, len, maxlen; //整数的个数，每个整数的长度，以及这些整数的最大长度
    int sum, carry, digit;     //每位求和运算后得到的总和，进位，以及该位的结果
    int i, j, k, N;    scanf( "%d", &N );        //N: 测试数据的个数
    for( k=1; k<=N; k++ ){
```

```
        maxlen = -1;
        memset( array, 0, sizeof(array) ); memset( answer, 0, sizeof(answer) );
        for( num_integers=0; num_integers<200; num_integers++ ){
            gets( buffer );
            if( strcmp(buffer, "0")==0 ) break;
            len = strlen(buffer);
            if( len>maxlen ) maxlen = len;
            for( i=0; i<len; i++ )          //逆序存放大数的每位(整数形式)
                array[num_integers][i] = buffer[len - 1 - i] - '0';
        }
        carry = 0;
        for( i=0; i<maxlen+2; i++ ){       //对这些整数的每位进行求和
            sum = carry;
            for( j=0; j<num_integers; j++ ) sum += array[j][i];
            digit = sum % 10;  carry = sum / 10;  answer[i] = digit;
        }
        for( i=maxlen+2; i>=0; i-- )       //统计求和结果的位数
            if( answer[i] != 0 ) break;
        while( i>=0 ) printf( "%d", answer[i--] );    //逆序输出求和的结果
        printf( "\n" );
        if( k<N ) printf( "\n" );                //两个输出块之间有一个空行
    }
    return 0;
}
```

6.3.2　高精度数的乘法

回顾初等数学里乘法的运算过程，如图 6.6（a）所示。该运算过程有以下两个特点。

（1）多位数的乘法是转换成 1 位数的乘法及加法来实现的，即把第 2 个乘数的每位数乘以第 1 个乘数，把得到的中间结果累加起来。

（2）第 2 个乘数的每位数进行乘法运算得到的中间结果，是与第 2 个乘数参与运算的位右对齐的。如图 6.6（a）所示，第二个乘数的第 2 位为 7，参与乘法运算得到的中间结果 8638 是和 7 右对齐的。

在用程序实现乘法运算过程时，要特别注意以上两个特点。

▶ 高精度数的乘法

另外，在初等数学里，乘法运算得到的每个中间结果都是处理了进位的，即在中间结果里，一旦出现进位马上累加到高一位。如图 6.6（a）中的中间结果 11106 是已经处理了进位的结果。

但是，为方便程序实现，对中间结果的进位处理更方便的做法是等全部中间结果运算完后再统一处理。如图 6.6（b）所示，每个中间结果，“6　12　18　24”“7　14　18　24”“8　16　24　32”“9　18　27　36”都是没有处理进位的，都是第 2 个乘数的每位乘以第 1 个乘数每位的原始乘积。等这些中间结果累加后，再一位一位地处理进位。

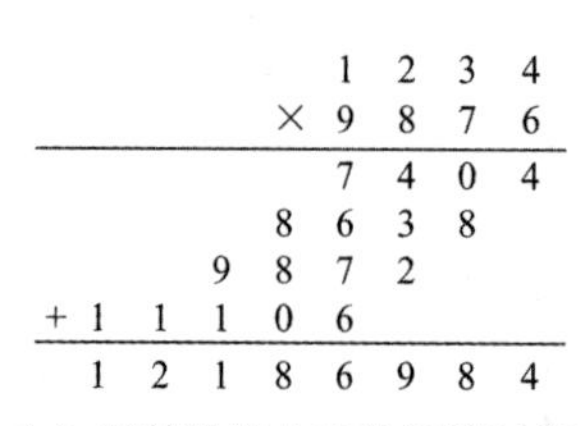

(a) 初等数学中乘法运算过程

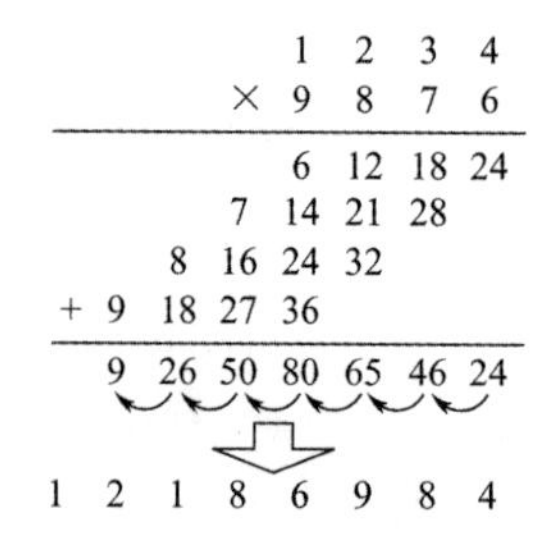

(b) 更适合程序实现的乘法运算过程

图 6.6 大数的乘法

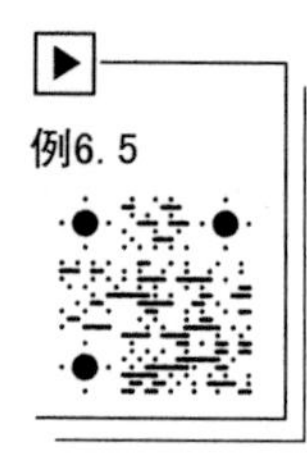

例6.5

例 6.5 高精度数的乘法。

题目描述:

给定两个位数不超过 100 位的正整数，求它们的乘积。

输入描述:

输入文件包含多个测试数据。每个测试数据占两行，每行分别为一个正整数，每个正整数的位数不超过 100 位。输入数据一直到文件尾。

输出描述:

对每个测试数据，输出其中两个正整数的乘积。

样例输入:

```
981567
32976201
123456789
987654321
```

样例输出:

```
32368350686967
121932631112635269
```

分析：两个长度不超过 100 位的正整数必须用字符数组 a 和 b 来读入，其乘积不超过 200 位。大整数的乘法运算过程可分为以下几个步骤。

(1) 对读入的字符形式的大整数，把其各位上的数值以整数形式取出来，以相反的顺序存放到一个整型数组里，如图 6.7 中标号①所示。

(2) 把第 2 个乘数中的每位乘以第一个乘数，把得到的中间结果累加起来，注意对齐方式，以及累加每位运算的中间结果时暂时不进位，如图 6.7 中标号②所示。

(3) 把累加的中间结果，由低位向高位进位。把最终结果按相反的顺序转换成字符串输出，如图 6.7 中标号③所示。

代码如下。

```
char a[101],b[101];          //输入的两个正整数(字符形式)
int len_a,len_b;             //输入的正整数长度
int ai[101],bi[101];         //输入的两个正整数(以整数形式存储每一位)
int temp[202];               //每一位乘法的中间结果
char product[201];           //乘积
void reverse( char s[ ],int si[] ) //以逆序顺序将大数中的各位数存放到整型数组 si
{
    int len = strlen(s);
    for( int i=0; i<len; i++ ) si[len-1-i] = s[i]-'0';
}
```

```
int main( )
{
    int i, j;
    while( scanf( "%s", a )!= EOF ){
        scanf( "%s", b );
        len_a = strlen(a); len_b = strlen(b); reverse(a,ai); reverse(b,bi);
        memset( temp, 0, sizeof(temp) ); memset( product, 0, sizeof(product) );
        for( i=0; i<len_b; i++ ){     //用大整数 b 的每位去乘大整数 a
            int start = i;            //得到的中间结果跟大整数 b 中的位对齐
            for( j=0; j<len_a; j++ ) temp[start++] += ai[j]*bi[i];
        }
        for( i=0; i<202; i++ ){       //低位向高位进位
            if( temp[i]>9 ){ temp[i+1] += temp[i]/10; temp[i] = temp[i]%10; }
        }
        for( i=201; i>=0; i-- ){ if( temp[i] ) break; }     //求乘积的长度
        int lenp = i+1;               //乘积的长度
        for( i=0; i<lenp; i++ )       //将乘积各位转换成字符形式
            product[lenp-1-i] = temp[i]+'0';
        product[lenp] = 0;            //串结束符标志
        printf( "%s\n", product );
    }
    return 0;
}
```

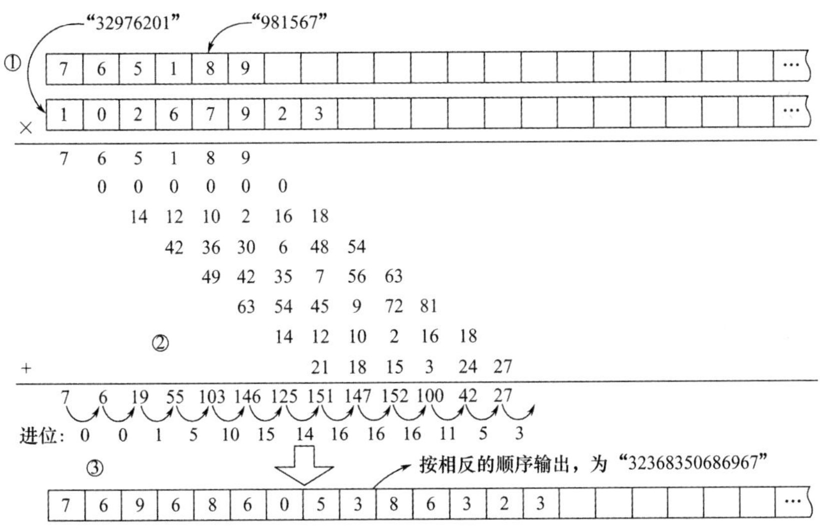

图 6.7　大整数的乘法运算过程

6.3.3　高精度数的除法

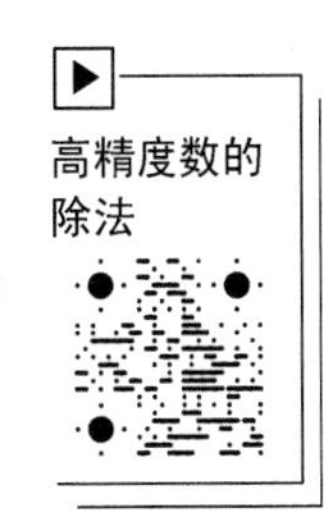

高精度数的除法比较复杂，本节仅通过一道例题介绍除数为 1 位数的除法运算。首先回顾初等数学里除法的运算过程（除数只有 1 位数的情况）。图 6.8 演示了"351 除以 8"的运算过程。

```
      0  4  3. 8  7  5
  8 √ 3  5  1
      3  5
         3  1
            7  0
               6  0
                  4  0
                     0
```

图 6.8　除法运算过程

具体过程如下。

（1）先将被除数 351 的最高位 3 除以 8，得到的商为 0，余数为 3。

（2）把余数和被除数 351 的次高位组合，为 35，除以 8，得到的商为 4，余数为 3。

（3）把余数和被除数 351 的最后一位组合，为 31，除以 8，得到的商为 3，余数为 7，不为 0，所以还没有除尽，要补 0，图中所有补 0 均用斜体标明。补 0 前的商为整数部分，补 0 后的商为小数部分。

（4）补 0 后为 70，除以 8，得到的商为 8，余数为 6，再补 0。

（5）补 0 后为 60，除以 8，得到的商为 7，余数为 4，再补 0。

（6）补 0 后为 40，除以 8，得到的商为 5，余数为 0。

至此，整个除法运算完毕，得到的商为 43.875。

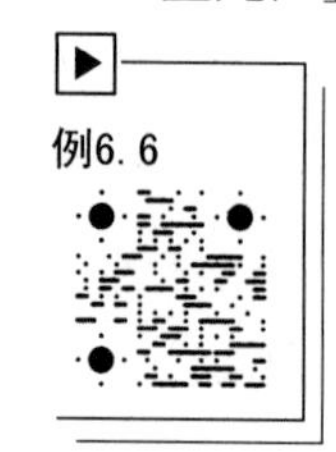

例 6.6　八进制小数（Octal Fractions），ZOJ1086，POJ1131。

题目描述：

编程将[0, 1]内的八进制小数转换成十进制小数。例如，八进制 0.75 转换成十进制，结果为 0.963125 (即 7/8 + 5/64)。n 位的八进制小数，转换成十进制后，小数点右边不超过 $3n$ 位。

输入描述：

输入文件包含若干行，每行是一个八进制小数。每个八进制小数的形式为 $0.d_1d_2d_3\ldots d_i\ldots d_k$，其中，$d_i$ 为八进制数字（0～7），k 没有限制。

输出描述：

对每个八进制小数，按照以下的格式输出。

$$0.d_1d_2d_3\ldots d_k\ [8] = 0.D_1D_2D_3\ldots D_m\ [10]$$

等号左边是八进制小数，右边是对应的十进制小数，末尾没有 0，也就是说 D_m 不为 0。

样例输入：	样例输出：
0.75	0.75 [8] = 0.953125 [10]
0.123	0.123 [8] = 0.162109375 [10]
0.01234567	0.01234567 [8] = 0.020408093929290771484375 [10]

分析：八进制小数转换成十进制小数，其原理本来是按权值展开，小数点后第 1 位的权值为 $8^{-1} = 0.125$，第 2 位的权值为 $8^{-2} = 0.015\,625$。因此 $0.75\ [8] = 7\times0.125 + 5\times0.015\,625 = 0.953\,125$。但在本题中，如果按照这种思路去求解，不容易实现。

更好的方法是转换成除法运算，小数点后第 1 位的权值为 8^{-1}，相当于除以 8；第 2 位的权值为 8^{-2}，相当于除以两次，以此类推。具体过程为，循环除 8，即从八进制小数的最后一位开始除以 8，把得到的结果加到前一位，再除以 8；以此类推，一直到小数点后第 1 位为止。假设读入的八进制为 $0.d_1d_2d_3\ldots d_n$，转换后的十进制为 $0.D_1D_2D_3\ldots Dm$，则循环除 8 的公式如下。

$$0.D_1D_2D_3\ldots Dm = (\,d_1 + (\,d_2 + (\,d_3 + \ldots(\,d_{n-1} + d_n/8\,)/8\ldots)/8\,)/8\,)/8$$

例如，对八进制小数 0.123 [8]，其循环除 8 的运算过程为(1 + (2 + 3/8)/8)/8。

以 0.123 [8]为例讲解具体实现过程，如图 6.9 所示（图中所有补 0 均用斜体标明）。注意，得到的十进制小数都不保留前面的 0 及小数点。

（1）先读入最后一位 num = 3，按照图 6.8 所示的方法进行除法运算，其中补 0 相当于乘以 10。即反复将 num 乘以 10，再除以 8，记录其商，直到余数为 0 为止，其运算过程如图 6.9（a）所示。得到的结果是 375，这表示 0.375。这是 0.3 [8]对应的十进制小数。

（2）接下来读入的八进制位 num = 2，这时要求的是 2.375/8，转换成求 2375/8，其运算过程如图 6.9（b）所示。得到的结果为 296875，这表示 0.296875。这是 0.23 [8]对应的十进制小数。

（3）接下来读入的八进制位 num = 1，这时要求的是 1.296875/8，转换成求 1296875/8，其运算过程如图 6.9（c）所示。得到的结果为 162109375，这表示 0.162109375。这是 0.123 [8]对应的十进制小数。

```
      3 7 5
8 √ 3 0
    6 0
      4 0
        0
```

（a）0.3[8]的转换过程

```
      2 9 6 8 7 5
8 √ 2 3 7 5
    7 7
      5 5
        7 0
          6 0
            4 0
              0
```

（b）0.23[8]的转换过程

```
      1 6 2 1 0 9 3 7 5
8 √ 1 2 9 6 8 7 5
    4 9
      1 6
        0 8
          0 7
            7 5
              3 0
                6 0
                  4 0
                    0
```

（c）0.123[8]的转换过程

图 6.9　八进制小数转换成十进制小数(不保留小数点及前面的 0)

具体实现时每位的除以 8 运算要分成两个过程：先除以 8 得到整数部分；然后对前面得到的余数补 0 继续除以 8，直到余数为 0。当然最低位的除以 8 运算只有第 2 个过程。

图 6.10 演示了八进制小数 0.123 转换成十进制小数的实现过程。其中，src 字符数组存储读入的八进制小数，即 0.123；dest 字符数组存储转换后的十进制小数（去掉小数点及前面的 0）。具体实现过程如下。

src数组	0	.	1	2	3							（a）读入的八进制小数
dest数组	3	7	5									（b）最低位3除以8的结果
dest数组	2	9	6									（c）2375除以8的结果（整数部分）
dest数组	2	9	6	8	7	5						（d）把余数7除以8的结果添在后面
dest数组	1	6	2	1	0	9	3	7	5			（e）最终结果

图 6.10　八进制小数转换成十进制小数的实现过程

（1）读入最低位 3，补 0 除以 8 直到余数为 0，得到的商为 375，存储在 dest 数组中，如图 6.10（b）所示。

（2）读入八进制位 2，执行第 1 个过程：将 2 与 dest 数组中的 3 组合后为 23，除以 8 后商为 2，余数为 7；将余数 7 与 dest 数组中的 7 组合后为 77，除以 8 后商为 9，余数为

5；将余数 5 与 dest 数组中的 5 组合后为 55，除以 8 后商为 6，余数为 7，此时 dest 数组的值为 296，如图 6.10（c）所示。执行第 2 个过程：将前面得到的余数 7 补 0 除以 8，直到余数为 0，得到的商为 875，添加在 dest 数组后面，如图 6.10（d）所示。

（3）读入八进制位 1，其处理过程与八进制位 2 的处理过程类似。

代码如下。

```
const int MAX_LENGTH = 200;
int main( )
{
    int i, j;    char src[MAX_LENGTH];    //读入的八进制小数(字符形式)
    while( scanf("%s", src)!=EOF ){       //设读入的八进制小数为 0.d1d2d3...dn
        char dest[MAX_LENGTH] = {'0'};    //存放转化后的十进制数(无 0.)
        int num;                   //读取的每个八进制位(整数形式)
        int index = 0;             //前一个八进制位除以 8 后 dest 数组中的位数
        int len = 0;               //当前这个八进制位除以 8 后 dest 数组中的位数
        int temp;                  //当前这个八进制位与前一位运算结果的每一位组合得到的值
        for( i=strlen(src)-1; i>1; i-- ){
            num = src[i]-'0';//取第 i 位上的八进制数字
            for(j=0; j<index; j++){  //d1～dn-1 的处理
                temp = num*10 + dest[j]-'0'; dest[j] = temp/8+'0'; num = temp%8;
            }
            while( num ){  //d1～dn 的处理(余数的处理：补 0 再除以 8 直到商为 0 为止)
                num *= 10;  dest[len++] = num/8+'0';  num %= 8;
            }
            index = len;
        }
        dest[len] = '\0';                                 //串结束符标志
        printf("%s [8] = 0.%s [10]\n", src, dest);    //输出
    }
    return 0;
}
```

练习题

练习 6.6　火星上的加法（Martian Addition），ZOJ1205。

题目描述：

计算两个 20 进制数的和。

输入描述：

输入文件中有多个测试数据。每个测试数据占两行，每行为一个 20 进制的数。20 进制采用的数码是 0～9，以及小写字母 a～j，小写字母分别代表十进制中的 10～19。每个数的位数不超过 100 位。

输出描述：

对每个测试数据，输出一行，为两个 20 进制数的和。

样例输入：　　　　　　　　　　　　　　样例输出：

```
1234567890                    bdfi02467j
abcdefghij                    iiiij00000
99999jjjjj
9999900001
```

练习 6.7　总和（Total Amount），ZOJ2476。

题目描述：

给定一组标准格式的货币金额，计算其总和。标准格式为，每个金额以符号“$”开头；仅当金额小于 1 时，金额有前导 0；每个金额小数点后有两位数；金额小数点前的各位，以 3 位一组进行分组，并且以逗号分隔开，最前面的一组可能只有 1 位或 2 位。

输入描述：

输入文件包含多个测试数据。每个测试数据的第 1 行为一个整数 N，$1 \leqslant N \leqslant 10\ 000$，表示该测试数据中金额的个数；接下来的 N 行表示 N 个金额，所有的金额包括最终求得的总和，范围是$0.00～$20, 000, 000.00（含）；最后一行为 0，表示该测试数据结束。

输出描述：

对每个测试数据，输出其总和。

样例输入：

```
2
$1, 234, 567.89
$9, 876, 543.21
0
```

样例输出：

```
$11, 111, 111.10
```

练习 6.8　余数（Basic Remains），ZOJ1929，POJ2305。

题目描述：

给定一个基数 B，和 B 进制下的两个非负整数 P 和 M，求 P 对 M 的余数，求得的余数也是 B 进制下的数。

输入描述：

输入文件包含多个测试数据。每个测试数据占一行，包含 3 个无符号整数，第 1 个数为 B，是十进制数，范围在 2～10；第 2 个数为 P，是 B 进制下的数，最多包含 1 000 位，每位都是 0～B−1 之内的数码；第 3 个数为 M，是 B 进制下的数，最多包含 9 位。测试数据的最后一行为 0，表示该测试数据结束。

输出描述：

对每个测试数据，输出一行，为在 B 进制下求得的 P 对 M 取余的结果。

样例输入：

```
2 1100 101
10 123456789123456789123456789 1000
0
```

样例输出：

```
10
789
```

练习 6.9　Fibonacci 数判断。

题目描述：

已知 Fibonacci 数列的定义为：$F(1)=1, F(2)=1, F(n)=F(n-1)+F(n-2), n \geqslant 3$。

给定一个 1 000 位以内的数，判断是否是 Fibonacci 数列中的某一项。

输入描述：

输入文件包含多个测试数据。每个测试数据占一行，为一个 1 000 位以内的整数。测

试数据一直到文件尾。

输出描述：

对每个测试数据，如果该整数是 Fibonacci 数列中的某一项，输出 yes，否则输出 no。

样例输入：

```
453973694165307953197296969697410619233827
734544867157818093234908902110449296423351
```

样例输出：

```
no
yes
```

6.4 其他高精度题目解析

6.4.1 数列问题

很多数列的增长速度都是很快的，如 Fibonacci 数列的第 48 个数（4 807 526 976）就超出了 32 位无符号整数所表示的范围（0～4 294 967 295)。所以要求这些数列的某一项，有时需要采用大数来处理。

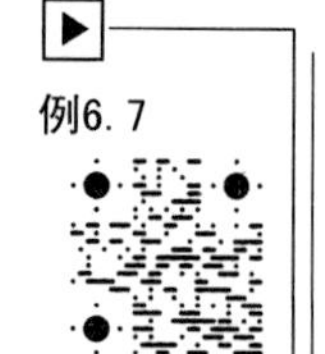

例 6.7 Fibonacci 数（Fibonacci Numbers），ZOJ1828。

题目描述：

Fibonacci 数列的定义为：$F(1)=1, F(2)=1, F(n)=F(n-1)+F(n-2), n>2$。给定一个数 N，输出 Fibonacci 数列中第 N 个数。N 的大小保证得到的第 N 个 Fibonacci 数的位数不超过 1 000 位。

输入描述：

输入文件包含多个测试数据。每个测试数据占一行，为一个正整数 N。

输出描述：

对每个整数 N，输出 Fibonacci 数列中的第 N 项。

样例输入：

```
40
100
```

样例输出：

```
102334155
354224848179261915075
```

分析：本题采用大数方法实现 Fibonacci 数列的递推方法。设表示 Fibonacci 数列连续 3 项的字符数组分别为 n1、n2 和 n3，则递推过程如下。

（1）使用“add(n1, n2, n3);”语句，由第 1 项和第 2 项相加递推出第 3 项

（2）使用“strcpy(n1, n2);”语句，使得递推完的第 2 项变成第 1 项

（3）使用“strcpy(n2, n3);”语句，使得递推完的第 3 项变成第 2 项

本题的解题思路为，在表示 Fibonacci 数列中各项及求和时都是以逆序方式表示的，在输出时以相反的顺序输出递推的结果。例如，Fibonacci 数列中的第 38、39 项分别是 39 088 169 和 63 245 986，由这两项递推出第 40 项。在程序中字符数组 n1 和 n2 的内容分别为“96188093”和“68954236”，将这两个字符数组所表示的大数相加，得到的结果是“551433201”，再以相反的顺序输出各数组元素，得到的就是第 40 项。

由于 Fibonacci 数列中各项是递推出来的，并非任意数值，所以求和过程可以简化。设 n1 的长度为 len，在求和时只需计算 n1 和 n2 前 len 位各位和，再判断两种特殊情况：一是 n2 比 n1 多 1 位；二是 n1 加上 n2 后最高位还有进位。代码如下。

```
#define MAXSIZE 1001
char n1[MAXSIZE], n2[MAXSIZE], n3[MAXSIZE]; //表示两个大数及其和的字符数组
void set1( char *p )    //初始化 Fibonacci 数列第 1(2)项
{
    memset( p, 0, MAXSIZE );  p[0] = '1';
}
//求两个大数和，这两个大数存储在字符数组 n1 和 n2 中，结果保存在字符数组 n3 中
void add( char *n1, char *n2, char *n3 )
{
    memset( n3, 0, MAXSIZE );    int len = strlen(n1), i;
    for( i=0; i<len; i++ ){
        n3[i] = n1[i]-'0' + n2[i]-'0' + n3[i];
        if( n3[i]>=10 ){ n3[i] = n3[i] - 10 + '0';  n3[i+1] = 1; }  //进位
        else  n3[i] += '0';
    }
    if( n2[i]!=0 ) n3[i] = n2[i] + n3[i];        //第 2 个数还有 1 位没有运算
    else if( n3[i]!=0 ) n3[i] += '0';            //n1 加上 n2 后最高位还有进位
}
void prn(char *p)                                //输出字符数组 p 中的大数
{
    int i = strlen(p)-1;
    for( ; i>=0; i-- ) printf( "%c", p[i] );     //输出大数的每一位数字
    printf( "\n" );
}
int main( )
{
    int i, N;                                    //循环变量及输入的正整数 N
    while( scanf("%d", &N)!=EOF ){
        if( N==1 || N==2 ){ printf( "1\n" );  continue; }
        set1( n1 );  set1( n2 );                 //重新设置字符数组 n1 和 n2
        for( i=3; i<=N; i++ ){                   //每次递推一个数
            add( n1, n2, n3 );  strcpy( n1, n2 );  strcpy( n2, n3 );
        }
        prn( n3 );
    }
    return 0;
}
```

6.4.2　其他题目

例6.8

有些题目本身没有告知数据的范围，无法判断是否要按高精度处理，如例 6.8。对于这种题目，可以先按常规的数据形式（如整数）来处理。如果验证为正确的程序提交后得到的结果是 Wrong Answer，说明输入文件中的数据有可能超出了整数的表示范围，则可以试着按照大数来处理，如用字符数组存储读入的数据。

例 6.8　颠倒数的和（Adding Reversed Numbers），ZOJ2001，POJ1504。

题目描述：

颠倒数是由阿拉伯数字组成的，但其数字的顺序颠倒了，即原来的第 1 位数字在颠倒数中变为最后一位数字。注意，所有前导的 0 被省略。也就是说，如果一个数以 0 结尾，在颠倒数中 0 将丢失，如 1200 颠倒后得到 21。这样颠倒数将不可能有后导的 0。

编写程序，将两个颠倒数相加，并输出它们的颠倒和。当然，结果不是唯一的，因为每一个颠倒数都可能是多个数的颠倒形式，如颠倒数 21 可以是 12、120 或 1200 等数的颠倒。因此，假定颠倒时没有 0 丢失，这样颠倒数 21，在颠倒前是 12。

输入描述：

输入文件包含 *N* 个测试数据。输入文件的第 1 行为正整数 *N*；接下来是 *N* 个测试数据，每个测试数据占一行，为两个正整数，用空格隔开，这就是需要求和的两个颠倒数。

输出描述：

对每个测试数据，输出一行，为一个整数，表示两个颠倒数的和（注意它们的和也是颠倒数），忽略所有的前导 0。

样例输入：

```
2
24 1
305 794
```

样例输出：

```
34
1
```

分析：题目没有明确告知参与运算的颠倒数位数最多有多少位，可以先按正常的整数来处理，即对两个整数颠倒，求和后再颠倒。结果发现，验证为正确的程序提交后得到的结果是 Wrong Answer，说明评判系统中输入文件中的数据超出了整数的表示范围，则必须按照大数来处理，在本题中即必须以字符形式读入输入数据的正整数。

本题要求两个颠倒数的和，并且和也是颠倒数。实际上，本题的求解比较简单，将两个颠倒数以字符数组形式读入后，从第 0 个元素往右对应元素相加，保存到字符数组 sum 中，最后在 sum 数组中跳过前导的字符 0 后，输出剩余字符串即可。在整个过程中都不需要将两个数以及和“颠倒”过来。代码如下。

```
int main( )
{
    char num1[100], num2[100], sum[100]; //以字符形式读入的两个颠倒数，它们的和
    int N, i, k, len1, len2, maxlen;         //两个颠倒数的位数及较大者
    scanf( "%d", &N );
    for( k=1; k<=N; k++ ){
        memset( num1, 0, sizeof(num1));  memset( num2, 0, sizeof(num2));
        memset( sum, 0, sizeof(sum));
        scanf( "%s", num1 );  scanf( "%s", num2 );
        len1 = strlen(num1);  len2 = strlen(num2);
        maxlen = len1>len2 ? len1 : len2;
        int C = 0, s;                         //进位
        for( i=0; i<maxlen; i++ ){
            if( num1[i]==0 ) num1[i]='0';     //num1 可能已经加完了
            if( num2[i]==0 ) num2[i]='0';     //num2 可能已经加完了
            s = num1[i]-'0' + num2[i] - '0' + C;
            if( s>=10 ){ C = 1;  s -= 10; }
            else  C = 0;
```

```
            sum[i] = s + '0';
        }
        if( C==1 ) sum[maxlen] = '1';          //两数相加，和最多多一位
        for( i=0; ; i++ )
            if( sum[i]!='0' ) break;
        printf( "%s\n", sum+i );               //从最前面的非 0 位开始输出
    }
    return 0;
}
```

练习题

练习 6.10　有多少个 Fibonacci 数（How Many Fibs?），ZOJ1962，POJ2413。

题目描述：

Fibonacci 数列的定义为：$F(1)= 1, F(2)= 1, F(n)= F(n-1)+ F(n-2), n > 2$。

给定两个整数 a 和 b，计算在区间$[a, b]$中有多少个 Fibonacci 数。

输入描述：

输入文件包含多个测试数据。每个测试数据占一行，为两个非负整数 a 和 b。当 $a = b = 0$ 时表示输入结束。否则 a 和 b 的值满足 $a\leqslant b\leqslant 10^{100}$。$a$ 和 b 都没有多余的前导 0。

输出描述：

对每个测试数据，输出一行，为$[a, b]$区间中 Fibonacci 数 F_i 的个数（即 $a\leqslant F_i\leqslant b$）。

样例输入：	样例输出：
10 100	5
1234567890 9876543210	4
0 0	

练习 6.11　数字变换（Computer Transformation），ZOJ2584，POJ2680。

题目描述：

设有如下变换：初始时将数字 1 输入计算机，接下来每步将每个 0 变换成序列“1 0”，将每个 1 变换成序列“0 1”。因此，第 1 步过后，得到序列“0 1”；第 2 步过后，得到序列“1 0 0 1”；第 3 步过后，得到序列“0 1 1 0 1 0 0 1”；以此类推。本题要求解的是 n 步过后，有多少个连续的 0 对。

输入描述：

输入文件包含多个测试数据，每个测试数据占一行，为一个整数 n，$0<n\leqslant 1\,000$。

输出描述：

对每个测试数据，输出 n 步过后有多少个连续的 0 对。

样例输入：	样例输出：
2	1
3	1

6.5　实践进阶：代码优化

在程序设计竞赛里，编写完解答程序，用各种数据测试（详见第 3.4 节），调试排除完错

实践进阶：代码优化

误（详见第 5.3 节），但提交后如果评判为超时（TLE），这时就只能优化代码甚至重新设计算法了。本书各章的一些例题涉及了代码优化的一些技巧，有时一个小小的优化，就能换取时间上很大的改进。本节将总结这些技巧及应用。

1. 能省则省——减少不必要的运算

时间（即 CPU 时钟周期）是程序能利用的最宝贵的资源。程序设计竞赛题目都有一个时间上限，用户提交的解答程序必须在这个时间限制内结束运行且输出正确答案。因此，设计和实现算法时，在确保能求出正确答案的前提下应尽可能减少不必要的运算。

例如，对枚举算法，如果能提前知道某种方案不可能求出解，则不进行枚举或提前结束当前的枚举，以减少不必要的枚举。

又如，对深度优先搜索算法（详见第 8.1 节），如果某个搜索分支明显不可能有解，则提前结束该分支的搜索，这是搜索过程中的剪枝。甚至，在搜索前如果就能提前判断出有解或无解，压根就不用搜索了，这也可以称为搜索前的剪枝。

2. 三步并作两步——加快某些步骤的进程

在设计和实现算法时，如果有些步骤可以合并而不影响算法的正确性，合并这些步骤有时能提高算法的时间效率。

例如，在例 2.6 的尺取法里，如果左端点 s 每次向右推进一步，当数据量大、且包含左端点 s 可以持续向右推进这种情形的数据比较多时，代码可能会超时，而将左端点 s 向右推进合并，做到持续推进直至不能再推进为止，则代码效率能提高很多。

3. 以空间换取时间——牺牲一点点存储空间是值得的

第 7 章将介绍的分治、动态规划、贪心算法，其基本思想都是将较大规模的问题分解为较小规模的问题，如果分解得到的子问题有重复，就能用数组（往往只需占用一点点存储空间）把子问题的解存储起来，避免重复求解，这样能极大地改善时间效率。例如，例 7.1 用一个二维数组存储子问题的解，在递归过程中如果子问题的解已经求出则不再递归调用下去，运行时间从超过 300 秒降为几毫秒。又如，动态规划的核心思想就是“用空间换取时间”，通常能将指数级的时间复杂度降为多项式级的时间复杂度。

4. 打表法——O(1)的算法是最理想的

以时间换取空间最极端的情形是可以把解预先求出来，这可能需要花费比较多的时间，但如果测试数据很多，平摊到每个测试数据上的时间可能就微乎其微了。例 2.5 先筛选出所需的素数，再枚举这些素数的组合，求出素数对个数并存储在数组里，这样就求出了所有的解，最后对输入的每个偶数，直接到数组里取出解。

常量阶时间复杂度 O(1)是最理想的。从数组里取出一个元素的运算就是 O(1)复杂度。这种方法有时也称为打表法（表就是数组）。

如果把解预先求出来行不通，也可以考虑把算法依赖的一些数据按数组的方式存储起来，最理想的方式就是直接根据下标就能取出所需的数据。例如，例 5.1、例 5.4、例 5.5、例 5.9 把闰年和平年各月天数存储在二维数组里，根据年份和月份就能取出该月的天数（详见附录 A 第 32 点）。

递归、分治、动态规划和贪心

分治、动态规划、贪心算法的相似之处在于都是将大规模的问题降为较小规模的子问题，但在适用条件、实现方式上又有差别，这几个算法的实现往往依赖一项技术——递归算法。

递归算法将较大规模的问题逐步降为较小规模的问题，一直到递归的结束条件，此时通常是降到了一定规模，可以直接求出解。递归算法的原理类似于数学上的归纳法。

分治，意为分而治之，重在“分”。分治算法将较大规模的问题分解成若干个较小规模的子问题，较小规模的问题又可以分解成更小规模的子问题。这种分解通常是可复制的，即分解模式是一样的，只是规模不断变小，所以分治通常可以采用递归技术来实现。

动态规划算法与分治算法类似，区别在于分解得到的子问题往往不是互相独立的，也就是说，分解过程中重复得到相同的子问题，这时如果在分解过程中将子问题的解用数组存储起来，下次分解得到相同子问题时就不需要求解，直接从数组中取得解。动态规划算法的思想是“用空间换取时间”，用额外的存储空间存储子问题的解，从而不需要重复求解子问题，加快求解速度。

贪心算法要求问题具有贪心选择性质，即所求问题的整体最优解可以通过一系列局部最优的选择（即贪心选择）来达到，每做一次贪心选择就将所求问题简化为规模更小的子问题。

最后在本章的实践进阶里，总结了函数和递归函数的设计方法及注意事项。

7.1 将较大规模问题降为较小规模问题

本节用阶乘、Fibonacci 问题引出将较大规模问题降为较小规模问题的方法、递归调用存在的问题，以及动态规划算法中“用空间换取时间”的思想。

1. 求阶乘

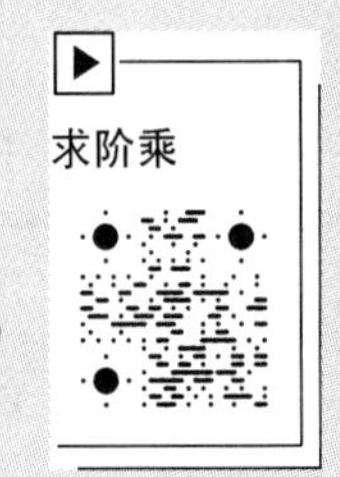

假设要输出 1～n 的阶乘，有以下 3 种求解方法。

（1）用递归方法求解。

因为 $n! = n\times(n-1)!$，求 $n!$时需要用到$(n-1)!$。如果有一个函数 Factorial( ) 能实现求 n 的阶乘，其原型为 int Factorial(int n);，则该函数在求 $n!$时要使用

到表达式 n*Factorial(n–1)，Factorial(n–1)表示调用 Factorial( )函数去求(*n*–1)!。于是，将规模为 *n* 的问题降为规模为 *n*–1 的问题。代码如下。

```
int Factorial( int n )
{
    if( n<0 ) return -1;
    else if( n==0 || n==1 ) return 1;
    else  return n*Factorial(n-1);   //递归调用 Factorial()函数
}
int main( )
{
    for( int n=1; n<=10; n++ )       //求 1～10 的阶乘
        printf( "%d\n", factorial(n));
    return 0;
}
```

上述 Factorial( )函数有一个特点，它在执行过程中又调用了 Factorial( )函数，这种函数就称为递归函数。

具体来说，在执行一个函数过程中，又直接或间接地调用该函数本身，如图 7.1 所示，这种函数调用称为递归调用；包含递归调用的函数称为递归函数。

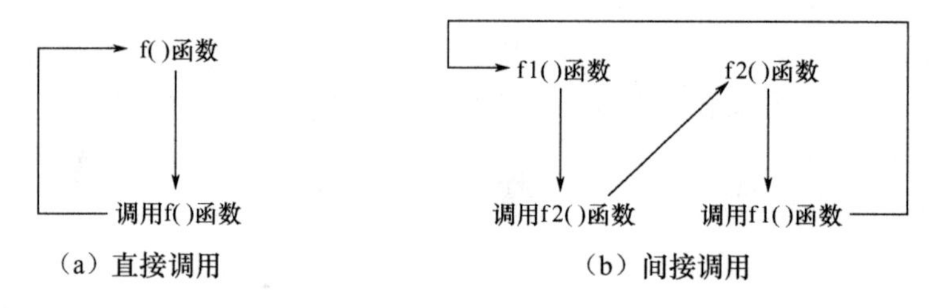

图 7.1　直接调用函数本身与间接调用函数本身

Factorial( )函数就是直接调用函数本身的例子。假设要计算 3!，其完整的执行过程如图 7.2 所示。具体过程如下。

① 执行 main( )函数的开头部分。

② 当执行到函数调用 Factorial(3)时，暂停 main( )函数的流程，转而去执行 Factorial(3)函数，并将实参 3 传递给形参 n。

③ 执行 Factorial(3)函数的开头部分。

④ 当执行到递归调用 Factorial(n–1)函数时，此时 n–1=2，所以又要暂停 Factorial(3)函数的执行，转而去执行 Factorial(2)函数。

⑤ 执行 Factorial(2)函数的开头部分。

⑥ 当执行到递归调用 Factorial(n–1)函数时，此时 n–1=1，所以又要暂停 Factorial(2)函数的执行，转而去执行 Factorial(1)函数。

⑦ 执行 Factorial(1)函数，此时形参 n 的值为 1，所以执行 return 语句，返回 1，不再递归调用下去。因此，Factorial(1)函数执行完毕，返回到上一层，即返回到 Factorial(2)函数中。

⑧ 执行 Factorial(2)中的 return 语句，求得表达式的值为 2，并将其返回到 Factorial(3)中。

⑨ 执行 Factorial(3)中的 return 语句，求得表达式的值为 6，并将其返回到 main( )函数中。

⑩ 返回到 main( )函数中后，函数调用 Factorial(3)执行完毕，求得 3!为 6，继续执行 main( )函数的剩余部分直到整个程序执行完毕。

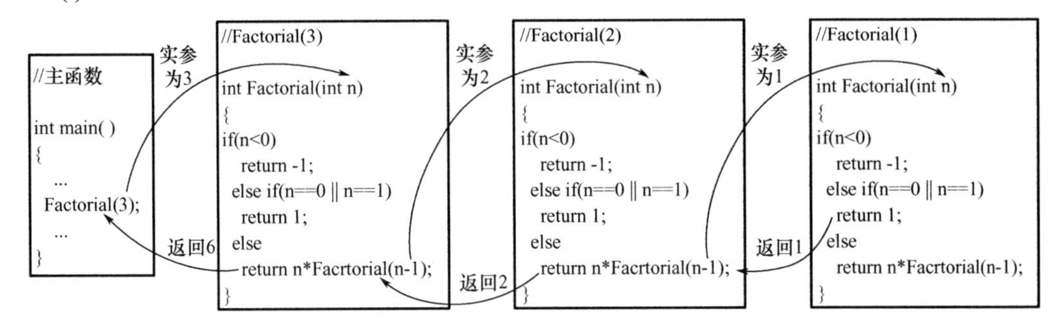

图 7.2　Factorial(3)的执行过程

从上面的执行过程可以看出，函数调用需要暂停当前函数的执行，转而去执行被调函数，而且需要在栈内存里保存当前变量的值及函数调用的返回地址，所以函数调用是有时间和空间开销的。对递归函数调用，如果递归调用次数很多或层次很深，这种时间和空间开销是很大的。由于每个程序能使用的栈内存是有限的，递归调用甚至可能会导致栈内存溢出，造成 RunTime Error。

（2）用非递归方法（循环结构）求解。

因为 $n! = n\times(n-1)\times(n-2)\times\cdots\times2\times1$，求 $n!$就要把 1～n 累乘起来，这是循环的思想，要用循环结构来实现。要输出 1～n 的阶乘，则要用二重循环实现。代码如下。

```
int main( )
{
    for( int n=1; n<=10; n++ ){  //求1～10 的阶乘
        int i, A = 1;
        for( i=1; i<=n; i++ ) A = A*i;
        printf( "%d\n", A );
    }
    return 0;
}
```

（3）用数组存储已求得的解。

要输出 1～n 的阶乘，还可以采用第 3 种方法：用一个数组存储依次求出的阶乘。因此在求 $n!$时，$(n-1)!$已经求出并已存储起来了，直接取出其值并乘以 n，就可以得到 $n!$。代码如下。

```
int main( )
{
    int n, fac[11];    //存储1～10 的阶乘
    fac[1] = 1;    //1! = 1
    for( n=2; n<=10; n++ ) fac[n] = fac[n-1]*n;
    for( n=1; n<=10; n++ ) printf( "%d\n", fac[n] );
    return 0;
}
```

以上 3 种方法的优缺点分别如下。

（1）递归方法的优点是直观，可以直接把数学上的递推式子转换成递归函数；缺点是需要反复调用 Factorial( )递归函数，当 n 值较大时，不仅浪费时间，而且递归调用也需要占用额外的栈内存空间，另外在求 1～10 阶乘的过程中，9!，8!，7!，…计算了很多次。

（2）非递归方法（循环）的优点是不存在递归调用，效率更高；缺点是在计算 1～10 阶乘的过程中，重复了很多乘法运算。

（3）用数组存储已求得的解，其优点是能利用已求得的阶乘，快速地求出 $n!$，时间效率最高；缺点是需要占用额外的存储空间，来存储已求得的每个阶乘。注意，这种方法其实就是动态规划算法的雏形，即以空间换取时间。

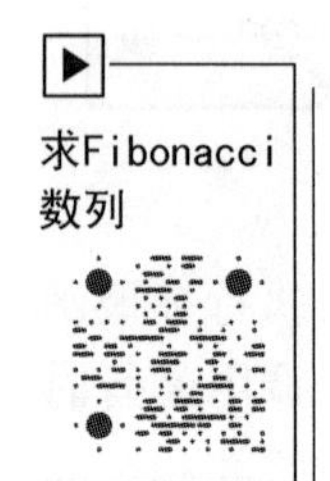

2. 求 Fibonacci 数列

Fibonacci 数列的定义为：$F(1)=1, F(2)=1$，$F(n)=F(n-1)+F(n-2), n\geqslant 3$。要输出 Fibonacci 数列的第 1～40 项，同样有以下 3 种方法。

（1）递归方法。

在数学上，Fibonacci 数列是按递推方式定义的，可以很方便地将这种递推式转换成一个递归函数。代码如下。

```
int Fibonacci( int n )
{
    if( n==1 || n==2 ) return 1;
    else  return  ( Fibonacci(n-1)+ Fibonacci(n-2));
}
int main( )
{
    for( int n=1; n<=40; n++ )   //输出 Fibonacci 数列前 40 项
        printf( "%d\n", Fibonacci(n));
    return 0;
}
```

递归方法的缺点是需要反复调用 Fibonacci( )递归函数，由于每一项的值依赖于前面两项的值，所以在求 Fibonacci 数列时，递归调用次数增长速度是非常快的（指数级）。例如，求第 20 项需要递归调用 21 891 次（详见第 7.2.1 节的代码），因此当 n 值较大时，不仅浪费时间（在输出后面几项时，可以明显观察到需要较长时间才能求出），而且需要占用较多的栈内存，另外在求第 1～40 项过程中，F(1)，F(2)…计算了很多次。

（2）非递归方法（递推+循环）。

在 Fibonacci 数列里，依据前两项可递推出当前一项，适合用循环实现。代码如下。

```
int main( )
{
    int t, f1 = 1, f2 = 1;              //前后两项
    printf( "%d\n%d\n", f1, f2 );
    for( int n=3; n<=40; n++ ){         //递推出 Fibonacci 数列的前 40 项
        t = f2;  f2 = f1 + f2;  f1 = t;
        printf( "%d\n", f2 );
```

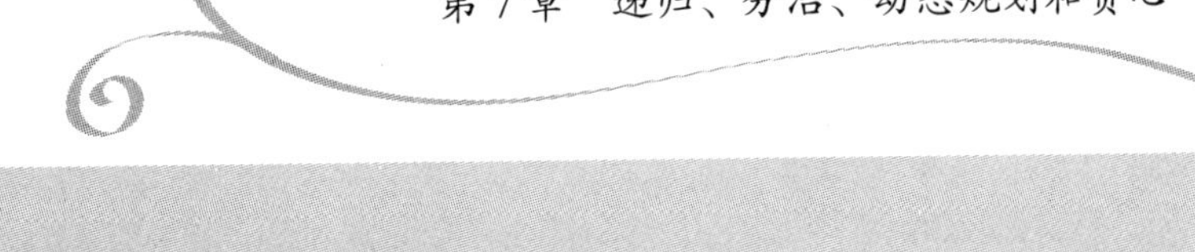


```
    }
    return 0;
}
```

这种方法的优点是不存在递归调用，因此节省了时间和空间开销；缺点是因为没有把每一项的值保存起来，所以递推过程不直观。

（3）用数组存储已求得的解。

如同求阶乘问题，这里也可以用一个数组存储求得的 Fibonacci 数列各项的值。

```
int main( )
{
    int n;
    int f[41] = { 0, 1, 1 };      //前两项的值已知
    for( n=3; n<=40; n++ )        //递推出 Fibonacci 数列的前 40 项
        f[n] = f[n-1] + f[n-2];
    for( n=1; n<=40; n++ ) printf( "%d\n", f[n] );
    return 0;
}
```

这种方法的优点是递推过程直观，且能利用已求得的项，快速地求出 Fibonacci 数列的第 *n* 项，时间效率最高；缺点是需要占用一定的存储空间，来存储已求得的各项值。同样，这种方法其实也是动态规划算法的雏形，即以空间换取时间。

7.2 递归算法及例题解析

7.2.1 递归算法思想及存在的问题

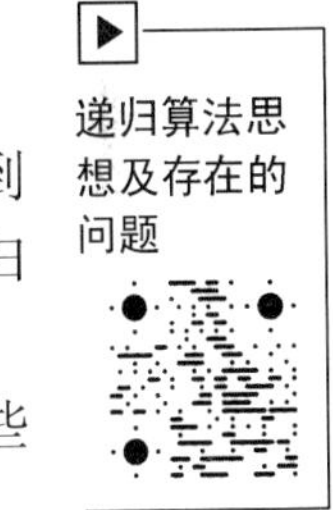

递归算法的思想是将较大规模的问题逐步降为较小规模的问题，一直到递归的结束条件（此时通常是降到了一定规模时，解可以直接求出）。递归算法的原理类似于数学上的归纳法。但归纳法是自下而上的（从 1 到 *n*），递归算法是自上而下的（从 *n* 到 1）。递归思想很好理解，特别是对于一些可以用递推式表示的问题，用递归思想求解是一种很自然的思路。

然而，需要特别注意使用递归的时空代价：它会因函数调用而占用栈内存，而且时间效率也很低。特别是像 Fibonacci 数列这种随着问题规模的增长递归调用次数增长速度非常快（往往是指数级增长）的问题，要慎重使用递归。例如，使用递归单独求 Fibonacci 数列的第 20 项，函数递归调用次数就高达 21 891 次。这一点可以用下面的代码验证。

```
int count = 0;                   //Fibonacci 函数递归调用次数
int Fibonacci( int n )
{
    count++;
    if( n==0 || n==1 ) return 1;
    else  return ( Fibonacci(n-1)+ Fibonacci(n-2));
}
int main()
```

```
{
    Fibonacci( 20 );  printf( "count=%d\n", count );
    return 0;
}
```

关于递归算法存在的问题及解决方法，还可以参考例 7.1。

7.2.2 例题解析

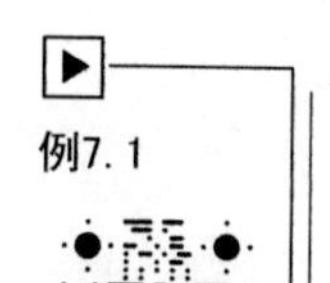

例 7.1 整数划分问题。

题目描述：

将正整数 n 表示成一系列正整数之和 $n = n_1 + n_2 + \cdots + n_k$，其中，$n_1 \geqslant n_2 \geqslant \cdots \geqslant n_k \geqslant 1$，$k \geqslant 1$。正整数 n 的这种表示称为正整数 n 的划分。正整数 n 的不同划分个数称为正整数 n 的划分数，记为 $p(n)$。例如，正整数 6 有以下 11 种不同的划分，所以 $p(6)= 11$。

6；

5 + 1；

4 + 2，4 + 1 + 1；

3 + 3，3 + 2 + 1，3 + 1 + 1 + 1；

2 + 2 + 2，2 + 2 + 1 + 1，2 + 1 + 1 + 1 + 1；

1 + 1 + 1 + 1 + 1 + 1。

输入描述：

输入文件包含多个测试数据。每个测试数据占一行，每行为一个整数 n，$1 \leqslant n \leqslant 400$。测试数据一直到文件尾。

输出描述：

对每个测试数据，输出 n 的划分数 $p(n)$。

样例输入：

```
6
120
400
```

样例输出：

```
11
1844349560
6727090051741041926
```

分析：引入记号 $q(n, m)$。在正整数 n 的所有不同的划分中，将最大加数 n_1 不大于 m（即 $n_1 \leqslant m$）的划分个数记作 $q(n, m)$。本题要求的 $p(n)$，实际上就是 $q(n, n)$。

分析整数 6 的 11 种不同划分的构成，可以得到一个最重要的递推式：当 $1<m<n$ 时，$q(n, m)= q(n-m, m)+ q(n, m-1)$，如图 7.3 所示。

图 7.3 整数的划分

当 n=6, m=3 时，有 q(6, 3) = q(6−3, 3) + q(6, 2)，q(6, 3)表示最大加数不超过 3 的划分数，即虚线以下 3 行包括的划分，其中第 1 行是 3 开头的划分，个数是 q(6−3, 3)，即从 6 中扣除 3，剩下的值（即 3）的最大加数不超过 3 的划分，后两行是 q(6, 2)，表示最大加数不超过 2 的划分数。

再补充一些边界情形，就可以建立 q(n, m)（n, m 均为≥1 的整数）的递归关系。

（1）当 n=1 或 m=1 时，q(n, m)= 1。

当最大加数 n_1 不大于 m=1 时，任何正整数 n 只有一种划分形式，即 $n = 1 + 1 + \cdots + 1$。

而当 n=1 时，也只有一种划分形式，即 n = 1。

（2）当 m>n 时，q(n, m)= q(n, n)。

最大加数 n_1 实际上不能大于 n，因此当 m>n 时，q(n, m)= q(n, n)。

（3）当 n=m 时，q(n, m)= q(n, n)= 1 + q(n, n−1)。

正整数 n 的划分由 $n_1 = n$ 的划分（只有 1 种划分，就是 n 本身）和 $n_1 \leqslant n-1$ 的划分组成。

（4）当 n>m>1 时，q(n, m)= q(n, m−1)+ q(n−m, m)。

正整数 n 的最大加数 n_1 不大于 m 的划分（个数为 q(n, m)），由 $n_1 = m$ 的划分（个数为 q(n−m, m)）和 $n_1 \leqslant m-1$ 的划分（个数为 q(n, m−1)）组成。

因此，可以得到下式所示的递推关系。

$$
\mathrm{q}(n,m)=\begin{cases}1 & n=1\text{或}m=1\\ \mathrm{q}(n,n) & n<m\\ 1+\mathrm{q}(n,n-1) & n=m\\ \mathrm{q}(n,m-1)+\mathrm{q}(n-m,m) & n>m>1\end{cases}
$$

上述递推式很容易转换成一个递归函数，从而本题可以用递归方法求解。代码如下。

```
long long q( int n, int m )
{
    if( n<1 || m<1 ) return 0;
    else if( n==1 || m==1 ) return 1;
    else if( n<m ) return q(n, n);
    else if( n==m ) return ( q(n, m-1)+1 );
    else  return ( q(n, m-1)+ q(n-m, m));
}
int main( )
{
    int n;
    while( scanf("%d", &n)!=EOF )
        printf( "%lld\n", q(n, n));
    return 0;
}
```

很遗憾，上述代码不具实用性，采用第 2.4.2 节和第 3.4.2 节的方法，可以测算出仅仅是算 p(150)，即 q(150, 150)，所需时间就超过 300 秒，具体时间取决于所用计算机的运算速度。

以下对上述代码做了一些改进，这些改进其实就是第 7.4 节动态规划算法的变形（称为备忘录方法）。代码如下，其中粗体字为新增的代码。

```
long long record[401][401];          //全局变量，编译器将各元素值初始化为 0
long long q( int n, int m )
{
    if(record[n][m]) return record[n][m];
    if( n<1 || m<1 ) return 0;
    else if( n==1 || m==1 ) return 1;
    else if( n<m ) return q(n, n);
    else if( n==m ) return ( q(n, m-1)+1 );
    else  return ( q(n, m-1)+ q(n-m, m));
}
int main( )
{
    int i, j, n;
    record[1][1] = 1;
    for( i=1; i<=400; i++ ){          //求出所有的 q(i, j), j<=i
        for( j=1; j<=i; j++ ) record[i][j] = q(i, j);
    }
    while( scanf("%d", &n)!=EOF )
        printf( "%lld\n", q(n, n));
    return 0;
}
```

以上代码首先定义一个二维数组 record，用 record[n][m]记录求得的 $q(n, m)$；然后在递归函数 q( )里，增加一条“当 record[n][m]的值非 0（意味着已经求出了 record[n][m]），则不递归求解，而是直接返回其值”的语句；最后在 main( )函数里，用一个二重循环求出所有的 $q(n, m)$，$m \leqslant n$，即只求出二维数组 record 主对角线及以下元素的值。

图 7.4 给出了求得的 record 数组部分元素的值，根据这些值，也可以验证上述递推式。需要说明的是，在同一个 record 数组里，包含了整数 1～400 的划分数（对角线上的值）。

	1	2	3	4	5	6	7	8	9	10
1	1									
2	1	2								
3	1	2	3							
4	1	3	4	5						
5	1	3	5	6	7					
6	1	4	7	9	10	11				
7	1	4	8	11	13	14	15			
8	1	5	10	15	18	20	21	22		
9	1	5	12	18	23	26	28	29	30	
10	1	6	14	23	30	35	38	40	41	42

图 7.4　record 数组的值

可以测算出上述代码求解并输出 p(1)～p(400)，总共花费几毫秒的时间。所以，牺牲一点点存储空间，换来的是时间效率的极大提升。这其实也是第 7.4 节动态规划算法的思想。

例 7.2　另一个 Fibonacci 数列（Fibonacci Again），ZOJ2060。

题目描述：

定义另外一个 Fibonacci 数列：$F(0)= 7$，$F(1)= 11$，$F(n)= F(n-1)+F(n-2)$，$n\geqslant 2$。

例7.2

输入描述：

输入文件包含多行，每行为一个整数 n，$n < 1\ 000\ 000$。

输出描述：

对每个整数 n，如果 $F(n)$能被 3 整除，输出 yes，否则输出 no。

样例输入：	样例输出：
1	no
2	yes

分析：第 7.1 节介绍了用递归思想求 Fibonacci 数列各项，但在本题中如果直接采用递归方法求 $F(n)$对 3 取余得到的余数，则会超时。因为第 7.2.1 节提到“使用递归单独求 Fibonacci 数列的第 20 项，函数递归调用次数就高达 21 891 次”，而在本题中，n 的值最大可以取到 1 000 000。

我们先用下面的程序输出前 30 项对 3 取余的结果。

```
int f(int n)
{
    if(n==0) return 1;
    else if(n==1) return 2;
    else  return ( f(n-1)+f(n-2))%3;
}
int main( )
{
    for( int i=0; i<30; i++ ) printf( "%d ", f(i));
}
```

前 30 项对 3 取余得到的余数分别为 1、2、0、2、2、1、0、1、1、2、0、2、2、1、0、1、1、2、0、2、2、1、0、1、1、2、0、2、2、1。分析这些余数可以发现，该 Fibonacci 数列各项对 3 取余得到的余数每 8 项构成循环：1、2、0、2、2、1、0、1。如果把这 8 个余数存放到一个数组 f0 中，对输入的任意整数 n，则有 f(n)%3 = f0[n%8]。按照这种方法可以很快判断 $F(n)$是否能被 3 整除。代码如下。

```
int f(int n)    //求第 n 项对 3 取余得到的余数
{
    if(n==0)return 1;
    else if(n==1)return 2;
    else return ( f(n-1)+f(n-2))%3;
}
int main( )
{
    int n, f0[8];
    for( int i=0; i<8; i++ ) f0[i] = f(i);  //把前 8 项的余数保存下来
    while( scanf( "%d", &n )!=EOF ){
        if( f0[n%8]==0 ) printf( "yes\n" );
```

```
        else  printf( "no\n" );
    }
    return 0;
}
```

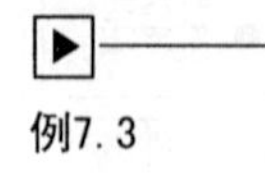

例7.3

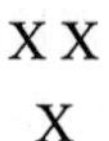

例 7.3 分形（Fractal），ZOJ2423，POJ2083。

题目描述：

盒形分形定义如下。

度数为 1 的分形很简单，为：

X

度数为 2 的分形为：

```
X X
 X
X X
```

如果用 $B(n-1)$代表度数为 $n-1$ 的盒形分形，则度数为 n 的盒形分形可以递归地定义为：

```
B(n-1)        B(n-1)
       B(n-1)
B(n-1)        B(n-1)
```

你的任务是输出度数为 n 的盒形分形。

输入描述：

输入文件包含多个测试数据，每个测试数据占一行，包含一个正整数 n，$n \leqslant 7$。输入文件的最后一行为-1，代表输入结束。

输出描述：

对每个测试数据，用符号“X”输出盒形分形。在每个测试数据对应的输出之后输出一个短画线符号“-”。在每行的末尾不要输出任何多余的空格，否则会得到“格式错误”的结果。

样例输入：

```
3
-1
```

样例输出：

```
X X   X X
 X     X
X X   X X
   X X
    X
   X X
X X   X X
 X     X
X X   X X
-
```

分析：首先，注意到度数为 n 的盒形分形，其大小是 $3^{n-1}*3^{n-1}$。可以用字符数组来存储盒形分形中各字符。因为 $n \leqslant 7$，而 $3^6 = 729$，因此可以定义一个字符数组 Fractal[730][730]来存储度数不超过 7 的盒形分形。

其次，度数为 n 的盒形分形可以由以下递推式表示。

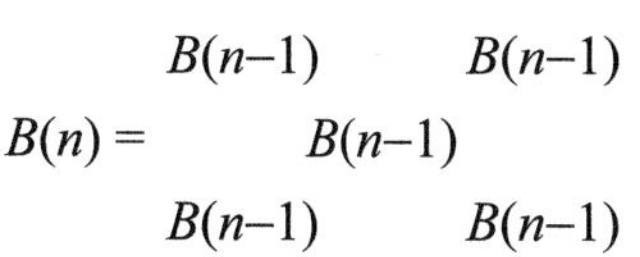

$$B(n) = \begin{matrix} B(n-1) & & B(n-1) \\ & B(n-1) & \\ B(n-1) & & B(n-1) \end{matrix}$$

因此，可以用一个递归函数来设置度数为 n 的盒形分形。假设需要在(startX, startY)位置开始设置度数为 n 的盒形分形，它由 5 个度数为 $n-1$ 的盒形分形组成，其起始位置分别为(startX+0, startY+0)、(startX+2*L0, startY+0)、(startX+L0, startY+L0)、(startX+0, startY+2*L0)和(startX+2*L0, startY+2*L0)，其中 $L0 = 3^{n-2}$。该递归函数的结束条件是，当 $n = 1$ 时，即度数为 1 的盒形分形，只需在(startX, startY)位置设置一个“X”字符。

另外，题目中提到“在每行的末尾不要输出任何多余的空格”，因此在字符数组 Fractal 每行的最后一个“X”字符之后，应该设置字符串结束标志'\0'。代码如下。

```
#define MAXSCALE 730    //n为最大值7时，分形的大小是3^6×3^6，而3^6 = 729
//函数功能：从(startX, startY)位置开始设置度数为n的盒形分形，
//即对盒形分形中的每个X，在字符数组Frac的相应位置设置字符"X"
//其中第1个形参为二维数组名，其第2维不能省略
void SetFractal( char Frac[ ][730], int startX, int startY, int n )
{
    if( n==1 ) Frac[startX][startY] = 'X';
    else {
        int L0 = (int)pow(3, n-2);
        SetFractal( Frac, startX+0, startY+0, n-1 );
        SetFractal( Frac, startX+2*L0, startY+0, n-1 );
        SetFractal( Frac, startX+L0, startY+L0, n-1 );
        SetFractal( Frac, startX+0, startY+2*L0, n-1 );
        SetFractal( Frac, startX+2*L0, startY+2*L0, n-1 );
    }
}
int main( )
{
    int i, j, n;    //分形的大小
    char Fractal[MAXSCALE][MAXSCALE];
    while( scanf("%d", &n)){
        if( n==-1 ) break;
        memset(Fractal, 0, sizeof(Fractal));
        int measure = (int)pow(3, n-1);  //盒形分形大小
        SetFractal( Fractal, 0, 0, n );
        for( i=0; i<measure; i++ ){  //保证每行最后的'X'后是字符串结束标志'\0'
            int max = 0;
            for( j=0; j<measure; j++ ){  //找到每行最后的'X'
                if(Fractal[i][j]=='X') max = j;
            }
            for( j=0; j<max; j++ ){        //非'X'的位置上为空格
                if(Fractal[i][j]!='X') Fractal[i][j] = ' ';
            }
            Fractal[i][max+1] = 0;    //在每行最后的'X'后添上字符串结束标志'\0'
```

```
        }
        for( i=0; i<measure; i++ ) printf( "%s\n", Fractal[i] );
        printf( "-\n" );
    }
    return 0;
}
```

注意，这道题在 ZOJ 和 POJ 上的输出格式有区别，在 ZOJ 上，每行最后的一个“X”字符后不能有多余的空格；而在 POJ 上，要求每行的宽度相同，这样某些行最后的一个“X”字符后会有多余的空格。

练习题

练习 7.1 偶数的划分 1（划分成偶数）。

题目描述：

给定一个正偶数 n，$n=2\times k$，k 为整数且 $k>0$，n 可以表示成若干个正偶数之和，如 $6 = 4 + 2$。正偶数 n 的这种表示称为 n 的划分，n 的不同划分的个数记为 P1(n)。例如，6 有以下 3 种不同的划分，因此 P1(6)= 3。对于给定的正偶数 n，求解 P1(n)并输出。

$6 = 6$

$6 = 4 + 2$

$6 = 2 + 2 + 2$

输入描述：

输入文件的第 1 行为一个正整数 T，表示测试数据个数。每个测试数据占一行，为正偶数 n，$2\leqslant n\leqslant 800$。

输出描述：

对每个测试数据，计算 P1(n)并输出。

样例输入：

```
2
6
800
```

样例输出：

```
3
6727090051741041926
```

练习 7.2 偶数的划分 2（划分成奇数）。

题目描述：

给定一个正偶数 n，$n=2k$，k 为整数且 $k>0$，n 可以表示成若干个正奇数之和，如 $6 = 5 + 1$。正偶数 n 的这种表示称为 n 的划分，n 的不同划分的个数记为 P2(n)。例如，6 有以下 4 种不同的划分，因此 P2(6)= 4。对于给定的正偶数 n，求解 P2(n)并输出。

$6 = 5 + 1$

$6 = 3 + 3, 6 = 3 + 1 + 1 + 1$

$6 = 1 + 1 + 1 + 1 + 1 + 1$

输入描述：

输入文件包含多个测试数据，每个测试数据占一行，为一个正偶数 n，$2\leqslant n\leqslant 750$。$n=0$ 代表输入结束。

输出描述：

对每个测试数据，计算 P2(n)并输出。

样例输入：
```
6
750
0
```
样例输出：
```
4
4923988648388880384
```

练习 7.3　奇数的划分。

题目描述：

给定一个正奇数 n，$n=2k+1$，k 为整数且 $k \geqslant 0$，n 可以表示成若干个正奇数之和，如 5 = 3 + 1 + 1。正奇数 n 的这种表示称为 n 的划分，n 的不同划分的个数记为 P3(n)。例如，5 有以下 3 种不同的划分，因此 P3(5)= 3。对于给定的正奇数 n，求解 P3(n)并输出。

5 = 5

5 = 3 + 1 + 1

5 = 1 + 1 + 1 + 1 + 1

输入描述：

输入文件包含多个测试数据，每个测试数据占一行，为一个正奇数 n，$1 \leqslant n \leqslant 751$。

输出描述：

对每个测试数据，计算 P3(n)并输出。

样例输入：
```
5
751
```
样例输出：
```
3
5084659675675275560
```

练习 7.4　幸存者游戏（Recursive Survival），ZOJ2072。

题目描述：

n 个人围成一圈，这 n 个人的序号从 1～n。每隔一个人淘汰一个，直到剩下一个人为止。定义一个函数 $J(n)$，表示最后剩下的这个人的号码。例如，$J(2)=1$，$J(10)=5$。

现在的任务是计算嵌套函数 $J(J(J(..J(n)..)))$。

输入描述：

输入文件包含多个测试数据。每个测试数据占一行，为两个整数，第 1 个整数代表最初围成一圈的人数，第 2 个整数代表嵌套的层数。所有的整数都不超过 $2^{63} - 1$。

输出描述：

对每个测试数据，输出计算的结果。

样例输入：
```
2 1
10 2
```
样例输出：
```
1
3
```

练习 7.5　抽签（Lot），ZOJ1539。

题目描述：

N 个士兵，站成一排，需要选择若干个士兵去巡逻。为了选出这些士兵，执行以下操作若干次：如果该排中士兵多于 3 个，则所有士兵中位置是偶数的，或者所有士兵中位置是奇数的，将被淘汰，重复以上步骤，直到剩下士兵的人数为 3 或少于 3 个为止。他们将被派去巡逻。你的任务是给定 N 个士兵，计算按照这种方式选择派出去巡逻的士兵人数刚好有 3 个有多少种组合方式。

注意：如果按照上述方式选出来的士兵少于 3 个，则这种组合方式不算。$0<N\leqslant 10\,000\,000$。

输入描述：

输入文件包含若干个测试数据，每个测试数据占一行，为整数 N。测试数据一直到文件尾。

输出描述：

对每个测试数据，输出满足要求的组合方式的数目。

样例输入：	样例输出：
10	2
4	0

提示：样例输入中 $N=10$ 时，有两种组合方式。设初始时这 10 个士兵的序号是 1～10，则这两种组合方式是按以下挑选方式得到的。先选择序号为奇数的，即 1、3、5、7、9，再从中挑出 1、5、9；先选择序号为偶数的，即 2、4、6、8、10，再从中挑出 2、6、10。其他组合都是不满足题目要求的。

7.3 分治算法及例题解析

7.3.1 分治算法的思想

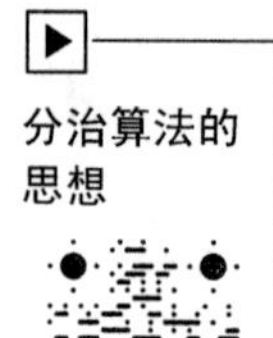

“分治”一词源自《孙子兵法》里的“分而治之，各个击破”。举个通俗的例子，32 支足球队参加世界杯，要决出一个冠军。如果让这 32 支球队一起举行联赛，那么一年时间恐怕也比赛不完。所以分成 8 个小组，每个小组 4 支球队。先在每个小组里决出一个冠军。然后 8 个冠军又分成 2 个小组，每个小组也是 4 支球队。这两个小组又分别决出一个冠军。这样就剩下两支球队，只需再比赛一场就能决出总冠军了。（这里说的规则跟实际世界杯的规则不完全一样）

分治算法重在“分”，其思想是将一个难以直接解决的大问题，分割成一些规模较小的子问题，以便“分而治之，各个击破”。如果原问题可分割成 k 个子问题，且这些问题都可解，并可利用这些子问题的解求出原问题的解，那么这种分治法就是可行的。图 7.5（a）将规模为 n 的问题分割成若干个规模为 $n/2$ 的子问题（注意不一定是两个 $n/2$ 的子问题，详见例 7.4）。

对这 k 个子问题分别求解。如果子问题的规模仍然不够小，则对每个子问题再划分为 k 个更小规模的子问题，如图 7.5（b）所示；如此递归地进行下去，直到问题规模足够小，很容易求出其解为止。最后将求出的小规模的问题的解合并为一个更大规模的问题的解，自底向上逐步求出原来问题的解，如图 7.5（c）所示。这种分解通常是可复制的（即分解模式是一样的，只是规模不断变小），这就为使用递归技术提供了方便。因此，分治与递归像一对孪生兄弟，经常同时应用在算法设计中。

分治法所能解决的问题一般具有以下几个特征。

（1）该问题的规模缩小到一定的程度就可以容易地解决。因为问题的计算复杂性一般是随着问题规模的增加而增加，因此大部分问题满足这个特征。

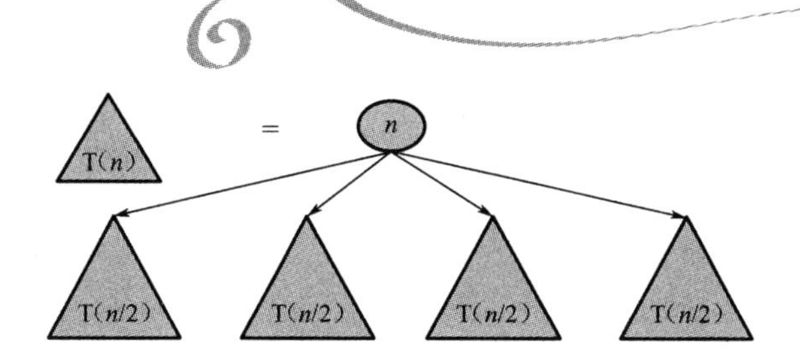

（a）分割成规模为n/2的子问题

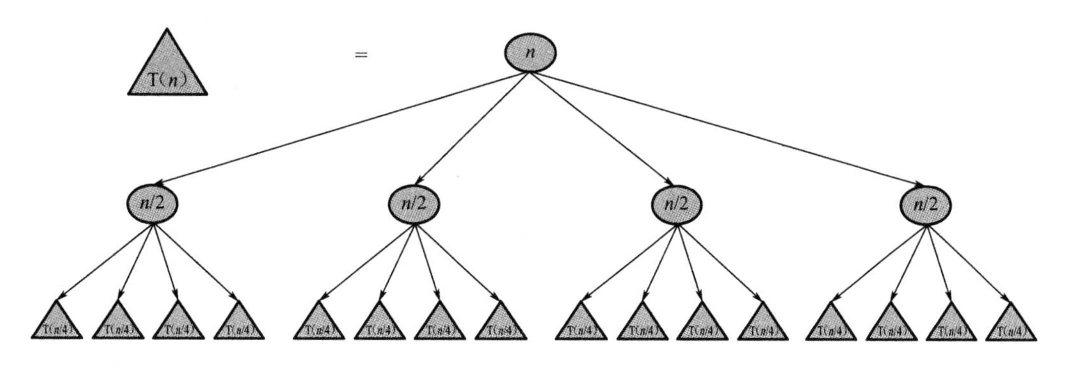

（b）分割成规模为n/4的子问题

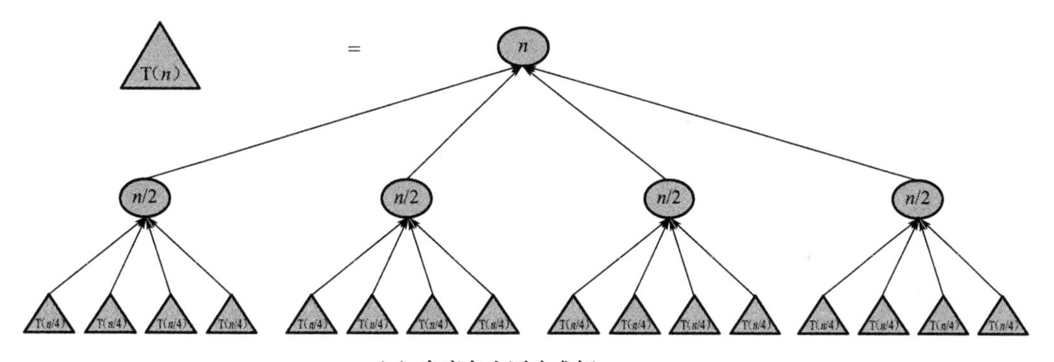

（c）自底向上逐步求解

图 7.5　分治算法的思想

（2）该问题可以分解为若干个规模较小的子问题，即该问题具有最优子结构性质。这条特征是应用分治法的前提，此特征反映了递归思想的应用。

（3）利用该问题分解出的子问题的解可以合并为该问题的解。能否利用分治法取决于问题是否具有这条特征，如果具备了前两条特征，而不具备第 3 条特征，则可以考虑贪心算法或动态规划算法。

（4）该问题所分解出的各个子问题是相互独立的，即子问题之间不包含公共的子问题（即子问题没有重复）。例如，例 7.4 棋盘覆盖问题，将规模为 k 的棋盘分割成 4 个规模为 k–1 的子棋盘，但这 4 个子棋盘是不一样的，因为特殊方格的位置不一样。这条特征涉及分治法的效率。如果各子问题不是独立的（即子问题有重复），则分治法要做许多不必要的工作，重复地解公共的子问题，此时虽然也可用分治法，但一般用动态规划算法效率更高。

例7.4

例 7.4　棋盘覆盖问题。

在一个 $2^k \times 2^k$ 个方格组成的棋盘中，恰有一个方格与其他方格不同，称该方格为一特殊方格，且称该棋盘为一特殊棋盘。如图 7.6（a）所示的棋盘为 $k=2$ 的棋盘，其中黑色方格为特殊方格。在棋盘覆盖问题中，要用图 7.6（b）～图 7.6（e）所示的 4 种不同形态的 L 形骨牌覆盖给定的特殊棋盘上除特殊方格以外的所有方格，且任何 2 个 L 形骨牌不得重叠覆盖。图 7.6（f）给出了一种覆盖方案。

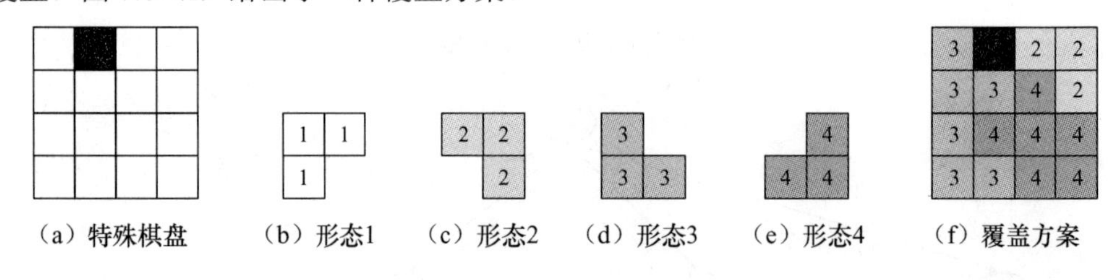

图 7.6　棋盘覆盖问题

$2^k \times 2^k$ 大小的棋盘，除去一个特殊位置外，一共有 4^k-1 个空位置，需要用 $(4^k-1)/3$ 个 L 形骨牌来覆盖。

4^k-1 一定能被 3 整除。这是因为 $4^k-1 = (2^k)^2 - 1 = (2^k - 1)(2^k + 1)$，而 $2^k - 1$、2^k、$2^k + 1$ 是 3 个连续的自然数，其中 2^k 不可能被 3 整除，所以 $2^k - 1$ 和 $2^k + 1$ 必有一个是 3 的倍数。

4^k-1 个空位置必能用 $(4^k-1)/3$ 个 L 形骨牌来覆盖。这一点可用归纳法证明。

$k = 1$ 时，4^k-1 个位置本身就是一个 L 形骨牌。

$k = 2$ 时，$2^2 \times 2^2$ 大小的棋盘可以分成 4 个 $2^1 \times 2^1$ 大小的子棋盘，其中特殊位置位于某一个子棋盘中，用一个 L 形骨牌覆盖其他 3 个子棋盘的汇合处，则对 4 个子棋盘，剩余的空位置都是一个 L 形骨牌。

一般地，当 $k \geqslant 2$ 时，可将 $2^k \times 2^k$ 棋盘分割为 4 个 $2^{k-1} \times 2^{k-1}$ 子棋盘，如图 7.7（a）所示。特殊方格必位于 4 个较小子棋盘之一中（假设位于右上角的子棋盘中），其余 3 个子棋盘中无特殊方格。为了将这 3 个无特殊方格的子棋盘转化为特殊棋盘，可以用一个 L 形骨牌覆盖这 3 个较小子棋盘的汇合处，如图 7.7（b）所示（注意，如果特殊方格位于其他子棋盘中，则需要用不同的 L 形骨牌覆盖另外 3 个子棋盘的汇合处），从而将原问题转化为 4 个较小规模的棋盘覆盖问题。递归地使用这种分割，直至将棋盘简化为规模 $k = 1$ 的棋盘，那就可以直接用一个 L 形骨牌覆盖了。

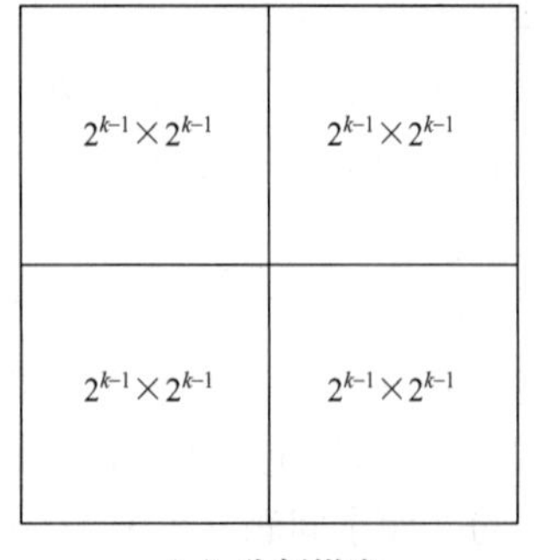

（a）分割棋盘

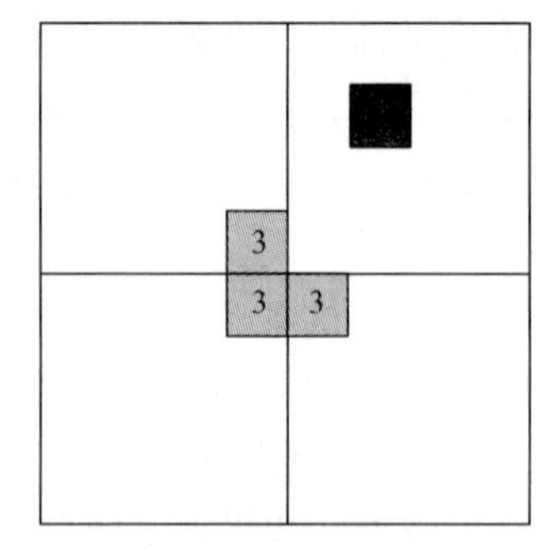

（b）覆盖子棋盘汇合处

图 7.7　棋盘覆盖问题化为 4 个子棋盘覆盖问题

代码如下。

```
#define MAXK 1024
int board[MAXK][MAXK] = { 0 };
int tile = 1;     //L 形骨牌序号，根据填入的顺序给 L 形骨牌编序号
//tr: 棋盘左上角方格的行号，tc: 棋盘左上角方格的列号
//dr: 特殊方格所在的行号，dc: 特殊方格所在的列号
//size: 棋盘的大小是 size*size 的，其中有 1 个方格是特殊方格
void chessBoard( int tr, int tc, int dr, int dc, int size )
{
    if( size==1 ) return;
    int t = tile++,                  //L 形骨牌号
    s = size / 2;                    //分割棋盘
    //覆盖左上角子棋盘
    if( dr<tr+s && dc<tc+s )         //特殊方格在此棋盘中
        chessBoard( tr, tc, dr, dc, s );
    else {  //此棋盘中无特殊方格
        board[tr + s - 1][tc + s - 1] = t; //用 t 号 L 形骨牌覆盖该子棋盘的右下角
        chessBoard( tr, tc, tr+s-1, tc+s-1, s );   //覆盖其余方格
    }
    //覆盖右上角子棋盘
    if( dr<tr+s && dc>=tc+s )                //特殊方格在此棋盘中
        chessBoard( tr, tc+s, dr, dc, s );
    else {  //此棋盘中无特殊方格
        board[tr + s - 1][tc + s] = t;     //用 t 号 L 形骨牌覆盖该子棋盘的左下角
        chessBoard( tr, tc+s, tr+s-1, tc+s, s );   //覆盖其余方格
    }
    //覆盖左下角子棋盘
    if( dr>=tr+s && dc<tc+s )                //特殊方格在此棋盘中
        chessBoard( tr+s, tc, dr, dc, s );
    else {                                         //此棋盘中无特殊方格
        board[tr + s][tc + s - 1] = t;     //用 t 号 L 形骨牌覆盖该子棋盘的右上角
        chessBoard(tr+s, tc, tr+s, tc+s-1, s);     //覆盖其余方格
    }
    //覆盖右下角子棋盘
    if( dr>=tr+s && dc>=tc+s )               //特殊方格在此棋盘中
        chessBoard( tr+s, tc+s, dr, dc, s );
    else {  //此棋盘中无特殊方格
        board[tr + s][tc + s] = t;        //用 t 号 L 形骨牌覆盖该子棋盘的左上角
        chessBoard(tr+s, tc+s, tr+s, tc+s, s);     //覆盖其余方格
    }
}
int main( )
{
    int i, j, k = 3;                                   //棋盘大小是 2^k*2^k
    int size = int(pow(2, k));
    chessBoard( 0, 0, 0, 1, size );
    for( i=0; i<size; i++ ){
```

```
        for( j=0; j<size; j++ ) printf( "%2d ", board[i][j] );
        printf( "\n" );
    }
    return 0;
}
```

上述程序的 chessBoard( )函数里，4 个 if 语句只有一个 if 语句的条件成立，其他 3 个 if 语句的条件都不成立，所以都会执行 else 分支，每个 else 分支都会在汇合处的方格里填入数字 t，即在没有包含特殊方格的 3 个子棋盘汇合处放一个对应的 L 形骨牌。

根据该程序的输出，可以看出规模 k = 3、特殊方格位于(0, 1)时，棋盘覆盖问题的解如图 7.8 所示。图 7.8（a）显示的就是 board 数组各元素的值，这些值表示依次填入的骨牌的序号（一共需要$(4^3-1)/3$ = 21 个 L 形骨牌），根据这些序号可以绘制出如图 7.8（b）所示的每个骨牌的型号。

3	0	4	4	8	8	9	9
3	3	2	4	8	7	7	9
5	2	2	6	10	10	7	11
5	5	6	6	1	10	11	11
13	13	14	1	1	18	19	19
13	12	14	14	18	18	17	19
15	12	12	16	20	17	17	21
15	15	16	16	20	20	21	21

（a）board数组各元素的值

3		2	2	1	1	2	2
3	3	4	2	1	2	2	2
3	4	4	4	2	2	2	4
3	3	4	4	4	2	4	4
1	1	3	4	4	4	2	2
1	3	3	3	4	4	4	2
3	3	3	4	3	4	4	4
3	3	4	4	3	3	4	4

（b）每个骨牌的型号

图 7.8　k=3 时棋盘覆盖问题的解

7.3.2　例题解析

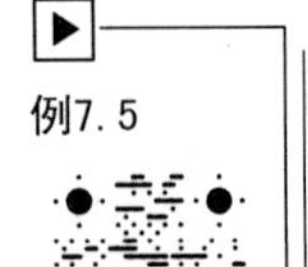

例 7.5　阿尔法编码（Alphacode），ZOJ2202。

题目描述：

将字母 A～Z 编码，A 编码为 1，B 编码为 2……Z 编码为 26，则字符串“ABC”编码为数字串“123”。但在译码时，得到的字符串不唯一。例如，“123”按 1、2、3 可以译码为“ABC”，按 12、3 可以译码为“LC”，按 1、23 可以译码为“AW”，所以有 3 种译码方案。注意，“127”不能按 1、27 进行译码，因为字符编码范围为 1～26。给出编码后的数字串，求出有多少种译码方案。

输入描述：

输入文件包含多个测试数据。每个测试数据占一行，代表一个有效的数字编码（如不会以 0 开头），数字之间没有空格。输入文件的最后一行为 0，代表输入结束。

输出描述：

对每个测试数据，输出一个值，代表输入数字串可能的解码方案。所有的答案范围都在 long 数据类型的范围内。

样例输入：

```
25114
```

样例输出：

```
6
```

```
1111111111                                    89
0
```

分析：考虑“25114”共有几种译码方案，如果从中间分开为“25”和“114”，则“25114”的译码方案数等于“25”的译码方案数乘以“114”的译码方案数。

假设有一个函数 num，可以求得一个数字串的译码方案数。则有：

num("25114")= num("25")*num("114")

容易得出“25”有 2 种译码方案，“114”有 3 种译码方案，因此“25114”有 2×3=6 种译码方案。进一步，num("25")又可以分成两半，从而可以递归地调用 num("2")和 num("5")来求解；num("114")又可以递归地调用 num("1")和 num("14")来求解。直至这种分解得到一个字符，此时它的译码方案数为 1（非 0）或 0（0 本身）。

但要注意，“25114”从中间分成“25”和“114”后，还要判断中间的子串“51”本身是否是一个编码，而不应该只算分开后前后两部分的译码方案数，当然本例中“51”本身不是编码。但对“22114”，从中间分成“22”和“114”后，如果按照上述公式，共有 2*3=6 种译码方案，但是子串“21”本身可以作为一种编码，那么“22114”的递归式就该加上这种情形，递归式应改为：

num("22114")=num("22")*num("114")+ num("2")*1*num("14")

其中，num("2")*1*num("14")的含义是，前半部分扣除最后一个字符后的译码方案数乘以子串“21”本身的 1 种译码方案，再乘以后半部分扣除最前面一个字符后的译码方案数。注意，子串“21”拆分成“2”和“1”进行译码已经包含在 num("22")*num("114")这一部分了，不能重复计算。

那在什么情况下用第 1 个递归式、在什么情况下用第 2 个递归式呢？如果中央子串左边部分为 0 或大于 2、或者中央子串>26，则用第 1 个递归式，否则用第 2 个递归式。代码如下。

```
#define N 5002
long num(char *str, int s, int t){   //s, t 分别表示字符串的起始和结尾下标
   int pos=s+t, mid;
   if( t-s<0 ) return 1;    //不能再分，但要返回 1，因为这个返回值会出现在乘法式子里
   else if( t-s==0 ){        //分到最后还剩下一个字符的情况
      if(str[s]==48) return 0;     //数字字符'0'
      else  return 1;
   }
   else {
      mid = pos/2;
      //如果中央子串左边部分为 0 或大于 2、或者中央子串>26,
      //则只能左右划分，中间不能产生新的分法
      if( str[mid]==48 || str[mid]>50 || (str[mid]==50&&str[mid+1]>54))
         return num(str, s, mid)*num(str, mid+1, t);
      else   //中间单独划分出来的情况也加上
         return num(str, s, mid)*num(str, mid+1, t)
            + num(str, s, mid-1)*1*num(str, mid+2, t);
   }
}
int main( ){
   char str[N];  long sum;
```

```
    while( scanf("%s", str)!=EOF ){
        if(strcmp(str, "0")==0) break;
        sum = num(str, 0, strlen(str)-1 );
        printf("%d\n", sum);
    }
    return 0;
}
```

例 7.6 Fibonacci，POJ3070。

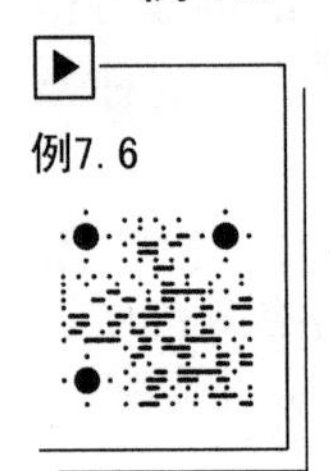

题目描述：

在 Fibonacci 数列中，$F_0 = 0, F_1 = 1, F_n = F_{n-1} + F_{n-2}, n \geqslant 2$。例如，Fibonacci 数列前 10 项依次为 0、1、1、2、3、5、8、13、21、34。

计算 Fibonacci 数列的另一个公式如下。

$$\begin{bmatrix} F_{n+1} & F_n \\ F_n & F_{n-1} \end{bmatrix} = \begin{bmatrix} 1 & 1 \\ 1 & 0 \end{bmatrix}^n = \underbrace{\begin{bmatrix} 1 & 1 \\ 1 & 0 \end{bmatrix}\begin{bmatrix} 1 & 1 \\ 1 & 0 \end{bmatrix}\cdots\begin{bmatrix} 1 & 1 \\ 1 & 0 \end{bmatrix}}_{n\text{个矩阵相乘}}$$

给定整数 n，计算 F_n 的最后 4 位。

输入描述：

输入文件包含多个测试数据。每个测试数据占一行，为整数 n，$0 \leqslant n \leqslant 1\,000\,000\,000$。输入文件的最后一行为−1，代表输入结束。

输出描述：

对每个测试数据，输出 F_n 的最后 4 位（即对 10 000 取余的结果）。

样例输入：	样例输出：
9	34
1000000000	6875
-1	

分析：本题可用分治法求解，其原理和计算 x^n 的分治法原理类似。

计算 x^n 时，如果将 x 乘以 n 次，其时间复杂度是 O(n)。

利用分治法，按下式将 x^n 转化为 $x^{n/2}$ 的计算。

$$x^n = \begin{cases} x^{n/2} \times x^{n/2}, & n\text{是偶数} \\ x^{(n-1)/2} \times x \times x^{(n-1)/2}, & n\text{是奇数} \end{cases}$$

假设按这种分治法求 x^n 的时间复杂度为 T(n)，则有：

$$\mathrm{T}(n) = \begin{cases} \mathrm{O}(1), & n = 1 \\ \mathrm{T}(n/2) + \mathrm{O}(1), & n > 1 \end{cases}$$

当 n>1 时，本来应该是 T(n)=2×T(n/2)+O(1)，但 $x^{n/2}$ 只需计算 1 次，因此，T(n)的关系式是 T(n)=T(n/2)+O(1)。根据上述关系式，可推出 T(n)= log$n$。

以下代码定义了一个结构体 matrix，代表二阶方阵，并定义 root = {1, 1, 1, 0}，根据题意，通过计算 root 的 n 次幂来计算 Fibonacci 数列的第 n 项，转化为求 root 的 n/2 次幂，继而转化成 n/4 次幂，以此类推，一直到 root 的 1 次幂，就是 root 本身。

另外，Fibonacci 数列增长速度非常快，所以本题要求 F_n 对 10 000 取余的结果，需要用到同余理论，详见第 10.3.1 节。代码如下。

```
struct matrix {
    long x00, x01, x10, x11;
};
matrix matrix_mul ( matrix a, matrix b ){        //二阶方阵乘法：c=a*b
    matrix c = {0, 0, 0, 0};
    c.x00 = (a.x00*b.x00 + a.x01*b.x10)%10000;  //同余理论，详见第 10.3.1 节
    c.x01 = (a.x00*b.x01 + a.x01*b.x11)%10000;
    c.x10 = (a.x10*b.x00 + a.x11*b.x10)%10000;
    c.x11 = (a.x10*b.x01 + a.x11*b.x11)%10000;
    return  c;
}
matrix matrix_pow ( matrix a, long n ){          //利用分治法求二阶方阵 a 的 n 次方
    if ( n==1 ) return a;
    else if ( n%2==0 ){
        matrix temp = matrix_pow(a, n/2);
        return  matrix_mul(temp, temp);
    }
    else {
        matrix temp = matrix_pow(a, (n-1)/2), temp1 = matrix_mul(temp, temp);
        return  matrix_mul(temp1, a);
    }
}
long fibonacci_value ( long n ){
    if( n==0 ) return 0;
    else {
        matrix root = {1, 1, 1, 0};  root = matrix_pow(root, n);
        return root.x01 % 10000;                 //root 的 x01 成员就是 Fn
    }
}
int main()
{
    long temp;
    while(true){
        cin >> temp;
        if( temp==-1 ) break;
        cout << fibonacci_value(temp)<< endl;
    }
    return 0;
}
```

练习题

练习 7.6　Quoit Design，ZOJ2107。

题目描述：

给定平面上 N 个点的坐标，求距离最近的两个点的距离的一半。

输入描述：

输入数据包含多个测试数据。每个测试数据的第 1 行为一个整数 N，$2 \leqslant N \leqslant 100\ 000$，代表点的个数；接下来有 N 行，每行包含两个浮点数 x 和 y，代表一个点的坐标。输入文件的最后一行为 0，代表输入结束。

输出描述：

对每个测试数据，输出距离最近的两个点的距离的一半，精确到小数点后 2 位有效数字。

样例输入：

```
3
-1.5 0
0 0
0 1.5
0
```

样例输出：

```
0.75
```

练习 7.7 居民集会。

题目描述：

蓝桥村的居民都生活在一条公路的边上，公路的长度为 L，每户家庭的位置都用该户家庭到公路的起点的距离来计算，第 i 户家庭距起点的距离为 d_i。

每年，蓝桥村都要举行一次集会。今年，由于村里的人口太多，村委会决定在 4 个地方举行集会，其中 3 个位于公路中间，1 个位于公路的终点。

已知每户家庭都会向着远离公路起点的方向去参加集会，参加集会的路程开销为家庭内的人数 t_i 与距离的乘积。

给定每户家庭的位置 d_i 和人数 t_i，请为村委会寻找最好的集会举办地：$p_1, p_2, p_3, p_4(p_1 \leqslant p_2 \leqslant p_3 \leqslant p_4 = L)$，使得村内所有人的路程开销和最小。

输入描述：

输入文件的第 1 行包含两个整数 n、L，分别表示蓝桥村的家庭数和公路长度；接下来有 n 行，每行有两个整数 d_i、t_i，分别表示第 i 户家庭距离公路起点的距离和家庭中的人数。

输出描述：

输出一行，包含一个整数，表示村内所有人路程的开销和。

数据规模与约定：

（1）对于 10%的评测数据，$1 \leqslant n \leqslant 300$。

（2）对于 30%的评测数据，$1 \leqslant n \leqslant 2\,000$，$1 \leqslant L \leqslant 10\,000$，$0 \leqslant d_i \leqslant L$，$d_i \leqslant d_i+1$，$0 \leqslant t_i \leqslant 20$。

（3）对于 100%的评测数据，$1 \leqslant n \leqslant 100\ 000$，$1 \leqslant L \leqslant 1\ 000\ 000$，$0 \leqslant d_i \leqslant L$，$d_i \leqslant d_i+1$，$0 \leqslant t_i \leqslant 1\,000\,000$。

样例输入：

```
6 10
1 3
2 2
4 5
5 20
6 5
8 7
```

样例输出：

```
18
```

样例说明：在距起点 2、5、8、10 这 4 个地方集会，6 个家庭需要走的距离分别为 1、0、1、0、2、0，总的路程开销为 1×3+0×2+1×5+0×20+2×5+0×7=18。

7.4　动态规划算法及例题解析

7.4.1　动态规划算法的思想

1．动态规划算法的引入

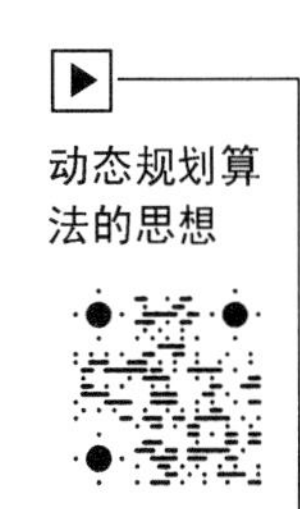

动态规划算法与分治算法类似，其基本思想也是将待求解问题分解成若干个子问题，如图 7.9（a）所示。但是分解得到的子问题往往不是互相独立的，也就是说，分解过程中重复得到相同的子问题。不同子问题的数目常常只有多项式量级。在用分治法求解时，有些子问题被重复计算了许多次，从而得到的算法时间复杂度可能是指数级的。

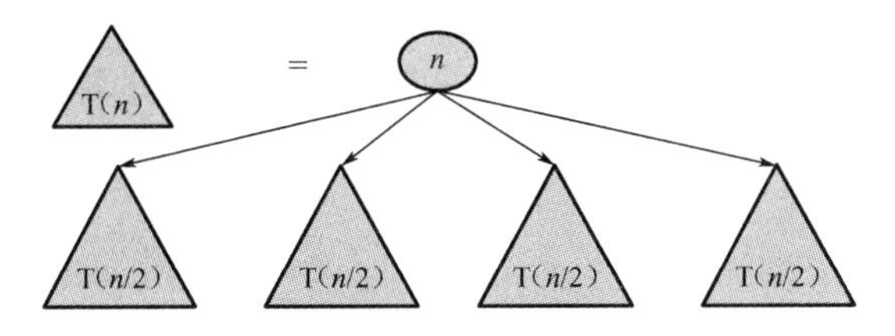

（a）分解成若干子问题

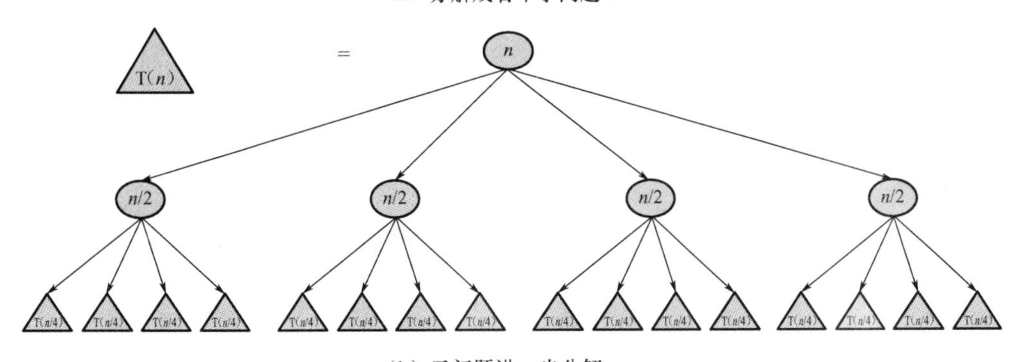

（b）子问题进一步分解

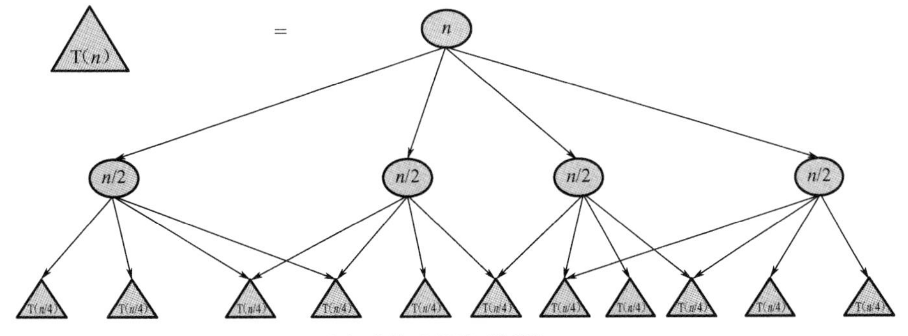

（c）去掉重复的子问题

图 7.9　动态规划算法的思想

如果能够保存已解决的子问题的答案，而在需要时再取出，就可以避免大量重复计算，从而得到多项式时间复杂度的算法。注意图 7.9（b）和图 7.9（c）的区别。

动态规划算法的思想是"用空间换取时间"，用额外的存储空间存储子问题的解，这样就不需要重复求解子问题。动态规划算法通常能将指数级时间复杂度降为多项式级的时间复杂度，因此如果解答程序超时，往往需要采用动态规划算法。

另外，动态规划算法求得的解往往是某种意义上的最优解。因此，关于动态规划算法的题目在程序设计竞赛里非常普遍。

动态规划算法求解的基本步骤如下。

（1）找出最优解的性质，并刻画其结构特征。

（2）递归地定义最优值。

（3）以自底向上的方式计算出最优值。

（4）根据计算最优值时得到的信息，构造最优解。

步骤 1～3 是动态规划算法的基本步骤。在只需要求出最优值的情况下，步骤 4 可以省去。若需要构造出问题的最优解，则必须执行步骤 4，此时在步骤 3 中计算最优值时，通常需要记录更多的信息，以便在步骤 4 中根据所记录的信息，快速构造出最优解。

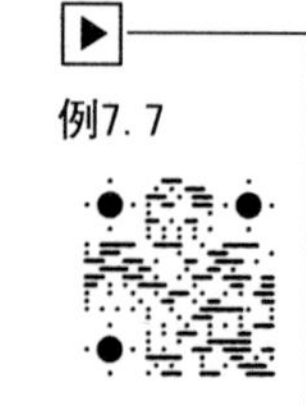

例 7.7 矩阵连乘问题。

题目描述：

给定 n 个矩阵 $\{\boldsymbol{A}_1, \boldsymbol{A}_2, \cdots, \boldsymbol{A}_n\}$，其中 $\boldsymbol{A}_i$ 与 $\boldsymbol{A}_{i+1}$ 是可乘的，$i = 1, 2, \cdots, n-1$，确定矩阵连乘积的计算次序，使得依此次序计算矩阵连乘积需要的乘法次数最少。

输入描述：

输入文件包含多个测试数据。每个测试数据占一行，每行首先是正整数 n，$n<100$，表示矩阵的个数；然后是 $n+1$ 个正整数（设序号为 0～n），第 $i-1$、i 个整数描述了第 i 个矩阵 $\boldsymbol{A}_i$ 的维度。

输出描述：

对每个测试数据表示的矩阵乘法，输出最少的乘法次数。

样例输入：	样例输出：
6 30 35 15 5 10 20 25	15125
3 10 100 5 50	7500

分析：考察 n 个矩阵的连乘积 $\boldsymbol{A}_1\boldsymbol{A}_2\cdots\boldsymbol{A}_n$，由于矩阵乘法满足结合律，所以计算矩阵的连乘可以有许多不同的计算次序。这种计算次序可以用加括号的方式来确定。

若一个矩阵连乘积的计算次序完全确定，也就是说该连乘积已完全加括号，则可以依此次序反复调用两个矩阵相乘的标准算法计算出矩阵连乘积。设 $\boldsymbol{B}$ 是一个 $p\times q$ 阶的矩阵，$\boldsymbol{C}$ 是一个 $q\times r$ 阶的矩阵，则矩阵乘法运算 $\boldsymbol{A} = \boldsymbol{BC}$，总共需要 $p\times q\times r$ 次乘法运算和 $p\times q\times r$ 次加法运算。因此两个 $n\times n$ 阶矩阵连乘的算法时间复杂度为 $O(n^3)$。

完全加括号的矩阵连乘积可递归地定义如下。

（1）单个矩阵是完全加括号的。

（2）若矩阵连乘积 $\boldsymbol{A}$ 是完全加括号的，则 $\boldsymbol{A}$ 可表示为两个完全加括号的矩阵连乘积 $\boldsymbol{B}$ 和 $\boldsymbol{C}$ 的乘积并加括号，即 $\boldsymbol{A} = (\boldsymbol{BC})$。

例如，矩阵连乘积 $\boldsymbol{A}_1\boldsymbol{A}_2\boldsymbol{A}_3\boldsymbol{A}_4$，可以有以下 5 种不同的完全加括号方式。

$$(A_1(A_2(A_3A_4)))$$
$$(A_1((A_2A_3)A_4))$$
$$((A_1A_2)(A_3A_4))$$
$$((A_1(A_2A_3))A_4)$$
$$(((A_1A_2)A_3)A_4)$$

合理地选择矩阵连乘的次序，能极大地减少乘法运算的次数。举一个 3 个矩阵连乘的例子，$\boldsymbol{A}_1\boldsymbol{A}_2\boldsymbol{A}_3$，3 个矩阵的维数分别为 10×100、100×5、5×50。

有以下两种加括号方式。

$((A_1A_2)A_3)$的乘法运算次数为 10×100×5 + 10×5×50 = 7 500 次。

$(A_1(A_2A_3))$的乘法运算次数为 100×5×50 + 10×100×50 = 75 000 次。

如何确定矩阵连乘积的计算次序，使得依此次序计算矩阵连乘积需要的乘法次数最少？

先考虑穷举法。列举出所有可能的计算次序，并计算出每一种计算次序相应需要的乘法次数，从中找出一种乘法次数最少的计算次序。但 n 个矩阵的连乘积，不同的计算次序数目 P(n)是 n 的指数级，所以穷举法行不通。

以下按动态规划的基本步骤设计矩阵连乘积问题的动态规划算法。

（1）找出最优解的性质，并刻画其结构特征。

将矩阵连乘积 $A_iA_{i+1}\cdots A_j$ 简记为 $A[i:j]$，这里 $i\leqslant j$。考查计算 $A[i:j]$的最优计算次序。设这个计算次序是在矩阵 A_k 和 A_{k+1} 之间将矩阵链断开，$i\leqslant k<j$，则其相应完全加括号方式为$(A_iA_{i+1}\cdots A_k)(A_{k+1}A_{k+2}\cdots A_j)$。$A[i:j]$的计算量包括 $A[i:k]$的计算量加上 $A[k+1:j]$的计算量，再加上 $A[i:k]$和 $A[k+1:j]$相乘的计算量。

矩阵连乘问题的特征是，$A[i:j]$的最优计算次序所包含的计算矩阵子链 $A[i:k]$和 $A[k+1:j]$的计算次序也是最优的。可以用反证法证明，如果矩阵子链 $A[i:k]$的计算次序不是最优的，有第 2 种计算次序导致 $A[i:k]$的计算量更少，很显然，为保证 $A[i:j]$的计算量最少，必须采用第 2 种计算次序来计算 $A[i:k]$。

矩阵连乘计算次序问题的最优解包含着其子问题的最优解。这种性质称为最优子结构性质。问题的最优子结构性质是该问题可用动态规划算法求解的显著特征。

（2）递归地定义最优值。

假设计算 $A[i:j]$（$1\leqslant i\leqslant j\leqslant n$）所需要的最少乘法次数为 m[$i$][$j$]，则原问题的最优值为 m[1][$n$]。

当 $i=j$ 时，$A[i:j]=A_i$，因此，m[i][i] = 0，i = 1, 2, ⋯, n。

当 $i<j$ 时，可以利用最优子结构性质计算 m[i][j]。若计算 $A[i:j]$的最优次序在 A_k 和 A_{k+1} 之间断开，$i\leqslant k<j$，则有 m[i][j] = m[i][k] + m[k+1][j] + $p_{i-1}\times p_k\times p_j$。这里 A_i 的维数为 $p_{i-1}\times p_i$。

可以递归地定义 m[i][j]为：

$$\mathrm{m}[i][j]=\begin{cases}0, & i=j\\ \min\limits_{i\leqslant k<j}\{\mathrm{m}[i][k]+\mathrm{m}[k+1][j]+p_{i-1}\times p_k\times p_j\}, & i<j\end{cases}$$

其中 k 的位置只有 $j-i$ 种可能。

当 $i=j$ 时，m[i][i] = 0，i = 1, 2, ⋯, n。

当 $i<j$ 时，有 $m[i][j]=\min\{ m[i][k]+m[k+1][j] + p_{i-1}\times p_k\times p_j \}$，$i\leqslant k<j$。

当 $k=i$ 时，要用到 m[i][i]和 m[i+1][j]的值；

当 $k=i+1$ 时，要用到 m[i][i+1]和 m[i+2][j]的值；

当 $k=i+2$ 时，要用到 m[i][i+2]和 m[i+3][j]的值；

……

当 $k=j-1$ 时，要用到 m[i][j–1]和 m[j][j]的值。

如图 7.10（a）所示，标记星号（*）位置的值已知后才能求出 m[i][j]的值。目前只知道 m[i][i]的值，如何能推算出所有 m[i][j]的值？可以采取的方法是，在图 7.10（b）中，r=1 代表的对角线上各元素值为 0，按照虚线箭头所指顺序，先按从上到下的顺序求 r=2 代表的对角线上各元素的值，然后按从上到下的顺序求 r=3 代表的对角线上各元素的值，以此类推，最后求 $r=n$ 代表的对角线上元素的值。

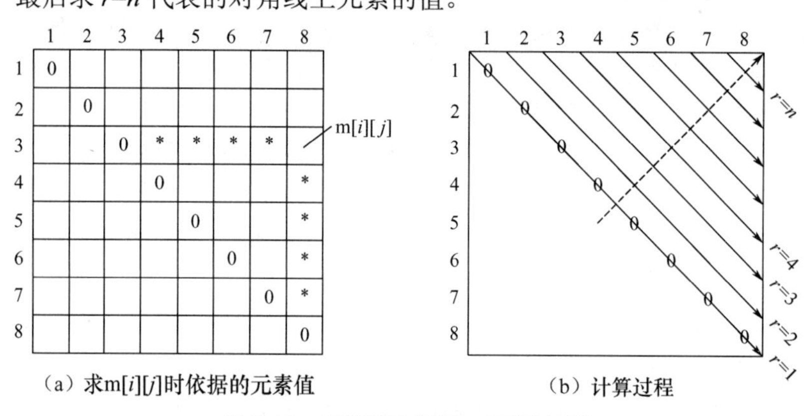

（a）求m[i][j]时依据的元素值　　（b）计算过程

图 7.10　矩阵连乘问题 m[i][j]的计算

（3）以自底向上的方式计算出最优值。

对于 $1\leqslant i\leqslant j\leqslant n$，不同的有序对$(i, j)$对应于不同的子问题。因此，不同子问题的个数最多只有 C_n^2+n。由此可见，如果采用递归计算（在后续的备忘录方法实现代码中去掉第一个 if 语句就是原始的递归方法)，许多子问题被重复计算多次。前面提到如果穷举所有可能的次序，则穷举次数 P(n)是指数级的。很显然，穷举时很多计算次序是重复的，这也是该问题可用动态规划算法求解的又一显著特征，即子问题重叠性质。

用动态规划算法求解此问题，可依据其递归式以自底向上的方式进行计算。所谓自底向上就是从类似于 A[i][i]=0 这些初始条件出发，依次求解各子问题的最优解，最终得到原问题的最优解。在计算过程中，保存已解决的子问题答案。每个子问题只计算一次，而在后面需要时只要简单查找一下即可，从而避免大量的重复计算，最终得到多项式时间的算法。代码如下。

```
#define MAXN 102
void MatrixChain( int p[], int n, int m[][MAXN], int s[][MAXN] )
{
    int r, i, j, k;
    for( i=1; i<=n; i++ ) m[i][i] = 0;
    for( r=2; r<=n; r++ ){  //r 从 2 递增到 n：代表图 7.10(b)中的对角线
        for( i=1; i<=n-r+1; i++ ){
            j = i + r - 1;
```

```
            //m[i][j]和s[i][j]初始化为在i处断开时的乘法次数和断开位置
            m[i][j] = m[i+1][j] + p[i-1]*p[i]*p[j];  s[i][j] = i;
            for( k=i+1; k<j; k++ ){        //选择在Ak处断开
                int t = m[i][k] + m[k+1][j] + p[i-1]*p[k]*p[j];
                if( t<m[i][j] ){  m[i][j] = t;  s[i][j] = k;  }
            }
        }
    }
}
int main( )
{
    //p数组：存储n个矩阵的n+1个维度，第i个矩阵的维数为p[i-1]×p[i]; n：矩阵个数
    //m数组：就是求得的m[i][j]值;  s数组：记录m[i][j]取到最小值时的k值
    int n, p[MAXN], m[MAXN][MAXN], s[MAXN][MAXN], i;
    while( scanf("%d", &n)!=EOF ){
        for( i=0; i<=n; i++ ) scanf("%d", &p[i]);
        MatrixChain( p, n, m, s );
        printf( "%d\n", m[1][n] );
    }
    return 0;
}
```

以题目中的测试数据为例分析，n=6，这 6 个矩阵的维度为{30, 35, 15, 5, 10, 20, 25}。在函数 MatrixChain( )中，循环变量 r 代表图 7.10（b）中的对角线，循环变量 i 表示行，有了 r 和 i 就可以确定 j，然后根据 m[i][j]的递推公式就可以求出其值。例如，在求 m[2][5]时，m 数组里很多元素的值已经求出来了，如图 7.11 所示，因此根据以下递推公式就可以计算出 m[2][5] = 7125，而且 s[2][5] = 3，表示乘积 $\boldsymbol{A}_2\boldsymbol{A}_3\boldsymbol{A}_4\boldsymbol{A}_5$ 的最优计算次序是在 $\boldsymbol{A}_3$ 后断开，即$(\boldsymbol{A}_2\boldsymbol{A}_3)(\boldsymbol{A}_4\boldsymbol{A}_5)$。

$$
\mathrm{m}[2][5] = \min\left\{\begin{array}{l} \mathrm{m}[2][2]+\mathrm{m}[3][5]+p_1\times p_2\times p_5 = 0+2\,500+35\times 15\times 20 = 13\,000 \\ \mathrm{m}[2][3]+\mathrm{m}[4][5]+p_1\times p_3\times p_5 = 2\,625+1\,000+35\times 5\times 20 = 7\,125 \\ \mathrm{m}[2][4]+\mathrm{m}[5][5]+p_1\times p_4\times p_5 = 4\,375+0+35\times 10\times 20 = 11\,375 \end{array}\right\}
$$
$$
= 7\,125
$$

matrixChain( )函数体中的主要计算量取决于其中对 r、i 和 k 的三重循环。循环体内的计算量为 O(1)，而三重循环的总次数为 O(n^3)。因此算法的时间复杂度上界为 O(n^3)。

	1	2	3	4	5	6
1	0	15750	7875	9375		
2		0	2625	4375	?	
3			0	7502	500	
4				0	1000	3500
5					0	5000
6						0

$\boldsymbol{A}_1$	$\boldsymbol{A}_2$	$\boldsymbol{A}_3$	$\boldsymbol{A}_4$	$\boldsymbol{A}_5$	$\boldsymbol{A}_6$
30×35	35×15	15×5	5×10	10×20	20×25

图 7.11　m[2][5]的计算

（4）根据计算最优值时得到的信息，构造最优解。

求得 $\boldsymbol{A}_1$、$\boldsymbol{A}_2$、$\boldsymbol{A}_3$、$\boldsymbol{A}_4$、$\boldsymbol{A}_5$、$\boldsymbol{A}_6$ 这 6 个矩阵相乘，最少乘法次数为 m[1][6]=15 125 次后，如何构造出最优解，即具体的计算次序，或具体的完全加括号方式？

数组 s 的作用是求得 m[*i*][*j*]的最优值后，记录是在哪里断开的。如图 7.12 所示，s[1][6]的值为 3，因此矩阵连乘 $\boldsymbol{A}_1\boldsymbol{A}_2\boldsymbol{A}_3\boldsymbol{A}_4\boldsymbol{A}_5\boldsymbol{A}_6$ 的最少乘法次数是在 $\boldsymbol{A}_3$ 处断开的，即 $(\boldsymbol{A}_1\boldsymbol{A}_2\boldsymbol{A}_3)(\boldsymbol{A}_4\boldsymbol{A}_5\boldsymbol{A}_6)$，而 s[1][3]的值为 1，所以矩阵连乘 $\boldsymbol{A}_1\boldsymbol{A}_2\boldsymbol{A}_3$ 的最少乘法次数又是在 $\boldsymbol{A}_1$ 处断开的，即 $(\boldsymbol{A}_1)(\boldsymbol{A}_2\boldsymbol{A}_3)$，等等。最终，求得的加括号方式为 $((\boldsymbol{A}_1(\boldsymbol{A}_2\boldsymbol{A}_3))((\boldsymbol{A}_4\boldsymbol{A}_5)\boldsymbol{A}_6))$，这就是构造出的最优解。

	1	2	3	4	5	6
1	0	15750	7875	9375	11875	15125
2		0	2625	4375	7125	10500
3			0	750	2500	5375
4				0	1000	3500
5					0	5000
6						0

（a）算法结束后求得的*m*数组

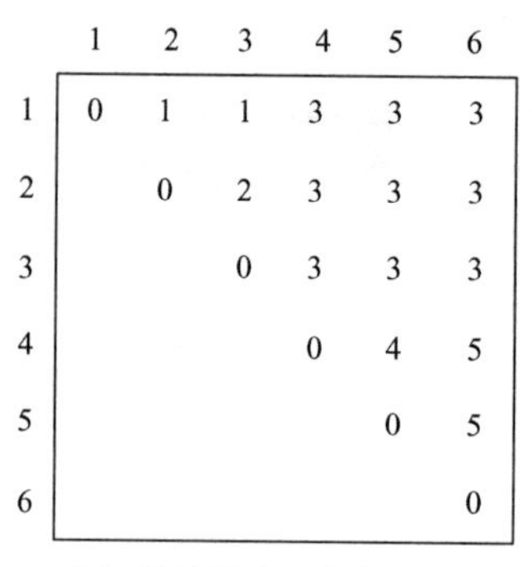

	1	2	3	4	5	6
1	0	1	1	3	3	3
2		0	2	3	3	3
3			0	3	3	3
4				0	4	5
5					0	5
6						0

（b）算法结束后求得的*s*数组

图 7.12　根据 m 和 s 数组构造出最优解

2. 动态规划算法的基本要素

动态规划算法的基本要素

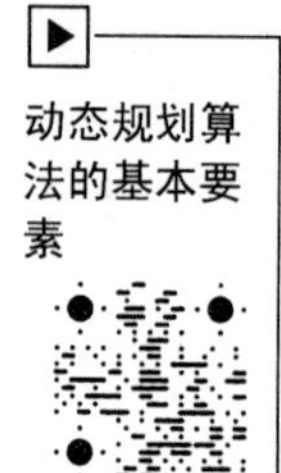

动态规划算法的有效性依赖于问题本身所具有的两个重要性质：最优子结构性质和子问题重叠性质。从一般的意义上讲，一个问题具有的这两个重要性质是该问题能用动态规划算法求解的基本要素。

（1）最优子结构性质。

设计动态规划算法的第一步通常是刻画最优解的结构。当问题的最优解包含了其子问题的最优解时，称该问题具有最优子结构性质。例如，矩阵连乘计算次序问题的最优解包含着其子问题的最优解。

在分析问题的最优子结构性质时，所用的方法具有普遍性（采用反证法）：首先假设由问题的最优解导出的子问题的解不是最优的，然后再设法说明在这个假设下可构造出比原问题最优解更好的解，从而导致矛盾。

利用问题的最优子结构性质，以自底向上的方式递归地从子问题的最优解逐步构造出整个问题的最优解。最优子结构是问题能用动态规划算法求解的前提。

注意，同一个问题可能有多种方式刻画它的最优子结构，有些表示方法的求解速度可能更快。

（2）子问题重叠性质。

用递归或分治算法求解问题时，每次产生的子问题并不总是新问题，有些子问题被反复计算多次。这种性质称为子问题的重叠性质。

而动态规划算法，对每一个子问题只解一次，而后将其解保存在一个数组中，当再次需要解此子问题时，只是简单地用常数时间复杂度 O(1)取得结果。

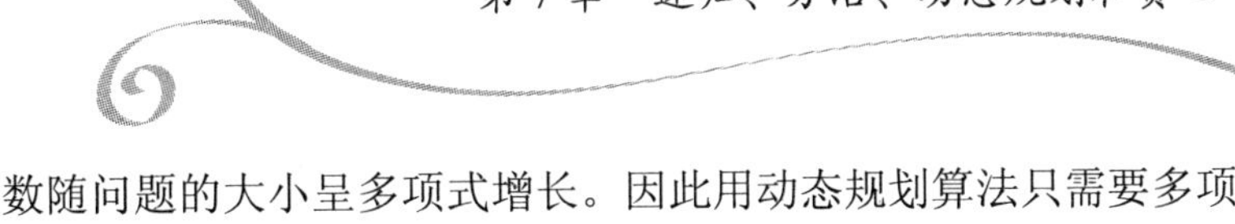

通常不同的子问题个数随问题的大小呈多项式增长。因此用动态规划算法只需要多项式时间，从而获得较高的解题效率。

3. 动态规划算法的变形——备忘录方法

动态规划算法的变形——备忘录方法

备忘录方法是动态规划算法的变形，用存储空间（称为备忘录）存储已解决的子问题的解，在下次需要解此问题时，可以直接从备忘录中取出，不必重新计算。

备忘录方法与动态规划方法的区别是，备忘录方法的递归方式是自顶向下的，即将大规模问题逐步分解为小规模问题，而动态规划算法则是自底向上执行的。

备忘录方法与递归方法的相同之处在于，备忘录方法的控制结构与直接递归方法的控制结构相同，都是逐层递归调用同一个函数；两者的区别在于，备忘录方法为每个解过的子问题建立了备忘录以备需要时查看，避免了相同子问题的重复求解。

以下是矩阵连乘问题备忘录方法的实现代码。

```
#define MAXN 102
//p 数组：存储 n 个矩阵的 n+1 个维度，第 i 个矩阵的维数为 p[i-1]×p[i]; n: 矩阵个数
//m 数组：就是求得的 m[i][j]值;  s 数组：记录 m[i][j]取到最小值时的 k 值
int n, p[MAXN], m[MAXN][MAXN], s[MAXN][MAXN];
int LookupChain( int i, int j )
{
    if( m[i][j]>0 ) return m[i][j]; //加上这一行就由普通的递归算法变成了备忘录算法
    if( i==j ) return 0;
    int u = LookupChain(i, i)+ LookupChain(i+1, j)+ p[i-1]*p[i]*p[j];
    s[i][j] = i;
    for( int k=i+1; k<j; k++ ){
        int t = LookupChain(i, k)+ LookupChain(k+1, j)+ p[i-1]*p[k]*p[j];
        if( t<u ){ u = t;  s[i][j] = k; }
    }
    m[i][j] = u;  return  u;
}
int main( )
{
    while( scanf("%d", &n)!=EOF ){
        for( int i=0; i<=n; i++ ) scanf("%d", &p[i]);
        LookupChain( 1, n );
        printf( "%d\n", m[1][n] );
    }
    return 0;
}
```

7.4.2 例题解析

例 7.8 单调回文分解（Unimodal Palindromic Decompositions），ZOJ1353。

题目描述：

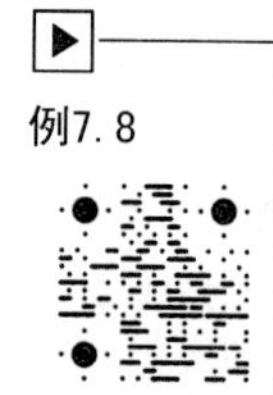

例7.8

一串正整数序列如果从左往右读过去，和从右往左读过去，完全是一样的，则这串正整数称为是回文的。例如：

23 11 15 1 37 37 1 15 11 23

1 1 2 3 4 7 7 10 7 7 4 3 2 1 1

一个回文正整数串如果从左边到中间这些数是非递减的，从中间到右边的数是非递增的，那么这个回文正整数串就称为是单调回文的。例如，上述的两个例子中，第 1 个例子不是单调回文的，而第 2 个例子是单调回文的。

一个单调回文正整数串，如果所有正整数之和为 N，则称它是整数 N 的单调回文分解。例如，1～8 的所有单调回文分解为：

1: (1)

2: (2), (1 1)

3: (3), (1 1 1)

4: (4), (1 2 1), (2 2), (1 1 1 1)

5: (5), (1 3 1), (1 1 1 1 1)

6: (6), (1 4 1), (2 2 2), (1 1 2 1 1), (3 3), (1 2 2 1), (1 1 1 1 1 1)

7: (7), (1 5 1), (2 3 2), (1 1 3 1 1), (1 1 1 1 1 1 1)

8: (8), (1 6 1), (2 4 2), (1 1 4 1 1), (1 2 2 2 1), (1 1 1 2 1 1 1), (4 4), (1 3 3 1), (2 2 2 2), (1 1 2 2 1 1), (1 1 1 1 1 1 1 1)

编写一个程序，计算一个正整数的单调回文分解的个数。

输入描述：

输入文件中包括许多正整数，每个正整数占一行，最后一行为 0，表示输入文件的结束。

输出描述：

对每个正整数，首先输出该整数，然后是一个空格，最后是这个数的单调回文分解的个数。

样例输入：

```
8
213
0
```

样例输出：

```
8 11
213 1055852590
```

分析：首先考察本题是否满足动态规划算法的两个基本要素。

（1）观察 12 的单调回文分解形式中所有开头和结尾均为 2 的分解。

2 8 2

2 2 4 2 2

2 2 2 2 2 2

2 4 4 2

当把回文串开头和结尾固定为 2 后，中间部分就是对 12−2−2=8 进行分解（且要求 8 的分解开头和结尾至少为 2），也就是说，12 的部分分解包含了 8 的部分分解。因此本题满足最优子结构性质。

（2）如前所述，12 的部分单调回文分解数量包含了 8 的部分单调回文分解数量。同样，16 的单调回文分解中，固定开头和结尾为 4 后，中间部分就是 16−4−4=8 进行分解，因此，16 的部分单调回文分解数量也包含了 8 的部分单调回文分解数量。所以，本题满

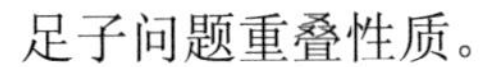

足子问题重叠性质。

假设用 sequence[n][i]表示将 n 分解成单调回文串中，最左边的整数为 i 的回文串个数。例如，sequence[12][2]表示将 12 分解成单调回文串中最左边的数为 2 的个数，它的值等于以下各项之和（本应是 7 项之和，但只有以下 3 项不为 0）。

（1）sequence[12–2*2][2]：已经将 12 分解成了 2...2 这种形式，所以这项表示将 8 分解成单调回文串中最左边的数为 2 的个数。

（2）sequence[12–2*2][4]：这项表示将 8 分解成单调回文串中最左边的数为 4 的个数。

（3）sequence[12–2*2][8]：这项表示将 8 分解成单调回文串中最左边的数为 8 的个数。

接下来就是求 sequence[i][j]，$i \geqslant j$。易知：

（1）sequence[i][i]=1。

（2）如果 i 为偶数，则 sequence[i][i/2]=1。

（3）1～4 行其他非 0 值 sequence[2][1]=1、sequence[3][1]=1、sequence[4][1]=2、sequence[4][2]=1。

（4）当 $i \geqslant 5$ 时，递推式为 sequence[i][j]=sequence[i–2*j][j]+sequence[i–2*j][j+1]+…+sequence[i–2*j][m], $m \leqslant i-2*j$。

图 7.13 给出了求得的 sequence 数组部分元素的值。

	1	2	3	4	5	6	7	8	9	10
1	1									
2	1	1								
3	1	0	1							
4	2	1	0	1						
5	2	0	0	0	1					
6	4	1	1	0	0	1				
7	3	1	0	0	0	0	1			
8	7	2	0	1	0	0	0	1		
9	5	1	1	0	0	0	0	0	1	
10	11	3	1	0	1	0	0	0	0	1

图 7.13 单调回文分解求得的 sequence 矩阵

最后，对正整数 n，本题要求解单调回文分解的个数为 sequence[n][1]+sequence[n][2]+…+sequence[n][n]，即 sequence 数组第 n 行元素总和，代码如下。

```
#define MAX 512
unsigned sequence[MAX][MAX]; //sequence[n][i]：n 的单调回文中最左边的数为 i 的个数
int main( )
{
    memset( sequence, 0, sizeof(sequence));
    int i, j;
    for( i=1; i<MAX; i++ ){
        sequence[i][i] = 1;
        if( i%2==0 ) sequence[i][i/2] = 1; //如果 i 是偶数，则可分解成(i/2 i/2)这种形式
    }
```

```
    sequence[2][1] = 1; sequence[3][1] = 1; sequence[4][1] = 2; sequence[4][2] = 1;
    for( i=5; i<MAX; i++ ){
        for( j=1; j<MAX; j++){
            if( (i-2*j)>=j ){
                for( int m=j; m<=i-2*j; m++) sequence[i][j]+=sequence[i-2*j][m];
            }
            else  break;   //当(i-2*j)<j 时，后续的 j 就不用考虑了
        }
    }
    int n;
    while( 1 ){
        scanf( "%d", &n );
        if( n==0 ) break;
        unsigned sum = 0;
        for( i=1; i<=n; i++ ) sum += sequence[n][i];
        printf( "%d %u\n", n, sum );
    }
    return 0;
}
```

例7.9

例 7.9 回文串（Palindromes），ZOJ2744。

题目描述：

给定一个字符串 S，计算 S 中由连续的字符组成的子串有多少个回文。

输入描述：

输入文件包含多个测试数据，每个测试数据为一个字符串，字符串中不包含空格字符，最长不超过 5 000 个字符。输入数据一直到文件尾。

输出描述：

对每个测试数据，输出该测试数据所表示的字符串中有多少个回文子串。

样例输入：	样例输出：
aba	4
aa	3

分析：同样，首先考查本题是否满足动态规划算法的两个基本要素。

（1）记 $S_{[i,j]}$表示从 S 的第 i 个字符到第 j 个字符（含第 j 个字符）组成的子串，$n_{[i,j]}$表示 $S_{[i,j]}$回文子串的个数，如果 $s \geqslant i$、$t \leqslant j$，则 $S_{[i,j]}$回文子串包含了 $S_{[s,t]}$的回文子串。因此本题满足最优子结构性质。

（2）只要 $u \leqslant s$，$v \geqslant t$，就有 $S_{[u,v]}$包含 $S_{[s,t]}$。所以，本题满足子问题重叠性质。

设 dp[i][j]表示第 i 个字符到第 j 个字符（含第 j 个字符）是否为回文串，取值 true 为回文，false 则不是回文。因为单个字符都是回文串，所以 d[i][i]=true。现在只要考虑以下两种情况。

（1）如果 s[i]=s[j]，那么只需 dp[i+1][j−1]是回文串，dp[i][j]就是回文串。

（2）如果 s[i]!=s[j]，那么 dp[i][j]肯定不是回文串。

本题在求 dp[i][j]过程中就可以累计 S 的回文子串的个数，代码如下。

```
char s[5005];              //读入的字符串
bool dp[5005][5005];       //dp[i][j]为 true 表示从第 i 个字符到第 j 个字符(含)是回文
```

```
int main( )
{
    while( scanf("%s", s)!=EOF ){
        int len=strlen(s), L, i, j;
        int cnt = len;  //cnt 表示 s 中回文子串的个数，首先单个字符肯定是回文
        for( i=0; i<len; i++ ) dp[i][i]=true;
        for( L=1; L<len; L++ ){                        //L 为子串长度
            for( i=0; i<len-L; i++ ){                  //i 为子串起始位置
                j = L+i;  dp[i][j] = false;            //j 为子串结尾位置
                if( s[i]==s[j] ){
                    if( i+1<j-1 ){
                        if( dp[i+1][j-1] ){ dp[i][j] = true;  cnt++; }
                    }
                    else { dp[i][j]=true;  cnt++; }//第 i,j 位置间只有 1 个或
                    //0 个字符.因为 s[i]==s[j],所以 s[i,j]肯定是回文
                }
            }
        }
        printf("%d\n", cnt);
    }
    return 0;
}
```

练习题

练习 7.8　柱状图中的最大矩形（Largest Rectangle in a Histogram），ZOJ1985。

题目描述：

柱状图是一个多边形，包含一组排列在一条基准线上的矩形。这些矩形宽度一样，但高度可以不一样。例如，图 7.14（a）描绘了一个柱状图包含了一组高度依次为 2、1、4、5、1、3、3 的矩形，它们的宽度均为 1。

给定一个柱状图，计算排列在基准线上的最大矩形的面积。例如，图 7.14（b）描绘了该柱状图中的最大矩形。

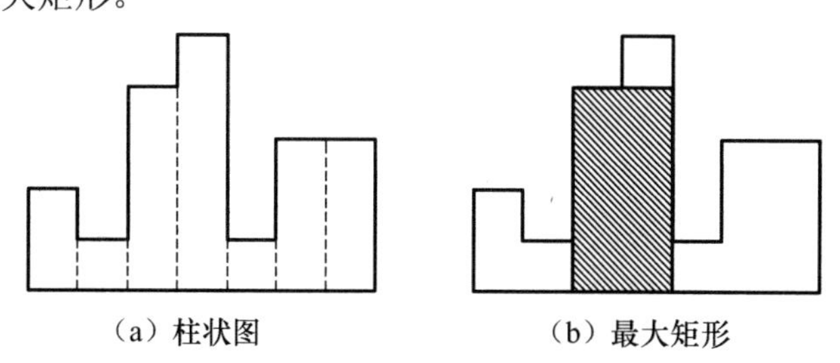

（a）柱状图　　（b）最大矩形

图 7.14　柱状图中的最大矩形

输入描述：

输入数据包含多个测试数据。每个测试数据占一行，描述了一个柱状图，首先是一个整数 n，代表该柱状图包含的矩形个数，$1 \leqslant n \leqslant 100\ 000$；接下来有 n 个整数 $h_1, h_2, \cdots, h_n$，$0 \leqslant h_i \leqslant 100\ 000$，这些整数依次（从左到右）代表 n 个矩形的高度。输入文件的最后一行为 0，

代表输入结束。

输出描述：

对每个测试数据，输出一行，为求得的最大矩形的面积。

样例输入：

```
7 2 1 4 5 1 3 3
4 1000 1000 1000 1000
0
```

样例输出：

```
8
4000
```

练习 7.9 恐怖的集合（Terrible Sets），ZOJ2422, POJ2082

题目描述：

原题给出一个抽象的数学问题，但题意跟练习 7.8 类似，唯一的差别是矩形的宽度不一样。

输入描述：

输入数据包含多个测试数据。每个测试数据首先是一个整数 n，代表该柱状图包含的矩形个数，接下来有 n 行，每行为 2 个整数，w_i 和 h_i，分别表示矩形的宽度和高度，输入最后一行为–1，代表输入结束。1≤n≤50000，且 $w_1h_1+w_2h_2+\cdots+w_nh_n<10^9$ 。

输出描述：

对每个测试数据，输出一行，为求得的最大矩形的面积。

样例输入：

```
5
2 3
3 7
2 5
2 6
3 4
-1
```

样例输出：

```
40
```

练习 7.10 波动数列。

题目描述：

观察这个数列：1，3，0，2，–1，1，–2，…。

这个数列中的后一项总是比前一项增加 2 或减少 3。

栋栋对这种数列很好奇，他想知道长度为 n，和为 s，而且后一项总是比前一项增加 a 或减少 b 的整数数列可能有多少种。

输入描述：

输入文件的第 1 行包含 4 个整数 n、s、a、b，含义如题目描述中所述。

10%的数据，1≤n≤5，0≤s≤5，1≤a, b≤5；

30%的数据，1≤n≤30，0≤s≤30，1≤a, b≤30；

50%的数据，1≤n≤50，0≤s≤50，1≤a, b≤50；

70%的数据，1≤n≤100，0≤s≤500，1≤a, b≤50；

100%的数据，1≤n≤1 000，–1 000 000 000≤s≤1 000 000 000，1≤a, b≤1 000 000。

输出描述：

输出一行，包含一个整数，表示满足条件的方案数。由于这个数很大，请输出方案数

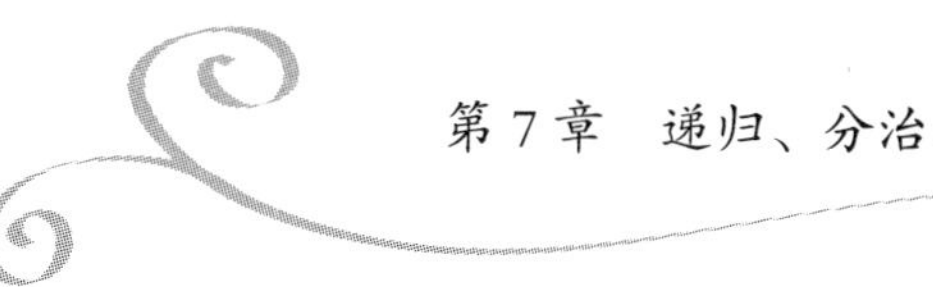

除以 100 000 007 的余数。

样例输入：

```
4 10 2 3
```

样例输出：

```
2
```

样例说明：这两个数列分别是 2, 4, 1, 3 和 7, 4, 1, –2。

7.5 贪心算法及例题解析

7.5.1 贪心算法的思想

1. 贪心算法的引入

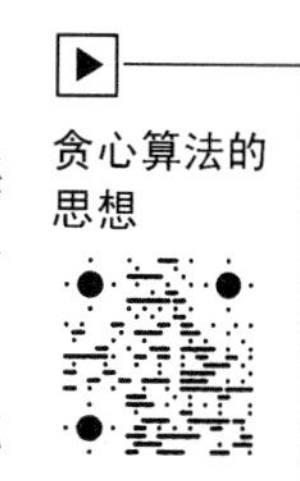

日常生活中其实能找到很多“贪心”的例子，如硬币找零。情形一，要找给某顾客 6 角 3 分钱，可供选择的硬币有 5 角、1 角、5 分和 1 分，每种硬币有无穷多个。很自然的策略是，取 1 枚 5 角，再取 1 枚 1 角，最后取 3 枚 1 分的硬币，总共需找 5 枚硬币。我们发现，这个策略是“贪心”的，即总是选取不超过当前差额的最大面值的硬币。得到的结果也是最优的，即找零后所选取的硬币数是最少的。

这种策略求得的找零方案一定是最优的吗？考虑情形二，同样是需要找零 6 角 3 分钱，但可供选择的硬币有 5 角、3 角、3 分和 1 分。按照前面的策略，则找零过程为取 1 枚 5 角，取 4 枚 3 分，取 1 枚 1 分，共需要 6 枚硬币。而另一种找零方案，取 2 枚 3 角，取 1 枚 3 分，只需要 3 枚硬币。由此可见，这种贪心策略不一定是正确的。

什么是贪心算法？顾名思义，贪心算法总是做出在当前看来最好的选择。也就是说，贪心算法并不从整体最优考虑，它所做出的选择只是在某种意义上的局部最优选择。当然，当我们用贪心算法来求解问题时，希望贪心算法得到的最终结果也是整体最优的。

虽然贪心算法不能对所有问题都得到整体最优解，但对许多问题它能产生整体最优解。活动安排问题和背包问题就是两个经典的、能采用贪心算法求解的问题。

活动安排问题就是要在所给的活动集合中选出最大的相容活动子集合（所选活动数量最多），该问题要求高效地安排一系列争用某一公共资源的活动。

设有 n 个活动的集合 E = $\{1, 2, \cdots, n\}$，其中每个活动都要使用同一资源，如演讲会场等，而在同一时间内只有一个活动能使用这一资源。每个活动 i 都有一个要求使用该资源的起始时间 s_i 和一个结束时间 t_i，且 $s_i<t_i$。如果选择了活动 i，则它在半开时间区间$[s_i, t_i)$内独占资源。

若区间$[s_i, t_i)$与区间$[s_j, t_j)$不相交，则称活动 i 与活动 j 是相容的。也就是说，当 $s_i \geq t_j$ 或 $s_j \geq t_i$ 时，活动 i 与活动 j 相容。

例如，给定包含 12 个活动的集合 E = {<0, 4>, <1, 3>, <2, 5>, <4, 7>, <4, 9>, <3, 8>, <8, 16>, <9, 13>, <10, 12>, <10, 14>, <13, 17>, <14, 19>}，<s_i, t_i>代表一个活动，序号从 1 开始计起。这 12 个活动的结束时间都不一样。首先按结束时间非递减对活动排序，如图 7.15 所示。

求最大的相容活动子集合的贪心策略是，首先选择排序后最前面的活动，即 2 号活动；接着从后续的、与当前所选活动相容的活动中选择结束时间最早的（其实也是后续的、与 2 号活动相容的第 1 个活动），即 4 号活动；然后从后续的、与 4 号活动相容的活动中选择结束时间最早的，即 9 号活动；最后从后续的、与 9 号活动相容的活动中选择结束时间最早的，即 11 号活动，此后无法再选择活动了。因此，这个例子中，最大相容活动子集合就是{2, 4, 9, 11}。

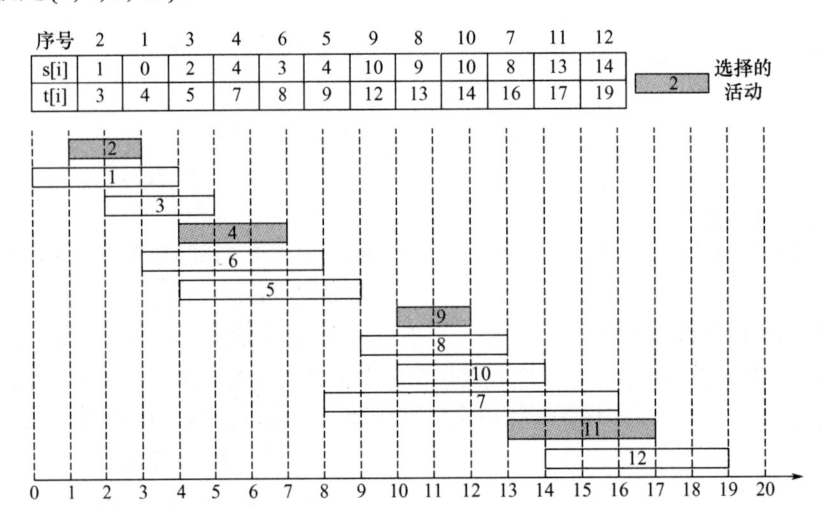

序号	2	1	3	4	6	5	9	8	10	7	11	12
s[i]	1	0	2	4	3	4	10	9	10	8	13	14
t[i]	3	4	5	7	8	9	12	13	14	16	17	19

图 7.15　活动安排问题

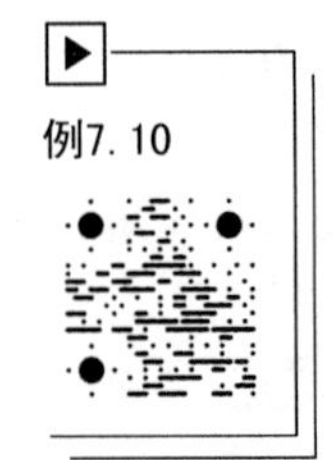

例 7.10　活动安排问题。

题目描述：

有一组活动，都要使用某一公共资源。已知每个活动的起止时间（都是整数），且每个活动的结束时间不一样，求最大相容活动子集合，输出最终所选活动数量及每个选择的活动的编号。

输入描述：

输入文件包含多个测试数据。每个测试数据的第 1 行是一个整数 N，$1 \leqslant N \leqslant 100$，代表活动数量，这些活动的编号从 1～$N$；接下来有 2 行，其中，第 1 行依编号顺序给出每个活动的起始时间，第 2 行依编号顺序给出每个活动的结束时间；最后一行为 0，代表该测试数据结束。

输出描述：

对每个测试数据，输出 2 行，第 1 行为最终所选活动数量，第 2 行按原始编号顺序从小到大输出每个所选择的活动的编号，各编号之间用空格隔开。

样例输入：

```
12
0 1 2 4 4 3 8 9 10 10 13 14
4 3 5 7 9 8 16 13 12 14 17 19
0
```

样例输出：

```
4
2 4 9 11
```

分析：本题要求记录活动的原始编号，在用贪心算法求活动安排问题时，需要对活动按结束时间非递减排序，因此应将每个活动的编号、起止时间视为一个整体，为此定义结构体 Act 表示活动。读入活动信息后，按上述贪心策略求解即可。代码如下。

```
#define MAXN 102
struct Act
{
    int no, s, t;            //活动的编号，开始时间和结束时间
```

```
}Acts[MAXN];                //存放读入的每个活动
int compare( const void *elem1, const void* elem2 )
{
    return ( ((Act*)elem1)->t - ((Act*)elem2)->t );
}
int main( )
{
    int i, N, A[MAXN];      //A[i]=1 表示活动 i 最终要选择
    int count;              //最多能安排的活动数目
    int k;                  //最后选中的活动的序号(该活动序号是排序后的序号)
    while(1){
        scanf( "%d", &N );    memset(A, 0, sizeof(A));
        for( i=1; i<=N; i++ ){
            Acts[i].no = i;  scanf( "%d", &Acts[i].s );
        }
        for( i=1; i<=N; i++ ) scanf( "%d", &Acts[i].t );
        qsort( Acts+1, N, sizeof(Acts[1]), compare );
                            //按每个活动结束时间进行非递减顺序排序
        //注意排序后，活动顺序变了，所以必要时需要使用活动的原始编号 Acts[i].no
        A[Acts[1].no] = 1;  k = 1;  count = 1;
        for( i=2; i<=N; i++ ){              //贪心
            if( Acts[i].s>=Acts[k].t ){  //第 i 个活动跟第 k 个活动相容
                k = i;  A[Acts[i].no] = 1;  count++;
            }
        }
        printf( "%d\n", count );
        int first = 1;
        for( i=1; i<=N; i++ ){
            if( A[i] ){                     //所选择的活动
                if( first ){ first = 0;  printf( "%d", i ); }
                else  printf( " %d", i );
            }
        }
        printf( "\n" );
        return 0;
    }
}
```

下面是关于使用贪心算法解决活动安排问题的进一步讨论。

（1）活动安排问题的贪心求解算法每次总是选择具有最早完成时间的相容活动。贪心选择的意义是，使剩余的可安排时间段最大化，以便安排尽可能多的相容活动。

（2）注意到例 7.10 里提到“每个活动的结束时间不一样”，如果存在结束时间一样的活动，那在选择下一个相容活动时可能有多个选择，从而解不唯一。

（3）如果允许活动的结束时间一样，这时可以做到先保证安排的活动数目最多，再尽可能使这些活动“占据”的时间总和最长（即资源的利用率最

关于使用贪心算法解决活动安排问题的进一步讨论

高），那么从后续的、与前一个已选择的活动相容的活动中选择结束时间最早的活动时，如果有多个活动满足要求，则应选择开始时间最早的活动。例如，在图 7.16 中，选择 8 号活动后，接下来 9、10、11 号活动满足要求，则应从中选择 11 号活动，因为它的开始时间最早。

序号	**1**	2	3	**4**	5	6	7	**8**	9	10	**11**	**12**
s[i]	**1**	3	0	**5**	3	5	6	**8**	12	14	**10**	**17**
t[i]	**4**	5	6	**7**	8	9	10	**10**	15	15	**15**	**18**

1	
1	选择的
4	活动

图 7.16　允许活动的结束时间一样的活动安排问题

（4）如果 N 个活动中某个活动必须安排，如图 7.17 所示，要使得除该活动外，能安排的活动数目最多，又该如何选择？可行的方案是，把必须安排的活动的开始时间之前、结束时间之后的这两段时间分别采用贪心算法求最大相容活动子集合，详见练习 7.11。

序号	1	2	3	4	5	6	**7**	8	9	10	11	12
s[i]	1	3	0	5	3	5	**6**	8	9	18	10	17
t[i]	4	5	6	7	8	9	**10**	11	12	14	15	18

7	
6	必须安排
10	的活动

图 7.17　有一个活动必须安排的活动安排问题

（5）从图 7.15 可以看出，虽然选择的活动数量是最多的，但资源利用率并不高。如果不要求活动数量最多，只要求资源利用率最高，又该如何选择呢？很明显，相容活动子集{1, 5, 8, 12}，在 20 小时里资源被占用共 18 小时，利用率最高。

2. 贪心算法的基本要素

对于一个具体的问题，怎么知道是否可用贪心算法解此问题，以及能否得到问题的最优解呢？这个问题很难给予肯定的回答。但是，从许多可以用贪心算法求解的问题中看到这类问题一般具有两个重要的性质：贪心选择性质和最优子结构性质。

（1）贪心选择性质。

所谓贪心选择性质，是指所求问题的整体最优解可以通过一系列局部最优的选择，即贪心选择来达到。这是贪心算法可行的第一个基本要素，也是贪心算法与动态规划算法的主要区别。

动态规划算法通常以自底向上的方式解各子问题，而贪心算法则通常以自顶向下的方式进行，以迭代的方式做出相继的贪心选择，每做一次贪心选择就将所求问题简化为规模更小的子问题。

对于一个具体问题，要确定它是否具有贪心选择性质，必须证明每一步所做的贪心选择最终导致问题的整体最优解。

贪心算法和动态规划算法的差异

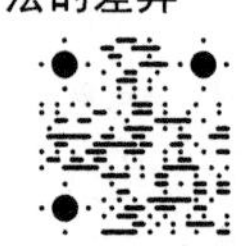

（2）最优子结构性质。

当一个问题的最优解包含其子问题的最优解时，称此问题具有最优子结构性质。问题的最优子结构性质是该问题可用动态规划算法或贪心算法求解的关键特征。

3. 贪心算法与动态规划算法的差异

贪心算法和动态规划算法都要求问题具有最优子结构性质，这是这两类

算法的一个共同点。但是，对于具有最优子结构的问题应该选用贪心算法还是动态规划算法求解？是否能用动态规划算法求解的问题也能用贪心算法求解呢？下面通过两个经典的组合优化问题来分析。

问题 1：0–1 背包问题。

给定 n 种物品和一个背包，物品 i 的重量是 W_i，其价值为 V_i，背包的容量为 C（指能装入总重量为 C 的物品），应如何选择装入背包的物品，使得装入背包中物品的总价值最大？在选择装入背包的物品时，对每种物品 i 只有两种选择，即装入背包或不装入背包。不能将物品 i 装入背包多次，也不能只装入部分的物品 i。因此，称为 0–1 背包问题。

问题 2：背包问题。

与 0–1 背包问题类似，所不同的是在选择物品 i 装入背包时，可以选择物品 i 的一部分，而不一定要全部装入背包，$1 \leqslant i \leqslant n$。

这两类问题都具有最优子结构性质，极为相似。

（1）对 0–1 背包问题，设 A 是能够装入容量为 C 的背包的最大价值的物品集合（其中包括物品 j），则 $A_j = A - \{ j \}$是 n–1 个物品 $1, 2, \cdots, j-1, j+1, \cdots, n$ 可装入容量为 $C - w_j$ 的背包的具有最大价值的物品集合。

（2）对背包问题，若它的一个最优解包含物品 j（可能只有部分），则从该最优解中拿出所含的物品 j 的那部分重量 w，剩余的将是 n–1 个原重物品 $1, 2, \cdots, j-1, j+1, \cdots, n$，以及重为 $w_j - w$ 的物品 j 中，可装入容量为 $C - w$ 的背包且具有最大价值的物品集合。

但背包问题可以用贪心算法求解，而 0–1 背包问题却不能用贪心算法求解。

用贪心算法解背包问题的基本步骤如下。

（1）计算每种物品的单价 V_i/W_i。

（2）按物品的单价从高到低对 n 种物品进行排序。

（3）依贪心选择策略，将尽可能多的单位重量价值最高的物品装入背包。若将这种物品全部装入背包后，背包内的物品总重量未超过 C，则选择单位重量价值次高的物品并尽可能多地装入背包。依此策略一直进行下去，直到背包装满为止。

对于 0–1 背包问题，贪心选择之所以不能得到最优解是因为在这种情况下，它无法保证最终能将背包装满，部分闲置的背包空间使每单位背包空间的价值降低了。事实上，在考虑 0–1 背包问题时，应比较选择该物品和不选择该物品所导致的最终方案，然后再做出最佳选择。由此就导出了许多互相重叠的子问题。这正是该问题可用动态规划算法求解的另一重要特征。实际上也是如此，动态规划算法的确可以有效地解 0–1 背包问题。

例 7.11　背包问题。

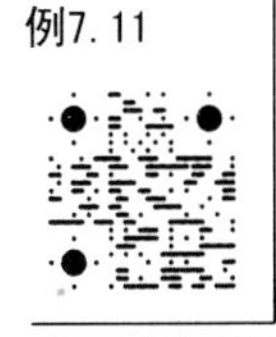

题目描述：

给定 n 种物品和一个背包，物品 i 的重量是 W_i，其价值为 V_i，背包的容量为 C，求能装入背包的物品的总价值的最大值，在选择物品 i 装入背包时，可以选择物品 i 的一部分。

输入描述：

输入文件包含多个测试数据。每个测试数据的第 1 行为两个整数，n 和 C，$2 \leqslant n \leqslant 100$，$10 \leqslant C \leqslant 100$，分别代表物品的数量和背包的容量；接下来有 n 行，每行为两个整数，分别代表一种物品的重量 W_i 和价值 V_i，$2 \leqslant W_i, V_i \leqslant 200$。输入文件的最后一行为

"0 0"，代表输入结束。

输出描述：

对每个测试数据，输出一行，保留小数点后 2 位有效数字，代表能装入背包的物品的总价值的最大值。

样例输入：

```
10 100
20 88
30 112
18 92
12 71
8 21
10 53
4 21
7 50
16 95
15 86
0 0
```

样例输出：

```
535.20
```

分析：在本题中，每种物品的序号、重量、价格、单价、选取的重量应视为一个整体，即声明一个结构体类型 goods 代表物品。在读入物品的重量和价格时可以计算其单价。

读入物品信息后，先对所有物品按单价从大到小的顺序排序，然后依次选取每种物品。对当前待考查的物品，只要背包当前剩余容量能装完该物品，就全部装入，如果只能装部分，则按背包剩余容量装该物品，随后就可以退出循环了。最后统计装入的每种物品的价值并累加即可。代码如下。

```
#define MAXN 102
struct goods
{
    int no, w, v;           //物品的序号，重量，价格
    double uprice, x;       //物品的单价，选取的重量
};
goods g[MAXN];              //物品
int C, n;                   //背包的容量，物品的个数
double totalvalue;          //所装物品的总价值
int compare( const void *a, const void* b )      //按物品的单价从大到小排序
{
    return ( ((goods*)b)->uprice - ((goods*)a)->uprice );
}
void Knapsack( )            //背包问题，贪心算法求解
{
    double M = C;           //剩余容量
    for( int i=1; i<=n; i++ ){  //依次选择每种物品(已经按照单价从高到低排序了)
        if( g[i].w>M )               //最后一个可选物品装不完，只能装部分
        { g[i].x = M;  break;  } //装不下，则取部分
        g[i].x = g[i].w;  M -= g[i].w;              //第 i 种物品全部取
    }
```

```
}
int main( )
{
    int i;
    while(1){
        scanf( "%d%d", &n, &C );
        if( n==0 && C ==0 ) break;
        for( i=1; i<=n; i++ ){   //输入每种物品的数据
            g[i].no = i;  g[i].x = 0;
            scanf( "%d%d", &g[i].w, &g[i].v );
            g[i].uprice = 1.0*g[i].v/g[i].w;
        }
        qsort( g+1, n, sizeof(goods), compare );
        Knapsack( );
        totalvalue = 0.0;
        for( i=1; i<=n; i++ )     //统计所装物品的总价值
            totalvalue += g[i].uprice*g[i].x;
        printf("%.2lf\n", totalvalue);
    }
    return 0;
}
```

7.5.2　例题解析

例7.12

例 7.12　过桥（Bridge），ZOJ1579。

题目描述：

有一家人，共 N 人，要在晚上过一座桥。由于天非常黑，他们提着一盏灯过桥。不幸的是，桥很窄，因此同一时刻最多允许两人同时过桥，而且过桥时必须提着灯。每个人过桥的速度不一样，而且两个人同时过桥时只能以两者的速度中较小的速度过桥。给定家庭的人数 N，以及每个人单独过桥所需的时间，求整个家庭全部通过桥所需的最少时间。

输入描述：

输入文件包含多个测试数据。每个测试数据占 2 行，第 1 行为一个整数 N，$0 \leqslant N \leqslant 100\,000$，第 2 行有 N 个整数，为每个人单独过桥所需的时间。

输出描述：

对每个测试数据，输出一行，为整个家庭全部通过桥所需的最少时间。

样例输入：	样例输出：
5 1 3 6 8 12 3 7 8 9	29 24

分析：可用贪心算法求解。当人数>3 时，花费时间最小的两个人单独过桥时所需的时间分别是 a、b，且 $a<b$；花费时间最多的两个人单独过桥时所需的时间分别是 x、y，且 $x<y$。则有两个方案。

方案 1：

$(a, b)\rightarrow$ 表示 a 和 b 一起过桥，以下同

$a\leftarrow$ 表示 a 返回，以下同

$(x, y)\rightarrow$

$b\leftarrow$

所需时间为 $b+a+y+b$

方案 2：

$(a, y)\rightarrow$

$a\leftarrow$

$(a, x)\rightarrow$

$a\leftarrow$

所需时间为 $y+a+x+a$

以上两个方案都是两个最慢的人在两个最快的人的帮助下过桥，最快的两个人返回或没有过桥，取较快的那个方案。

另外，当人数=3 时，最快和次快的过去，最快的回来，然后一起过去，为 3 者时间之和。

当人数=2 时，最快和次快的一起过去，为慢的那人的时间。

当人数=1 时，就是他自己的时间。

样例数据花费时间最少的过桥方案是：(1 3)→，时间为 3；1 ←，时间为 1；(8 12)→，时间为 12；3←，时间为 3；(1 3)→，时间为 3；1←，时间为 1；(1 6)→，时间为 6。

因此，总时间为 29。代码如下。

```
const long long size = 100001;
long long data[size], cost;
void calculate( int m )// m >= 4, 两种贪心
{
    long long first1, first2, last1, last2;
    first1 = data[0];  first2 = data[1];
    last2 = data[m - 2];  last1 = data[m - 1];
    long long temp1 = first2 + first1 + last1 + first2;
    long long temp2 = last1 + first1 + last2 + first1;
    cost += temp2 > temp1 ? temp1 : temp2;
}
int cmp(const void *a, const void *b)
{
    int *c = (int*)a;   int *d = (int*)b;
    return *c > *d;
}
int main()
{
    long long n, i;
    while( cin>>n ){
        for( i=0; i < n; ++i ) cin >> data[i];
        cost = 0;
        qsort( data, n, sizeof(data[0]), cmp );  //从小到大排序
        i = n;
        while( i >= 4 ){ calculate(i);  i -= 2; }
        if(i == 3) cost += data[0] + data[1] + data[2];
        else if(i==2) cost += data[0] > data[1] ? data[0] : data[1];
        else if(i==1) cost += data[0];
        else  cost += 0;
        cout << cost << endl;
    }
    return 0;
}
```

练习题

练习 7.11　看电影。

题目描述：

某一天电影院多个放映厅要放电影，小王从中选择了 N 部喜欢的电影（时间可能有冲突）。另外，小王还接到通知，必须看一部宣传片，问小王最多能看几部电影？

输入描述：

输入文件包含多个测试数据。每个测试数据占 4 行，第 1 行为一个正整数 N（$1 \le N \le 20$），表示小王选择的电影数（不包括宣传片）；第 2 行为 N 部电影各自的开始时间 s；第 3 行为 N 部电影各自的结束时间 t，$0 \le s < t \le 24$，s 和 t 均为整数，如果这 N 部电影中某些电影时间有冲突，则表示这些电影是在不同放映厅放映的；第 4 行为两个整数 m 和 n，表示宣传片的开始时间和结束时间，$0 \le m < n \le 24$。输入文件的最后一行为 0，表示输入结束。

输出描述：

对每个测试数据，输出小王最多能观看到的电影数（不包括必须看的宣传片）。

样例输入：

```
8
0 1 4 7 9 10 13 12
7 4 9 13 15 13 19 15
5 10
0
```

样例输出：

```
3
```

练习 7.12　Stripies，ZOJ1543。

题目描述：

化学生物学家创造了一种新的生命形态，称为 stripie。大多数时候，stripies 总是处在移动状态。当它们相碰时，将产生一个新的 stripie，并且替换原有的两个 stripies。新的 stripie 的重量是 2*sqrt(m1*m2)，其中 $m1$ 和 $m2$ 为相碰前两个 stripies 的重量。

化学生物学家想知道，给定一个 stripie 群体，它们的重量最少可以降低到什么程度。编写程序，回答这个问题。假定在任意时刻，3 个或多于 3 个的 stipies 从不相碰。

输入描述：

输入文件包含多个测试数据。每个测试数据占 2 行，第 1 行为一个整数 N($1 \le N \le 100$)，表示 stripie 群体中 stripie 的数目；第 2 行有 N 个整数，范围在 1～10 000 之间，表示相应 stripie 的重量。输入数据一直到文件尾。

输出描述：

对每个测试数据，输出一行，为该 stripie 群体总重量的最小值，精确到小数点后面 3 位有效数字。

样例输入：

```
2
72 50
3
72 30 50
```

样例输出：

```
120.000
120.000
```

练习 7.13　乘积最大。

题目描述：

给定 N 个整数 $A_1, A_2, \cdots, A_N$。请从中选出 K 个数，使其乘积最大。求最大的乘积，由于乘积可能超出整型范围，因此只需输出乘积除以 1 000 000 009 的余数。

注意，如果乘积 $X<0$，定义 X 除以 1 000 000 009 的余数是负（$-X$）除以 1 000 000 009 的余数。即 $0-((0-X)\%\ 1000000009)$。

输入描述：

输入文件的第 1 行包含两个正整数 N 和 K，接下来的 N 行每行一个整数 A_i。

对于 40%的数据，$1 \leqslant K \leqslant N \leqslant 100$；

对于 60%的数据，$1 \leqslant K \leqslant 1\,000$；

对于 100%的数据，$1 \leqslant K \leqslant N \leqslant 100\,000$, $-100\,000 \leqslant A_i \leqslant 100\,000$。

输出描述：

输出一个整数，表示答案。

样例输入：

```
5 3
-100000
-10000
2
100000
10000
```

样例输出：

```
999100009
```

7.6 实践进阶：函数及递归函数设计

1. 函数的设计

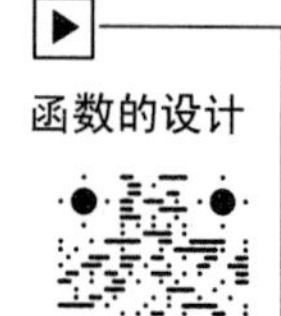

函数几乎是每种编程语言都会提供的语法成分，用户不仅可以调用编程语言提供的系统函数，也可以自己定义函数。很多初学者对函数比较头疼，不知道函数的作用是什么，该如何设计和调用函数。具体可总结为以下几个问题。

（1）不知道什么时候该定义函数。

（2）不知道函数是否有参数，有几个参数，是否有返回值。

（3）不明确函数要处理的数据是哪些，不明白函数形参的作用是什么，形参的值是在什么时候被“赋予”的。初学者经常在函数里通过输入语句给形参输入数据。

（4）不知道什么时候要调用自己定义的函数，不知道怎么确定函数的实参。

对于第 1 个问题，“函数”这个词的英文是 function，顾名思义，函数的作用就是用来实现某个具体的功能，而且通常只实现一个功能（不会把多个功能糅合到一个函数里）。通常，为了避免程序入口函数（如 C/C++语言中的 main( )函数）的代码过于庞大，需要把程序的功能分解，定义专门的函数来实现每个具体的功能。此外，如果某个功能被反复执行，为了避免这些功能代码反复出现，也需要定义函数来实现，每次执行该功能只需调用对应函数即可。

对于第 2 个问题，程序设计者希望采用怎样的形式去调用函数，这种函数调用形式里有几个参数，分别是什么类型，是以此来确定函数的形参个数和类型；程序设计者希望函

数执行以后是否得到一个结果，这个结果是什么类型的，是什么含义，这个结果是否需要返回到主调函数中，以此来确定函数的返回值及其类型、含义等。

对于第 3 个问题，函数形参是在函数调用时，通过实参与形参之间的数据传递，从而被“赋予”了值。只要没有函数调用发生，就不会给形参分配存储空间，所以定义函数时的参数才称为形式参数，简称形参。当函数调用发生时，为形参分配存储空间，并把实参的值传递给形参。所以，函数形参的作用是用来接收传递过来的实参的值。

不同编程语言，实参和形参之间传递数据的方式有所差异。对 C/C++语言，不管参数是普通数据类型还是指针类型，实参和形参之间传递数据的方式都是“值的传递”，简单地说，就是将实参的值赋给形参。在 C++语言里，形参还可以是引用，调用这样的函数时，实参和形参是同一个变量。

对于第 4 个问题，求解问题时如果需要执行设计函数时确定功能，就需要调用函数。由于函数形参的值是由实参传递过去的，因此，实参的值其实就是执行该函数时形参的初始值。

2. 递归函数的设计和调用

递归函数的设计和调用

（1）理解递归函数。

理解递归函数时需要注意以下几个问题。

① 普通函数的调用通常只有一两层，但递归函数的调用可能有很多层，第 7.1 节和第 8.1 节都用图的形式详细地分析了递归函数的调用和执行过程，通过这些图也能理解为什么递归函数的调用需要特别注意时空代价。

② 第 7.2.1 节提到，递归函数的时空代价容易被忽视，如果递归调用次数太多或调用层次太深，因函数调用发生的时空代价可能无法容忍。

③ 哪些题目、怎样的题目可以用递归思想和递归函数求解？可以找到递推式，或者需要把规模较大的原始问题划分成若干个规模较小的问题来求解（如本章介绍的算法），或者是第 8.1 节介绍的深度优先搜索，等等，都需要用递归思想和递归函数求解。

（2）递归函数的设计。

与普通函数的设计相比，递归函数的设计要注意以下几个问题。

① 需要将什么信息传递给下一层递归调用？由此确定递归函数有几个参数，各参数含义是什么。

例如，例 7.3 中的 SetFractal( )函数，该函数的作用是从某个起始位置开始设置度数为 n 的盒形分形，通过递归地设置 5 个度数为 n–1 的盒形分形来实现，需要告知每个小分形的起始位置和规模，以及在哪个数组里填写字符，这些信息都是以参数的形式来传递的。

又如，例 7.4 中的 chessBoard( )函数，在递归求解 4 个子棋盘问题时，需要告知子棋盘左上角起始位置、特殊方格的位置、子棋盘规模，这些信息都是以参数的形式传递的。

注意，在 C/C++语言里，这些信息有时可以以全局变量的形式提供，此时可能就不需要相应的参数了。例如，例 7.3 中，如果将 Fractal 数组定义成全局变量，那么 SetFractal( )函数的第 1 个参数就不需要了。

② 每一层递归函数调用后会得到一个怎样的结果，这个结果是否需要返回到上一层？由此确定递归函数的返回值，及返回值的含义。

例如，第 7.1 节求阶乘的递归函数，需要将求得的 n!返回到上一层；第 7.2.2 节中例 7.1 的递归函数 q( )，需要将求得的 q(n, m)返回到上一层。

③ 在每一层递归函数的执行过程中，在什么情形下需要递归调用下一层？

这一点应视不同情形而定。例如，在例 7.4 中，如果某个子棋盘包含特殊方格，直接递归调用 chessBoard( )函数求解子棋盘问题；如果该子棋盘没有包含特殊方格，则构造特殊方格后再递归调用 chessBoard( )函数。

④ 递归前该做什么准备工作，递归返回后该做什么恢复工作？

递归前的准备工作和递归后的恢复工作详见第 8.1 节的深度优先搜索，特别是例 8.1 的分析。

⑤ 递归函数执行到什么程度就可以不再需要递归调用下去了？

递归函数应该在适当的时候终止继续递归调用，也就是要确定递归的终止条件。如果递归函数的调用不能终止，很明显会造成栈内存溢出，从而导致程序出错并终止运行。

（3）递归函数的调用。

解题时应明确在 main( )函数（或其他函数）中采取怎样的形式调用递归函数，也就是从怎样的初始状态出发进行递归调用，通常也就是确定实参的值。

搜　　索

本章介绍程序设计竞赛中一类常用的算法——搜索，本章内容只涉及两种基本的搜索算法：深度优先搜索（DFS）和广度优先搜索（BFS），并不涉及启发式搜索算法。首先介绍这两种搜索的算法思想，然后通过例题详细阐述搜索的实现；特别地，还介绍了用深度优先搜索算法求解排列组合问题；最后在实践进阶里，总结了这两种搜索算法的实现技巧及注意事项。

8.1　深度优先搜索

8.1.1　深度优先搜索的思想

考虑如图 8.1 所示的迷宫问题，⊙表示迷宫的入口，¤表示迷宫的出口，■表示墙壁，不能通过，□表示可以通过的空白方格。只能从迷宫的入口进入，从出口出来，不能出边界，现在要找到一条从入口到出口的路径。在每个空白方格处只能移动到上、下、左、右 4 个相邻的空白方格。假设在选择可行的空白方格时按照上、右、下、左的顺时针方向。很自然的一种解题策略是，从图 8.1（b）开始，按向上的方向走了两步以后，行不通，则回退一步，没有其他方向可走，再回退一步到起始位置；然后在起始位置，选择右边的方向，如图 8.1（d）所示，走了一步以后，还是行不通，又回退到起始位置；下方出了边界，所以选择左边的空白方格，如图 8.1（e）所示；以此类推，直到找到出口或者得出无解的结论。

综上，有一类问题在求解时需要一定的步骤，通常求解这些问题采取的策略是：从起始位置（或起始状态）出发，试探性地选择一个可行的步骤，到达下一个未访问过的状态，而后又从这个状态出发选择一个可行的步骤，到达下一个未访问过的状态……；每到达一个状态如果发现没有可行的步骤则回退到上一步，再试探其他可行的步骤；如果回退到上一步依然没有其他可行的步骤，则继续回退到再上一步；如此反复直到目标位置（或目标状态），或者所有状态都访问完后还没有找到目标状态，则说明无解。这种求解问题的策略称为深度优先搜索（Depth First Search, DFS），需要用递归函数来实现。

在图 8.2 中，数字①～⑱表示 DFS 前进和回退的顺序，实线表示前进方向，虚线表示回退方向。找到目标状态后，从函数调用的角度，还得层层回退，直至起始状态。

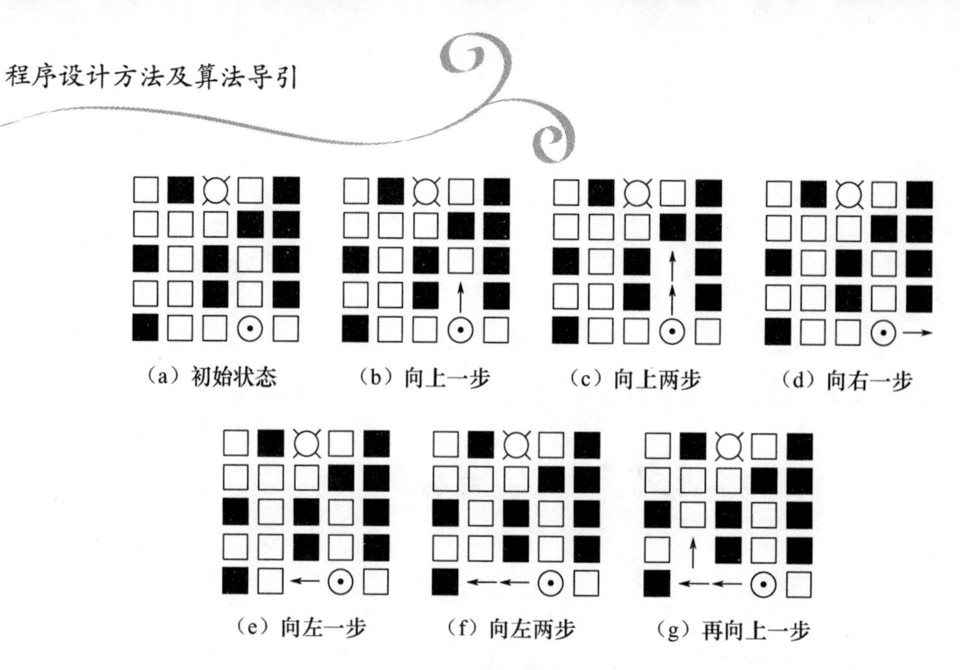

图 8.1 迷宫搜索

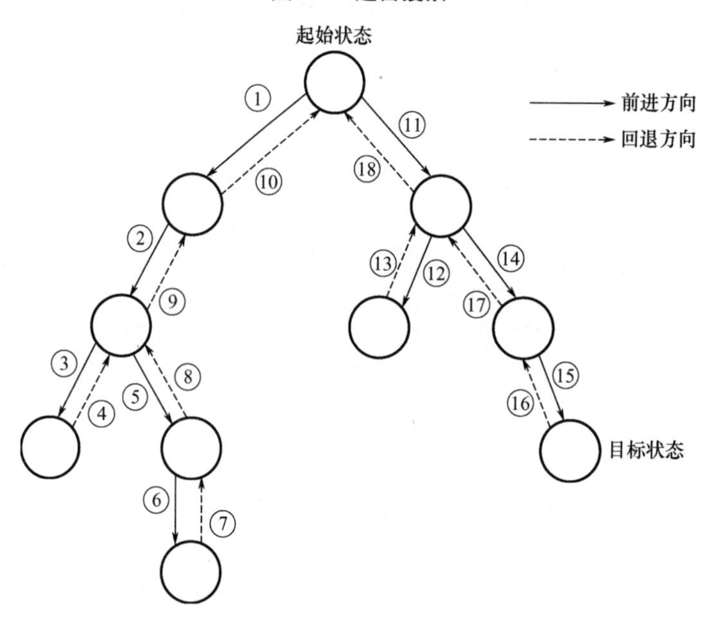

图 8.2 深度优先搜索的思想

从图 8.2 中可以看出，DFS 算法从初始状态（树根）出发，依次访问过的状态构成了一棵倒置的树，称为搜索树。

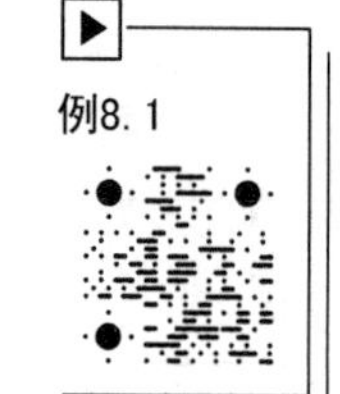

8.1.2 例题解析

本节通过两道实际竞赛题目讲解深度优先搜索思想及搜索策略的实现。

例 8.1 骨头的诱惑（Tempter of the Bone），ZOJ2210。

题目描述：

一只小狗在一个古老的迷宫里找到一根骨头，当它叼起骨头时，迷宫开始颤抖，它感觉到地面开始下沉。它才明白骨头是一个陷阱，于是拼命地试图逃出迷宫。

迷宫是一个 $n \times m$ 大小的长方形，迷宫有一个门。刚开始门是关着的，并且这个门会

在第 t 秒钟开启，门只会开启很短的时间（少于1秒），因此小狗必须恰好在第 t 秒达到门的位置。每秒钟，它可以向上、下、左或右移动一步到相邻的方格中。但一旦它移动到相邻的方格，这个方格开始下沉，而且会在下一秒消失。所以，它不能在一个方格中停留超过1秒，也不能回到经过的方格。小狗能成功逃离吗？请你帮助它。

输入描述：

输入文件包含多个测试数据。每个测试数据的第1行为3个整数 n、m、t（$1<n, m<7$，$0<t<50$），分别代表迷宫的长和宽，以及迷宫的门会在第 t 秒时刻开启。

接下来的 n 行信息给出了迷宫的格局，每行有 m 个字符，这些字符可能为："X" 表示墙壁，小狗不能进入；"S" 表示小狗所处的位置；"D" 表示迷宫的门；"." 表示空的方格。

输入文件的最后一行为3个0，表示输入结束。

输出描述：

对每个测试数据，如果小狗能成功逃离，输出 YES，否则输出 NO。

样例输入：

```
3 4 5
S...
.X.X
...D
4 4 8
.X.X
..S.
....
DX.X
4 4 5
S.X.
..X.
..XD
....
0 0 0
```

样例输出：

```
YES
YES
NO
```

分析：本题要采用深度优先搜索算法求解，本节也借助这道题目详细分析搜索算法的实现及搜索时要注意的问题。

（1）搜索策略。

以样例输入中的第1个测试数据进行分析。图8.3（a）表示测试数据及所描绘的迷宫；在图8.3（b）中，圆圈中的数字表示某个位置的行号和列号，行号和列号均从0开始计起，实线箭头表示搜索前进方向，虚线箭头表示回退方向。

搜索时从小狗所在初始位置S出发进行搜索。每搜索到一个方格位置，对该位置的4个相邻方格（要排除边界和墙壁）进行下一步搜索。假设按照上、右、下、左的顺时针顺序选择相邻方格进行搜索。往前走一步，要将当前方格设置成墙壁，表示当前搜索过程不能回到经过的方格。一旦前进不了，就要回退，因此要恢复现场（将前面设置的墙壁还原成空的方格），回到上一步时的情形。只要有一个搜索分支到达门的位置并且符合要求，则搜索过程结束，输出 YES。如果所有可能的分支都搜索完毕，还没找到满足题目要求的解，则得出该迷宫无解的结论，输出 NO。

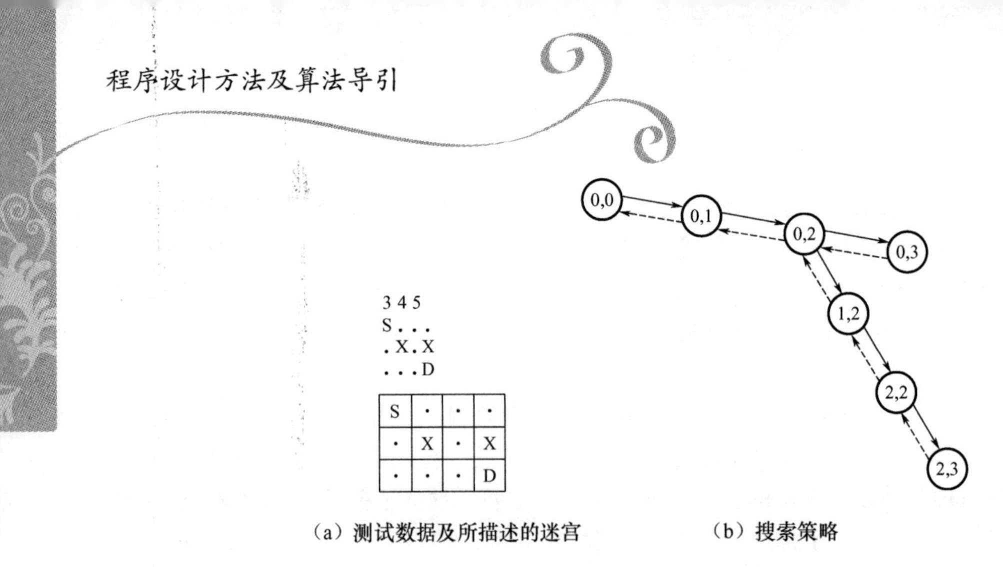

（a）测试数据及所描述的迷宫　　（b）搜索策略

图 8.3　骨头的诱惑（搜索策略）

（2）搜索实现。

假设实现搜索的函数为 dfs( )，它带有 3 个参数，即 dfs(wi, wj, cnt)。其参数的含义是，搜索到(wi, wj)位置，已经前进了 cnt 秒。如果当前能成功逃离，搜索终止；否则继续从其相邻位置继续进行搜索。继续搜索则要递归调用 dfs( )函数，因此 dfs( )是一个递归函数。

成功逃离的条件是，wi=di，wj=dj，cnt=t，其中(di, dj)是门的位置，在第 *t* 秒钟开启。

对样例输入中的第 1 个测试数据，其搜索过程及 dfs( )函数的执行过程如图 8.4 所示（图中实线表示前进方向，虚线表示回退方向）。

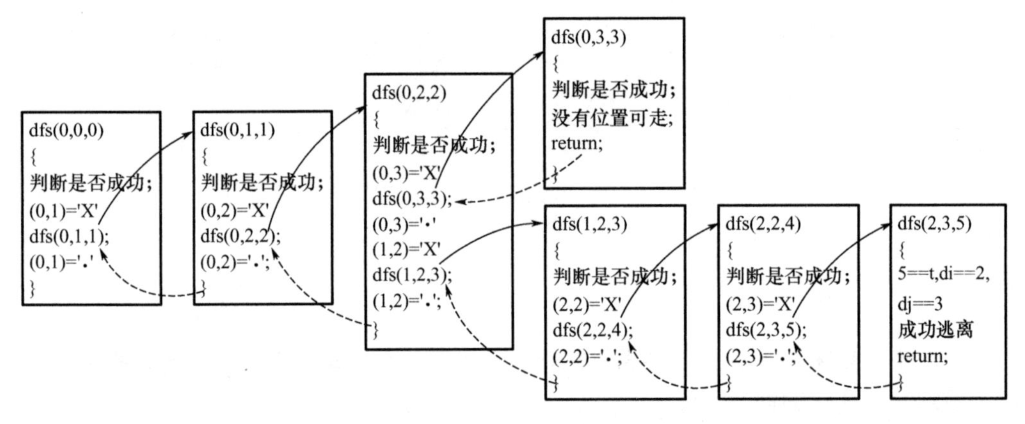

图 8.4　骨头的诱惑（搜索策略的函数实现）

在该测试数据中，小狗的起始位置在(0, 0)处，门的位置在(2, 3)处，门会在第 5 秒钟开启。在主函数中，调用 dfs(0, 0, 0)搜索迷宫。当递归执行到某一个 dfs(wi, wj, cnt) 函数，满足 wi==di，wj==dj，且 cnt==t，则表示能成功逃离。

图 8.4 演示了 dfs(0, 0, 0)的递归执行过程。

(0, 1)= 'X'表示往前走一步，要将当前方格设置成墙壁。

(0, 1)= '.'表示回退过程，要恢复现场，将(0, 1)这个位置由原先设置的墙壁还原成空格。

在执行 dfs(0, 0, 0)时，按照搜索顺序，上方是边界，不能走，所以向右走一步，即要递归调用 dfs(0, 1, 1)。在调用 dfs(0, 1, 1)之前，将(0, 1)位置置为墙壁。走到(0, 1)位置后，下一步要走的位置是(0, 2)，要递归调用 dfs(0, 2, 2)。在调用 dfs(0, 2, 2)之前，将(0, 2)位置置为墙壁。走到(0, 2)位置后，下一步要走的位置是(0, 3)，要递归调用 dfs(0, 3, 3)。在调用

dfs(0, 3, 3)之前，将(0, 3)位置置为墙壁。在走到(0, 3)位置后，其 4 个相邻位置中上边、右边是边界，下边是墙壁，左边本来是空的方格，但因为在前面的搜索前进方向上已经将它设置成墙壁了，所以没有位置可走，只能回退到上一层，即 dfs(0, 3, 3)函数执行完毕，要回退到主调函数处，也就是 dfs(0, 2, 2)函数中。

回到 dfs(0, 2, 2)函数（将(0, 3)位置上的墙壁还原成空的方格）处，此时处在位置(0, 2)，且已经走了 2 秒。(0, 2)位置的 4 个相邻位置中，还有(1, 2)这个位置（即下方）可以走，则从(1, 2)位置继续搜索……

按照上述搜索策略，一直搜索到(2, 3)位置处，这个位置是门的位置，且刚好走了 5 秒。所以得出结论，能够成功逃脱。

这里要注意，搜索顺序的选择是通过下面的二维数组 dir 及循环控制实现的。该二维数组表示上、右、下、左 4 个方向相对于当前位置 x、y 坐标的增量。

```
int dir[4][2] = { {-1, 0}, {0, 1}, {1, 0}, {0, -1} };
```

（3）为什么在回退过程中要恢复现场？

以样例输入中的第 2 个测试数据来解释这个问题。在这个测试数据中，如果加上回退过程的恢复现场操作，则不管按什么顺序（上、右、下、左顺序或左、右、下、上顺序）进行搜索，都能成功脱离；但是去掉回退过程的恢复现场操作后，按某种搜索顺序可能恰好能成功脱离，但按另外一种搜索顺序则不能成功脱离，这是错误的。

如图 8.5～图 8.8 所示，以第 2 个测试数据为例分析了加上和去掉回退过程分别按两种搜索顺序进行搜索的过程和结果。

分析 1（见图 8.5）：回退过程有恢复现场，dir 数组为{ {−1, 0}, {0, 1}, {1, 0}, {0, −1} }，即按上、右、下、左顺序选择相邻方格进行搜索，整个搜索过程如图 8.5（b）所示，dfs( )函数的执行过程如图 8.5（c）所示。dfs( )函数执行的结果是能成功逃脱。

分析 2（见图 8.6）：回退过程有恢复现场，dir 数组为{ {0, −1}, {0, 1},{1, 0}, {−1, 0} }，即按左、右、下、上顺序选择相邻方格进行搜索，整个搜索过程如图 8.6（b）所示，dfs( )函数的执行过程如图 8.6（c）所示，这两个图表明，从起始位置左边出发的这个分支被证明为走不通后，此时右边位置(1, 3)仍为'.'（在回退的时候恢复了），从这个位置出发再进行搜索，最终可以成功逃脱。

分析 3（见图 8.7）：去掉回退过程的恢复现场操作，在图 8.7（c）中，“(0, 2)= '.';” 等代码加上了删除线。dir 数组为{ {−1, 0}, {0, 1}, {1, 0}, {0, −1} }，即按上、右、下、左顺序选择相邻方格进行搜索，整个搜索过程如图 8.7（b）所示，dfs( )函数的执行过程如图 8.7（c）所示。dfs( )函数执行的结果是恰好能成功逃脱。

分析 4（见图 8.8）：去掉回退过程的恢复现场操作，在图 8.8（c）中，“(1, 1)= '.';” 等代码加上了删除线。dir 数组为{ {0, −1}, {0, 1}, {1, 0}, {−1, 0} }，即按左、右、下、上顺序选择相邻方格进行搜索，整个搜索过程如图 8.8（b）所示，dfs( )函数的执行过程如图 8.8（c）所示。dfs( )函数执行的结果是不能成功逃脱，原因是从起始位置的左边方格(1.1)出发开始的搜索分支被证实不通，但一路走过来把很多方格设置为墙壁了，导致从起始位置右边方格(1.2)出发无路可走。

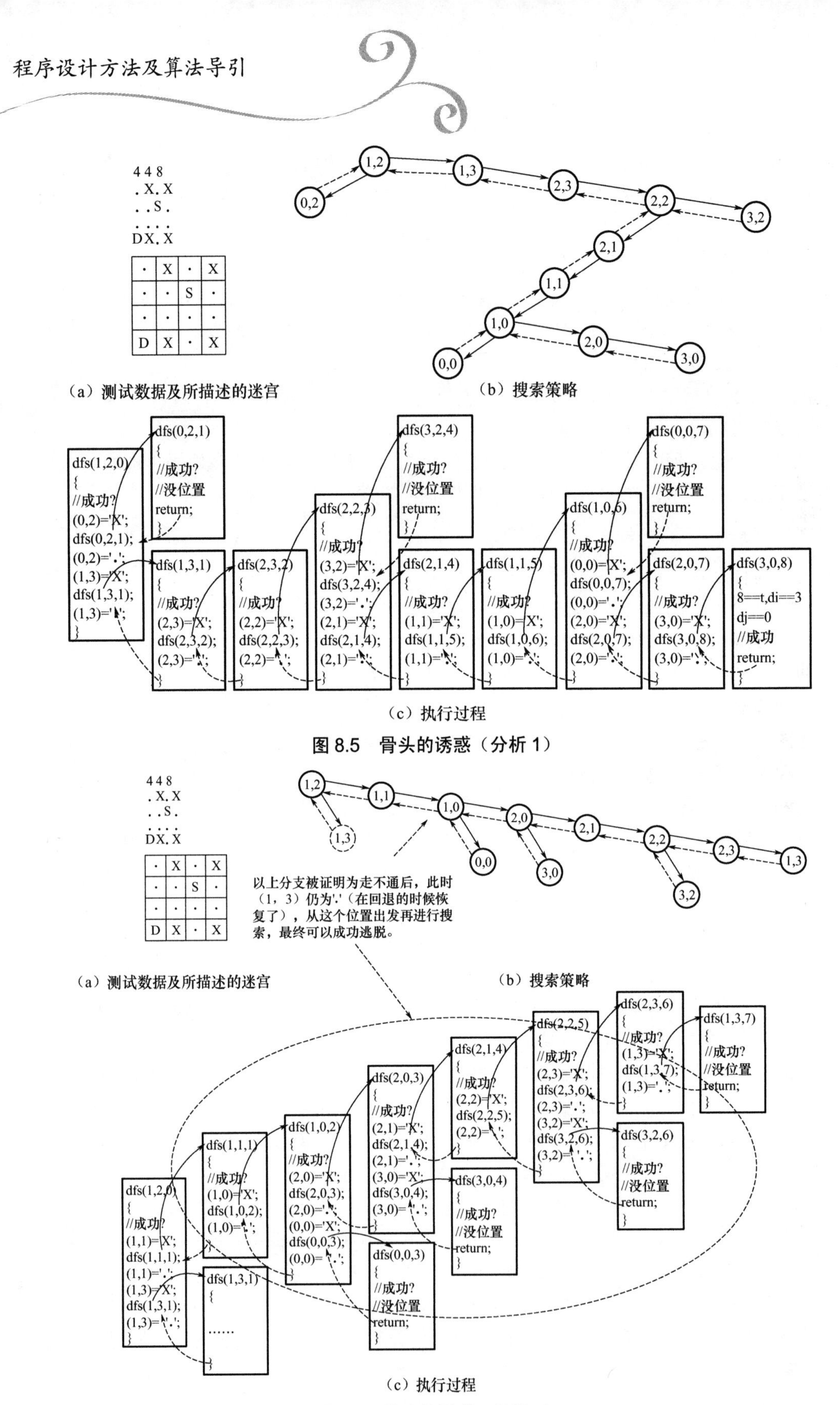

图 8.5 骨头的诱惑（分析 1）

图 8.6 骨头的诱惑（分析 2）

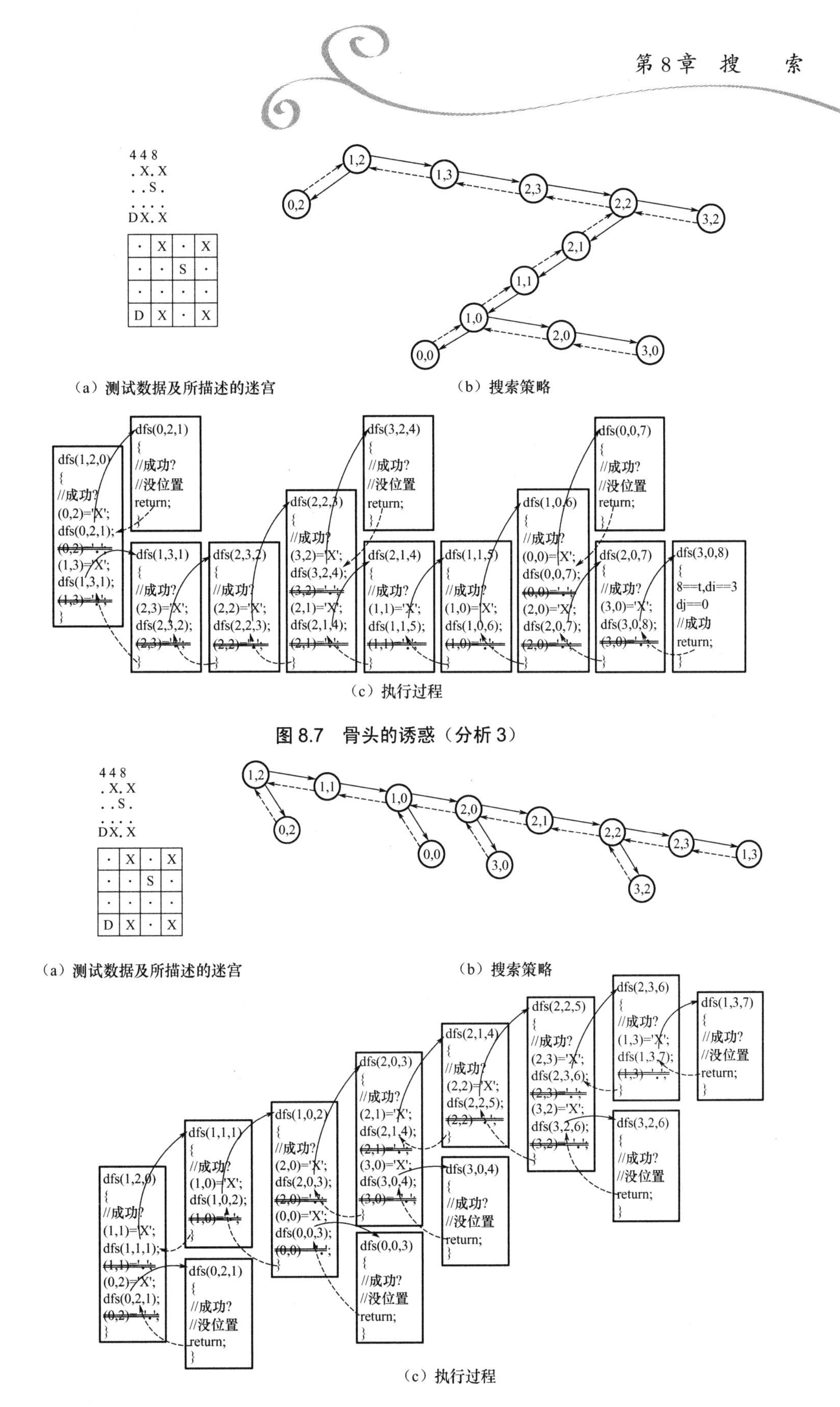

图 8.7 骨头的诱惑（分析 3）

图 8.8 骨头的诱惑（分析 4）

本题在搜索前进方向上要将当前方格设置成墙壁，是因为题目规定，最终求得的搜索路径不能重复走经过的方格。那么为什么在回退过程中恢复现场？这是因为如果当前搜索方向行不通，该搜索过程要结束了，但并不代表其他搜索方向也行不通，所以在回退时必须将前进方向上设置的墙壁还原到原来的状态，保证其他搜索过程不受影响。

代码如下。

```
char map[9][9]; //迷宫地图
int n, m, t;       //迷宫的大小(行和列)，及迷宫的门会在第 t 秒开启
int di, dj;        //(di, dj)：门的位置
bool escape;       //是否成功逃脱的标志，escape 为 1 表示能成功逃脱
int dir[4][2] = { {0, -1}, {0, 1}, {1, 0}, {-1, 0} }; //分别表示左、右、下、上四个方向
void dfs( int wi, int wj, int cnt )       //搜索到位置(wi, wj)，已经前进了 cnt 秒
{
    int i, temp, nexti, nextj;
    if( wi==di && wj==dj && cnt==t ){    //成功逃脱
        escape = 1;  return;
    }
    //搜索过程中的剪枝：abs(wi-di)+ abs(wj-dj)表示当前所在格子到目标格子的曼哈顿距离
    //t-cnt 是实际还需要的步数，将它们做差
    //如果 temp < 0 或者 temp 为奇数，那就不可能到达！
    temp = (t-cnt)- abs(wi-di)- abs(wj-dj);
    if( temp<0 || temp%2 ) return;
    for( i=0; i<4; i++ ){
        nexti = wi+dir[i][0];  nextj = wj+dir[i][1];
        if(nexti<0 || nexti>=n || nextj<0 || nextj>=m) continue;  //出了边界
        if( map[nexti][nextj] != 'X'){
            map[nexti][nextj] = 'X'; //前进方向！将拟走的相邻方格设置为墙壁'X'
            dfs(nexti, nextj, cnt+1); //从相邻方格继续搜索
            if(escape) return;
            map[nexti][nextj] = '.'; //后退方向！恢复现场！
        }
    }
}
int main( )
{
    int i, j, si, sj;                       //(si, sj)为小狗的起始位置
    while( scanf("%d%d%d", &n, &m, &t)){
        if( n==0 && m==0 && t==0 ) break;     //测试数据结束
        char temp;  int wall = 0;     //wall 用于统计迷宫中墙的数目
        scanf( "%c", &temp );          //跳过上一行的换行符，详见下面的备注
        for( i=0; i<n; i++ ){
            for( j=0; j<m; j++ ){
                scanf( "%c", &map[i][j] );
                if( map[i][j]=='S' ){  si=i;  sj=j;  }
                else if( map[i][j]=='D' ){  di=i;  dj=j;  }
```

```
            else if( map[i][j]=='X' ) wall++;
        }
        scanf( "%c", &temp );
    }
    if( n*m-wall <= t ){ printf( "NO\n" );  continue; }  //搜索前的剪枝
    escape = 0;  map[si][sj] = 'X';
    dfs( si, sj, 0 );
    if( escape ) printf( "YES\n" ); //成功逃脱
    else  printf( "NO\n" );
  }
  return 0;
}
```

注意，用 C 语言的 scanf( )函数读入字符型数据（使用"%c"格式控制）时，会把上一行的换行符（ASCII 编码值为 10）读进来。因此在读入每一行迷宫字符前，要跳过上一行的换行符。详见第 4.6.1 节。

例 8.2　最大的泡泡串。

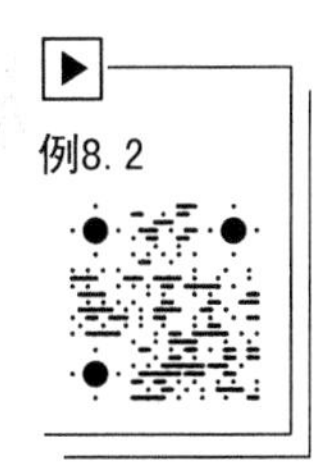

题目描述：

泡泡龙是一个经典的游戏。在泡泡龙游戏中，通常奇数行的泡泡数比偶数行的泡泡数多 1。给定泡泡龙游戏中各泡泡的颜色，求由同种颜色泡泡组成的最大泡泡串的泡泡数。

输入描述：

输入文件包含多个测试数据。每个测试数据的第 1 行为两个正整数 n 和 m，$2 \leqslant m, n \leqslant 50$，表示泡泡的行数和列数，行号和列号均从 1 开始计起，如图 8.9（a）所示；接下来有 n 行，奇数行有 m 个字符，偶数行有 m–1 个字符，每个字符代表一个泡泡，字符 a、b、c 分别表示红色、绿色、蓝色。输入文件的最后一行为“0 0”，表示输入结束。

注意，不管是奇数行还是偶数行，每个泡泡最多有 6 个相邻位置，如图 8.9（c）和图 8.9（d）所示。当然，如果相邻位置超出边界，则相邻位置数小于 6。

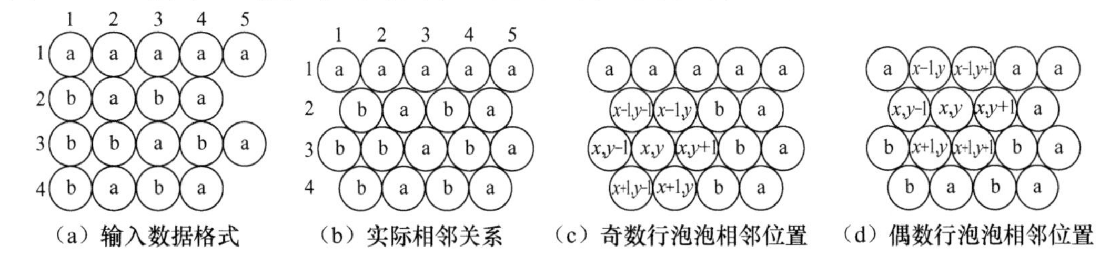

图 8.9　泡泡的相邻位置

输出描述：

对每个测试数据，输出求得的由同种颜色泡泡组成的最大泡泡串的泡泡数。

样例输入：
```
4 5
aaaaa
baba
bbaba
```

样例输出：
```
11
```

```
baba
0 0
```

分析：很明显，本题需要采用深度优先搜索求解。从图中任何一个位置的泡泡（设为A）出发进行搜索，如果相邻位置是同种颜色，则继续搜索。按照这种策略，能找到与A颜色相同的一串泡泡，在搜索过程中计数就能统计这串泡泡的长度。

本题的搜索需要注意以下几点。

（1）相邻位置的处理。从图 8.9 可以看出，根据当前位置(x, y)的坐标可以判断所处位置是奇数行还是偶数行，最多有 6 个相邻位置，而且有 4 个相邻位置是相同的，即$(x, y-1)$、$(x, y+1)$、$(x-1, y)$、$(x+1, y)$，可以统一处理；其他 2 个相邻位置需要单独处理。

（2）搜索前进方向和后退方向的处理。本题在搜索的前进方向需要把当前位置上的泡泡的颜色设置成除 a、b、c 以外的字符（以下代码是设置成空格字符），保证不重复计数。注意，如果不做这样的处理，任何一个分支的搜索都会无穷无尽下去，无法结束。但在后退方向上不需做任何处理。代码如下。

```
#define MAXN 52
char map[MAXN][MAXN];
int max, max1, n, m;
//(x, y): 当前位置的坐标; element: 当前位置的颜色
void dfs( char map[MAXN][MAXN], int x, int y, char element )
{
    if(map[x][y]==element) max1++, map[x][y]=' ';
    if( x%2==1 ){  //奇数行
        if( x+1<=n && y>1 && map[x+1][y-1]==element ) dfs( map, x+1, y-1, element );
        if( x>1 && y>1 && map[x-1][y-1]==element ) dfs( map, x-1, y-1, element );
    }
    else {  //偶数行
        if( x>1 && y+1<=m && map[x-1][y+1]==element ) dfs( map, x-1, y+1, element );
        if( x+1<=n && y+1<=m && map[x+1][y+1]==element )
            dfs( map, x+1, y+1, element );
    }
    //以下 4 个相邻位置是奇数行和偶数行都有的
    if( x+1<=n && map[x+1][y]==element ) dfs( map, x+1, y, element );
    if( x>1 && map[x-1][y]==element ) dfs( map, x-1, y, element );
    if( y+1<=m && map[x][y+1]==element ) dfs( map, x, y+1, element );
    if( y>1 && map[x][y-1]==element ) dfs( map, x, y-1, element );
}
int main( )
{
    int i, j;
    while( 1 ){
        scanf( "%d%d", &n, &m );
        if( n==0 && m==0 ) break;
        memset( map, 0, sizeof(map));
        for( i=1; i<=n; i++ ) scanf( "%s", map[i]+1 );
        max = 0;
```

```
        for( i=1; i<=n; i++ ){
            for( j=1; j<=m; j++ ){
                if( i%2==0 && j==m ) continue;
                if( map[i][j]!=' ' ){
                    max1 = 0; dfs( map,i,j,map[i][j] );
                    if( max1>max ) max = max1;
                }
            }
        }
        printf( "%d\n", max );
    }
    return 0;
}
```

练习题

练习 8.1　图形周长（Image Perimeters），ZOJ1047，POJ1111。

题目描述：

病理实验室切片数字化后被表示为矩形网格，其中，“.”表示空白的地方，“X”代表所研究对象的一部分。如图 8.10（a）所示是两个简单的例子。网格内一个“X”代表一个完整的格子，这样的格子和它的边界属于某个对象。图 8.10（b）中，位于中心的“X”与周围 8 个方向上的“X”相邻。任何两个相邻的格子边重叠或角重叠，因此任何两个相邻的格子都认为是连接的。技术员用鼠标点击切片上的对象来选择物体进行分析。你的任务就是计算被选择物体的周长。

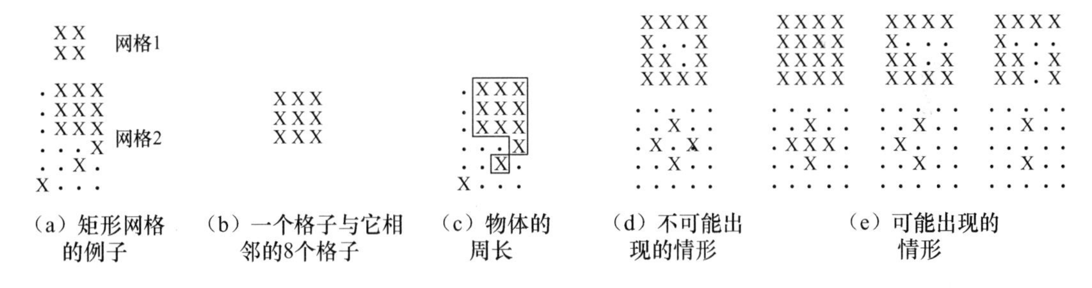

图 8.10　求图形周长

按照上面的法则连在一起的“X”算作一个整体。在图 8.10（a）中，网格 1 中整个矩形网格被一个物体填满了，网格 2 中有两个物体，左下方的和右上方的。

技术员总是点击含有“X”的方格，以选中包含该方格的物体。被点击方格的坐标记录下来。横纵坐标从左上角开始从 1 算起。假设每个“X”方格的边长都是单位长度。因此网格 1 中的物体边长为 8（4 个边，每边为 2）。网格 2 中较大的物体周长是 18，如图 8.10（c）所示。物体不会包括完整的空洞。因此图 8.10（d）所示的图形是不可能出现的情形，而图 8.10（e）所示的图形是可能的。

输入描述：

输入文件包含多个网格。每个网格的第 1 行是 4 个整数 m、n、x 和 y，分别表示该网格的行和列，以及鼠标点击的坐标。所有数据的范围在 1～20 之内。接下来有 m 行，每

行有 n 个字符，描述了该网格。网格中的字符包括“.”和“X”。输入以 4 个 0 结束。

输出描述：

对于输入的每个网格，输出所选中物体的周长。

样例输入：

```
6 4 2 3
.XXX
.XXX
.XXX
...X
..X.
X...
0 0 0 0
```

样例输出：

```
18
```

练习 8.2 泡泡龙游戏（Bubble Shooter），ZOJ2743。

题目描述：

泡泡龙游戏的目的就是消除画面上所有的泡泡，如图 8.11 所示。每次把大炮对准想让下一个泡泡去的地方，如果那个地方形成了 3 个或 3 个以上的同种颜色的泡泡（包括新发射的泡泡），它们就会引爆。在爆炸之后，如果一些泡泡与最高一层泡泡相脱离的话，它们也将爆炸。

在这个题目中，将给你安排一组泡泡的情形和一个新发射的泡泡，你的程序应该输出总共爆炸的泡泡的个数。

输入描述：

输入文件包含多个测试数据。每个测试数据的第 1 行为 4 个整数，分别为 H（表示游戏画面的高度，$2 \leqslant H \leqslant 100$），$W$（表示画面的宽，$2 \leqslant W \leqslant 100$），$h$（新泡泡的垂直位置，从顶到底，最上面是 1），$w$（新泡泡的横向位置，从左到右，最左边是 1）；接下来有 H 行，奇数行将包括 W 个字符，而偶数行将包括 W–1 行字符，每个字符将是 a–z 中的一个，代表泡泡的颜色，或者大写字母 E 代表一个空的位置。假定泡泡分布的情形总是合理的，所有的泡泡是直接或间接连接到最上面行的一个泡泡，另外(w, h)位置肯定有一个新发射的泡泡。

图 8.11　泡泡龙游戏

输出描述：

对每个测试数据，输出一个整数，代表将要爆炸的泡泡数。

样例输入：

```
3 3 3 3
aaa
ba
bba
3 3 3 3
aaa
Ea
aab
```

样例输出：

```
8
0
```

练习 8.3　火力配置网络（Fire Net），ZOJ1002, POJ1315。

题目描述：

假定有一个方形的城市，街道都是直的。城市的地图是一个 n 行 n 列的方形棋盘，每行每列代表一条街道或一堵墙。城市中有碉堡，每个碉堡有 4 个开口，可以射击。这 4 个开口分别朝北、东、南和西。每个开口都有一挺机关枪朝外射击。假定子弹是如此厉害，射程可以达到任意远的距离，也可以摧毁该方向上的碉堡。而城市中的墙是如此结实以至于可以抵挡子弹。

本题的目标是要在城市中放置尽可能多的碉堡，并且保证碉堡之间互相不会被摧毁。碉堡放置的方案如果是合法的，必须保证任何两个碉堡不在同一行、同一列，除非它们之间至少有一堵墙隔开。在本题中，我们考虑的城市都比较小，至多 4×4 大小。

图 8.12 给出了同一个地图的 5 种碉堡放置的情形。其中，图 8.12（a）是空的地图，图 8.12（b）、8.12（c）是合理的放置方案，图 8.12（d）、8.12（e）是不合理的放置方案。在这个地图中，最多能放置 5 个碉堡。图 8.12（b）显示了放置 5 个碉堡的一种方法，但也存在其他方法可以放置 5 个碉堡。

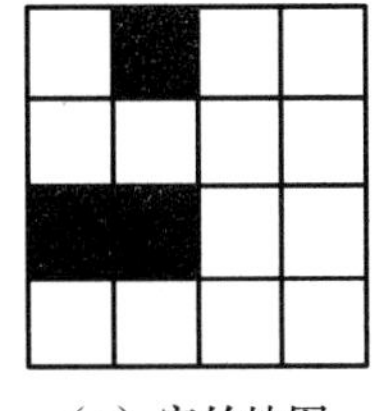

（a）空的地图

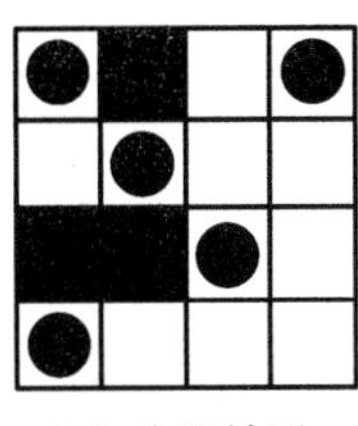

（b）合理放置方案一

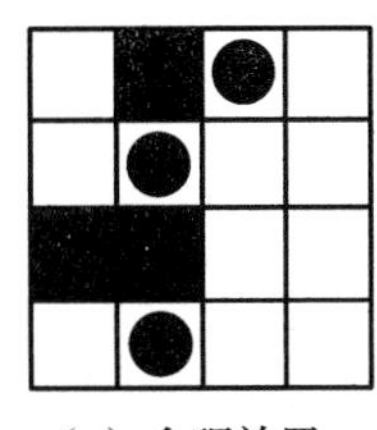

（c）合理放置方案二

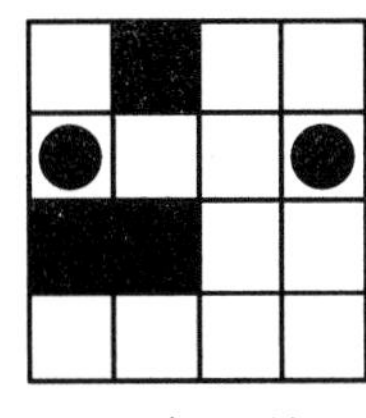

（d）不合理放置方案一

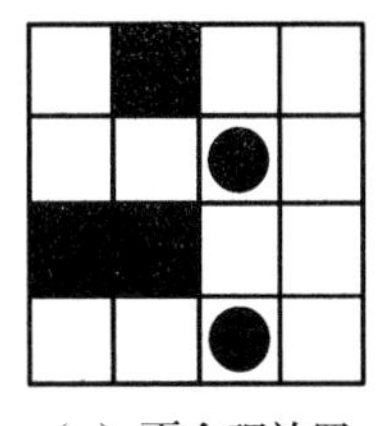

（e）不合理放置方案二

图 8.12　地图示例

你的任务是编写程序，给定地图的描述，计算能在该地图中合理地放置碉堡的最大数目。

输入描述：

输入文件包含多个地图的描述。最后一行为 0，代表输入结束。每个地图描述的第 1 行是一个正整数 n，表示城市的大小，n 至多为 4；接下来的 n 行描述了地图，地图中允许出现的符号及其含义为“.”代表空地；“X”代表墙。输入文件中没有空格。

输出描述：

对每个地图描述，输出一行，为一个整数，表示能在该地图中合理地放置碉堡的最大数目。

样例输入：

```
4
.X..
....
XX..
....
0
```

样例输出：

```
5
```

8.2 用深度优先搜索求解排列和组合问题

用深度优先搜索求解排列组合问题

排列和组合是数学中最常见的问题。例如，从 N 个元素中取 M 个，计算共有多少种符合要求的方案。对于这一类问题，根据选出来的元素是否与顺序有关，可区分为排列与组合。如果两个方案中的元素一样，但顺序不一样，这两个方案被认为是不同的方案，这是排列问题；如果与顺序无关，则是组合问题。本节介绍用深度优先搜索算法求解排列与组合问题。

8.2.1 排列问题

例 8.3 是全排列问题（选出所有的元素组成一个排列），例 8.4 是一般排列问题（选出部分元素组成一个排列）。

例8.3

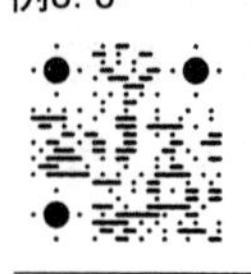

例 8.3 素数环问题（Prime Ring Problem），ZOJ1457。

题目描述：

一个环上有 n 个圆圈，代表 n 个位置。现将 1, 2, ⋯, n 共 n 个自然数分别放在这 n 个位置上，使得任意相邻两个位置上的两个数之和为素数。注意，第 1 个位置上放的数总是 1。当 n = 6 时，一个满足要求的素数环如图 8.13（b）所示。

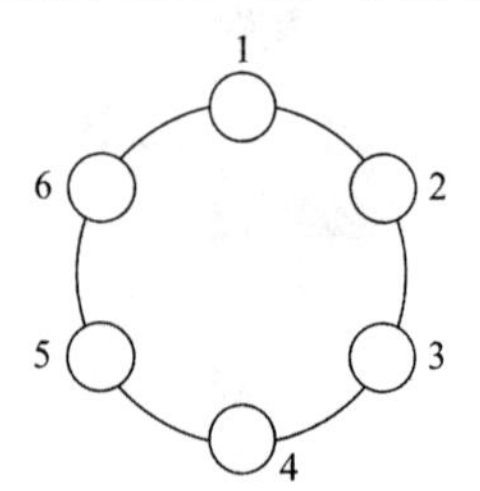

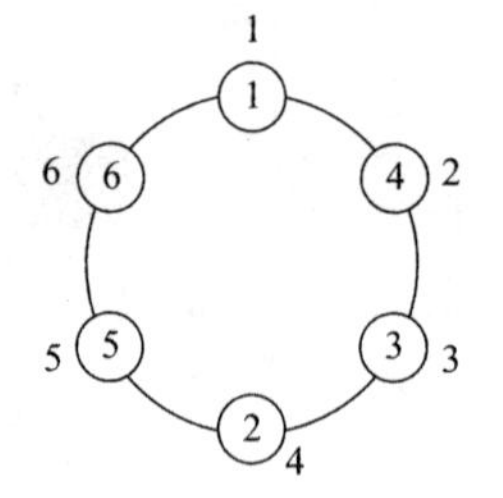

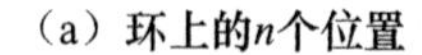

（a）环上的n个位置　　（b）在n个位置放置自然数1～n

图 8.13　n=6 时的素数环

输入描述：

输入文件包含多个测试数据，每个测试数据占一行，为一个整数 n，$0 < n < 20$。

输出描述：

输出格式如样例输出所示。每一行代表一个满足要求的放置方法，从第 1 个位置开始，按顺时针顺序输出 1～n 位置上的自然数。按字典序输出所有满足要求的放置方法。

每个测试数据对应的输出之后有一个空行。

样例输入：

```
6
8
```

样例输出：

```
Case 1:
1 4 3 2 5 6
1 6 5 2 3 4

Case 2:
1 2 3 8 5 6 7 4
1 2 5 8 3 4 7 6
1 4 7 6 5 8 3 2
1 6 7 4 3 8 5 2
```

分析：本题的解题思路是深度优先搜索，以 $n=6$ 加以解释，如图 8.14 所示。

在 1 号位置上放置数字 1。在 2 号位置上可供选择的数字为 2～6，其中 3 和 5 是不可行的，对 2、4 和 6 一一试探，先试探 2。

（1）2 号位置上放置 2 以后，3 号位置上可供放置的数字为 3～6，其中 4 和 6 是不可行的，对 3 和 5 也是一一试探，先试探 3。

① 3 号位置上放置 3 以后，4 号位置上可供放置的数字为 4～6，其中只有 4 是可行的，所以放置 4。这时可供 5 号位置上放置的数字为 5 和 6，均不可行。所以，这些方案都不可行。

② 再考虑 3 号位置上放置 5，4 号位置上只能放置 6，此后 5 号位置上放置 3 和 4，均不可行。这些方案都排除。

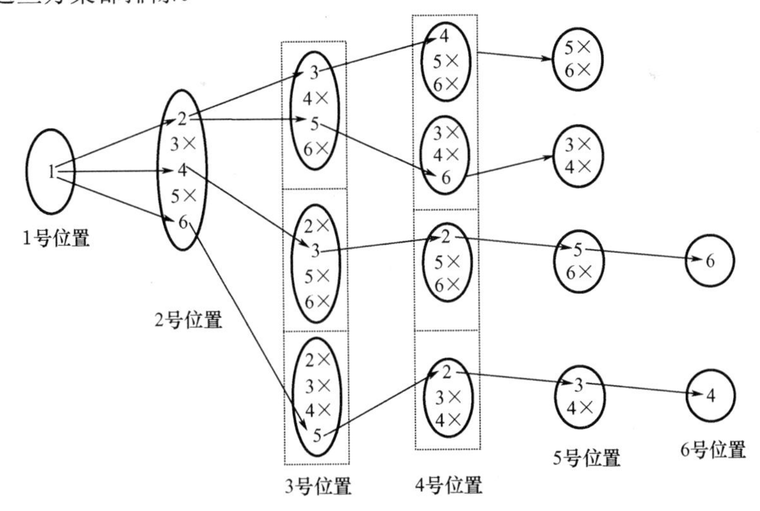

图 8.14　素数环搜索策略(n=6)

（2）再考虑 2 号位置上放置 4，3 号位置上只能放置 3，4 号位置上只能放置 2，5 号位置上只能放置 5，6 号位置只能放置 6，这个方案是可行的。

以此类推，直到试探完所有的方案为止。

本题要注意，如果输入的 n 是奇数，因为会有 2 个奇数相邻，其和不可能是素数，因此无解，直接输出空行。如果对输入的奇数，也加以搜索，则程序运行时间会增加不少。

具体实现时，因为有 *n* 个位置，要在 *n* 个位置上放置 1～*n*，而 *n* 是小于 20 的，因此可以定义两个数组 nLoop 和 beUsed，其含义如下。

nLoop[21]：放在 *n* 个位置上的数，nLoop[0]为放置在位置 1 上的数，始终为 1。

beUsed[21]：使用第 1～*n* 个元素，每个数是否被选用的标志，beUsed[i]为 1 则 *i* 已被选用。

另外，为简化素数的判断，可以把 40 以内的素数存储在数组 isPrime 中，即：

```
int isPrime[40] = {0, 0, 2, 3, 0, 5, 0, 7, 0, 0, 0, 11, 0, 13, 0, 0, 0, 17, 0, 19,
                   0, 0, 0, 23, 0, 0, 0, 0, 0, 29, 0, 31, 0, 0, 0, 0, 0, 37, 0, 0};
```

如果 isPrime[i]非 0，则 *i* 为素数，否则(isPrime[i]为 0)，*i* 为合数。

搜索时，按 1～*n* 的顺序选择可以使用的数，则搜索得到的解的顺序就是字典序。搜索过程是通过 search( )函数实现的。search( )函数的原型如下。

```
void search( int step );
```

其中参数 step 的含义是，已按要求放置好前 step 个数，现将要放置第 step+1 个数。

因为题目要求在第 1 个位置上总是放置 1，因此在 main( )函数中先设置 beUsed[1]=1 和 nLoop[0]=1，然后调用 search(1)求解。n=6 时，search( )函数的执行过程如图 8.15 所示。

search(1)的执行过程为，在执行 search(1)时，考虑 2 号位置上可以放置数字 2、4、6。以选用 4 为例加以解释，选用 4 后，递归调用 search(2)。

在 2 号位置上放置 4 后，3 号位置上可以选用的只有 3，所以选用 3，然后递归调用 search(3)。

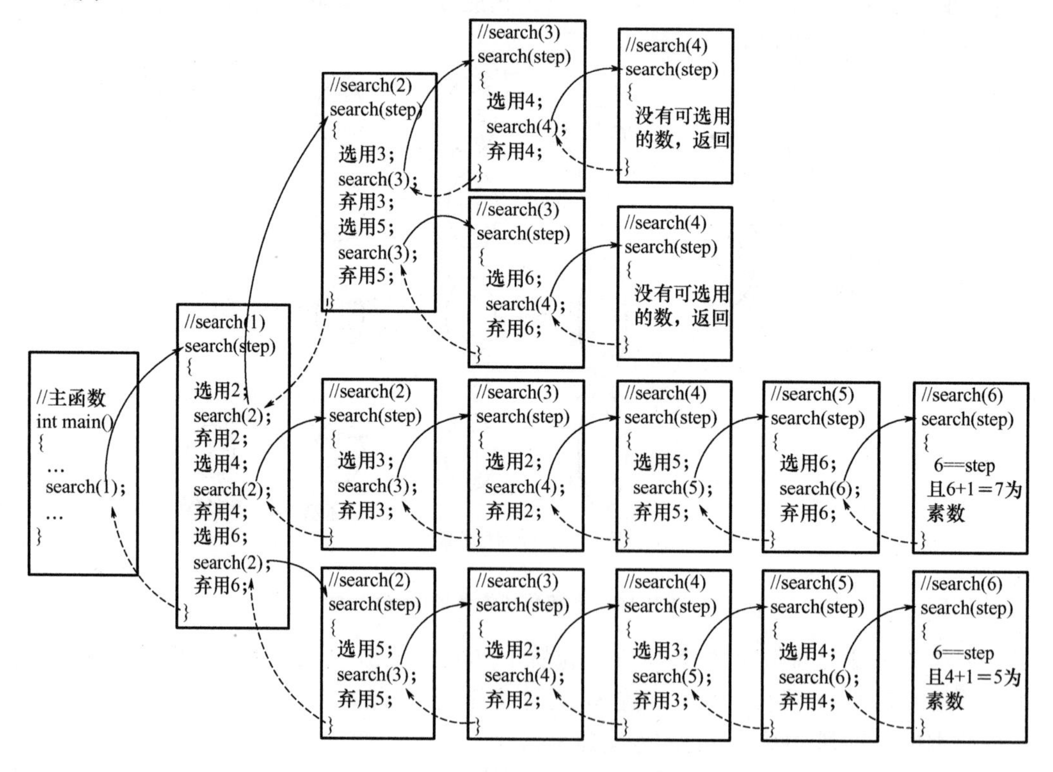

图 8.15 素数环搜索策略的实现(*n*=6)

在 3 号位置上放置 3 后，4 号位置上可以选用的只有 2，所以选用 2，然后递归调用 search(4)。

在 4 号位置上放置 2 后，5 号位置上可以选用的只有 5，所以选用 5，然后递归调用 search(5)。

在 5 号位置上放置 5 后，6 号位置上可以选用的只有 6，所以选用 6，然后递归调用 search(6)。

在执行 search(6)时，因为 6 号位置上的数字为 6，其右边相邻位置为 1 号位置，已经放置 1 了，并且 6+1=7 为素数。所以，沿着这个方向搜索，找到一个可行解“1 4 3 2 5 6”。代码如下。

```
int n;                    //输入的整数n
int nLoop[21];            //放在n个位置上的数，nLoop[0]为放置在位置1上的数
int beUsed[21];           //1～n，每个数是否被选用的标志，beUsed[i]为1则i已被选用
//存储40以内的素数，isPrime[i]非0，则i为素数
int isPrime[40] = {0, 0, 2, 3, 0, 5, 0, 7, 0, 0, 0, 11, 0, 13, 0, 0, 0, 17, 0, 19,
                   0, 0, 0, 23, 0, 0, 0, 0, 0, 29, 0, 31, 0, 0, 0, 0, 0, 37, 0, 0};
void search( int step ) //已按要求放置好前step个数，现将要放置第step+1个数
{
    int i;
    if( step==n ){                        //已放置好n个数
        //首尾和为素数，则这个排列满足要求
        if( isPrime[ nLoop[0]+nLoop[n-1] ] ){
            for( i=0; i<n-1; i++ ) printf( "%d ", nLoop[i] );  //输出
            printf( "%d\n", nLoop[n-1] );
        }
        return;
    }
    for( i=1; i<=n; i++ ){                //依次选用1～n中没有用过的数
        //如果i没有选用，且选用i使得i+nLoop[step-1]为素数，nLoop[step-1]为前一个数
        if( !beUsed[i] && isPrime[ i+nLoop[step-1] ] ){
            beUsed[i] = 1;  nLoop[step] = i;    //选用i
            search( step+1 );
            beUsed[i] = 0;                //回退过程，本次弃用i
        }
    }
}
int main( )
{
    int kase = 1;                         //序号
    while( scanf( "%d", &n )!=EOF ){
        printf( "Case %d:\n", kase++ );
        if( n%2==0 ){
            beUsed[1] = 1;  nLoop[0] = 1;  //1已使用，在位置1上放置1
            search( 1 );
        }
```

```
        printf( "\n" );                 //奇数无解，直接输出空行
    }
    return 0;
}
```

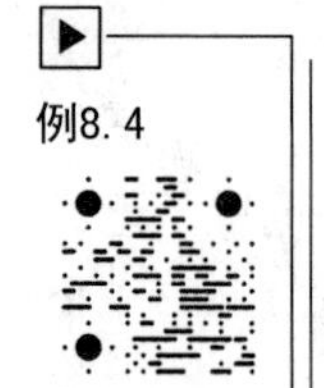

例 8.4 保险箱解密高手（Safecracker），ZOJ1403，POJ1248。

题目描述：

要开一种保险箱。保险箱密码的破解方法为，从给定的 5～12 个不同的大写字母组成的字符集中，选取 5 个字母，设为 v、w、x、y 和 z，满足等式 $v - w^2 + x^3 - y^4 + z^5 = \text{target}$。target 为一个给定的整数。在该等式中，每个字母用它在字母表中的序号替换（即 A=1，B=2…Z=26）。组合得到的密码为 vwxyz，如果有多个满足条件的密码，则取字典序最大的。所谓字典序就是在字典中的排列顺序。

例如，给定 target 为 1，字符集为“ABCDEFGHIJKL”，一个可行解为“FIECB”，这是因为 $6 - 9^2 + 5^3 - 3^4 + 2^5 = 1$。实际上还有其他可行解，并且最终求得的解为“LKEBA”。

输入描述：

输入文件包含一行或多行。每行首先是一个正整数，表示目标值 target，其值不超过 12 000 000，然后是一个空格，接下来是 5～12 个不同的大写字母。输入文件的最后一行，目标值 target 为 0，且字母为“END”，表示输入结束。

输出描述：

对输入的每一行（除最后一行外）测试数据，输出满足条件的密码，如果存在多个满足条件的密码，则只输出字典序最大的；如果没有满足条件的密码，则输出“no solution”。

样例输入：

```
1 ABCDEFGHIJKL
1234567 THEQUICKFROG
0 END
```

样例输出：

```
LKEBA
no solution
```

分析：这道题的搜索思路跟例 8.3 的搜索思路是一致的，即搜索每一种组合，看是否满足题目要求，如果满足，则是一组解。首先因为字符集中的字母都是大写字母，字母数不超过 26 个，因此可以用一个整型数组 letters 来记录字符集中的字母。letters[0]～letters[25]分别对应字母 A～Z，如果 letters[i]为 1，则表示输入的字符集中有该字母。

在搜索时，为保证搜索到的第 1 个解就是字典序最大的解，可以从后面开始搜索。按 letters[25]～letters[0]的顺序依次选择各字母，如果 letters[i]>0 表示 letters[i]对应的字母可以选，并且如果选定 letters[i]，则将 letters[i]的值减 1（letters[i]的值变为 0），这样保证不会重复选同一个字母。如果如此进行下去这种方案行不通，还得弃用 letters[i]，即将 letters[i]的值加 1（letters[i]的值变为 1）。代码如下。

```
const int MAX_L = 26;
const int MAX_N = 5;
int target;                          //输入的 target
char key[15];                        //输入的 5～12 个不同的大写字母
//letters[0]～[25]分别对应字母A～Z，如果letters[i]为1，则表示输入的字符集中有该字母
int letters[MAX_L];
int nums[MAX_N];                     //选用的 5 个整数(输出时转换成字母输出)
```

```
bool FindKey(int depth)          //已选好前 depth 个数，现将要选第 depth+1 个数
{
    if( depth==5 ){
        int sum = nums[0] - pow(nums[1], 2)+ pow(nums[2], 3)
            - pow(nums[3], 4)+ pow(nums[4], 5);
        if( target==sum ) return true;
        return  false;
    }
    //从后面搜索所有的字母，保证找到的第 1 个解就是字典序最大的解
    for( int i=MAX_L-1; i>=0; i-- ){
        if( letters[i]>0){         //letters[i]对应的字母没选用
            --letters[i];          //选择 letters[i]
            nums[depth] = i+1;     //在 nums 数组中存放 letters[i]字母对应的整数
            if( FindKey(depth+1)) return true;
            ++letters[i];          //放弃 letters[i]
        }
    }
    return false;
}
int main( )
{
    int i;
    while( scanf( "%d%s", &target, key)){
        if(target == 0 && !strcmp(key, "END")) break;    //结束
        memset( letters, 0, sizeof(letters));
        for( i = 0; i < strlen(key); i++ )//在 letters 中记录输入字符集中的每个字母
            ++letters[ key[i]-'A' ];
        if( FindKey(0)){  //FindKey(0)为 true 表示已搜索到解，且是字典序最大的解
            for( i=0; i<MAX_N; ++i) printf( "%c", char(nums[i] + 'A' -1));
            printf( "\n" );
        }
        else  printf( "no solution\n" );
    }
    return 0;
}
```

8.2.2　组合问题

对从 N 个元素中选取 M 个元素的组合问题，根据 N 个元素是否能重复选，又可分为可重复组合问题和不可重复组合问题。例 8.5 是可重复组合问题，例 8.6 是不可重复组合问题。另外，例 8.7 要选出所有的元素，这些元素与顺序无关，是全组合问题。

例8. 5

例 8.5　方形硬币（Square Coins），ZOJ1666。

题目描述：

方形硬币，不仅形状是方形的，而且硬币的面值也是平方数。硬币的面值为 $1^2, 2^2, 3^2, \cdots, 17^2$，即 1, 4, 9, …, 289。问要支付一定金额的货币，有

多少种支付方法。

例如，若要支付总额为 10 的货币，则有 4 种方法：（1）10 个面值为 1 的货币；（2）1 个面值为 4 的货币和 6 个面值为 1 的货币；（3）2 个面值为 4 的货币和 2 个面值为 1 的货币；（4）1 个面值为 9 的货币和 1 个面值为 1 的货币。

输入描述：

输入文件包含若干行，每行为一个整数，表示需要支付货币的金额，最后一行为 0，表示输入结束。货币的金额均为正整数并且不超过 300。

输出描述：

对每个货币金额，输出一个整数，表示支付该金额的方案数。

样例输入：

```
10
30
0
```

样例输出：

```
4
27
```

分析：本题对给定的货币金额，要求有多少种支付方案。这个问题类似于用天平称重，如图 8.16（a）所示。假设天平左边的物体重量为 5，可用的砝码重量为 1, 4, 9, 16, …，问一共有多少种称重方案。称重时，是试探性地选择砝码，如图 8.16（b）所示。先放 1 个重量为 1 的砝码，轻了；再继续放 1 个重量为 1 的砝码，还是轻了；以此类推，直到放了 5 个重量为 1 的砝码，天平平衡了，这是一种称重方案。注意，搜索时，如果天平平衡了，或天平右侧超重了，则这个搜索方向不再搜索。另外，当放了 1 个重量为 1 的砝码，再放 1 个重量为 4 的砝码，天平也平衡了，这也是一种称重方案。按砝码重量从小到大依次选择不同的砝码，从而统计称重方案的数目。

首先，定义一个如下所示的 build( )函数：

```
int build( int n, int count, int sum, int j );
```

其中各参数的含义为：n 为需要支付的货币金额；count 为现已求得的支付方案数；sum 为当前选用的硬币面值总额；j 为当前最后选的硬币是第 j 种硬币，面值为 j*j。对输入的每个支付金额，只需调用 build(n, 0, 0, 0)函数即可求解。

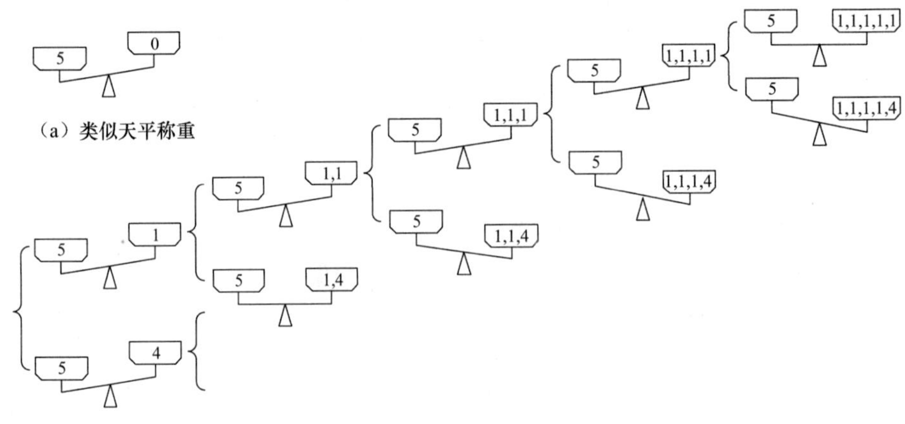

图 8.16　方形硬币（搜索策略）

接下来，以图 8.16 所示的求重量为 5 的称重方案为例，分析本题支付货币金额为 5 时，build( )函数的递归调用过程。如图 8.17 所示，调用 build(5, 0, 0, 0)函数求解。

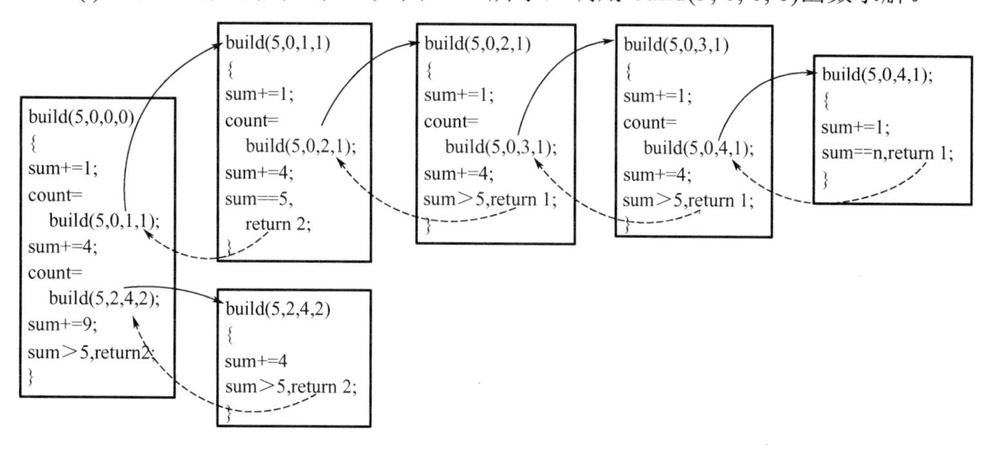

图 8.17　方形硬币（搜索函数执行过程）

在执行 build(5, 0, 0, 0)函数时，先选择面值为 1 的硬币，然后递归调用 build(5, 0, 1, 1)函数。build(5, 0, 1, 1)函数又递归调用 build(5, 0, 2, 1)函数，build(5, 0, 2, 1)函数又递归调用 build(5, 0, 3, 1)函数，build(5, 0, 3, 1)函数又递归调用 build(5, 0, 4, 1)函数。而在执行 build(5, 0, 4, 1)函数时，已选用 4 个面值为 1 的硬币，再选用 1 个面值为 1 的硬币，因为 sum==n，build(5, 0, 4, 1)函数执行完毕，返回的方案数为 1。

如图 8.17 所示，返回到 build(5, 0, 3, 1)函数里。这时已选用了 3 个面值为 1 的硬币，再继续选面值为 4 的硬币，超过了 5，所以不再继续搜索，返回到 build(5, 0, 2, 1)函数。这时已选用了 2 个面值为 1 的硬币，再继续选面值为 4 的硬币，也超过了 5，所以不再继续搜索，返回到 build(5, 0, 1, 1)函数。这时已选用了 1 个面值为 1 的硬币，再继续选面值为 4 的硬币，因为 sum==n，build(5, 0, 1, 1)函数执行完毕，返回的方案数为 2。

返回到 build(5, 0, 0, 0)函数里，这时没有选用硬币，所以继续选择面值为 4 的硬币，然后递归调用 build(5, 2, 4, 2)函数。在 build(5, 2, 4, 2)函数里，继续选用面值为 4 的硬币，超过了 5，所以返回到 build(5, 0, 0, 0)函数里。继续选用面值为 9 的硬币，超过了 5。至此，build(5, 0, 0, 0)函数执行完毕，求得的支付方案数为 2。

另外，在 build( )函数里不允许选用面值比 j*j 更小的货币，所以求得的解没有重复，代码如下。

```
//n, 需要支付的货币金额; count, 现已求得的支付方案数;
//sum, 当前选用的硬币面值总额; j, 当前最后选的硬币是第 j 种硬币, 面值为 j*j
int build( int n, int count, int sum, int j )    //调用: build(n, 0, 0, 0)
{
    for( int i=1; i<=17; i++ ){                   //搜索所有面值的硬币
        //避免出现重复的, 比如要支付 5 的话, 如果没有这条语句
        //1 个 1 和 1 个 4 这个组合将要统计 2 次, 即 1+4 和 4+1
        if( i<j ) continue;
        sum += i*i;                               //选用面值为 i*i 的硬币
        if( sum==n ) return ++count;              //找到一种支付方案
```

```
        if( sum>n ) return count;                //超出了支付总额，不再搜索
        count = build( n, count, sum, i );  //没有超出则递归调用build函数继续搜索
        sum -= i*i;                              //弃用面值为i*i的硬币
    }
    return count;
}
int main( void )
{
    int n, count;     //输入的需要支付的货币金额，求得的支付方案数
    while( 1 ){
        scanf("%d", &n);    if( n==0 ) break;
        count = build( n, 0, 0, 0 );                //搜索求解
        printf("%d\n", count);
    }
    return 0;
}
```

例 8.6 求和（Sum It Up），ZOJ1711，POJ1564。

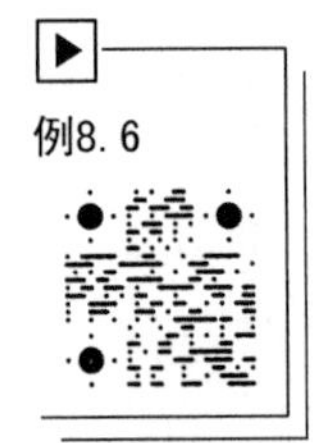

例8.6

题目描述：

给定一个总和 t，以及 n 个整数，从这 n 个整数中选取若干个，使得和为 t。求所有满足这个条件的组合情况。例如，假设 $t = 4$，$n = 6$，这 6 个整数为[4, 3, 2, 2, 1, 1]。这 6 个整数中，有 4 个不同的组合，满足和为 4，即 4、3+1、2+2、2+1+1。注意，同一个整数在一个组合中可以出现多次，只要不超过它在整数列表中出现的次数；一个整数也可以单独成为一个组合。

输入描述：

输入文件包含多个测试数据。每个测试数据占一行，首先是总和 t；接下来是整数 n，表示整数的个数；最后是 n 个整数 $x_1, \cdots, x_n$。其中，t 为正整数，且 $t<1\ 000$，$1 \leqslant n \leqslant 12$，$x_1, \cdots, x_n$ 均为小于 100 的正整数。测试数据中的所有数字都用空格分隔。每个测试数据中的 n 个整数是以非递增的顺序排列的，允许有重复的数据。输入文件的最后一行为“0 0”，表示输入结束。

输出描述：

对每个测试数据，首先输出一行，格式为“Sums of t:”，其中 t 为测试数据中的总和 t。然后输出所有满足要求的组合，每个组合占一行，如果没有满足要求的组合，则输出“NONE”。组合中的正整数以非递增的顺序排列。组合以在其中出现的整数的降序排列，也就是说，首先按第 1 个数的降序排序，第 1 个数相同则按第 2 个数的降序排序，以此类推。在每个测试数据中，各个组合必须互不相同，不能重复输出。

样例输入：

```
4 6 4 3 2 2 1 1
5 3 2 1 1
0 0
```

样例输出：

```
Sums of 4:
4
3+1
2+2
2+1+1
Sums of 5:
NONE
```

分析：本题的搜索策略跟例 8.5 差不多，对给定的 n 个数，搜索所有的组合，如果满足条件，则输出。但是要注意以下几个问题。

（1）本题要求对找到的“组合以在其中出现的整数的降序排列”，测试数据中的 n 个整数已经是非递增顺序排列了，因此按先后顺序考虑选用每个整数，依次输出找到的组合刚好符合题目要求。

（2）本题特别提到“同一个整数在一个组合中可以出现多次，只要不超过它在整数列表中出现的次数”。其实不需做特别的处理，因为如果 n 个整数中有相等的数，则这些数是单独读进来的，存放在数组里，每个数要么选，要么不选，所以对相等的数，选择次数不会超过其出现的次数。

（3）本题需考虑以下一种情形，如输入为“8 3 5 3 3”，表示有 3 个数 5、3 和 3，总和为 8，则依次有两个组合都满足要求，即“5+3”和“5+3”，本题对这种组合认为是同一个，不能重复输出。解决方法是在搜索时，如果前后两个数相等，且前一个数没有选，则不考虑后一个数，详见代码中的注释。例如，对上述输入情形，先选择第 1 个数 5，再选择第 2 个数 3，总和为 8，是符合要求的组合，再选第 3 个数就超出了；弃用第 2 个数，选择第 3 个数，本来这种组合也是满足条件的，但是由于第 2、3 个数相等，这个组合弃用了第 2 个数而选用第 3 个数，所以这个组合也不能输出。代码如下。

```
int t, n, num[20];    //输入文件中的总和 t 和整数的个数 n，num 存放输入的 n 个整数
int choose[20];       //选用的整数
int FLAG;             //是否找到满足要求的组合，如果 FLAG 为 0，表示没有找到
char flag[20];        //flag[i]为第 i 个数选用的标志，如果为 1，则第 i 个数已选用
//start，接下来从 num 数组中的第 start 个数开始选
//tag，目前选用的数的和；count，目前选用的整数个数
void search( int start, int tag, int count )
{
    int i, k;         //循环变量
    if( tag==t ){
        FLAG = 1;
        printf( "%d", choose[0] );         //输出找到的组合
        for( k=1; k<count; k++ ) printf( "+%d", choose[k] );
        printf( "\n" );
    }
    for( i=start; i<n; i++ ){              //考虑 num 数组中第 start～n-1 个数
        //前后两个数相等，前一个数没有选，则不考虑后一个数
        if( i!=0 && num[i]==num[i-1] && !flag[i-1] ) continue;
        if( tag+num[i]>t ) continue;       //超出了，跳过
        choose[count] = num[i];
        flag[i] = 1;                       //选用 num[i]
        search( i+1, tag+num[i], count+1 );
        flag[i] = 0;                       //弃用 num[i]
    }
}
```

```
int main( )
{
    int i;
    while( scanf("%d%d", &t, &n)){
        if( n==0 ) break;                    //输入结束
        FLAG = 0;
        for( i=0; i<n; i++ ) scanf( "%d", &num[i] );  //输入n个整数
        printf( "Sums of %d:\n", t );
        search( 0, 0, 0 );
        if( !FLAG ) printf("NONE\n");
    }
    return 0;
}
```

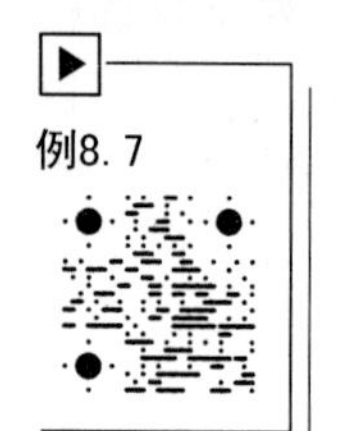

例8.7

例 8.7 正方形（Square），ZOJ1909，POJ2362。

题目描述：

给定一些不同长度的棍子，问能不能将这些棍子头尾相连，构成一个正方形。

输入描述：

输入文件的第 1 行是一个整数 N，表示测试数据的数目。每个测试数据占一行，以整数 M 开头，$4 \leqslant M \leqslant 20$，表示棍子的数目；接下来是 M 个整数，表示 M 根棍子的长度，这些整数的范围为 1～10 000。

输出描述：

对每个测试数据，如果可以构成一个正方形，输出 yes，否则输出 no。

样例输入：	样例输出：
2	no
5 10 20 30 40 50	yes
8 1 2 7 6 4 3 5 4	

分析：这道题要判断是否能将所给的 M 根木棍拼接成一个正方形。本题采用搜索求解。在搜索之前，应先判断问题是否一定无解，以避免不必要的搜索，可以看成是搜索前的剪枝。

（1）计算 M 根木棍的总长 sum，如果 sum 不是 4 的倍数，则这 M 根木棍不可能组成正方形。

（2）如果 sum 是 4 的倍数，记 ave=sum/4，如果 M 根木棍中有长度大于 ave 的，则这 M 根木棍也不可能组成正方形。

对于这两种情况，可以马上输出 no。

对于这个问题，搜索的方式有以下两种。

（1）搜索棍子，每次考虑将一根木棍放在一条边上。

（2）搜索正方形的边，每次考虑往某一条边上放一根木棍。

其中，第 2 种搜索方式比第 1 种搜索方式高效得多。

按照第 2 种搜索方式进行搜索的策略为，依次构造正方形的每条边；在构造时，从没有用过的木棍中选一根放在上面，如果选用的这根木棍刚好能构造这条边，则下一次继续

构造下一条边；如果加上这根木棍的长度超过了 ave，则要弃用这根木棍；如果加上这根木棍长度还没达到 ave，则继续选用其他的棍子来构造这条边。一旦所有边都可以成功构造，输出 yes。如果所有的组合都考虑完毕，都没有找到能构成正方形的方案，则输出 no。

对 *M* 根木棍按从长到短进行排序后再搜索有利于加快搜索速度。样例输入中的第 2 个测试数据，其搜索过程可以用图 8.18 来表示。图 8.18（a）表示构造正方形第 1 条边的过程，先选用 7，符号“√”表示在构造当前边时选用的木棍。选用 7 以后，还没构造好第 1 条边，所以继续选用木棍，选用 6、5、4、3、2 都会使得该边的长度超过 ave，所以弃用，一直搜索到 1。选用 1 以后，第 1 条边已构造好。图中符号“●”表示已经被选用的木棍，符号“○”表示还未选用的木棍。

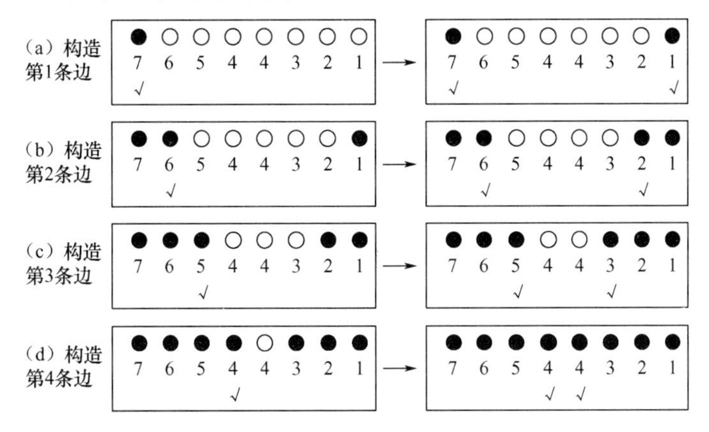

图 8.18 正方形（搜索策略）

图 8.18（b）表示构造第 2 条边的过程，选用 6 和 2。图 8.18（c）表示构造第 3 条边的过程，选用 5 和 3。图 8.18（d）表示构造第 4 条边的过程，选用 4 和 4。至此 4 条边构造好，因此搜索结果表明这 8 条边能构造成一个正方形。代码如下。

```
int M, side[21], ave;            //棍子的数目 M，M 根棍子的长度，M 根棍子长度总和/4
int mark[21], flag;              //M 根棍子选用的标志，及是否能组成正方形的标志
int cmp(const void *a , const void *b)  //排序用的比较函数
{
   return (*(int *)b - *(int *)a);
}
//st，接下来从第 st 条边开始选；len，当前正在构造的边的长度
//cnt，已构造好 cnt 条边长；index，已经选用了 index 根棍子
void find(int st, int len, int cnt, int index)  //搜索求解
{
   int i;                        //循环变量
   if( cnt==4 && index==M ){ flag = 1;  return; }
   if( len==0 ){                 //从 0 开始构造当前边时选用棍子
      for( i = 0; i < M ; i++ )
         if( !mark[i] ) break;
      mark[i] = 1;               //选用第 i 根棍子
      if( len+side[i]==ave )     //选用第 i 根棍子刚好构造好第 cnt 条边
         find( 0, 0, cnt+1, index + 1 );     //从 0 开始构造第 cnt+1 条边
```

```
        else  find( i+1, len + side[i], cnt, index + 1 );//还没构造好，继续选棍子
        mark[i] = 0;                //弃用第 i 根棍子
        return;
    }
    for( i=st; i<M; i++ ){
        if( !mark[i] && len+side[i]<=ave ){
            mark[i] = 1;            //选用第 i 根棍子
            if( len+side[i]==ave ) //选用第 i 根棍子刚好构造好第 cnt 条边
                find( 0, 0, cnt + 1, index + 1 );    //从 0 开始构造第 cnt+1 条边
            else  find( i + 1, len + side[i], cnt, index+1); //还没构造好，继续选棍子
            mark[i] = 0;            //弃用第 i 根棍子
            if(flag) return;
        }
    }
}
int main( )
{
    int i, N, sum;  scanf( "%d", &N );  //N: 测试数据个数; sum: M 跟棍子的长度总和
    while( N-- ){
        scanf( "%d", &M );
        for( sum=0, i=0; i<M; i++ ){
            scanf( "%d", &side[i] );  sum += side[i];  //读入 M 根棍子的长度并累加
        }
        if( sum%4 ){ printf("no\n");  continue; }
        qsort( side, M, sizeof(int), cmp );         //按从大到小的顺序排序
        ave = sum / 4;
        if( side[0]>ave){ printf("no\n");  continue; } //最长棍子长度大于总和的 1/4
        flag = 0;  memset( mark, 0, sizeof(mark));
        find( 0, 0, 0, 0 );
        if( flag ) printf("yes\n");
        else  printf("no\n");
    }
    return 0;
}
```

练习题

练习 8.4 是全排列问题，练习 8.5 是一般组合问题，练习 8.6 是不重复组合问题。

练习 8.4　字母排列（Anagram），ZOJ1256。

题目描述：

给定几个英文字母，输出由这几个字母组成的所有可能的单词。例如，给定的字母是 a、b 和 c，程序要输出 abc、acb、bac、bca、cab 和 cba，这是由这 3 个字母组合的所有可能的单词。在给定的字母中，有的字母可能会重复出现，在这种情况下不同的排列可能得到相同的单词。本题需要按字母表的升序输出所有的单词，但相同的单词只需要输出一次。

输入描述：

输入文件的第 1 行是一个表示测试数据数目的正整数 n。后面有 n 行，每行包含若干个大小写英文字母，并且同一个字母的大小写在本题中认为是两个不同的字母。

输出描述：

对每个测试数据，按字母表的升序输出所有可能的单词。注意，字母表中字母的大小顺序定义为 A<a<B<b<...<Z<z。

样例输入：

```
1
aAb
```

样例输出：

```
Aab
Aba
aAb
abA
bAa
baA
```

练习 8.5 抽奖游戏（Lotto），ZOJ1089，POJ2245。

题目描述：

在一种抽奖游戏中，游戏者必须从集合 $S=\{1, 2,\cdots, 49\}$中选取 6 个数。选取 6 个数的一种策略是先从 S 中选取一个子集 $S1$，子集 $S1$ 包含 k 个数，$k>6$，然后再从 $S1$ 中选取 6 个数。例如，当 $k = 8$ 时，假设选取的子集 $S1 = \{1, 2, 3, 5, 8, 13, 21, 34\}$，从 $S1$ 中再选 6 个数就有 28 种可能，即 [1, 2, 3, 5, 8, 13]，[1, 2, 3, 5, 8, 21]，[1, 2, 3, 5, 8, 34]，[1, 2, 3, 5, 13, 21]，…，[3, 5, 8, 13, 21, 34]。

你的任务是编写程序，读入 k 和子集 $S1$，输出从子集 $S1$ 的 k 个数中选取 6 个数的所有情形。

输入描述：

输入文件包含多个测试数据。每个测试数据占一行，包含若干个整数，用空格隔开。这些整数中，第 1 个数为 k，$6 < k < 13$，然后是 k 个整数，代表子集 $S1$ 中的 k 个数，按升序排列。$k = 0$ 代表输入结束。

输出描述：

对每个测试数据，输出所有组合，每个组合占一行。组合中的数以升序排列，每个数用空格隔开。各组合以字典序排列，也就是说，先按最小的数排列，如果最小的数相同，再按次小的数排列，以此类推，如样例输出所示。各个测试数据对应的输出之间用空行隔开，最后一个测试数据的输出之后没有空行。

样例输入：

```
7 1 2 3 4 5 6 7
0
```

样例输出：

```
1 2 3 4 5 6
1 2 3 4 5 7
1 2 3 4 6 7
1 2 3 5 6 7
1 2 4 5 6 7
1 3 4 5 6 7
2 3 4 5 6 7
```

练习 8.6 分配大理石（Dividing），ZOJ1149，POJ1014。

题目描述：

Marsha 和 Bill 想把他们收集的大理石重新分配，使得每人得到价值相等的一份。每

块大理石的价格为 1～6 的自然数。要求编写一个程序，判断他们是否能分到价值相等的大理石。

输入描述：

输入文件中的每一行代表需要按价值平均分配的大理石。每一行有 6 个非负的整数 n_1～n_6，其中 n_i 代表价格为 i 的大理石个数。

输入文件的最后一行为“0 0 0 0 0 0”，表示输入结束，这一行不需处理。

输出描述：

对每个测试数据，首先输出“Collection #k:”，其中 k 表示测试数据的序号，然后输出“Can be divided.”或“Can't be divided.”。

每个测试数据的输出之后有一个空行。

样例输入：

```
1 0 1 2 0 0
1 0 0 0 1 1
0 0 0 0 0 0
```

样例输出：

```
Collection #1:
Can't be divided.

Collection #2:
Can be divided.
```

8.3 广度优先搜索

8.3.1 广度优先搜索的思想

广度优先搜索（Breadth First Search，BFS）是一个分层的搜索过程，没有回退，是非递归的。BFS 算法的思想是：起始状态是第 0 层；从起始状态出发，尝试一步所有可行的步骤，记录到达的每一个状态，这些状态构成第 1 层；然后依次从第 1 层的每个状态出发，再尝试一步所有可行的步骤，记录到达的每一个状态，这些状态构成第 2 层；以此类推，直至目标状态，如图 8.19（a）所示。

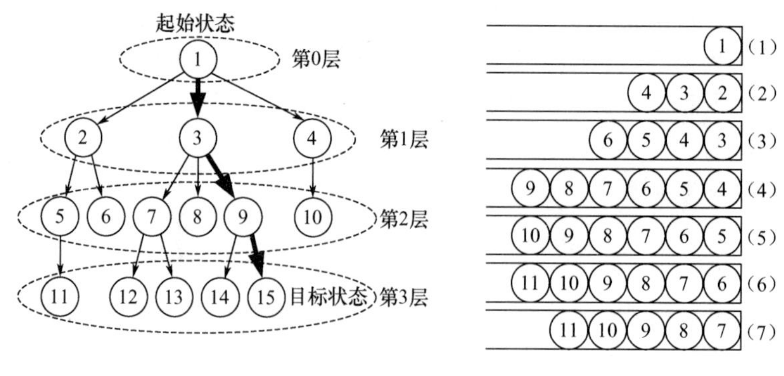

（a）BFS算法思想　　（b）BFS算法执行过程

图 8.19　广度优先搜索的思想

为了实现逐层访问，BFS 算法在实现时需要使用一个队列，用于存储正在访问的这一

层和待访问的下一层的顶点，以便扩展出新的顶点。队列是一个基本的数据结构（详见第9.4.5节），按照“先进先出”的方式管理数据，类似于日常生活中的排队。

如图8.19（b）所示，BFS算法的具体执行过程如下。

（1）将起始状态（即①）入队列；以后每次都是从队列取出最前面的状态，判断是否为目标状态，如果是，搜索就可以结束了，如果不是，则尝试走一步能到达的所有状态，并把这些状态依次保存到队列尾（有时可以称为扩展出新的状态）。

（2）取出状态①，把状态②、③、④入队列。

（3）取出状态②，把状态⑤、⑥入队列。

（4）取出状态③，把状态⑦、⑧、⑨入队列。

（5）取出状态④，把状态⑩入队列。

（6）取出状态⑤，把状态⑪入队列。

（7）取出状态⑥，没有新的状态入队列。

……

直到某一步，从队列中取出最前面的状态，发现是目标状态，则成功找到解，搜索可以结束了。如果队列为空都还没有找到目标状态，则说明问题无解。

根据上面的描述，可以写出BFS算法的伪代码，如下所示。

```
BFS()
{
    定义队列Q，用来保存待扩展的状态          //可以放到BFS()函数前执行
    将起始状态入队列                        //可以放到BFS()函数前执行
    while(队列Q不为空){
        取出队列最前面的状态，设为S
        如果S为目标状态，则找到问题的解，搜索结束
        否则从S出发走一步，扩展出一步能到达的所有新的状态，并将这些状态入队列
    }
    if(队列Q为空且没有找到解）输出“问题无解”
    弹出队列Q中剩余的状态
}
```

与DFS算法相比，BFS算法有一个显著的优势。如果能找到解，那么从起始状态到目标状态这条路径上，即图8.19（a）粗线所画的路径，BFS算法所需的步数是最少的。

8.3.2 例题解析

例8.8　马走日。

题目描述：

在中国象棋里，马的走法要遵循“马走日”的规则。在本题中，给定棋子马的起始位置，以及一个目标位置，判断该棋子是否能走到目标位置，如果能走到，最少步数是多少。（假设棋盘上只有一个棋子马，没有其他棋子）

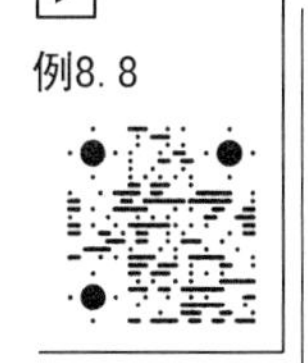

中国象棋的棋盘为10行9列，棋盘上的一个位置可以用行坐标和列坐标唯一地表示，如图8.20（a）中棋子马所在的初始位置为(1, 2)。

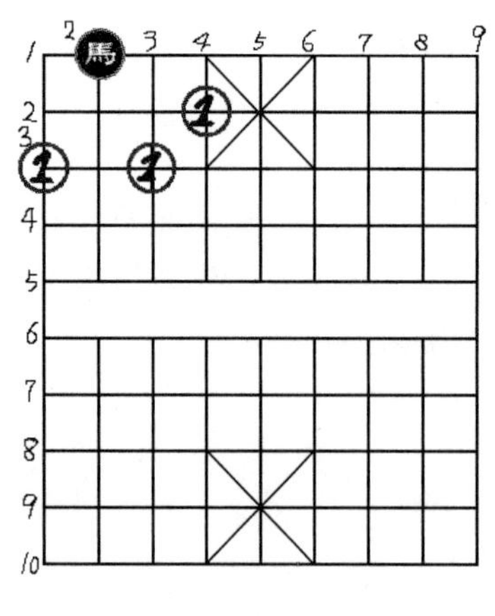

(a) 走 1 步能到达的位置

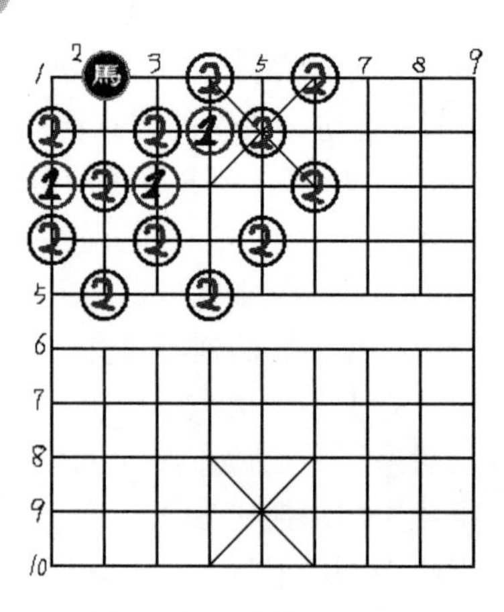

(b) 走 2 步能到达的位置

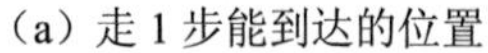

图 8.20　马走日（广度优先搜索策略)

输入描述：

输入文件包含多个测试数据。每个测试数据为 4 个整数 si、sj、di、dj，前两个整数为马的初始位置，后两个整数为目标位置，si 和 di 的范围是[1, 10]，sj 和 dj 的范围是[1, 9]。输入文件的最后一行为 4 个 0，代表输入结束。测试数据保证初始位置和目标位置不会是同一个位置。

输出描述：

对每个测试数据，如果能达到目标位置，输出最少步数；如果不能达到，则输出−1。

样例输入：	样例输出：
1 2 8 9	6
1 8 2 4	3
0 0 0 0	

分析：本题的解题思路很明确，就是采用广度优先搜索算法。从起始位置出发，记录走 1 步能到达的位置；再从这些位置出发，记录再走 1 步（即 2 步）能达到的位置；以此类推，如图 8.20（b）所示。

实现方法为，设计一个结构体表示棋盘上的位置，用队列存储待扩展的位置；用一个数组 visited 记录每个位置是否已经走过的标志，必须保证不会重复将某个位置入队列。另外，用 2 个数组 dx 和 dy 分别存储 8 个相邻可行方向相对于当前位置(i, j)的行坐标和列坐标的增量。代码如下。

```
struct pos
{
    int i, j;                   //位置的行和列坐标
    int step;                   //走到这个位置花费的步数
};
queue<pos> Q;                   //存储位置的队列
int visited[11][10];            //10 行 9 列(第 0 行和第 0 列不用)
//8 个可行方向相对于当前位置(i, j)行坐标和列坐标的增量
//左1, 上2; 左2, 上1; 左1, 下2; 左2, 下1; 右1, 上2; 右2, 上1; 右1, 下2; 右2, 下1
int dx[8] = {-1, -2, -1, -2, 1, 2, 1, 2};
```

```
    int dy[8] = {-2, -1, 2, 1, -2, -1, 2, 1};
    int isvalid(int x, int y)    //判断位置(x, y)是否有效，即有没有出边界
    {
        return (x>0 && x<11 && y>0 && y<10);
    }
    int main( )
    {
        int si, sj, di, dj, k;
        while( 1 ){
            scanf( "%d%d%d%d", &si, &sj, &di, &dj );
            if( si==0 ) break;
            pos ps, hd;              //起始结点和头结点
            memset( visited, 0, sizeof(visited) );
            ps.i = si; ps.j = sj; ps.step = 0; Q.push(ps); visited[si][sj] = 1;
            bool bexist = false;                 //是否可达的标志
            while( !Q.empty( ) ){
                hd = Q.front( ); Q.pop( );
                if( hd.i==di && hd.j==dj ){
                    printf( "%d\n", hd.step ); bexist = true; break;
                }
                pos pt;
                for( k=0; k<8; k++ ){           //检查 8 个相邻可行位置
                    if( isvalid(hd.i+dx[k], hd.j+dy[k])&&
                            !visited[hd.i+dx[k]][hd.j+dy[k]] ){
                        pt.i = hd.i+dx[k]; pt.j = hd.j+dy[k]; pt.step = hd.step + 1;
                        Q.push(pt); visited[hd.i+dx[k]][hd.j+dy[k]] = 1;
                    }
                }
            }//end of while( !Q.empty( ))
            if( !bexist ) printf( "-1\n" ); //没找到目标结点
            while( !Q.empty( ))                  //如果队列非空，清空队列
                Q.pop( );
        }//end of while( 1 )
        return 0;
    }
```

例 8.9　翻木块游戏。

题目描述：

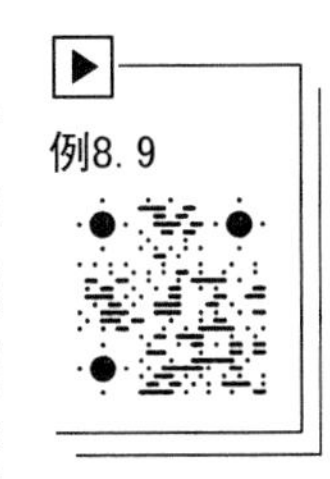

翻木块游戏的规则为，在由方格组成的棋盘上，有一个孔和一个 1×1×2 大小的长方体木块，可以通过上、下、左、右方向键翻动木块，如图 8.21（a）所示；当木块竖立在孔的位置，则木块从孔中落下，同时游戏成功过关并结束。例如，在图 8.21（b）中，如果再按下向右的方向键，则木块顺利地从孔落下，游戏成功过关。游戏过程中如果木块压过孔的位置但不是竖立在孔的位置，不会落下。

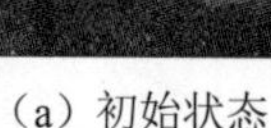

（a）初始状态　　（b）过关前状态

图 8.21　翻木块游戏

翻木块游戏的难度在于棋盘是不规则的。在本题中，为了降低难度，假设棋盘由 n 行×m 列个方格组成，棋盘中除了木块和孔外，没有任何障碍物。给定棋盘大小和方块的初始位置，计算至少需要翻动多少次才能使得木块从孔中落下。

输入描述：

输入文件包含多个测试数据。每个测试数据占两行，第 1 行为两个不超过 10 的正整数 n 和 m，以及两个整数 x_h 和 y_h，表示孔所在的行号和列号（均从 1 开始计起）。测试数据的第 2 行表示木块的初始位置，如果第 1 个整数为 2，则后面有 4 个整数 x_1、y_1、$x2$、$y2$，表示木块初始时占据两个方格，这 4 个整数表示两个方格的位置；如果第 1 个整数为 1，则后面有两个整数 x_1、y_1，表示木块初始时占据一个方格，这两个整数表示这个方格的位置（即木块是竖立着的）。输入文件的最后一行为“0　0”，代表输入结束。

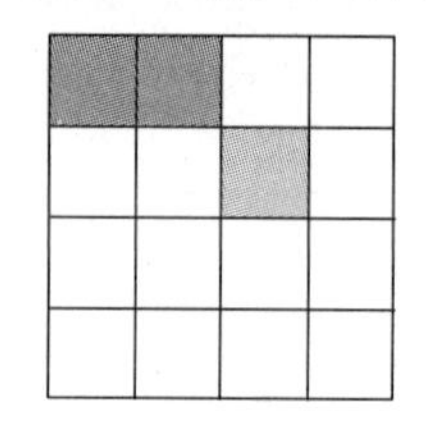

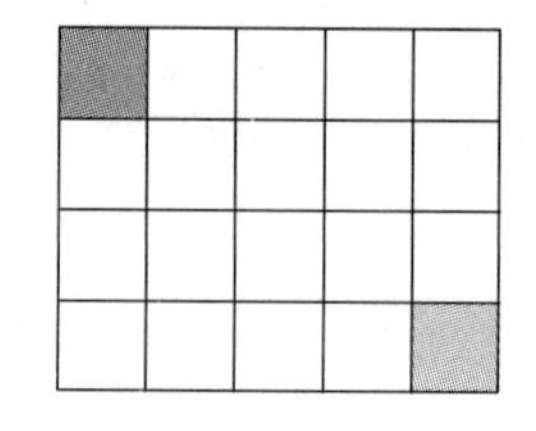

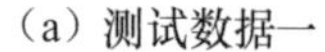

（a）测试数据一　　（b）测试数据二

图 8.22　简化的翻木块游戏

样例输入中两个测试数据所描绘的游戏分别如图 8.22（a）和图 8.22（b）所示，其中浅色背景阴影的方格表示孔的位置，深色背景阴影的方格表示木块的初始位置。

输出描述：

对每个测试数据，输出求得的最小的翻动次数。

样例输入：

```
4 4 2 3
2 1 1 1 2
4 5 4 5
1 1 1
0 0
```

样例输出：

```
2
5
```

分析：本题的解题思路很明确，就是从初始状态出发，采用 BFS 算法进行搜索，直至目标状态。但由于翻木块游戏的特殊性，在具体实现 BFS 算法时需要注意以下几点。

（1）为了表示状态，设计了一个结构体 block，包含了 num、x1、y1、x2、y2、d、

step 等成员，每个成员的含义详见代码注释。这里要注意，如果 num 为 1，表示木块占据一个方格；如果 num 为 2，则占据两个方格，且 x1==x2 时是在水平方向上占据了两个方格，y1==y2 时是在竖直方向上占据了两方格。

（2）为了避免 BFS 过程中相同的状态重复入队列，需要在 state 数组中记录每个状态是否访问过。为了使得状态和数组元素下标一一对应，需要对状态进行编码，编码方法是在结构体 block 的 compute( )成员函数里实现的。如图 8.23 所示（这里 n=4, m=5），编码方法为，如果占据 1 个方格，总共有 n*m = 20 个状态，编码依次为 1～20；如果是在水平方向上占据了 2 个方格，总共有 n*(m−1)= 16 个状态，编码依次为 21～36；如果是在竖直方向上占据了 2 个方格，总共有(n−1)*m = 15 个状态，编码依次为 37～51。

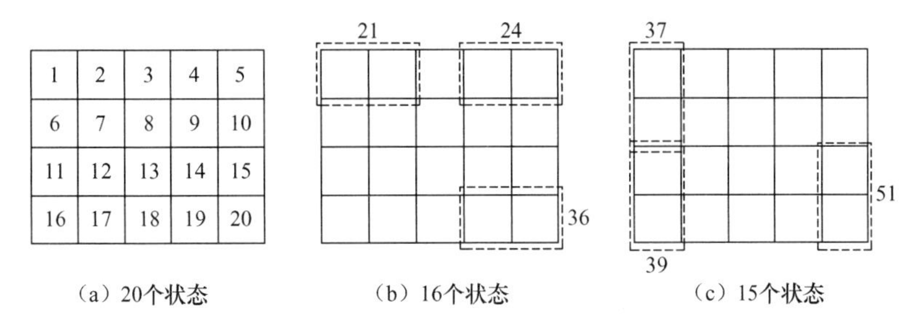

（a）20个状态　　（b）16个状态　　（c）15个状态

图 8.23　简化的翻木块游戏（状态编码）

（3）取出队列最前面的状态后，如果判断出不是目标状态，要扩展出下一层的状态。如果木块占据一个方格，可以往 4 个方向倒下；如果木块是在水平方向上占据了两个方格，可以往上下滚、往左右立起来；如果木块是在竖直方向上占据了两个方格，可以往左右滚、往上下立起来。对这些新的状态，只要位置没有超出边界且状态没有访问过，都要入队列。以下代码之所以比较烦琐，就是由于对这些细节的处理。代码如下。

```
int n, m, xh, yh;           //棋盘大小，孔的位置，行号和列号均从 1 开始计起
struct block                //表示木块的状态
{
    int num;                //占据了几个方格，1 或 2
    //如果是水平方向上占据了 2 个方格，则左边的方格为第 1 个方格
    //如果是竖直方向上占据了 2 个方格，则上边的方格为第 1 个方格
    int x1, y1;             //第 1 个方格的位置(x 代表行，y 代表列)
    int x2, y2;             //第 2 个方格的位置，如果只占据了 1 个，则 x2=y2=0
    int d, step;            //d: 状态对应的整数值； step: 已走的步数
    void compute( ){        //根据位置计算对应的整数
        if( num==1 ) d = (x1-1)*m + y1;
        else if( x1==x2 ) d = n*m + (x1-1)*(m-1)+ y1; //在水平方向上占据了 2 个方格
        else if( y1==y2 ) //在竖直方向上占据了 2 个方格
            d = n*m + n*(m-1)+ (y1-1)*(n-1)+ x1;
        else  d = 0;        //非法情况
    }
};
queue<block> Q;             //队列中的结点为木块每时刻的位置
//当 n, m<=10 时，最多不超过 300 个状态
```

```
int state[300];  //用于状态判重，state[i]为1表示已访问过，根据状态的d值来对应数组元素
int BFS( block s )      //从状态s开始进行BFS搜索
{
    Q.push( s );  state[s.d] = 1;    block hd;   //从队列头出队列的位置
    while( !Q.empty( )){                             //当队列非空
        hd = Q.front( );  Q.pop( );
        if(hd.num==1 && hd.x1==xh && hd.y1==yh) return hd.step; //正确到达孔的位置
        block t;                  //从队列头顶点扩展出的状态
        if( hd.num==1 ){          //只占据了一个方格，往4个方向倒下
            if( hd.y1>=3 ){  //往左边倒
                t.num = 2;  t.x1 = t.x2 = hd.x1;  t.y1 = hd.y1-2;  t.y2 = hd.y1-1;
                t.compute( );  t.step = hd.step + 1;
                if( !state[t.d] ) Q.push(t),state[t.d]=1; //该状态未访问过，则入队列
            }
            if( hd.y1+2<=m ){      //往右边倒
                t.num = 2;  t.x1 = t.x2 = hd.x1;  t.y1 = hd.y1+1;  t.y2 = hd.y1+2;
                t.compute( );  t.step = hd.step + 1;
                if( !state[t.d] ) Q.push(t),state[t.d]=1; //该状态未访问过，则入队列
            }
            if( hd.x1>=3 ){         //往上边倒
                t.num = 2;  t.y1 = t.y2 = hd.y1;  t.x1 = hd.x1-2;  t.x2 = hd.x1-1;
                t.compute( );  t.step = hd.step + 1;
                if( !state[t.d] ) Q.push(t),state[t.d]=1; //该状态未访问过，则入队列
            }
            if( hd.x1+2<=n ){      //往下边倒
                t.num = 2;  t.y1 = t.y2 = hd.y1;  t.x1 = hd.x1+1;  t.x2 = hd.x1+2;
                t.compute( );  t.step = hd.step + 1;
                if( !state[t.d] ) Q.push(t),state[t.d]=1; //该状态未访问过，则入队列
            }
        }
        else {                          //占据了2个方格
            if( hd.x1==hd.x2 ){      //在水平方向上占据了2个方格，往上下滚，往左右立起来
                if( hd.y1>=2 ){    //往左边立起来
                    t.num = 1;  t.x1 = hd.x1;  t.y1 = hd.y1-1;  t.x2 = t.y2 = 0;
                    t.compute( );  t.step = hd.step + 1;
                    if( !state[t.d] ) Q.push(t),state[t.d]=1; //该状态未访问过，入队列
                }
                if( hd.y2+1<=m ){ //往右边立起来
                    t.num = 1;  t.x1 = hd.x1;  t.y1 = hd.y2+1;  t.x2 = t.y2 = 0;
                    t.compute( );  t.step = hd.step + 1;
                    if( !state[t.d] ) Q.push(t),state[t.d]=1; //该状态未访问过，入队列
                }
                if( hd.x1>=2 ){    //往上边滚
                    t.num = 2;  t.x1 = t.x2 = hd.x1-1;  t.y1 = hd.y1;  t.y2 = hd.y2;
                    t.compute( );  t.step = hd.step + 1;
                    if( !state[t.d] ) Q.push(t),state[t.d]=1; //该状态未访问过，入队列
                }
```

```
            if( hd.x1+1<=n ){ //往下边滚
                t.num = 2; t.x1 = t.x2 = hd.x1+1; t.y1 = hd.y1; t.y2 = hd.y2;
                t.compute( ); t.step = hd.step + 1;
                if( !state[t.d] ) Q.push(t), state[t.d]=1; //该状态未访问过，入队列
            }
        }
        else if( hd.y1==hd.y2 ){//在竖直方向上占据了2个方格，往左右滚，往上下立起来
            if( hd.y1>=2 ){    //往左边滚
                t.num = 2; t.y1 = t.y2 = hd.y1-1; t.x1 = hd.x1; t.x2 = hd.x2;
                t.compute( ); t.step = hd.step + 1;
                if( !state[t.d] ) Q.push(t), state[t.d]=1; //该状态未访问过，入队列
            }
            if( hd.y1+1<=m ){ //往右边滚
                t.num = 2; t.y1 = t.y2 = hd.y1+1; t.x1 = hd.x1; t.x2 = hd.x2;
                t.compute( ); t.step = hd.step + 1;
                if( !state[t.d] ) Q.push(t), state[t.d]=1; //该状态未访问过，入队列
            }
            if( hd.x1>=2 ){    //往上边立起来
                t.num = 1; t.x1 = hd.x1-1; t.y1 = hd.y1; t.x2 = t.y2 = 0;
                t.compute( ); t.step = hd.step + 1;
                if( !state[t.d] ) Q.push(t), state[t.d]=1; //该状态未访问过，入队列
            }
            if( hd.x2+1<=n ){ //往下边立起来
                t.num = 1; t.x1 = hd.x2+1; t.y1 = hd.y1; t.x2 = t.y2 = 0;
                t.compute( ); t.step = hd.step + 1;
                if( !state[t.d] ) Q.push(t), state[t.d]=1; //该状态未访问过，入队列
            }
        }
    }
  }//end of while
  return -1;
}
int main( )
{
  while( 1 ){
    scanf( "%d%d", &n, &m );        //读入棋盘的大小
    if( n==0 ) break;
    scanf( "%d%d", &xh, &yh );      //读入孔的位置
    memset( state, 0, sizeof(state));    block start; //木块的初始状态
    scanf( "%d", &start.num );      //先读入占据几个方格
    if( start.num==1 ){
        scanf( "%d%d", &start.x1, &start.y1 ); start.x2 = start.y2 = 0;
    }
    else scanf( "%d%d%d%d", &start.x1, &start.y1, &start.x2, &start.y2 );
    start.compute( );               //计算d的值
    start.step = 0;
    printf( "%d\n", BFS( start ));
```

```
        while( !Q.empty( )) Q.pop( );     //清空队列中可能残留的结点
    }
    return 0;
}
```

练习题

练习 8.7 奇特的迷宫。

题目描述：

如图 8.24（a）所示的 15 行、15 列的迷宫（相当于 n=8），迷宫中每个位置可能为 S（表示起始位置）、D（表示目标位置）、1～9 的数字，且 S 和 D 各只有 1 个。对于 1～9 的数字，表示从当前位置出发，可以沿上、下、左、右方向走的方格数（多一个、少一个方格都不行）。图 8.24（b）演示的是，数字 2 表示可以沿上、下、左、右方向走 2 个方格，到达的位置用星号（*）表示。从 S 出发，可以沿上、下、左、右方向走 1 个方格。现在要求从 S 到 D 的最少步数。

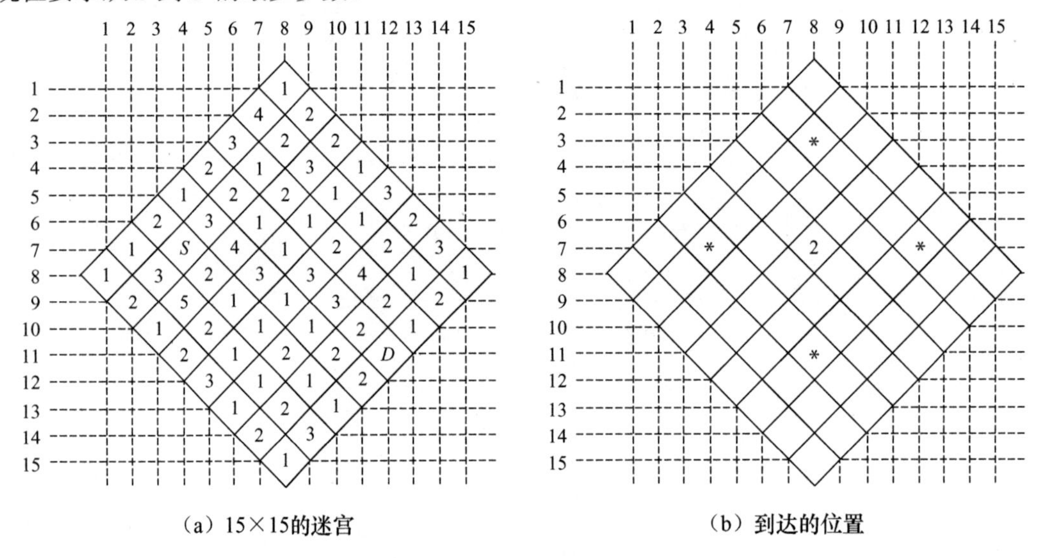

（a）15×15的迷宫　　（b）到达的位置

图 8.24　奇特的迷宫

输入描述：

输入文件包含多个测试数据。每个测试数据的第 1 行为一个整数 n，$2 \leqslant n \leqslant 10$，表示迷宫的大小为 $2n-1$ 行、$2n-1$ 列。接下来有 $2n-1$ 行，为每行各位置上的数字（或者为 S、D），第 1 行有 1 个字符，第 2 行有 2 个字符……第 n 行有 n 个字符，第 $n+1$ 行有 $n-1$ 个字符……第 $2n-1$ 行有 1 个字符。输入文件的最后一行为 0，表示输入结束。

输出描述：

对每个测试数据，如果能从 S 走到 D，输出最少步数；否则（即从 S 走不到 D），输出 0。

样例输入：
```
8
1
42
```

样例输出：
```
5
```

```
322
2131
12213
231112
1S41223
13233411
2511322
121121
2122D
3112
121
23
1
0
```

提示：样例数据对应图 8.24（a），从 *S* 位置出发，往上、右、右、右、下一共走 5 步，可到达 D 位置。

练习 8.8 营救（Rescue），ZOJ1649。

题目描述：

Angel 被抓住了，她被关在监狱里。监狱由 $N \times M$ 个方格组成，$1<N, M \leqslant 200$，每个方格中可能为墙壁、道路、警卫、Angel 或 Angel 的朋友。Angel 的朋友们想去营救 Angel。他们的任务是接近 Angel，即到达 Angel 被关的位置。如果 Angel 的朋友想到达某个方格，但方格中有警卫，那么必须杀死警卫，才能到达这个方格。假定 Angel 的朋友向上、下、左、右移动 1 步用时 1 个单位时间，杀死警卫用时也是 1 个单位时间。假定 Angel 的朋友很强壮，可以杀死所有的警卫。试计算 Angel 的朋友接近 Angel 至少需要多长时间，只能向上、下、左、右移动，而且墙壁不能通过。

输入描述：

输入文件包含多个测试数据。每个测试数据的第 1 行为两个整数 *N* 和 *M*，接下来有 *N* 行，每行有 *M* 个字符，其中“.”代表道路，“a”代表 Angel，“r”代表 Angel 的朋友，“#”代表墙壁，“x”代表警卫。输入数据一直到文件尾。

输出描述：

对每个测试数据，输出一个整数，表示接近 Angel 所需的最少时间。如果无法接近 Angel，则输出“Poor ANGEL has to stay in the prison all his life.”。

样例输入：

```
7 8
#.#####.
#a.#xr..
#.x#xx..
..xxxx.#
#.......
.#......
........
```

样例输出：

```
12
```

练习 8.9 送情报。

题目描述：

战争年代，通讯员经常要穿过敌占区去送情报。在本题中，敌占区是一个由 $M \times N$ 个方格组成的网格。通信员要从初始方格出发，送情报到达目标方格，初始时，通信员具有一定的体力。网格中，每个方格可能为安全的方格、布有敌人暗哨的方格、埋有地雷的方格以及被敌人封锁的方格。通信员从某个方格出发，向上、右、下、左 4 个方向上的相邻方格移动。如果某相邻方格为安全的方格，通信员能顺利到达，所需时间为 1 个单位时间，消耗的体力为 1 个单位的体力；如果某相邻方格为敌人布置的暗哨，则通信员要消灭该暗哨才能到达该方格，所需时间为 2 个单位时间，消耗的体力为 2 个单位的体力；如果某相邻方格为埋有地雷的方格，通信员要到达该方格，则必须清除地雷，所需时间为 3 个单位时间，消耗的体力为 1 个单位的体力。另外，从目标方格的相邻方格到达目标方格，所需时间为 1 个单位时间，消耗的体力为 1 个单位的体力。本题要求通信员能否到达指定的目的地，如果能到达，所需最少的时间是多少（只需要保证到达目的地时，通信员的体力>0 即可）。

输入描述：

输入文件包含多个测试数据。每个测试数据的第 1 行为两个正整数 M 和 N，$2<M, N<20$，分别表示网格的行和列；接下来有 M 行，描述了网格，每行有 N 个字符，这些字符可以是“.”“w”“m”“x”“S”“T”，分别表示安全的方格、布有敌人暗哨的方格、埋有地雷的方格、被敌人封锁的方格、通信员起始方格、目标方格，输入数据保证每个测试数据中只有一个“S”和“T”。网格中各重要符号的含义及参数如表 8.1 所示。每个测试数据的最后一行为一个整数 P，表示通信员初始时的体力。$M=N=0$ 表示输入结束。

表 8.1 网格中各重要符号的含义及参数

符　号	含　义	消耗的时间	消耗的体力
.	安全的方格	1	1
w	布有敌人暗哨的方格	2	2
m	埋有地雷的方格	3	1

输出描述：

对每个测试数据，如果通信员能在体力消耗前到达目标方格，输出所需最少时间；如果通信员无法到达目标方格（即体力消耗完毕或没有从起始方格到目标方格的路径），输出 No。

样例输入：

```
5 6
wx.w..
Sxm.mw
xx.m..
m.w.T.
w..m.w
7
5 7
```

样例输出：

```
No
13
```

```
mwwxwxw
mxww...
xTx..wx
xm.mwww
xmmxmSw
8
0 0
```

练习 8.10 电影系列题目之《遇见未来》。

题目描述：

2007 年，好莱坞拍摄了科幻电影《预见未来》(*Next*)。电影的故事情节是：魔术师克里斯•约翰逊能预知下一刻将要发生的事情；一个恐怖组织威胁要引爆核炸弹，把洛杉矶夷为平地；克里斯需要利用他的特异功能帮助 FBI 查出恐怖分子藏在哪里……

在本题中，恐怖分子的藏身处用一个 $M \times N$ 的网格表示。网格中的每一个方格可能是障碍物、可通行的方格、克里斯的起始位置或恐怖分子的藏身处。从每一个方格出发，克里斯向上、下、左、右走到相邻的方格，所需的时间是 1 秒。克里斯能预测 T 秒，也就是说，从当前位置出发，T 秒钟能到达的方格里是否藏有恐怖分子，他都知道。现在的问题是克里斯至少需要多长时间才能找到恐怖分子的藏身处。

输入描述：

输入文件包含多个测试数据。每个测试数据的第 1 行为 3 个整数 M、N 和 T，分别表示网格的行和列，以及克里斯能预测的 T 秒，$5 \leqslant M, N \leqslant 10$，$2 \leqslant T \leqslant 5$；接下来有 M 行，每行有 N 个字符，这些字符可能为“#”“.”“S”“D”，分别表示障碍物、可以通行的方格、克里斯的起始位置、恐怖分子的藏身处，每个测试数据中只有一个“S”和“D”。测试数据一直到文件尾。

输出描述：

对每个测试数据，输出克里斯找到恐怖分子的藏身处所需的最少时间（注意，该时间可能为 0）。如果克里斯无法到达目标位置，输出 dead。

样例输入：

```
5 6 3
.#..##
#S...#
#.##.#
#.#.D#
#....#
6 6 4
.#..##
#..#.#
#.S#.#
###.D#
#....#
#.#..#
```

样例输出：

```
2
dead
```

8.4 实践进阶：搜索技巧

8.4.1 深度优先搜索技巧

深度优先搜索（DFS）算法的思路很朴素，类似于人走迷宫的思路，因此比较好理解，但它求得的解不是最优的；并且一旦某个分支可以无限地搜索下去（假定状态有无穷多个），但沿着这个分支搜索找不到解，则算法将不会停止，也找不到解，解决的方法可以采用有界深度优先搜索（即对每个搜索分支设置一个深度限制值），对此本书不做进一步的讨论。

下面总结 DFS 算法实现的要点。

1. 搜索本质上是一种枚举算法

普通的枚举（或称穷举）算法，适用的场合是已知需要枚举多少个量，每个量要用一重循环，要枚举多少个量就有多少重循环。如果需要枚举的量很多，或者不知道要枚举多少个量，普通的枚举算法就不适用了。

搜索的本质是枚举。BFS 算法的思想是按照某种策略把所有状态扩展出来并检查一遍，所以 BFS 其实就是枚举。

DFS 算法本质上是枚举所有可能的组合情形，所以 DFS 算法的效率不高。另外，如果用递归函数实现 DFS 算法，则函数调用还有时空开销。例如，例 8.4 可以改成用 5 重循环实现，读者可尝试将例 8.4 的代码改成 5 重循环结构；例 8.3 中如果 n 固定为 6，也可以改成用 5 重循环来实现（第 1 个位置上放的数总是 1，不用枚举）。但是，如果需要枚举的量的个数是未知的，那就无法确定用多少重循环来实现，如例 8.3 位置数 n 是一个变量；或者，如果需要枚举的量太多，如例 8.5 需要枚举 17 种货币面值，显然不适合用循环结构来实现。这些情形都只能用递归函数的形式来表达枚举过程，即采用 DFS 算法实现。

2. DFS 在程序设计竞赛题目中的适用条件

能用 DFS 求解的题目，其规模一般不大、状态数一般不多，如例 8.1 题目告知 $1<N, M<7$，不到 50 个位置，由于这道题目在前进方向上会将当前方格设置为墙壁，因此每个搜索分支最多不超过 50 步。

如果问题规模比较大，当采用递归方式实现 DFS 时，由于递归函数调用存在时空开销（详见第 7.2.1 节），递归调用次数太多或层次太深，时空开销可能无法容忍。这时，可以采用非递归方式实现 DFS，或采用其他算法，对此本书不做进一步讨论。

3. 递归函数的设计

在解答一些程序设计竞赛题目时，可能比较容易想到用 DFS 算法求解，但难点往往在于递归函数的设计及调用递归函数进行求解。这一点在第 7.6 节已经做了详细地讨论，此处不再赘述。

4. 合理地选择搜索顺序

一个 DFS 算法通常有不同的实现方式，而且不同的实现方式对于搜索的效率通常会

有很大的影响。提高搜索算法效率的两个最重要的因素是选择合理的搜索顺序、引入高效的剪枝。

搜索时如果能保证对问题的解空间里既不重复也不遗漏地搜索，总是能找到解。但如果需要求解的是某一个最优解，或者只需要求一个解且按照特定的顺序能尽快找到一个解，则需要合理地选择搜索顺序。例如，例 8.7 最好的搜索顺序是先对木棍按从大到小的顺序排序，再从长的木棍开始搜索，这是非常重要的搜索顺序的优化。

5. 高效的剪枝

如果一道题目确定可以用 DFS 求解，编写完程序并验证正确，提交后反馈的评判结果为超时（TLE），这时可能做一些剪枝优化后就能提交通过。

首先，了解“剪枝”的含义是什么？从图 8.2 可以看出，DFS 的进程可以看成是从树根（初始状态）出发，访问一棵倒置的树——搜索树的过程。而所谓剪枝，顾名思义，就是通过某种判断，避免一些不必要的遍历过程，形象地说，就是剪去了搜索树中的某些“枝条”，故称剪枝。有时在搜索前就能提前判断出有解或无解，压根就不用搜索了，这也可以称为搜索前的剪枝。

例如，例 8.1 的程序有两处地方使用了剪枝，分别是搜索前的剪枝和搜索过程中的剪枝。

（1）搜索前的剪枝是，如果所有能走的方格数（n*m−wall）小于等于 t，不用搜索都能判断出小狗无法成功逃离。

（2）搜索过程中的剪枝是，如果搜索到某个位置，计算该位置距离目标方格水平和竖直距离之和（称为曼哈顿距离），temp = (t−cnt) − abs(wi−di) − abs(wj−dj)，表示剩余时间减去曼哈顿距离，如果 temp<0，很明显，不用继续搜索了；如果 temp 为奇数，也不用继续搜索了，这是因为，如果“绕圈”多走一些方格到达目标位置，一定比曼哈顿距离多走偶数步。

6. 搜索的前进方向和后退方向

搜索的前进方向和后退方向要格外注意。在搜索时，一般在前进方向上需要记录或设置状态；在回退时需要做一些还原工作。例如，在例 8.1 中，在搜索的前进方向上，将当前位置设置成墙壁；在回退方向上，之前被设置墙壁的位置还原为可通行位置。又如，在例 8.7 中，在搜索前进方向上选用当前木棍，在回退方向上弃用该木棍。

7. 其他注意事项

（1）搜索时既不重复也不遗漏，即对解空间中的各种组合，既不重复搜索也不遗漏，否则求出来的解可能是错误的。

（2）在搜索过程一般需要记录问题的状态，如例 8.7 中用数组记录每根棍子是否被选用了。

8.4.2 广度优先搜索技巧

广度优先搜索技巧

如果某个问题有解，则采用广度优先搜索（BFS）算法必能找到解，且找到的解的步数是最少的，解是最优的，如例 8.8、例 8.9；当然有些题目所要求的最优解不是简单的步数最少，而是附加了一些其他条件，如访

问时间、访问代价等，则在采用 BFS 算法时应该进行一些灵活的改动，如练习 8.8、练习 8.9。

1. 练习 8.8 的讨论

虽然练习 8.8 给的样例数据里只有一个 r，但根据题意，可能有多个 r。本来要从 r 出发去找 a，现在只能从 a 出发倒着去找某个 r。本题要求从 a 出发到达某个 r 的位置并且所需时间最少，适合采用 BFS 求解。但是 BFS 算法求出来的最优解通常是步数最少的解，而在本题中，步数最少的解不一定是最优解。

例如，样例输入数据如图 8.25 所示。从 a 到 r 所需的最少步数为 8 步，其中图 8.25（a)、图 8.25（b）和图 8.25（c）所表示的路线步数均为 8 步，所花费的时间分别为 13、13 和 14；而图 8.25（d）所表示的路线步数为 12 步，所花费的时间为 12。在该测试数据中，图 8.25（d）所表示的路线是最优解。

为了求出最优解，本题可采取如下的思路进行 BFS。

（1）将 a 到达某个方格时的状态用一个结构体 point 表示，除该方格的位置(x, y)外，该结构体还包含了 a 到达该方格时所走过的步数及所花费的时间；在 BFS 过程中，队列中的结点是 point 型数据。

（2）定义二维数组 mintime，mintime[i][j]表示 a 走到(i, j)位置所需最少时间；在 BFS 过程中，从当前位置走到相邻位置(x, y)时，只有当该种走法比之前走到(x, y)位置所花时间更少，才会把当前走到(x, y)位置所表示的结点入队列，否则不会入队列。

（3）在 BFS 过程中，不能一判断出 a 到达某个 r 就退出 BFS，一定要等到队列为空、BFS 过程结束后才能求得最优解或者得出“无法到达”的结论。

另外，在本题中，并没有使用标明各位置是否访问过的状态数组 visited，也没有在 BFS 过程中将访问过的相邻位置设置成不可再访问，那么 BFS 过程会不会无限搜索下去呢？实际上是不会的，因为从某个位置出发判断是否需要将它的相邻位置(x, y)入队列时，条件是这种走法比之前走到(x, y)位置所花时间更少；如果所花时间更少，则(x, y)位置会重复入队列，但不会无穷下去，因为到达(x, y)位置的最少时间肯定是有下界的。

2. 练习 8.9 的讨论

这道题跟练习 8.8 有点类似，但与练习 8.8 不同的是，到达某个方格不仅有时间因素，还有体力因素。本题要求的是时间最少的方案，体力因素似乎不重要。然而，如果按照练习 8.8 中的方法，以到达(x, y)位置所花费时间更少作为是否将这种到达(x, y)位置的方案入队列的标准，所求出来的解可能是错误的。

例如，样例输入中的第 2 个测试数据如图 8.26（a）所示，同时给出了一种花费时间最少的方案，按这种方案到达目标方格时所花费的时间为 13，所剩体力为 1。然而这种方案到达(3, 4)位置，即图 8.26（b）中圆圈所表示的位置，所需时间为 5，另一种方案到达该位置所需时间为 4，按照练习 8.8 中的方法，前一种方案可能会被舍去（而不入队列)，而按照后一种方案因为到达目标方格时体力为 0，如图 8.26（c）所示，从而得到“无法到达”的错误结论。

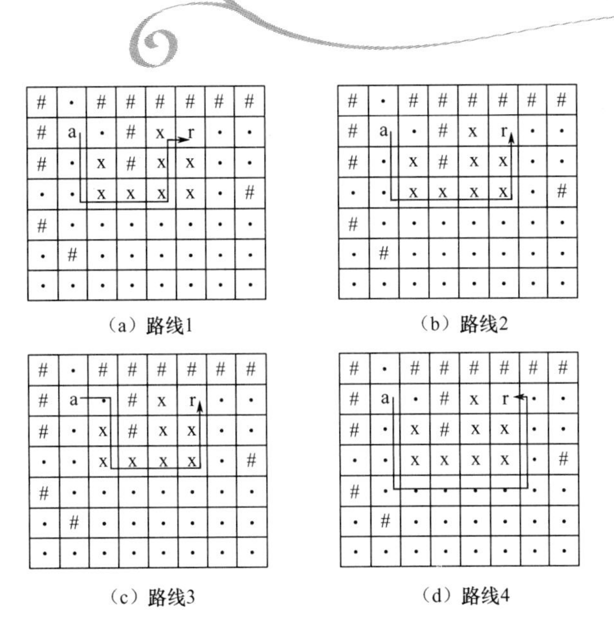

（a）路线1　（b）路线2　（c）路线3　（d）路线4

图 8.25　营救：最优解不一定是步数最少的解

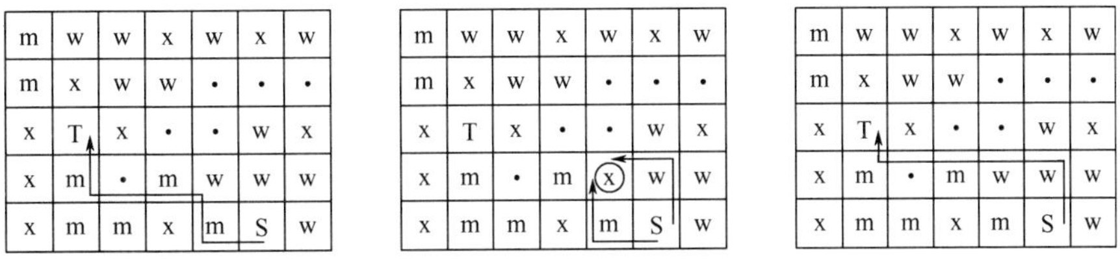

m	w	w	x	w	x	w
m	x	w	w	·	·	·
x	T	x	·	·	w	x
x	m	·	m	w	w	w
x	m	m	x	m	S	w

（a）第2个测试数据所描述的地图

m	w	w	x	w	x	w
m	x	w	w	·	·	·
x	T	x	·	·	w	x
x	m	·	m	(x)	w	w
x	m	m	x	m	S	w

（b）到达（3,4）位置

m	w	w	x	w	x	w
m	x	w	w	·	·	·
x	T	x	·	·	w	x
x	m	·	m	w	w	w
x	m	m	x	m	S	w

（c）另一种方案

图 8.26　送情报

本题的思路是，先 BFS 一遍，求得从起始方格到达每个方格所需最少时间及对应的体力，以及到达目标方格的最少时间或得出“无法到达”的结论；再 BFS 一遍，对到达(x, y)位置的每个方案，只有所需时间比之前到达该位置所需时间更多但体力比对应的体力大，才入队列，求得另一个到达目标方格的最少时间；最后，取二者之中的较小者。

排序和检索

对数据进行排序是数据处理中经常要用到的操作，因此排序也出现在很多程序设计竞赛题目里。排序算法非常多，但简单的排序算法效率低，在程序设计竞赛里更多的是直接调用编程语言提供的效率高的排序函数。本章主要讲解排序的基本概念，排序思想在程序设计竞赛解题中的应用，以及 qsort( )、sort( )排序函数的使用方法；另外，对一组已经排好顺序的数据进行检索也是经常要用到的操作，因此介绍了二分法的思想，以及二分检索法在程序设计竞赛题目中的应用；最后在实践进阶里，总结了常用数据结构的使用。

9.1 排序及排序函数的使用

9.1.1 排序及排序算法

在排序时，参与排序的元素称为记录，记录是进行排序的基本单位。所有待排序记录的集合称为序列。所谓排序，就是将序列中的记录按照特定的顺序排列起来。如果待排序的记录个数较少，整个排序过程中所有的记录都可以直接存放在内存中，这样的排序称为内排序。如果待排序的记录数量太大，内存无法容纳所有的记录，因此排序过程中还需要访问外存，这样的排序称为外排序。本章讨论的排序都是内排序。

每个记录中可能有多个域（相当于结构体或类变量中的成员），排序码是记录中的一个或多个域，这些域的值作为排序运算中的依据。

所谓一级排序，就是对序列中的记录按一个域进行排序，或者说排序码是由一个域构成的。所谓二级排序，就是先按第一个域排序，对于第一个域相同的记录，则按第二个域排序，或者说排序码是由两个域构成的。例如，ACM/ICPC 竞赛排名时，首先根据参赛选手的解题数从多到少排序，解题数相同时，再按总用时从少到多排序，这就是一种二级排序。又如，Excel 支持多级排序功能，如图 9.1 所示，其中的关键字就是用来排序的域。

如果存在多个具有相同排序码的记录，采用某种排序算法进行排序后这些记录的相对顺序仍然保持不变，则这样的排序算法称为稳定的排序算法，否则称为不稳定的。在某些应用领域中，可能要求尽量不要改变相同排序码的记录的原始输入顺序，这就需要采用稳定的排序算法。

排序算法非常多，因此有时就需要在多个排序算法之间进行取舍。评价一种排序算法的好坏主要是通过时间复杂度和空间复杂度两方面来衡量，尤其是时间复杂度。比较和交

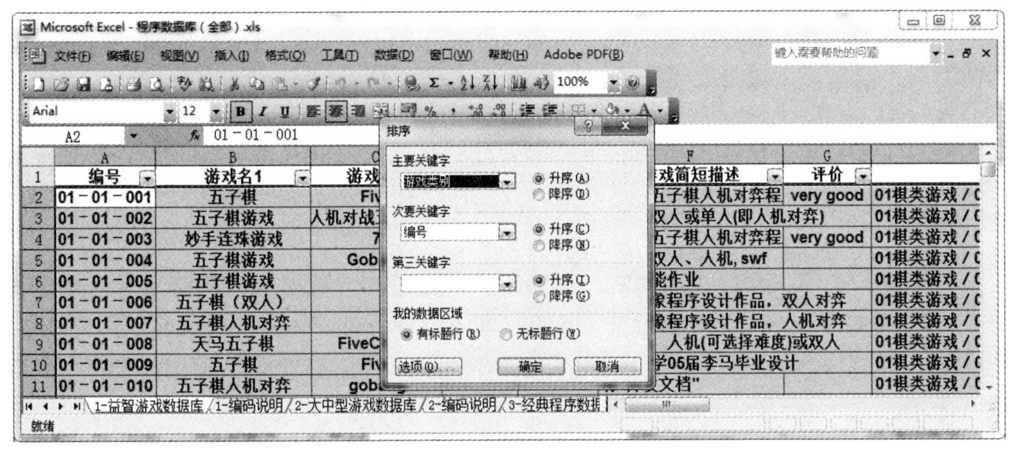

图 9.1　Excel 中的多级排序

换往往是排序算法中的基本运算，因此排序算法的时间复杂度一般是通过排序过程中记录的比较和交换次数来衡量。

一般而言，排序所需的时间越短的算法越好。但是，有些算法的运行时间依赖于原始输入记录的情况，记录的数量、排序码和记录的大小、输入记录的原始有序程度（已经基本有序或完全无序）都会影响算法的执行时间。因此评价排序算法往往要从 3 个方面来考虑：最好情况时间复杂度、最坏情况时间复杂度、平均时间复杂度。

表 9.1 对常见排序算法的时间复杂度、空间复杂度和稳定性进行了对比，其中辅助空间是指除存储记录所需空间外，用来辅助算法执行额外占用的空间，这里 Shell 排序算法里间距 d 的增量序列为 $2^k-1, 2^{k-1}-1, \cdots, 7, 3, 1$。

从表 9.1 可以看出，简单的排序算法，时间复杂度为 $O(n^2)$；较好的排序算法，时间复杂度为 $O(n\log n)$。在第 2.4.5 节提到，当 n 较大时（如对 1 000 个记录进行排序），这两个算法的时间效率相差很大。

表 9.1　常见排序算法性能对比

算　法	最坏情况	平均情况	最好情况	辅助空间	稳定性
直接插入	$O(n^2)$	$O(n^2)$	$O(n)$	$O(1)$	稳定
二分插入	$O(n^2)$	$O(n^2)$	$O(n\log n)$	$O(1)$	稳定
冒泡	$O(n^2)$	$O(n^2)$	$O(n^2)$	$O(1)$	稳定
优化的冒泡	$O(n^2)$	$O(n^2)$	$O(n)$	$O(1)$	稳定
选择排序	$O(n^2)$	$O(n^2)$	$O(n^2)$	$O(1)$	不稳定
Shell 排序	$O(n^{3/2})$	$O(n^{3/2})$	$O(n^{3/2})$	$O(1)$	不稳定
快速排序	$O(n^2)$	$O(n\log n)$	$O(n\log n)$	$O(\log n)$	不稳定
归并排序	$O(n\log n)$	$O(n\log n)$	$O(n\log n)$	$O(n)$	稳定
堆排序	$O(n\log n)$	$O(n\log n)$	$O(n\log n)$	$O(1)$	不稳定

9.1.2　排序的应用

在程序设计竞赛中，仅仅通过排序就可以解决的题目非常少，但不可否认，排序是很

排序的应用

多题目求解的关键步骤。那么，在什么情况下需要进行排序呢？通常来说，要从以下情形来考虑。

（1）排序是否是问题求解算法运算正确的保障。例如，求解活动安排问题的贪心算法，就需要先对所有活动按结束时间从先到后排序；求解背包问题的贪心算法，也需要先将物品按单价从高到低进行排序。

（2）有些题目的解可能有多个，要求按某种顺序输出所有的解；或者只要求输出按某种顺序排在最前面的解，如输出字典序最小（或最大）的解（对一些字符型的解），或其他意义上的最小（或最大）的解，那么这时往往要对待处理的数据进行排序。

例如，练习 9.2，要求按字母顺序输出所有的解，因此需要对字典中的单词按字母顺序进行排序。

（3）有些题目因为数据量太大，几乎没有有效的求解方法，这时如果对待处理的数据按照某种方式进行排序，往往能找到一种豁然开朗的求解思路。

例如，例 9.1 中的数据范围非常大，网格的大小最大可达 200 000×200 000，存储该网格都需要太多的存储空间，如果直接在这个网格上进行处理，将花费太多的时间。所以该题除了排序几乎没有其他有效的解法。分别对网格中石头（含人为添加的“石头”）的坐标进行两次排序并扫描后，可以快速求解。练习 9.1 的求解思路类似。

（4）排序是否可以减少枚举或搜索量。将待处理的数据排序后，从大的（或小的）数据开始枚举或搜索，往往可以减少很多运算量。

例如，例 8.7 先对木棍按从大到小的顺序排序，再从长的木棍开始搜索。

又如，练习 9.2 对字典中的单词和输入的每个单词按字母顺序排序后，判断输入的单词是否为字典中的单词，只需扫描一遍即可；如果不排序，则需要花费较多的时间判断两个单词（经过重组字母顺序后）是否相同。

需要说明的是，在程序设计竞赛里，选手如果要在比赛现场实现排序算法，且要保证其正确性，是非常困难的，而现代编程语言里一般都提供了一些排序函数，这些排序函数都采用效率较高的排序算法，且能适应各种排序情形，因此下面直接介绍相关排序函数的使用。在程序设计竞赛里，最重要的是排序思想的应用及排序函数的使用。

9.1.3 排序函数 qsort( )的用法

qsort( )函数是 C 语言中的函数，是在 stdlib.h 头文件中声明的，因此使用 qsort( )函数必须包含这个头文件。qsort( )函数的原型如下。

```
void qsort( void *base, int num, int width,
            int ( *compare )(const void *elem1, const void *elem2 ) );
```

排序函数 qsort()的用法

它有 4 个参数，其含义如下。

- base：参与排序的记录所在存储空间的首地址，它是空类型指针。
- num：参与排序的记录个数。
- width：参与排序的每个记录所占字节数（宽度）。
- 第 4 个参数为一个函数指针，这个函数需要用户自己定义，用来实现排序时对记录之间的大小关系进行比较。compare( )函数的两个参数

都是空类型指针，在实现时必须强制转换成参与排序的记录类型的指针。如果是按从小到大的顺序排序（即升序），compare( )函数返回值的含义如下。

当第 1 个参数所指向的记录小于第 2 个参数所指向的记录，返回值<0；

当第 1 个参数所指向的记录等于第 2 个参数所指向的记录，返回值=0；

当第 1 个参数所指向的记录大于第 2 个参数所指向的记录，返回值>0。

如果需要按从大到小的顺序排序（即降序），compare( )函数的返回值具有相反的含义：当第 1 个记录大于第 2 个记录，则返回值<0；当第 1 个记录小于第 2 个记录，则返回值>0。

下面分别介绍对不同数据类型、不同排序要求时 qsort( )函数的使用方法。

1. 对基本数据类型的数组排序

如果参与排序的记录是 int 型，且按从小到大的顺序排序（即升序），compare( )函数的写法如下。

```
int compare( const void *elem1 , const void *elem2 )
{
    return *(int *)elem1 - *(int *)elem2;
}
```

这样如果在 qsort( )函数实现排序的过程中调用 compare( )函数比较 67 和 89 这两个记录，compare( )函数的返回值为–22，即<0。

如果需要按从大到小的顺序排序（即降序），只需把 compare( )函数中的语句改写如下。

```
return *(int *)elem2 - *(int *)elem1;
```

这样 compare( )函数比较 67 和 89 这两个记录，其返回值为 22，即>0。

另外，compare( )函数也可以为如下写法（按从小到大的顺序排序）。

```
int compare( const void *elem1, const void *elem2 )
{
    return  ( *(int *)elem1 < *(int *)elem2 )? -1 :
          ( *(int *)elem1 > *(int *)elem2 )? 1 : 0;
}
```

compare( )函数定义好以后，就可以用下面的代码段实现一个整型数组的排序。

```
int num[100];
…    //输入 100 个整数保存到 num
qsort( num, 100, sizeof(num[0]), compare );    //调用 qsort 函数进行排序
```

对 char、double 等其他基本数据类型数组的排序，只需把上述 compare( )函数代码中的 int 型指针（int *）改成其他类型指针即可。

2. 一组记录的一级排序

假设参与排序的记录是学生类型的数据，包含姓名、年龄和分数 3 个域，而且 100 个学生的数据已经保存在数组 s 中。

```
struct student              //声明结构体类型
{
```

```
    char name[20];        //姓名
    int age;              //年龄
    double score;         //分数
};
student s[10];            //定义结构体数组
```

如果要对上述的 student 类型数组 s 中的记录以其 age 成员的大小关系按从小到大的顺序排序（即升序），则 compare( )函数的定义如下。

```
int compare( const void *elem1 , const void *elem2 )
{
    return ((student *)elem1)->age - ((student *)elem2)->age;
}
```

qsort( )函数的调用形式如下。

```
qsort( s, 10, sizeof(s[0]), compare );
```

3. 一组记录的二级排序

如果要对上面的 student 类型数组 s，先按 age 成员从小到大的顺序排序，如果 age 成员大小相等，再按 score 成员从小到大的顺序排序，则 compare( )函数的定义如下。

```
int compare( const void *elem1 , const void *elem2 )
{
    student *p1 = (student *)elem1;  student *p2 = (student *)elem2;
    if( p1->age != p2->age ) return p1->age - p2->age;
    else  return p1->score - p2->score;
}
```

也就是说，如果两个记录 s1 和 s2 的 age 成员不等，返回的是它们 age 成员的大小关系；如果记录 s1 和 s2 的 age 成员大小相等，返回的是它们的 score 成员的大小关系。qsort( )函数的调用形式如下。

```
qsort( s, 10, sizeof(s[0]), compare );
```

9.1.4 排序函数 sort( )的用法

排序函数 sort()的用法

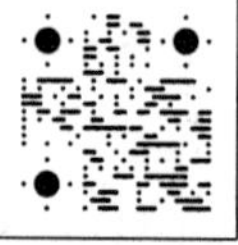

sort( )函数是 C++语言中的函数，包含在头文件 algorithm 中，sort( )函数采用了时间复杂度为 O(*n*log*n*)的排序算法。sort( )函数的原型如下。

```
sort(start, end, cmp);
```

各参数的含义如下。

- start：整个序列存储空间的起始地址，在 C/C++语言里，如果用数组 a 存储序列，则 start 参数的值就是数组名。
- end：整个序列存储空间结束后下一个字节的地址，如果序列中记录个数为 *n*，则 end 参数的值就是 a+*n*。注意，end 不是序列最后一个记录的存储地址。
- cmp 参数的作用和 qsort( )函数中的 compare 参数作用一样，也是用于定义排序时

对记录之间的大小关系进行比较的函数，定义方法也类似，但 cmp 参数可不填，此时表示升序排序。

cmp( )函数的定义及 sort( )函数的调用方法详见例 9.1 的代码。

9.1.5　例题解析

例 9.1　快乐的蠕虫（The Happy Worm），ZOJ2499，POJ1974。

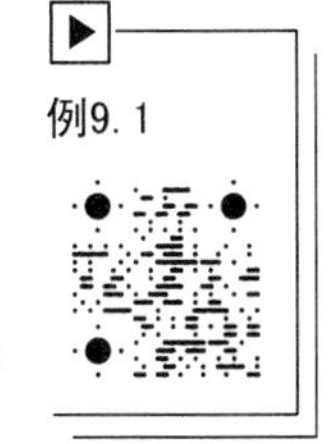

题目描述：

有一只快乐的蠕虫居住在一个 $m \times n$ 大小的网格中。在网格的某些位置放置了 k 块石头。网格中的每个位置要么是空的，要么放置了一块石头。当蠕虫睡觉时，它在水平方向或垂直方向上躺着，把身体尽可能伸展开来。蠕虫的身躯既不能进入到放有石块的方格中，也不能伸出网格外。而且蠕虫的长度不会短于 2 个方格的大小。

本题的任务是给定网格，计算蠕虫可以在多少个不同的位置躺下睡觉。

输入描述：

输入文件的第 1 行为一个整数 t，$1 \leq t \leq 11$，表示测试数据的个数。每个测试数据的第 1 行为 3 个整数 m、n 和 k，$0 \leq m, n, k \leq 200\ 000$；接下来有 k 行，每行为两个整数，描述了一块石头的位置（行和列），左上角的位置为(1, 1)，同一块石头不会重复出现。

输出描述：

对每个测试数据，输出一行，为一个整数，表示蠕虫可以躺着睡觉的不同位置的数目。

样例输入：

```
1
5 5 6
1 5
2 3
2 4
4 2
4 3
5 1
```

样例输出：

```
9
```

分析：首先要理解题目的意思。题目中有两句话很关键，“当蠕虫睡觉时，它在水平方向或垂直方向上躺着，把身体尽可能伸展开来”“而且蠕虫的长度不会短于 2 个方格的大小”。这两句话要结合起来理解。样例数据对应的网格如图 9.2（a）所示，“□”表示空的方格，“■”表示石头。如果只凭第 2 句话，则仅在第 1 列，蠕虫就可以在 3 个位置上躺着，分别是头在(1, 1)、(2, 1)、(3, 1)这 3 个位置躺着，身躯在垂直方向上向下伸展开来；但加上第 1 句话，则这 3 个位置都是一样的，因为蠕虫在第 1 列上躺着，它的身躯会尽可能伸展开来，占满第 1 列所有 4 个空格。

对图 9.2（a）所示的网格，蠕虫可以在 9 个位置上躺着，这 9 个位置分别是第 1 列、第 2 列、第 4 列、第 5 列、第 1 行、第 2 行、第 3 行、第 4 行、第 5 行。如果把(4, 2)这个位置上的石头去掉，则统计出的位置数是 10 个。因为(4, 3)位置上石头的左边和右边都满足题目的要求。

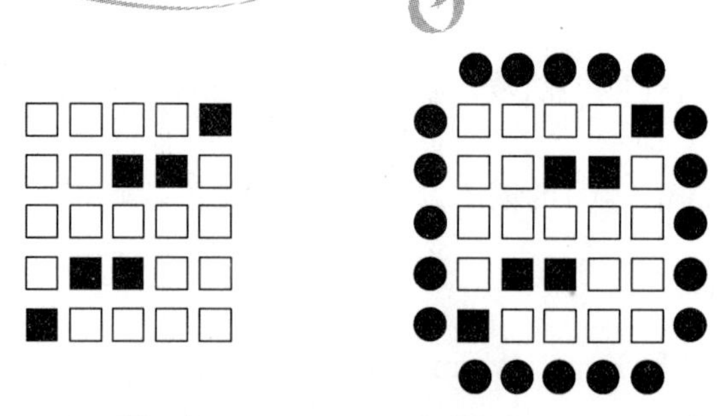

（a）原始网格　　（b）在边界位置上添加了“石头”

图 9.2　样例数据对应的网格

本题测试数据中的 3 个值取值都很大，$0 \leq m, n, k \leq 200\,000$，如果要把整个网格用二维数组保存起来，内存使用量会超出题目的要求。即使能把整个网格保存起来，扫描这个网格需要用二重循环，时间也会超时。

本题的处理方法是，在网格的边界处“添加”一些石头，如图 9.2（b）所示，“●”表示添加的石头，只需存储输入的石头位置及添加的石头位置，然后对这些石头的位置进行以下两种二级排序。

（1）先按 x 坐标（即行坐标）从小到大的顺序排序，x 坐标相同，再按 y 坐标（即列坐标）从小到大的顺序进行排序。排序后，如果前后两个位置的 x 坐标相同（即这两块石头在同一行），且 y 坐标相差大于 2，则是蠕虫能躺着睡觉的位置。这种情形对应到蠕虫躺在水平方向上。

（2）先按 y 坐标从小到大的顺序排序，y 坐标相同，再按 x 坐标从小到大的顺序进行排序。排序以后，如果前后两个位置的 y 坐标相同（即这两块石头在同一列），且 x 坐标相差大于 2，则也是蠕虫能躺着睡觉的位置。这种情形对应到蠕虫躺在垂直方向上。

例如，网格中原有的石头，再加上“添加”的石头，一共 26 个。按第 1 种方式排序后为 (0, 1)、(0, 2)、(0, 3)、(0, 4)、(0, 5)、(1, 0)、(1, 5)、(1, 6)、(2, 0)、(2, 3)、(2, 4)、(2, 6)、(3, 0)、(3, 6)、(4, 0)、(4, 2)、(4, 3)、(4, 6)、(5, 0)、(5, 1)、(5, 6)、(6, 1)、(6, 2)、(6, 3)、(6, 4)、(6, 5)。扫描这 26 个位置，如果前后两个位置的 x 坐标相同，y 坐标相差大于 2，就是蠕虫可以躺着睡觉的位置。例如，(1, 0)和(1, 5)满足要求，对应到网格中第 1 行。代码如下。

```
struct Stone
{
    int x, y;
}s[1000000];     //存储石头的位置，(包括"添加"的石头)
int cmpx( const void *a , const void *b )   //二级排序：先比较 x，再比较 y
{
    Stone *c = (Stone *)a;  Stone *d = (Stone *)b;
    if( c->x != d->x ) return c->x - d->x;
    return  c->y - d->y;
}
int cmpy( const void *a , const void *b )   //二级排序：先比较 y，再比较 x
{
    Stone *c = (Stone *)a;  Stone *d = (Stone *)b;
    if(c->y != d->y) return c->y - d->y;
```

```
    return  c->x - d->x;
}
int main( )
{
    int kase;  scanf( "%d", &kase );              //输入文件中测试数据个数
    while( kase-- ){
        int i, j, m, n, k;                         //每个测试数据中的 3 个数
        scanf( "%d%d%d", &m, &n, &k );
        for( i=0; i<k; i++ ) scanf( "%d%d", &s[i].x, &s[i].y ); //读入 k 块石头的位置
        for( j=1; j<=n; j++ ){                     //"添加"垂直方向上边界的石头
            s[i].x = 0;  s[i].y = j;  i++;    s[i].x = m+1;  s[i].y = j;  i++;
        }
        for( j=1; j<=m; j++ ){                     //"添加"水平方向上边界的石头
            s[i].y = 0;  s[i].x = j;  i++;    s[i].y = n+1;  s[i].x = j;  i++;
        }
        int t = 0;                                 //蠕虫可以躺着睡觉的不同位置的数目
        qsort( s, i, sizeof(s[0]), cmpx );
        for( j=0; j<i-1; j++ ){
            //如果前后两个位置的 x 坐标相同，y 坐标相差超过 2
            if( s[j].x==s[j+1].x && s[j+1].y-s[j].y>2 ) t++;
        }
        qsort( s, i, sizeof(s[0]), cmpy );
        for( j=0; j<i-1; j++ ){
            //如果前后两个位置的 y 坐标相同，x 坐标相差超过 2
            if( s[j].y==s[j+1].y && s[j+1].x-s[j].x>2 ) t++;
        }
        printf( "%d\n", t );
    }
    return 0;
}
```

上述代码如果要改成用 sort( )函数实现，则首先要包含头文件 algorithm。然后将 cmpx( )和 cmpy( )函数的代码改写如下。

```
bool cmpx( Stone a , Stone b )   //二级排序：先比较 x，再比较 y
{
    if( a.x<b.x ) return true;
    else {
        if( a.x==b.x ){
            if( a.y<b.y ) return true;
            else  return false;
        }
        else  return false;
    }
}
bool cmpy( Stone a , Stone b )   //二级排序：先比较 y，再比较 x
{
```

```
    if( a.y<b.y ) return true;
    else {
        if( a.y==b.y ){
            if( a.x<b.x ) return true;
            else  return false;
        }
        else  return false;
    }
}
```

最后调用 sort( )排序函数的代码如下。

```
sort( s, s+i, cmpx );
sort( s, s+i, cmpy );
```

注意，如果 m 和 n 值较大，而 k 值较小，则添加的石头远多于实际的石头。上述代码提交到 POJ，反馈结果为超时。因此，在 POJ 上解答这道题时，不能添加石头，只能对实际的石头按本题所述方式排序后，判断前后相邻的石头之间是否能躺下并计数。

练习题

练习 9.1 修建新的库房（Building a New Depot），ZOJ2157，POJ1788。

题目描述：

ACM 公司决定修建一个新的货车库房，库房的地址已经选好。库房用围墙包围着，围墙由若干块栅栏连接而成，每块栅栏为南北向或东西向。在围墙每一个改变方向处都有一根立柱，除此之外其他地方都没有立柱。当工人修建好所有的立柱后，他们却把库房规划图弄丢了，现在他们向你寻求帮助。给定所有立柱所在位置的坐标，计算围墙的长度。

输入描述：

输入文件包含若干个测试数据。每个测试数据的第 1 行为一个整数 P，$1 \leqslant P \leqslant 100\,000$，$P$ 为已经修建的立柱数目；接下来有 P 行，每行为两个整数 X 和 Y，$0 \leqslant X, Y \leqslant 10\,000$，为一根立柱所在位置的坐标，任何两根立柱的位置都不相同。测试数据之间用空行隔开。输入文件的最后一行为 0，代表输入结束。

输出描述：

对每个测试数据，输出一行“The length of the fence will be L units.”，其中 L 为围墙长度。假定给定的 P 个点总是可以围成一个围墙。

样例输入：

```
12
1 3
6 3
6 2
5 2
5 0
4 0
4 2
3 2
```

样例输出：

```
The length of the fence will be 18 units.
```

```
3 1
2 1
2 2
1 2

0
```

练习 9.2　单词重组（Word Amalgamation），ZOJ1181，POJ1318。

题目描述：

编程实现输入单词 *w*，通过调整 *w* 的字母顺序，可以变成字典中的单词，输出这些单词。

输入描述：

输入文件包含 4 部分。

（1）一部字典，包含至少 1 个单词，至多 100 个单词，每个单词占一行。

（2）字典后是一行字符串“XXXXXX”，表示字典结束。

（3）一个或多个单词 *w*，每个单词占一行。

（4）输入文件的最后一行为字符串“XXXXXX”，代表输入结束。

所有单词，包括字典中的单词和字典后的单词，都只包含小写英文字母，至少包含一个字母，至多包含 6 个字母。字典中的单词不一定是按顺序排列的，但保证字典中的单词都是唯一的。

输出描述：

对单词 *w*，按字母顺序输出字典中所有满足以下条件的单词的列表，通过调整单词 *w* 中的字母顺序，可以变成字典中的单词。列表中的每个单词占一行。如果列表为空（即单词 *w* 不能转换成字典中的任何一个单词），则输出一行字符串“NOT A VALID WORD”。以上两种情形都在列表后，输出一行包含 6 个星号字符的字符串，表示列表结束。

样例输入：

```
tarp
given
score
refund
only
trap
work
earn
course
pepper
part
XXXXXX
aptr
sett
oresuc
XXXXXX
```

样例输出：

```
part
tarp
trap
******
NOT A VALID WORD
******
course
******
```

练习 9.3　英文姓名排序。

题目描述：

在中文里，对中文姓名可以按拼音排序，也可以按笔画顺序排序。在英文里，对英文姓名主要按字母顺序排序。本题要求对给定的一组英文姓名按要求的顺序排序。

输入描述：

输入文件包含多个测试数据。每个测试数据的第 1 行为一个正整数 N（$0<N<100$），表示该测试数据中英文姓名的数目；接下来有 N 行，每行为一个英文姓名，姓名中允许出现的字符有大小写英文字母、空格、点号（.），每个英文姓名长度至少为 2 但不超过 50。$N=0$ 表示输入结束。

输出描述：

对每个测试数据，输出排序后的姓名。排序方法为，先按姓名从长到短的顺序排序，对长度相同的姓名，则按字母顺序排序。每两个测试数据的输出之间输出一个空行。

样例输入：

```
8
Herbert Schildt
David A. Forsyth
Jean Ponce
Gerald Recktenwald
Tom M. Mitchell
Robin R. Murphy
John David Funge
Thomas H. Cormen
0
```

样例输出：

```
Gerald Recktenwald
David A. Forsyth
John David Funge
Thomas H. Cormen
Herbert Schildt
Robin R. Murphy
Tom M. Mitchell
Jean Ponce
```

提示：声明一个结构体，包含姓名和姓名长度两个成员，对结构体数组进行二级排序。

9.2 排序题目解析

本节分别针对数值型数据、字符型数据及混合数据的排序，分别讲解一道竞赛题目。

例9.2

9.2.1 数值型数据的排序

例 9.2 花生（The Peanuts），ZOJ2235，POJ1928。

题目描述：

在一块花生田里，花生植株整齐地排列成矩形网格，如图 9.3（a）所示。在每个交叉点，有零颗或多颗花生。例如，在图 9.3（b）中，只有 4 个交叉点上有多颗花生，分别为 15、13、9 和 7 颗，其他交叉行都只有零颗花生。只能从一个交叉点跳到它的 4 个相邻交叉点上，所花费的时间为 1 个单位时间，以下过程所花费的时间也是 1 个单位时间，从路边走到花生田，从花生田走到路边，采摘一个交叉点上的花生。

采摘方法为，首先走到花生数最多的植株；采摘这颗植株的花生后，然后走到下一个花生数最多的植株处，以此类推。要求在给定的时间内返回到路边。例如，在图 9.3（b）中，在 21 个单位时间内可以采摘到 37 颗花生，行走路线如图 9.3（b）所示。

你的任务是，给定花生分布情况和时间限制，求最多能摘到的花生数。假定每个交叉点的花生数不一样，当然花生数为 0 除外。花生数为 0 的交叉点数目可以有多个。

输入描述：

输入文件的第 1 行为一个整数 T，代表测试数据的数目，$1 \leqslant T \leqslant 20$。每个测试数据的第 1 行包含 3 个整数 m、n 和 k，$1 \leqslant m, n \leqslant 50$，$0 \leqslant k \leqslant 20\ 000$；接下来有 m 行，每行有 n 个整数，每个整数都不超过 3 000。花生田的大小为 $m \times n$，第 i 行的第 j 个整数 X 表示在(i, j)位置上有 X 颗花生。k 的含义是必须在 k 个单位时间内返回到路边。

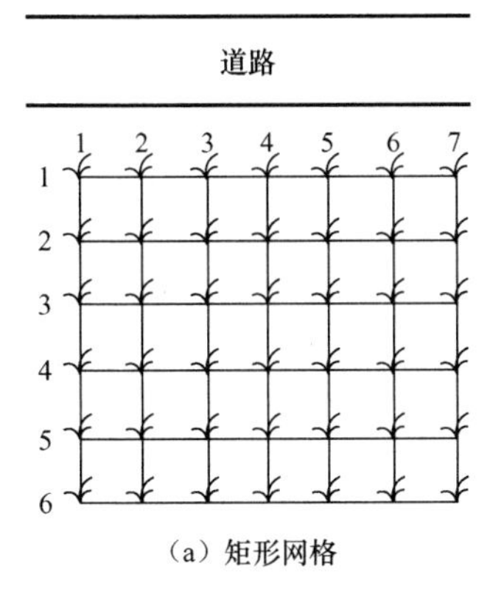

（a）矩形网格

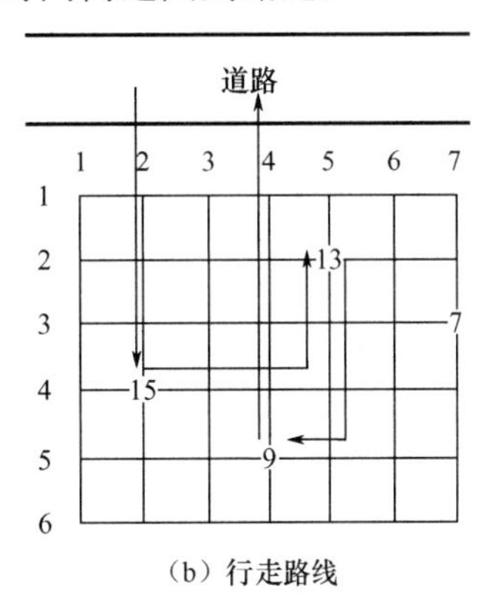

（b）行走路线

图 9.3　采摘花生示意图

输出描述：

对每个测试数据，输出在给定时间内能摘到花生的最大数。

样例输入：

```
1
6 7 21
0 0 0 0 0 0 0
0 0 0 0 13 0 0
0 0 0 0 0 0 7
0 15 0 0 0 0 0
0 0 0 9 0 0 0
0 0 0 0 0 0 0
```

样例输出：

```
37
```

分析：注意理解题目的意思。在图 9.4 所示的网格中，摘一株有 19 颗花生和一株有 18 颗花生的植株所花费的时间为 7，摘一株有 20 颗花生的植株所花费的时间也为 7，如

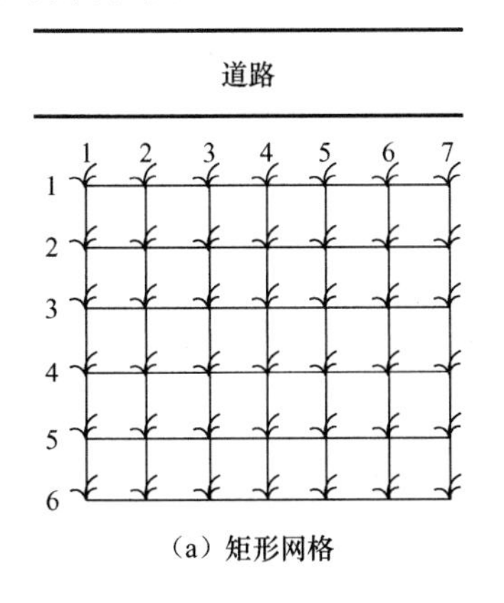

（a）矩形网格

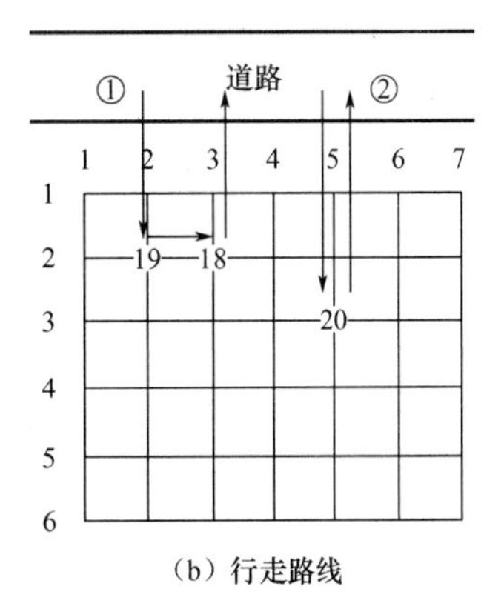

（b）行走路线

图 9.4　采摘花生顺序的选择

果给定时间限制为 7，那么答案到底是 37 还是 20 呢？题目中提到“首先走到花生数最多的植株；采摘这颗植株的花生后，然后走到下一个花生数最多的植株处，以此类推。”因此正确答案是 20。

所以，本题只需把花生数按从大到小的顺序进行排序，在满足时间限制的前提下依次采摘花生即可。在以下代码中，定义了一个结构体，表示网格中的节点。它包含 3 个成员：节点的 x、y 坐标和花生数。在排序时，对节点数组按花生数从大到小排序。代码如下。

```
struct Node                  //节点
{
    char x, y;               //位置
    short peanuts;           //花生数目
};
int compare( const void * a, const void * b ) //按花生数从大到小排序的比较函数
{
    Node * aa = ( Node * )a;  Node * bb = ( Node * )b;
    return bb -> peanuts - aa -> peanuts;
}
int main( )
{
    int i, j, t, T;          //T: 测试数据的个数
    int m, n, k;             //每个测试数据中的数据(网格大小及规定的时间)
    scanf( "%d", &T );
    for( t=0; t<T; t++ ){
        Node table[25000] = {0};
        scanf( "%d%d%d", &m, &n, &k );
        int count = 0, p;    //count: 有花生的植株数, p: 读入的每棵植株下的花生数
        for( i=1; i<=m; i++ ){  //读入网格，并记录有花生的节点信息
            for( j=1; j<=n; j++ ){
                scanf( "%d", &p );
                if ( p ){
                    table[count].x = i;  table[count].y = j;
                    table[count].peanuts = p;  count ++;
                }
            }
        }
        qsort( table, count, sizeof(Node), compare );    //按花生数从大到小排序
        int currX = 0, currY = table[0].y;               //当前的位置
        int sum = 0;
        for( i=0; i<count; i++ ){
            //从当前位置走到table[i]节点并采摘花生所花费的时间
            int temp = abs( currX - table[i].x )+ abs( currY - table[i].y )+ 1;
            //table[i].x 表示从 table[i]节点回到路边的时间
            if( temp+table[i].x<=k ){
                k -= temp;    //剩余时间
                sum += table[i].peanuts; currX = table[i].x; currY = table[i].y;
            }
```

```
            else  break;
        }
        printf( "%d\n", sum );
    }
    return 0;
}
```

9.2.2　字符型数据的排序

例 9.3　UNIX 操作系统的 ls 命令（UNIX ls），ZOJ1324，POJ1589。

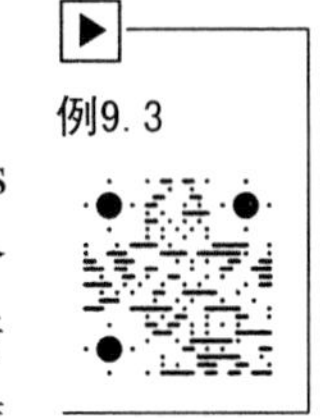

题目描述：

一家计算机公司准备开发一种类似 UNIX 的操作系统。你的任务是为 ls 命令编写格式化显示程序。该程序从输入文件读入数据。输入文件包含 N 个文件名，你必须把这 N 个文件名按字符的 ASCII 编码值的升序排序，然后根据长度最长的文件名的长度 L，将这 N 个文件名输出到 C 列。文件名长度范围是 1～60，输出时是左对齐的。最右边一列的宽度是 L，即长度最长的文件名的长度，其他列的宽度是 L+2。你可以采用尽可能多的列，但各列宽度之和不得超过 60 个字符宽度。你的程序必须用最少行，记为 R 行，来输出 N 个文件名。

输入描述：

输入文件包含有限个文件名列表。每个列表的第 1 行为一个整数 N，$1 \leq N \leq 100$；接下来有 N 行，每一行为一个左对齐的文件名，文件名的长度为 1～60。文件名中允许出现的字符包括数字字符和字母字符（即 a～z、A～Z 及 0～9），以及 3 个字符“.”“_”和“-”，任何一个文件名都不包含除以上字符外的字符，并且没有空行。测试数据一直到文件尾。

你的任务是读入所有文件名列表并按要求的格式输出。

输出描述：

对每个文件名列表，首先输出由 60 个短划线字符“-”组成的一行字符，然后输出按格式排列的若干列文件名。按顺序，第 1～R 个文件名显示在第 1 列，第 R+1～2R 个文件名显示在第 2 列，以此类推。

样例输入：

```
12
Weaser
Alfalfa
Stimey
Buckwheat
Porky
Joe
Darla
Cotton
Butch
Froggy
Mrs_Crabapple
P.D.
```

样例输出：

```
------------------------------------------------------------
Alfalfa       Cotton        Joe           Porky
Buckwheat     Darla         Mrs_Crabapple Stimey
Butch         Froggy        P.D.          Weaser
```

分析：本题首先要对读入的 N 个文件按字符的 ASCII 编码值的升序排序，因为 $1 \leq N \leq 100$，数据量比较小，所以排序可以直接用冒泡法或简单选择法。但是要注意，比较两个文件名的大小只能采用 strcmp( )函数。

本题的关键在于按照题目的格式要求输出 N 个文件名。需要特别注意以下几点。

（1）要准确地计算出输出这 N 个文件名所需的列数和行数。所需列数 ncols 就是 62/(L+2)，L 为长度最长的文件名的长度。L+2 是因为每列（除最后一列外）后有两个空格；分母是 62 而不是 60，因为最后一列后面不需要多输出两个空格，这里为了统一考虑，所以加上 2。如果显示出来时，每列的文件名个数一样，即 N 能被 ncols 整除，那么行数 nrows 就是“N/ncols”；如果 N 不能被 ncols 整除，即“(N%ncols) > 0”，则行数 nrows 还要加 1。

（2）第 1～ncols−1 列，在每个文件名后要输出多余的空格，一直到总长为 L+2 为止；而对第 ncols 列的文件名，在每个文件名后不能输出多余的空格。代码如下。

```
char filenames[100][61];               //存放N个文件名的字符数组
int N;    //文件名的个数
void readfiles( void )                 //读入文件列表中的N个文件名
{
    for( int i=0; i<N; i++ ) scanf( "%s", &filenames[i] );
}
void sortfiles( void )                 //对N个文件名按字符的ASCII编码值的升序排序
{
    int i, j, k;    char holder[61];   //交换两个文件时用到的临时变量
    for( i=0; i<N-1; i++ ){            //简单选择法排序
        k = i;
        for( j=i+1; j<N; j++ ){
            //filenames[k]比filenames[j]大
            if( strcmp(filenames[k], filenames[j])>0 ) k=j;
        }
        if( k!=i ){                    //交换filenames[k]和filenames[i]
            strcpy(holder, filenames[k]);  strcpy(filenames[k], filenames[i]);
            strcpy(filenames[i], holder);
        }
    }
}
void format_columns( void )        //按照题目要求的格式输出N个文件名
{
    int i, j, k, ncols, nrows;     //显示文件名的列数和行数
    unsigned widest = 0;           //文件名的最大长度
    for( i=0; i<N; i++ ){
        if( strlen(filenames[i])>widest ) widest = strlen(filenames[i]);
```

```
    }
    ncols = 62/(widest+2);  nrows = N/ncols;  //求输出N个文件名所需的列数和行数
    if( (N%ncols)> 0 ) nrows++;
    printf( "------------------------------------------------------------\n" );
    for( i=0; i<nrows; i++ ){
        for( j=0; (j<ncols)&& (j*nrows+i)<N; j++ ){
            printf( "%s", filenames[j*nrows + i] );
            if( (j+1)*nrows+i<N ){  //如果右边还有文件名，则要输出多余的空格
                for( k=widest+2-strlen(filenames[j*nrows+i]); k>0; k-- )
                    printf( " " );
            }
        }
        printf( "\n" );
    }
}
int main( )
{
    while( scanf( "%d", &N )!=EOF ){
        readfiles( );  sortfiles( );  format_collumns( );
    }
    return 0;
}
```

9.2.3　混合数据的排序

▶ 例9.4

例 9.4　混乱排序（Scramble Sort），ZOJ1324，POJ1589。

题目描述：

在本题中，给定若干个包含单词和数值的列表，要求对这些列表按照如下的方式进行排序。所有的单词按照字母升序排列，所有数值按照大小升序排列；列表中的每个位置上的元素排序前是一个单词，则排序后还是一个单词，如果排序前是一个数值，排序后还是一个数值。单词排序时对其中的字母是不区分大小写的。

输入描述：

输入文件包含多个列表，每个列表占一行。列表中的每个元素用逗号“,”和空格隔开，列表以点号“.”结束。整个输入文件的最后一行为一个点号“.”，该行不需排序。

输出描述：

对每个列表，输出排序后的列表，列表中的每个元素用逗号“,”和空格隔开，列表以点号“.”结束。

样例输入：

```
0.
banana, strawberry, OrAnGe.
x, 30, -20, z, 1000, 1, Y.
50, 7, kitten, puppy, 2, orangutan, 52, -100, bird, worm, 7, beetle.
.
```

样例输出：

```
0.
banana, OrAnGe, strawberry.
x, -20, 1, Y, 30, 1000, z.
-100, 2, beetle, bird, 7, kitten, 7, 50, orangutan, puppy, 52, worm.
```

分析：本题的求解思路是用 flag 数组记录每个位置上是单词还是数值，如果第 *i* 个数据为单词，则 flag[i]为 0，否则为 1。然后将读入的数值和单词分别存放到整型数组和字符串数组里，并分别对整型数组与字符串数组进行排序。

输出时，如果原先第 *i* 个位置上为数值（flag[i]为 1），则到整型数组中按顺序去找整数，并输出；如果原先第 *i* 个位置上为单词（flag[i]为 0），则到字符串数组中按顺序去找字符串，并输出。

本题有几个细节值得注意。

（1）输入时要正确地去掉单词（或数值）之间的逗号“,”，及最后一个数据之后的点号“.”。输出时要正确地加上单词（或数值）之间的逗号“,”，及最后一个数据之后的点号“.”。

（2）由于数值是混在字符型数据之间的，所以数值也只能采用字符形式读入，然后将其转换成数值。以下代码用 change( )函数实现该功能，实现思路是，"6987" =(((6*10 + 9)* 10 + 8)* 10 + 7)，并要判断是否有正号“+”或负号“–”。代码如下。

```
char str[20];              //存放读入的每个单词或数值
int number[100];           //存放读入的数值
char word[100][20];        //存放读入的单词
int flag[100];             //第 i 个数据为单词，则 flag[i]为 0，否则为 1
int ncount=0, wcount=0, count=0; //当前测试数据中数值、单词的个数及总的个数
int cmp1( const void* a, const void* b )    //数值比较大小
{
    return *(int*)a - *(int*)b;
}
//由于对单词排序时对字母不区分大小写，所以要先转换成小写字母再比较大小
int cmp2( const void* a, const void* b )    //单词比较大小
{
    char a1[20] = "", b1[20] = "";          //暂存 a 和 b 的临时变量
    int i;                                  //循环变量
    strcpy( a1, (char*)a );  strcpy( b1, (char*)b );
    for(i=0; a1[i]; i++) a1[i] = (a1[i]>=65&&a1[i]<=90)?a1[i]+32:a1[i];
    for(i=0; b1[i]; i++) b1[i] = (b1[i]>=65&&b1[i]<=90)?b1[i]+32:b1[i];
    return strcmp( a1, b1 );
}
void change( char s[] )                     //将字符数组 s 中的数值转换成整数形式
{
    int len = strlen(s), value = 0;         //字符数组的长度及转换后的数值
    int sign = 1, i = 0;                    //符号及循环变量
    if( s[0]=='-' ){ sign = -1; i = 1; }
    else if( s[0]=='+' ) i = 1;
    for(; i<len-1; i++ ){
        value *= 10;  value += s[i]-'0';
```

```
    }
    number[ncount] = sign * value;  ncount++;  flag[count] = 1;  count++;
}
void solve( )
{
    qsort( number, ncount, sizeof(number[0]), cmp1 );     //排序
    qsort( word, wcount, sizeof(word[0]), cmp2 );         //排序
    int inumber = 0, iword = 0; //访问 number 数组和 word 数组的循环变量
    //输出：flag[i]为 0，则到 word 数组中找单词输出，否则到 number 数组中找数值输出
    for( int i=0; i<count; i++ ){
        if( flag[i] ){ printf( "%d", number[inumber] );  inumber++; }  //数值
        else { printf( "%s", word[iword] );  iword++; }  //单词
        if( i<count-1 ) printf( ", " );
        else  printf( "." );
    }
    printf( "\n" );
}
int main( )
{
    while( scanf("%s", str)!= EOF){
        if( str[0]=='.' ) break;                         //整个输入结束
        int len = strlen(str);
        //读入的是数值，则将读入的数值转换成整数形式
        if((str[0]>='0' && str[0]<='9')|| str[0]=='-' || str[0]=='+' ) change(str);
        else {                                     //读入的是单词
            strcpy( word[wcount], str );
            word[wcount][len-1] = 0;       //去掉读入的单词后面的','或'.'
            wcount++;  flag[count] = 0;  count++;
        }
        if( str[ len-1 ] == '.' ){         //当前测试数据输入结束
            solve( );                      //排序并输出
            ncount = wcount = count = 0;  continue;
        }
    }
    return 0;
}
```

练习题

练习 9.4　古老的密码（Ancient Cipher），ZOJ2658，POJ2159。

题目描述：

古罗马帝国最常用的两种加密方法是替换加密法和置换加密法。

替换加密法是将原文中的每个字符替换成对应的其他字符。用来替换的字符必须是不同的。对某些字符来说，替换字符可能跟原始字符一致，即本身替换本身。例如，一种替换加密法是将原文中所有字符（A 到 Y）替换成字母表中的下一个字符，并把 Z 替换成 A。如果原文为“VICTORIOUS”，采用此替换加密法得到的密文为“WJDUPSJPVT”。

置换加密法又称换位密码，并没有改变原文字母，只改变了这些字母的出现顺序。即这种加密方法是对原文施加一种置换。例如，采取的置换为(2，1，5，4，3，7，6，10，9，8)，则原文“VICTORIOUS”加密后得到“IVOTCIRSUO”。

很容易注意到，单独应用替换加密法或置换加密法，得到的加密效果都很弱。如果将这两种加密方法组合到一起，有时加密效果很好。因此，可以把原文先用替换加密法进行加密，然后将得到的文字用置换加密法进行加密。例如，依次采用上述替换加密法和置换加密法，原文“VICTORIOUS”被加密成“JWPUDJSTVP”。

考古学家发现了一些文字，他们猜测这些文字是经过替换加密法和置换加密法加密过的，并猜想出加密前的原文。你的任务是编写程序，验证他们的猜想是否正确。

输入描述：

输入文件有多个测试数据。每个测试数据占 2 行，第 1 行为刻在石头上的文字，只包含大写英文字母；第 2 行是考古学家猜测的原文，也只包括大写英文字母。这两行长度都不超过 100。

输出描述：

如果测试数据中的第 1 行文字可能是第 2 行文字经过替换加密法和置换加密法加密后的密文，则输出 YES，否则输出 NO。

样例输入：

```
JWPUDJSTVP
VICTORIOUS
NEERCISTHEBEST
SECRETMESSAGES
```

样例输出：

```
YES
NO
```

练习 9.5 DNA 排序（DNA Sorting），ZOJ1188，POJ1007。

题目描述：

一个序列的逆序数定义为序列中无序元素对的数目。例如，在字符序列“DAABEC”中，逆序数为 5，因为字符 D 比它右边的 4 个字符大，而字符 E 比它右边的 1 个字符大；字符序列“AACEDGG”只有 1 个逆序，即 E 和 D，它几乎是已经排好序的；而字符序列“ZWQM”有 6 个逆序，它是最大程度上的无序——其实就是有序序列的逆序。

在本题中，你的任务是对 DNA 字符串（只包含字符“A”“C”“G”“T”）进行排序。注意，不是按照字母顺序进行排序，而是按照逆序数从低到高进行排序，所有字符串长度一样。

输入描述：

输入文件包含多个测试数据。输入文件的第 1 行为一个正整数 N，代表测试数据的数目，然后是一个空行。接下来是 N 个测试数据。每两个测试数据之间有一个空行。每个测试数据的第 1 行为两个整数 n、m，n 表示字符串的长度，$0<n\leq 50$，m 表示字符串的数目，$1<m\leq 100$；然后是 m 行，每一行为一个字符串，长度为 n。

输出描述：

对应 N 个测试数据，输出也有 N 个，每两个输出之间有一个空行。对每个测试数据，按逆序数从低到高输出各字符串，如果两个字符串的逆序数一样，则按输入时的先后顺序输出。

样例输入：
```
1

10 6
AACATGAAGG
TTTTGGCCAA
TTTGGCCAAA
GATCAGATTT
CCCGGGGGGA
ATCGATGCAT
```

样例输出：
```
CCCGGGGGGA
AACATGAAGG
GATCAGATTT
ATCGATGCAT
TTTTGGCCAA
TTTGGCCAAA
```

练习 9.6　体重排序（Does This Make Me Look Fat?），ZOJ1431，POJ2218。

题目描述：

对节食者按他们体重的递减顺序排序。节食者提供的信息为姓名、节食的天数、节食前的体重。你要根据他们节食的天数来计算他们现在的体重。所有的节食者每天减重 1 磅。

输入描述：

输入文件包含至多 100 个测试数据。测试数据之间没有空行。每个测试数据由以下 3 部分组成。

第 1 行为“START”。

接下来为节食者列表，包含 1～10 行。每行描述了一名节食者，包括姓名、节食的天数、节食前的体重。其中，姓名为 1～20 个数字、字母字符组成的字符串；节食的天数不超过 1 000 天；节食前的体重不超过 10 000 磅。

最后 1 行为“END”。

输出描述：

对每个测试数据，根据各节食者现在体重的递减顺序列出节食者的名字，每个节食者的名字占一行。每两个测试数据的输出之间有一个空行。

样例输入：
```
START
James 100 150
Laura 100 140
Hershey 100 130
END
```

样例输出：
```
James
Laura
Hershey
```

练习 9.7　简单排序。

题目描述：

输入一组非 0 的整数（包括正整数和负整数，绝对值不超过 1 000），根据绝对值的大小按从小到大的顺序输出，假定这些整数的绝对值各不相同，输出时还要输出每个整数在输入时的序号。

输入描述：

输入文件包含多个测试数据。每个测试数据占若干行（小于 100 行），每行为一个非 0 整数，这些整数的绝对值各不相同。测试数据的最后一行为 0，代表该测试数据结束。输入文件的最后一行为 0，代表输入结束。

输出描述：

对每个测试数据，按样例输出中所示的格式对这些整数按绝对值从小到大的顺序进行输出，每个整数前的数值表示该整数在输入时的序号（从 1 开始计起，占 2 位宽度）。每个测试数据的输出之后输出一个空行。

样例输入：

```
96
-7
-256
13
25
100
66
91
0
0
```

样例输出：

```
 2 -7
 4 13
 5 25
 7 66
 8 91
 1 96
 6 100
 3 -256
```

9.3 二分法思想及二分检索

本节介绍二分思想及二分检索的实现方法及其应用。

9.3.1 二分法的思想

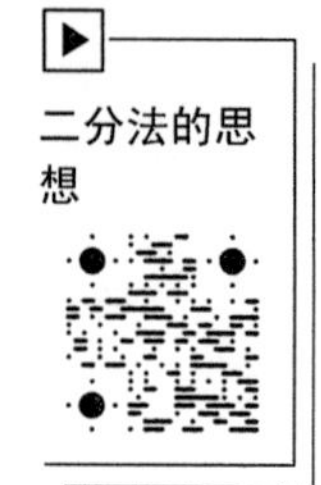

二分法是分治算法（详见第 7.3 节）的一种特例。分治算法的基本思想是将一个规模为 N（比较大）的问题分解为 K 个规模较小的子问题，这些子问题相互独立且与原问题性质相同。求出子问题的解，就可得到原问题的解。

在分治算法中，若将原问题分解成两个较小的子问题，则称之为二分法。由于二分法划分简单，所以使用非常广泛。其中最经典的应用就是二分检索法。

二分检索法及应用

9.3.2 二分检索法及应用

1. 二分检索法的原理

所谓检索，即查找。假设有一个整型数组 array，其元素个数为 100，这些元素已经按照从小到大的顺序排好序了。要在该数组中查找某个数 num，可以采用的顺序查找法是：依次将数组元素与该数进行比较，如果相等，则找到。但这种方法查找一个数平均需要比较 100/2 = 50 次（假设该数在数组中的每个位置的概率相同）。如果数组中有 1 000 000 个整数，需要在数组中反复查找，则这种方法很费时。另外，这种方法并没有利用数组元素有序这个重要的信息。

二分检索的思想是，先将 num 与 array 数组正中的元素进行比较，如果相等，则已经找到；如果 num 比正中的元素还要小，则如果 num 存在，则肯定位于前半段，不可能位于后半段，所以不需要考虑后半段，否则，num 肯定位于后半段；在前半段（或后半段）查找时，又是将 num 与正中的元素进行比较；以此类推，一直到找到 num，或者判断 num 不存在为止。

二分检索的执行过程如图 9.5 所示。假设数组中有 10 个元素，分别为 15、17、18、

22、35、51、60、88、93、99，这些数已经按照从小到大的顺序排好序了。在二分检索里，有 3 个量很关键，low、mid 和 high，分别表示数组中某一段元素的最前面、中间及最后的元素的下标。

图 9.5（a）演示了在数组 array 中查找 num=18 的执行过程。

第 1 次比较时，low = 0, high = 9, mid = (low+high)/2 = 4，num 的值小于 array[mid]，所以如果 num 存在，则必然位于前半段，将 high 的值更新为 mid−1=3，low 的值不变。

第 2 次比较时，low = 0, high = 3, mid = (low+high)/2 = 1，num 的值大于 array[mid]，所以如果 num 存在，则必然位于后半段，将 low 的值更新为 mid+1=2，high 的值不变。

第 3 次比较时，low = 2, high = 3, mid = (low+high)/2 = 2，num 的值等于 array[mid]。至此，查找到 num。

以上过程要用循环来实现。现在的问题是，什么时候退出循环？

图 9.5（b）以在上述数组中查找 num=90 的情形解释了这个问题。当第 3 次比较完以后，因为 num 的值小于 array[mid]，所以如果 num 存在，则必然位于前半段，需要将 high 的值更新为 mid−1=7，而 low 的值不变，这样 high<low。这意味着 num 不存在，应该退出循环。

因此，退出循环的条件是 high<low。

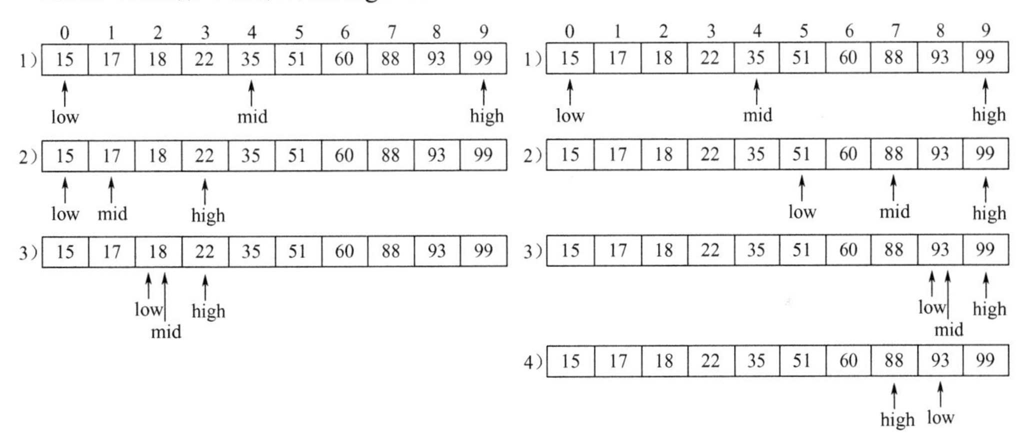

（a）查找到num=18的情形　　（b）查找不到num=90的情形

图 9.5　二分检索的执行过程

根据上述分析，可以写出实现二分检索的函数。代码如下。

```
int BinSearch(int a[], int n, int num)//在数组a(从小到大排序，元素个数为n)中二分检索num
{
    int low=0, high=n-1, mid;
    while( low<=high ){
        mid = ( low + high )/ 2;
        if( num<a[mid] ) high = mid-1;          //如果num比中间的数还小，则在前半段
        else if( num>a[mid] ) low = mid+1;      //如果num比中间的数还大，则在后半段
        else  return mid;
    }
    return -1;                                  //没有查找到
}
```

2. 二分检索法的应用

与排序操作类似，在程序设计竞赛中，也很少有题目会给定一些有序的数据，能直接进行二分检索就能解决问题。二分检索主要应用于数据量比较大时的频繁搜索。因为二分检索是针对一组有序的数据，所以通常情况下要先排序。

除了本节例题和练习题外，本书还有以下题目需要应用二分检索。

练习 6.9，先按顺序求出 1 000 位以内的所有斐波那契数，并记录它们的位数（自然地，这些位数是按从小到大的顺序排列），对读入的一个 1 000 位以内的整数 m，在位数表里二分检索 m 的位数，如果没找到，则 m 不是斐波那契数；如果找到，则把位数相同的那些斐波那契数和 m 比较，如果相同，则 m 是斐波那契数，否则也不是斐波那契数。

练习 6.10，先将 10^{100} 内所有斐波那契数递推出来并存储到一个数组中，然后读入两个大数 a 和 b，二分检索定位出大于 a 的第 1 个斐波那契数的下标，以及大于 b 的第 1 个斐波那契数的下标，二者相减就能得出范围在$[a, b]$之间的斐波那契数个数。

9.3.3 例题解析

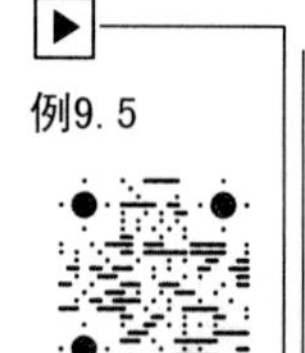

例 9.5 赌徒（Gamblers），ZOJ1101。

题目描述：

n 个赌徒一起玩一个游戏。游戏刚开始的时候，每个赌徒把赌注放在桌子上并遮住，侍者要查看每个人的赌注并确保每个人的赌注都不一样。如果一个赌徒没有钱了，则他要借一些筹码，因此他的赌注为负数。假定赌注都是整数。

最后赌徒们揭开盖子，出示他们的赌注。如果谁下的赌注是其他赌徒中某 3 个人下的赌注之和，则他是胜利者。如果有多于一个的胜利者，则下赌注最大的赌徒才是最终的胜利者。

例如，假定赌徒为 Tom、Bill、John、Roger 和 Bush，他们下的赌注分别为$2、$3、$5、$7 和$12，则最终的胜利者是 Bush。因为他下的赌注为$12 且最大，有其他 3 人下的赌注之和等于 12，即$2 + $3 + $7 = $12，因此 Bush 是胜利者。

输入描述：

输入文件包含了多组赌徒下的赌注数据。每组赌注数据的第 1 行是一个整数 n，$1 \leqslant n \leqslant 1\,000$，代表赌徒的个数；然后是他们下的赌注，每个人的赌注占一行，这些赌注各不相同，并且范围是[−536 870 912, +536 870 911]。输入文件的最后一行为 0，代表输入结束。

输出描述：

对每组赌注，输出胜利者下的赌注，如果没有解，则输出“no solution”。

样例输入：

```
5
2 3 5 7 12
5
2 16 64 256 1024
0
```

样例输出：

```
12
no solution
```

分析：本题要求的是一个最大的赌注，满足它是其他 3 个赌注的和。假设赌注存放在 data 数组中，先将 n 个人的赌注按从小到大的顺序排序。可以采用的思路是枚举，即从最

大的赌注开始，看是否存在一个赌注是其他 3 个不同赌注之和。这个过程需要用四重循环实现。代码如下。

```
void work( )
{
    qsort( data, n, sizeof(data[0]), cmp );    //按从小到大的顺序排序
    int i, j, k, m;    //循环变量
    for( i=n-1; i>=0; i-- ){
        for( j=0; j<n; j++ ){
            if( i==j )continue;
            for( k=j+1; k<n; k++ ){
                if( i==k ) continue;
                for( m=k+1; m<n; m++ ){
                    if( i==m ) continue;
                    //判断 i 的赌注是否是 j, k, m 赌注之和
                    if( data[i]==data[j]+data[k]+data[m] ){
                        printf( "%d\n", data[i] );  return;
                    }
                }
            }
        }
    }
    printf( "no solution\n" );
}
```

上述代码使用了四重循环，由于 n 的值最大可以取到 1 000，如果 n 的值取 1 000，则上述循环中 if 语句里的比较语句在最坏情况下要执行 1 000×1 000×1 000×1 000 次，很显然这不是一种好方法。读者可以到 ZOJ 上去提交试试，看是否会超时，如果没有超时，记录运行时间。

本题采用二分检索法能减少一重循环。方法是对上述代码，取消第四重循环，即最里面的 for 循环，也就是说，不是枚举 m 的所有取值，而是在 data 数组里查找 data[i] − data[j] − data[k]，如果能找到，即存在某个人的赌注 M = data[i] − data[j] − data[k]，也就是 data[i] = data[j] + data[k] + M，因此 data[i]满足题目的要求。但同时要保证 data[i] − data[j] − data[k]既不等于 data[i]、data[j]，也不等于 data[k]，为什么呢？以 data[i]为例，如果 data[i] − data[j] − data[k] = data[i]，则只要 data[j] = −data[k]，所有的 data[i]都满足条件。代码如下。

```
const int MAXN = 1001;
int data[MAXN], n;        //赌徒们下的赌注及赌徒的人数
int cmp( const void *elem1, const void *elem2 )//qsort 函数用的比较函数
{
    return *(int *)elem1 - *(int *)elem2;
}
int search( int x )      //在 data 数组中查找 x，如果查找到，返回下标，否则返回-1
{
    int low = 0, high = n - 1, mid;
    while( low<=high ){
```

```
        mid = (low + high)/ 2;
        if( data[mid]==x ) return mid;
        if( data[mid]>x ) high = mid - 1;
        if( data[mid]<x ) low = mid + 1;
    }
    return -1;
}
void work( )
{
    qsort( data, n, sizeof(data[0]), cmp );    //按从小到大的顺序排序
    for( int i=n-1; i>=0; i-- ){
        for( int j=0; j<n; j++ ){
            if( i==j )continue;
            for( int k=j+1; k<n; k++ ){
                if( i==k ) continue;
                int m = search(data[i] - data[j] - data[k]);
                //存在第 4 个人下的赌注为 data[i] - data[j] - data[k]
                //并且这个人不是 i, j, 也不是 k, 则 i 就是胜利者
                if( m>=0 && m!=i && m!=j && m!=k ){
                    printf( "%d\n", data[i] );  return;
                }
            }
        }
    }
    printf( "no solution\n" );
}
int main( )
{
    while ( scanf("%d", &n)){
        if( n==0 ) break;
        for( int i=0; i<n; i++ ) scanf( "%d", &data[i] );    //输入下一组赌注
        work( );                                              //求解
    }
    return 0;
}
```

例 9.6 复合单词（Compound Words），ZOJ1825。

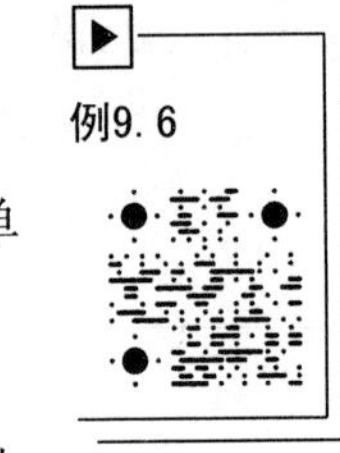

题目描述：

编程找出字典中的所有复合单词。复合单词被定义为由字典中两个单词连接而成的单词。

输入描述：

输入文件包含若干行，每行为一个由小写字母组成的单词，单词按字典序排列，最多不超过 120 000 个单词。

输出描述：

按字典序输出所有的复合单词，每个单词占一行。

样例输入：

```
a
alien
born
less
lien
never
nevertheless
new
newborn
the
zebra
```

样例输出：

```
alien
newborn
```

分析：如果有 num 个单词，需要从中找出复合单词。可以采取的一种策略是用一个二重循环将第 *i* 个单词和第 *j* 个单词拼接成一个新单词，然后在字典中查找，如果查找到，则新单词是一个复合单词。但是本题中，最多有 120 000 个单词，所以这种方法肯定会超时。

注意到，字典中的单词是按字典序排列的，这极大地简化了复合单词的查找。以下代码的策略是，对第 *i* 个单词，从第 *j* = *i*+1 开始判断第 *j* 个单词，如果第 *j* 个单词前半部分（长度为第 *i* 个单词的长度）跟第 *i* 个单词一样（可用 strncmp( )函数实现），则以二分检索法在字典中查找第 *j* 个单词的后半部分。如果查找到，则找到一个复合单词。

以上策略需要注意以下两点。

（1）因为字典中的单词是按字典序排列的，则如果第 *j* 个单词前半部分跟第 *i* 个单词一样，则第 *j* 个单词就在第 *i* 个单词的后边（可能有多个，但不会太多），如样例输入中 a 与 alien、new 与 newborn。对前半部分跟第 *i* 个单词不一样的单词，不需考虑。

（2）因为字典中的单词是有序的，所以在查找第 *j* 个单词后半部分时，可以采用二分检索法来查找，代码如下。

```
#define MAX 120005
char dict[MAX][20] = {0}, temp[20];    //dict 用来存储字典中的单词
char out[MAX][20] = {0};          //存储复合单词
int num = 0, compnum = 0;         //字典中单词个数及复合单词个数
int search( char *w )             //在字典中以二分检索法查找(指针 w 所指向的)单词
{
    int high, low, mid, j;    high = num-1;  low = 0;
    while( high>=low ){
        mid = low+(high-low)/2;    j = strcmp( w, dict[mid] );
        if( j ){
            if( j<0 ) high = mid - 1;
            else  low = mid + 1;
        }
        else  break;              //w 和 dict[mid]相等
    }
    if( high>=low ) return 1;
    return 0;
```

```
}
int main( )
{
    int i, j, k, n;
    while(scanf("%s", temp) != EOF) strcpy(dict[num++], temp);  //读入字典中的单词
    for( i=0; i<num; i++ ){
        for( j=i+1; j<num && !strncmp(dict[i], dict[j], strlen(dict[i])); j++ ){
            //dict[j]单词中前 strlen(dict[i])个字母跟单词 dict[i]一样
            if( search( dict[j]+strlen(dict[i]))){  //在字母表中找dict[j]后半部分
                for( k=compnum-1; k>=0 && strcmp(dict[j], out[k])< 0; k-- )
                    ;    //找到一个复合单词 dict[j], 找一个合适的位置存放
                if( k<0 || strcmp(dict[j], out[k])){
                    for( n=compnum; n>k; n-- ) strcpy( out[n+1], out[n] );
                    strcpy( out[k+1], dict[j] );
                    compnum++;
                }
            }
        }
    }
    for( i=0; i<compnum; i++ ) printf( "%s\n", out[i] );    //输出
    return 0;
}
```

说明，本题读入的每一行为一个单词（一直到文件尾），上述代码如果采用标准输入，则无法得到输出结果，这是因为标准输入无法模拟一直到文件尾的情形（详见第 1.5.1 节第 4 点），只能把测试数据放到文件 ZOJ1825_test.in 中，然后使用 freopen 语句（详见第 3.4.2 节）重定向到文件输入，才能得到输出结果。当然，在 ZOJ 上提交时，必须注释掉这行代码。

练习题

练习 9.8 棍子的膨胀（Expanding Rods），ZOJ2370，POJ1905。

题目描述：

一根长度为 L 的细长金属棍子加热 n 度后，会膨胀到一个新的长度 $L' = (1+n\times C)\times L$，其中 C 为该金属的热膨胀系数。当一根细长的金属棍子固定在两堵墙之间，然后加热，则棍子会变成圆弓形，棍子的原始位置为该圆弓形的弦，如图 9.6 所示。本题要计算棍子中心的偏离距离。

输入描述：

输入文件包含多个测试数据，每个测试数据占一行。每个测试数据包含 3 个非负整数：棍子的初始长度，单位为毫米；加热前后的温差，单位为度；该金属的热膨胀系数。输入数据保证膨胀的长度不超过棍子本身长度的一半。输入文件的最后一行为 3 个负数，代表输入结束。

输出描述：

对每个测试数据，输出棍子中心加热后的偏离距离（毫米），保留小数点后 3 位有效数字。

（a）膨胀前　　（b）膨胀后

图 9.6　膨胀的金属棍子示意图

样例输入：

```
1000 100 0.0001
15000 10 0.00006
-1 -1 -1
```

样例输出：

```
61.329
225.020
```

9.4　实践进阶：标准模板库及常用数据结构的使用

数据结构是程序设计竞赛中非常重要的基础知识。现代编程语言（C++、Java、Python 等）都已经实现了常用的数据结构和算法，用户直接调用即可。本节介绍数据结构的基本概念、常用数据结构的原理及使用方法。

9.4.1　数据结构的基本概念

数据结构的基本概念

什么是数据？数据就是程序求解问题时需要处理的对象，可能是基本的整型、浮点型、字符（串）型，也可能是比较复杂的结构体、对象，甚至可能是数据库中的一条记录。另外，一个程序中的数据之间往往不是松散的，而是存在一定联系的（即所谓的“逻辑”关系），如一个接一个（线性结构）、一个对多个（树结构）、多个对多个（图结构）等。

什么是数据结构？通俗一点讲，数据结构就是存放和管理数据的容器。最简单、最常用的数据结构是数组，大部分编程语言都提供了数组这个语法成分。但数组太简单了，有很多局限性，以至于 Python 语言都不提供数组了。在 Python 语言里，最接近数组的是列表，而列表的功能非常强大，远非数组能比。除数组外，为了满足一些特殊处理，计算机科学里引入了一些特殊的数据结构，如栈、队列、优先级队列、集合、映射等；有时也需要自己设计数据结构。

数据结构中存放的数据，往往称为结点或元素。注意，在 C++语言里，同一个数据结构中的所有结点一般只能是同一种类型；但在 Java 语言里，由于所有的类型有一个共同的父类 Object，所以能做到同一个数据结构包含不同类型的结点。但是，一般来说，在程序设计竞赛解题时，不需要把不同类型的结点放到同一个数据结构里。

为了管理存放的数据，数据结构往往还需要把对数据的操作（增、删、查、改）封装在一起，因此要实现一种数据结构是比较复杂的。在程序设计竞赛里，如果要求选手现场编程实现解题时要用到的数据结构，这是不现实的。幸运的是，现代编程语言（C++、Java、Python 等）对常用的数据结构和算法都做了很好的实现。以 C++为例，这些数据结构和算法构成了标准模板库，可以直接调用标准模板库中的数据结构和算法。

9.4.2 标准模板库

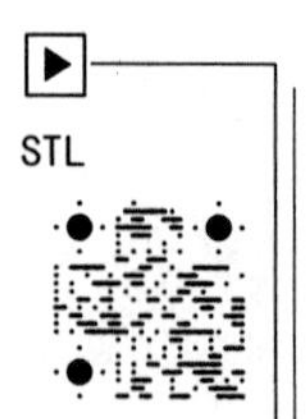

标准模板库（Standard Template Library，STL）是 C++标准库的一部分，不用单独安装。C++对模板（Template）支持得很好，STL 就是借助模板把常用的数据结构及算法都实现了。

STL 提供了 3 种通用实体：容器、迭代器和算法。可以直接使用 STL 中的实体来求解问题。

容器就是一种数据结构，用来存储结点。不同类型的容器在其内部以不同的方式组织结点。

STL 中常用的容器包括向量（vector）、栈（stack）、队列（queue）、优先级队列（priority_queue）等。STL 中的容器是用类模板实现的，这意味着用户可以指定容器中元素的类型。STL 中的容器提供了丰富的成员函数，用以实现所需的功能。

STL 中的迭代器用于引用存储在容器中的元素，它是一个通用型的指针。没有支持 stack、queue、priority_queue 容器的迭代器，因为这 3 种容器都是访问受限的，不允许任意引用容器中的元素。

9.4.3 向量

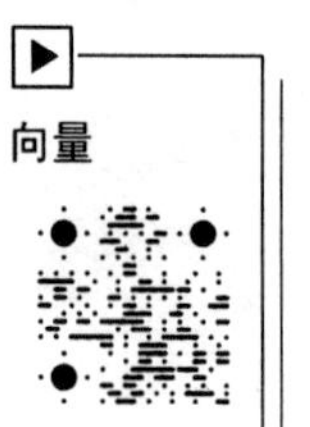

什么是向量（vector）？向量可以认为是扩充版的数组。当编程语言提供的数组对数据处理的需求来说太简单而不足以胜任时，就可能考虑用向量了。向量的应用详见例 2.7。

要使用 STL 中的向量，必须包含头文件<vector>，并使用命名空间“using namespace std;”。

定义向量的方法如下。

```
vector<char> v1;          //向量中的元素为字符
vector<int> v2;           //向量中的元素为整型数据
vector<point> v3;         //向量中的元素为自定义结构体 point 变量
```

vector 常用的成员函数包括以下几个。

（1）push_back：往向量的末端插入新的结点。

（2）pop_back：删除向量末端的结点。

（3）begin：返回最前面结点的迭代器（指针）。

（4）end：返回最末端结点的迭代器（指针）。

9.4.4 栈

1. 栈的概念

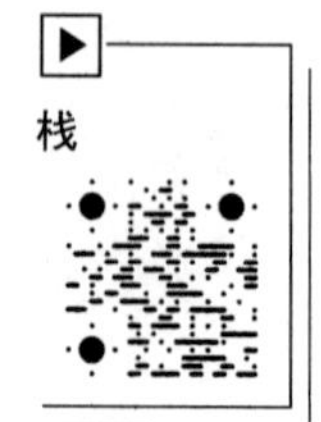

栈（stack）和下节要讲的队列都是一种线性的数据结构，但访问受限。对栈来说，限定在一端来插入和删除结点，这一端称为“栈顶”，另一端称为“栈底”，如图 9.7 所示。因此，先进入栈的结点往往后出来，这就是所谓的后进先出（Last In，First Out，

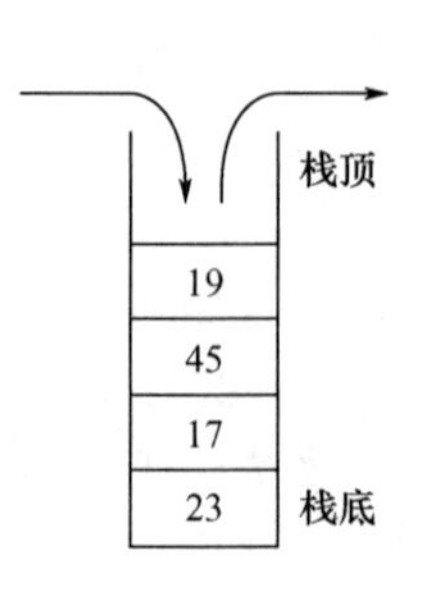

图 9.7 栈

LIFO）。另外，结点的插入，称为压栈或入栈（push）；结点的删除，称为出栈（pop）。

日常生活中，超市存放购物车的轨道，往往一端是靠墙，只能从另一端放和取购物车，这时这个轨道就是一个栈。

2. 栈的作用

数据结构是一个容器，是用来存放结点的。结点一般是随着数据处理的进行，逐步按顺序插入进来的，如果需要调整这些结点出去的顺序，就可能需要用到栈。

考虑往栈中按顺序插入 23、17、45、19 这 4 个结点，可以通过调整入栈和出栈操作的顺序，得到不同的出栈结点序列。例如：

（1）push 23; push 17; pop; pop; push 45; pop; push 19; pop。这 4 个结点的出栈顺序为 17、23、45、19。

（2）push 23; pop; push 17; push 45; pop; push 19; pop; pop。这 4 个结点的出栈顺序为 23、45、19、17。

注意，栈不能做到任意调整结点的出栈顺序。例如，在上面的例子里，“45、23、17、19”这样的出栈顺序是不可能的。固定结点的入栈顺序，如何判断一个结点序列是否为可能的出栈顺序，详见例 9.8。

3. STL 中的栈

要使用 STL 中的栈，必须包含头文件<stack>，并使用命名空间。

定义栈的方法如下。

```
stack<char> S1;      //栈中的结点为字符
stack<int> S2;       //栈中的结点为整型数据
stack<pos> S3;       //栈中的结点为自定义结构体 pos 变量
```

stack 常用的成员函数包括以下几个。

（1）push：压栈，参数为需要压入栈的结点。

（2）pop：出栈，返回值为出栈的结点。

（3）top：取得栈顶结点，返回值为栈顶结点，该操作并不会弹出栈顶结点。

（4）empty：判断栈是否为空，返回值为 bool 型。

（5）size：返回栈中结点的个数。

例9.7

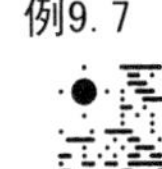

4. 例题解析

例 9.7　括号串匹配。

题目描述：

给定一串括号，允许包括圆括号( )、方括号[ ]、花括号{ }，判断括号串是否匹配。

匹配例子：((( )( ))( ))、{ ( )[ ] { [( )] } }。

不匹配例子：((( )( )))( ))、{ [}]、{ ( )[ ]] }。

输入描述：

输入包含多个测试数据，每个测试数据占一行，不超过 50 个字符，除括号外没有其他字符。测试数据一直到文件尾。

输出描述：

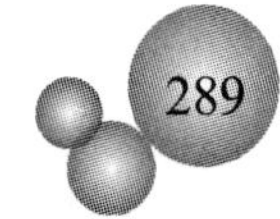

对每个测试数据，如果括号串匹配，输出 yes，否则输出 no。

样例输入：

```
{()[]{[()]}}
{()[]]}
```

样例输出：

```
yes
no
```

分析：判断括号串是否匹配的方法是，依次读入每个括号，如果是左括号，则压入栈中；如果是右括号，则判断栈顶元素是否是与之匹配的左括号，如果是，则弹出该左括号，如果不是或者栈为空，则可以判断括号不匹配。代码如下。

```
int main( )
{
    char bracket[50];                    //读入的括号串
    int len, i;    stack<char> S;        //存左括号的栈
    bool prejudge;                       //是否能提前判断不匹配的状态变量
    while( scanf( "%s", bracket )!=EOF ){
        len = strlen(bracket);  prejudge = false;
        for( i=0; i<len; i++ ){
            if( bracket[i]=='(' || bracket[i]=='{' || bracket[i]=='[' ) //左括号
                S.push(bracket[i]);
            else {                       //右括号
                if( S.empty( )){ prejudge = true;  break; } //栈空，不匹配
                else {                   //栈非空
                    if( bracket[i]==')' && S.top()!='(' ||  //栈非空
                        bracket[i]==']' && S.top()!='[' ||  //但栈顶左括号与
                        bracket[i]=='}' && S.top()!='{' ){  //当前右括号不匹配
                        prejudge = true;  break;
                    }
                    else  S.pop( ); //栈顶左括号和当前右括号匹配，则弹出栈顶左括号
                }
            }
        }
        if( prejudge ){
            printf( "no\n" );     //没扫描完就能提前判定不匹配
            while( !S.empty( ) )  S.pop( ); //栈非空则要清空栈
        }
        else {                                   //已经扫描完
            if( !S.empty( )){                    //扫描完毕后，如果栈非空，则不匹配
                printf( "no\n" );
                while( !S.empty( )) S.pop( ); //栈非空则要清空栈
            }
            else  printf( "yes\n" );
        }
    }
    return 0;
}
```

例 9.8　奇特的火车站。

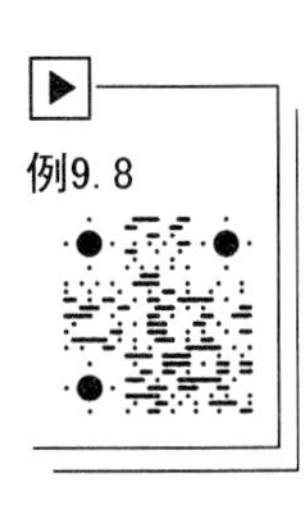

题目描述：

我国的火车站分两种。一种是普通型的，即两头通的，这头进另一头可以出；另一种是折反型（如重庆的菜园坝火车站），类似于数据结构中的栈，假设只有一条铁轨，如果有两列火车依次进站，则是按相反的顺序出站的，如图 9.8 所示。

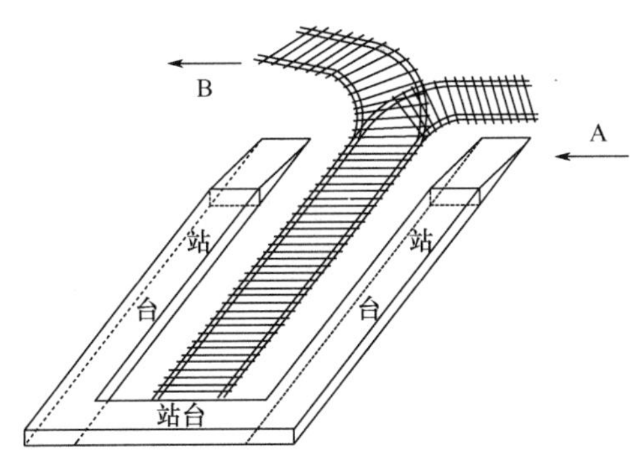

图 9.8　奇特的火车站示意图

假设图 9.8 所示的火车站有一个奇特的功能，调节车厢的顺序。当一列火车从 A 方向进入车站前，可以把所有的车厢分离开，现在每节车厢在它到达 B 方向处的铁轨之前都可以自由运动。但是需要注意的是，当车厢进站之后，它就不能退回到 A 方向处的铁轨；当车厢到达 B 方向处的铁轨之后，它就不能退回到车站里。现在有一列包括 N（$1<N<1\ 000$）节车厢的火车从 A 方向驶入车站，从头到尾每节车厢分别被标上序号 1, 2, 3, ⋯, N。请判断是否可以适当地组织车厢的进出顺序，使得从 B 方向出站的车厢号分别是 $a_1, a_2, a_3, \cdots, a_N$。

输入描述：

输入文件包含多个测试数据。每个测试数据占两行，描述了一列火车各车厢的出站顺序，第 1 行为正整数 N；第 2 行为 N 个没有重复的 1～N 的正整数（即是 1～N 的某个排列），表示 N 节车厢的出站顺序。输入文件的最后一行为 0，表示输入结束。

输出描述：

对每个测试数据，如果存在满足要求的车厢进出站组织方法，输出 yes，否则输出 no。

样例输入：

```
5
5 4 1 2 3
5
2 3 5 4 1
0
```

样例输出：

```
no
yes
```

分析：本题的意思其实就是固定 1～N 这 N 个数字的入栈顺序为 1～N，再给出 1～N 的一个排列，问该排列是否为某种可能的出栈顺序。以题中第 2 个测试数据为例讲解解题方法。

（1）读入出栈顺序中的第 1 个数字 2，2 要最先出栈，那一定是最初栈为空且 1、2 已经依次入栈了（push 1, push 2），接着按要求把 2 弹出栈（pop）。此时栈中只有 1。

（2）读入第 2 个数字 3，因为 3 比栈顶结点 1 大，所以 3 要先入栈，再出栈，即执行 push 3; pop。此时栈中仍只有 1。

（3）读入第 3 个数字 5，因为 5 比栈顶结点 1 大，所以一定是先把 4、5 依次入栈，此后 5 才能作为栈顶弹出，因此执行 push 4; push 5，再执行 pop 把 5 弹出栈。

（4）读入第 4 个数字 4，此时栈顶刚好是 4，直接执行 pop 把 4 弹出栈。

（5）读入第 5 个数字 1，此时栈顶刚好是 1，直接执行 pop 把 1 弹出栈。此后，栈为空。

因此，“2 3 5 4 1”是一种可能的出栈顺序。

那出现什么情形可以判断（甚至是提前判断）一个排列不是一种可能的出栈顺序呢？在本题中，读入一个数字后，如果当前栈非空但读入的数字比栈顶结点要小，就可以提前判断不是一种可能的排列了。例如，第 1 个测试数据“5 4 1 2 3”，读入 5 后，需要执行 push 1; push 2; push 3; push 4; push 5; pop；再读入 4，需要执行 pop；再读入 1，这时栈顶是 3，1 在下面，不可能作为栈顶弹出，所以这是一种不可能的出栈顺序。代码如下。

```
int coachNum;                    //车厢总数，就是题中的 N
int outCoach, inCoach;           //将要出站的车厢，将要入站的车厢
int main( )
{
    int i, j;
    while( 1 ){
        cin >>coachNum;
        if( coachNum==0 ) break;
        cin >>outCoach;
        inCoach = 1;  stack<int> station;
        for( i=1; i<coachNum; i++ ){
            if( !station.empty()&& outCoach<station.top( ))//栈非空，读入的数字<栈顶
                break;
            if( station.empty()|| outCoach>station.top()){  //栈空或读入的数字>栈顶
                for( ; inCoach<=outCoach; inCoach++ ) //把二者之间(含读入)的数字入栈
                    station.push(inCoach);
            }
            station.pop( );                      //弹出栈顶
            cin >>outCoach;
        }
        if( i==coachNum ) cout <<"yes" <<endl;  //所有数字处理完了都没出现非法情形
        else {
            cout <<"no" <<endl;
            for( j=i; j<coachNum; j++ )       //提前结束判断，这里要注意把剩下的数字读完
                cin >>outCoach;
        }
    }
    return 0;
}
```

9.4.5　队列

1. 队列的概念

队列（queue）也是一种访问受限的线性数据结构。它只允许从队列尾（rear）插入结点，称为入队列；只允许从队列头（front）取出结点，称为出队列，如图 9.9 所示。因此，先进入队列的结点先出来，这就是所谓的先进先出（First In，First Out，FIFO）。

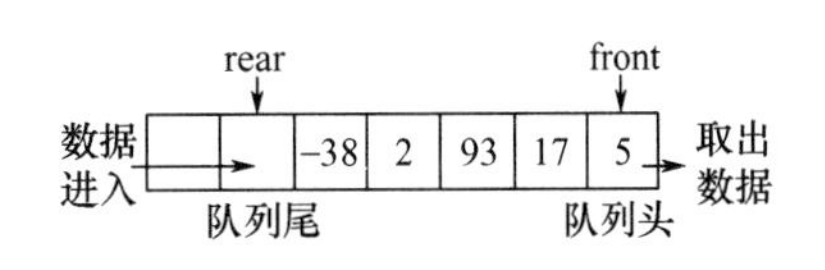

图 9.9　队列

日常生活中，在食堂打饭排队、在银行排队办业务，都是队列的例子。在计算机里，操作系统为每个应用程序维护一个消息队列，应用程序接收到的消息存放在队列中，应用程序根据先来先处理的方式处理每个消息，这也是队列的应用。

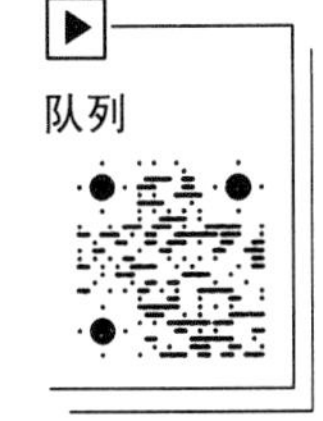

2. 队列的作用

如果要记录待处理数据的顺序，并严格按先后顺序来处理这些数据，就可能需要用到队列了。队列最经典的应用当属第 8.3 节的广度优先搜索（BFS），在 BFS 算法里，需要用队列来存储正在访问的这一层和待访问的下一层的顶点，以便扩展出新的顶点。

3. STL 中的队列

要使用 STL 中的队列，必须包含头文件<queue>，并使用命名空间。

定义队列的方法如下。

```
queue<char> Q1;      //队列中的结点为字符型数据
queue<int> Q2;       //队列中的结点为整型数据
queue<pos> Q3;       //队列中的结点为 pos 变量(自定义数据类型)
```

queue 常用的成员函数包括以下几个。

（1）push：入队列，参数为需要入队列的结点。

（2）pop：出队列，返回值为出队列的结点。

（3）front：取得队列头结点，返回值为队列头结点，该操作并不会使得队列头结点出队列。

（4）empty：判断队列是否为空，返回值为 bool 型。

（5）size：计算队列中结点的个数。

例9. 9

4. 例题解析

例 9.9　特殊的数据结构。

题目描述：

栈和队列是两种最常用的数据结构。本题设计了一种特殊的数据结构，它有两个入口，左边的入口记为 L，右边的入口记为 R，有一个出口，如图 9.10 所示。约定只能从入口读入数据，从出口输出数据（相当于两个队列共用一个出口，这两个队列也记为 L 和 R）。

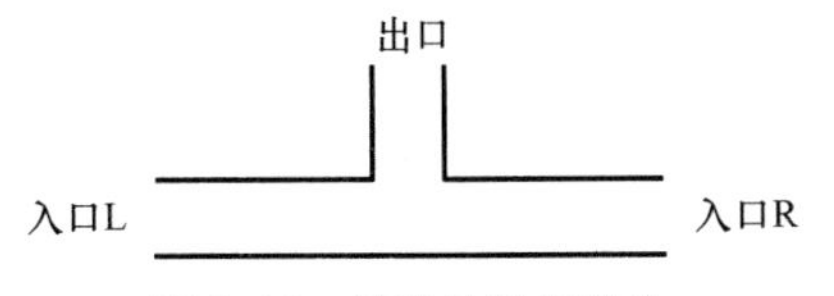

图 9.10　特殊的数据结构

另外，约定该数据结构处理数据的模式如下。

（1）单位时间内两个入口可能同时读入一个正整数，或者只有一个入口读入一个正整数。如此连续若干个时刻读入数据后，后面那些时刻就只有输出数据而没有读入数据了。

（2）在第 1 个单位时间内，从出口输出 L 队列首的数据，在下一个单位时间内输出 R 队列首的数据，依次交替。如果这个过程中某个队列为空，则该单位时间内转而从另一个队列中输出数据，下一个单位时间仍然从规则中原定的队列输出数据。

（3）每个单位时间内，如果有数据读入，总是先读入数据，再输出数据。

在本题中，给定两个入口输入数据序列，输出从出口输出的数据序列。

输入描述：

输入文件包含多个测试数据。输入文件的第 1 行为一个正整数 T，代表测试数据个数。每个测试数据占一行，为数据串序列（不超过 100 个字符），用逗号隔开，表示每个单位时间内从两个入口读入的数据。数据串中，如果两个数据都为正整数，则表示该单位时间内从两个入口都读入了整数；如果一个数据为 L 或 R，则表示该单位时间内该数据代表的队列中没有读入正整数。注意，数据中可能有多余的空格，如逗号之后可能有一个空格。测试数据保证最后一个正整数输入之前两个队列不会同时为空（当然，最后当两个队列都为空的时候，应该结束输出了）。

输出描述：

对每个测试数据，输出从出口输出的数据序列，每个正整数（包括最后一个正整数）之后输出一个空格。

样例输入：

```
1
68 79, L 34, L 45, 17 R, 23 R, 99 66
```

样例输出：

```
68 79 34 45 17 66 23 99
```

分析：在具体应用里，往往会根据处理数据的需求设计一些特殊的数据结构，本题给出了这样的一个例子。本题实际上就是两个队列，在本身插入结点和弹出结点限制的基础上，还要遵从本题设计的处理数据的模式。因为本题设计的处理数据的规则比较特殊，数据输入格式也比较复杂，所以代码比较烦琐，代码如下。

```
int main( )
{
    queue<int> QL, QR;
    bool lturn;                               //是否轮到从 L 中输出数据
    int T, i, j, len;                         //len 为数据串的长度
    char input[100];                          //读入的数据串
    scanf( "%d", &T );    getchar( );         //跳过上一行的换行符
    for( i=1; i<=T; i++ ){
        lturn = true;              //最先(即第 1 个单位时间内)输出队列 L 中的数据
        gets(input);
        len = strlen(input);  len--;
        while( input[len]==32 ) len--;   //去掉末尾多余的空格
        input[++len] = ',';  input[len+1] = 0;
        int s = 0;                            //每个整数串的起始位置
        char data[100];                       //读入的每个整数串
```

```
char data1[100], data2[100]; //从整数串中分离出的数据，可能为整数，L 或 R
int d1, d2;                                      //对应的整数
for( j=0; j<len+1; j++ ){
    if( input[j]==',' ){
        input[j] = 0;  strcpy( data, input+s );    //读出每个整数串
        int t1 = 0, t2;                          //两个数据的起始位置
        while( data[t1]==32 )   t1++;                  //去掉前面可能有的空格
        t2 = t1+1;
        while( (data[t2]>=48 && data[t2]<=57)|| data[t2]=='L'
              || data[t2]=='R' )
           t2++;
        data[t2] = 0;  strcpy( data1, data+t1 );  t2++;
        while( data[t2]==32 )   t2++; //去掉前面可能有的空格
        strcpy( data2, data+t2 );
        int k;                                   //用来将字符串转换成整数的循环变量
        if( data1[0]!='L' ){
           d1 = 0;  k = 0;
           while( k<strlen(data1)){ d1 = d1*10 + data1[k] - '0';  k++;}
           QL.push(d1);
        }
        if( data2[0]!='R' ){
           d2 = 0;  k = 0;
           while( k<strlen(data2)){ d2 = d2*10 + data2[k] - '0';  k++;}
           QR.push(d2);
        }
        //以下是输出数据的处理
        if( lturn ){                             //轮到 L 队列输出数据
           if(!QL.empty()){printf("%d ", QL.front()); QL.pop();}
                                                 //QL 非空
           else { printf( "%d ", QR.front( ));  QR.pop( ); }
           lturn = false;
        }
        else {
           if(!QR.empty()){printf("%d ", QR.front()); QR.pop();}
                                                 //QR 非空
           else { printf( "%d ", QL.front( ));  QL.pop( ); }
           lturn = true;
        }
        s = j+1;
    }
}//end of for( j=0; j<len+1; j++ )
//输入数据处理完毕后，两个队列中还可能有数据
bool bover = false;                              //是否可以结束的标志
while( !bover ){
    if( lturn ){                                 //轮到 L 队列输出数据
        if(!QL.empty()){printf("%d ", QL.front()); QL.pop();}
                                                 //QL 非空
```

```
                else {
                    if( !QR.empty( )){printf( "%d ", QR.front( )); QR.pop( );}
                    else  bover = true;
                }
                lturn = false;
            }
            else {
                if(!QR.empty()){printf("%d ", QR.front()); QR.pop();} //QR 非空
                else {
                    if( !QL.empty( )){printf( "%d ", QL.front( )); QL.pop( );}
                    else  bover = true;
                }
                lturn = true;
            }
        }
        printf( "\n" );
    }
    return 0;
}
```

优先级队列

9.4.6 优先级队列

优先级队列（priority_queue）是这样一种数据结构，它存储结点，并根据需要释放具有最大优先级的结点（而不一定是最先入队列的结点）。例如，在一个多任务操作系统中，对执行程序进行调度，在任意一个给定时刻，可能有许多程序（通常称为作业）已经就绪了，当需要执行一个作业时，应该从优先级队列中挑选出拥有最大优先级的就绪作业。

要使用 STL 中的优先级队列，需要包含头文件<queue>，并使用命名空间。

定义优先级队列的方法如下。

```
priority_queue<int> q1;          //优先级队列中的结点为整型数据
priority_queue<node> q2;         //优先级队列中的结点为自定义类 node 对象
```

优先级队列的使用方法和普通队列的使用方法基本一致。注意，优先级队列需要根据结点的大小关系确定优先级；如果结点可以直接比较大小（如基本数据类型），则越大的结点优先级越高；如果结点是自定义结构体或类对象，则在该结构体或类中必须重载关系运算符“<”，以实现结点的大小比较运算。

例 9.10 优先级队列。

题目描述：

例9. 10

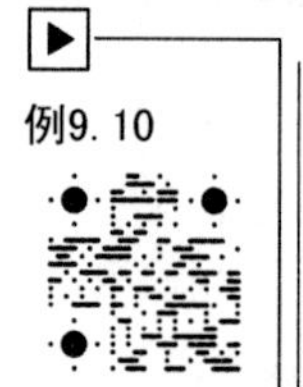

已知进入优先级队列的各结点的优先级（为小于 20 的正整数，该值越小，则表示优先级越高），以及各结点入队列和出队列的操作序列，要求输出各结点的出队列顺序（输出编号）。注意，结点的编号为入队列时的序号，且从 1 开始计起。任何时刻如果存在优先级相同的结点，最先进入队列的结点先出队列。

输入描述：

输入文件包含多个测试数据。每个测试数据描述了一个优先级队列的操作序列，第 1 行为一个自然数 n，$5\leqslant n\leqslant 20$，表示结点数；接下来有 $2\times n$ 行，描述了这 n 个结点的入队列和出队列操作序列，如果为 push，则表示为入队列，后面有一个正整数表示该结点的优先级，如果为 pop，则表示当前优先级最高的结点出队列。输入文件的最后一行为 0，表示输入结束。

输入数据确保不会出现队列为空时执行 pop 操作。

输出描述：

对每个测试数据，输出 n 个结点出队列的顺序（序号），相邻两个结点之间用符号“->”连接。

样例输入：

```
6
push 17
push 14
push 15
pop
pop
push 5
pop
push 18
push 9
pop
pop
pop
0
```

样例输出：

```
2->3->4->6->1->5
```

分析：注意本题中代表结点优先级的数字越小表示优先级越高，以及当存在优先级相同的结点时，序号最小的结点优先级最高，因此在重载“<”运算符并用小于号比较两个结点时，要把参数 b 放在前面，详见下面的代码。另外，本题在输出时，要求相邻两个结点之间用符号“->”连接，因此定义了状态变量 bfirst 代表最先出队列的结点，该结点输出前不输出“->”，其余结点输出前均需输出“->”，代码如下。

```
struct node
{
   int no, pri;                    //进入队列的序号，结点的优先级
   bool operator < (const node &b )const
   {
      if(b.pri!=pri) return b.pri<pri;          //pri 越小，优先级越高
      else  return b.no<no;  //优先级相同，返回序号大小关系(序号越小，优先级越高)
   }
};
int main( )
{
   int i, n;                       //n 为结点数
   priority_queue<node> nodes;    node tnode;   //tnode: 临时变量
```

```
    while( 1 ){
        cin >>n;
        if( n==0 ) break;
        char op[10];    bool bfirst = true;  //最先出队列的结点
        int ppri, nno = 1;                   //读入的各结点的优先级，结点序号
        for( i=1; i<=2*n; i++ ){
            cin >>op;
            if( strcmp(op, "push")==0 ){     //push 操作
                cin >>ppri;
                tnode.no = nno; nno++; tnode.pri = ppri; nodes.push( tnode );
                continue;
            }
            tnode = nodes.top( );            //pop 操作
            if( bfirst ) bfirst = false;
            else  cout <<"->";
            cout <<tnode.no;
            nodes.pop( );
        }
        cout <<endl;
    }
    return 0;
}
```

9.4.7 常用算法

常用算法

STL 提供了大约 70 个通用函数，这些算法能够应用于 STL 中的容器和数组。例如，STL 中提供了多个排序函数，第 9.1.4 节介绍的 sort( )函数就是其中一个。例 2.7 调用 sort( )函数对向量中的结点（代表时间的整数）按从小到大排序。

这些通用函数还包括实现了二分查找的 lower_bound( )、upper_bound( )和 binary_search( )函数，详见附录 A 第 60 点。

练习题

练习 9.9 简单的表达式运算。

题目描述：

本题要实现求解表达式。为简化起见，规定表达式中只允许出现“+”和“*”两种运算符（分别表示加法和乘法），操作数都是正整数，而且没有圆括号等其他符号。

输入描述：

输入文件包含多个测试数据。每个测试数据占一行，为一个表达式，其中操作数和运算符之间没有空格。操作数个数范围为[5, 20]，操作数值的范围为[1, 50]。测试数据一直到文件尾。

输出描述：

对每个测试数据，计算表达式的值并输出，测试数据保证表达式的值不会超过 20 位

整数。

样例输入：
```
2+5*6*7+9
10+31*20+21
```

样例输出：
```
221
651
```

练习 9.10　超市购物车。

题目描述：

超市存放购物车的轨道像一个栈，工作人员从一端推入购物车，顾客从同一端推出购物车。约定工作人员每次只推入一辆购物车，顾客也是每次只推出一辆购物车。在购物的高峰期，经常会出现没有购物车可用的情形，超市很想知道一天下来究竟有多少顾客拿不到购物车。

输入描述：

输入文件包含多个测试数据。每个测试数据占一行，为一个字符串（最长为 100 个字符）。字符串中的字符为 p 或 q，p 表示工作人员推入一辆购物车，q 表示有一个顾客推出一辆购物车。约定，如果没有购物车，则顾客会放弃而不会等待。测试数据一直到文件尾。

输出描述：

对每个测试数据，输出有多少个顾客拿不到购物车。

样例输入：
```
pppqqqpqqqpqqpqpqpqpq
qpqpqpqqqpqpppqqqppppqpppq
```

样例输出：
```
3
3
```

数 论 基 础

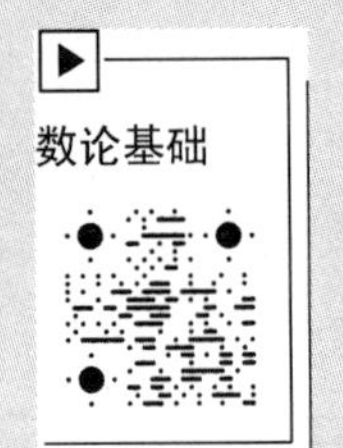

初等数论是数学的一个分支，专门研究整数的基本性质，在密码学、物理学等领域有着非常重要的应用。由于数论里有着非常丰富的算法和具体的应用，数论也是程序设计竞赛中一类重要的题目类型。注意，数论包含非常庞大的知识体系，其中很多知识比较深奥，本章只是非常浅显地概述了整除理论（含最大公约数理论）、同余理论、素数理论等内容（若想更深入地了解可查阅参考文献中所列相关数论书籍），对其中的定理均不予证明，主要讨论数论中相关算法及实现。最后在实践进阶里，抛砖引玉地引出了程序设计竞赛技巧及其应用。

10.1 符 号 说 明

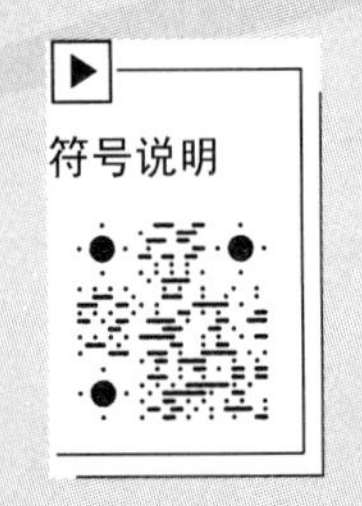

本节列出本章用到的数学符号（按这些符号在本章中首次出现的顺序列出）。

符号	说明
N	全体自然数（即正整数）组成的集合
Z	全体整数组成的集合
$a \mid b$	a 整除 b
$a \nmid b$	a 不整除 b
p，p'，p_1，p_2	素数（不可约数）
(a_1, a_2)	a_1 和 a_2 的最大公约数
$(a_1, \cdots, a_k)$	$a_1, \cdots, a_k$ 的最大公约数
$[a_1, a_2]$	a_1 和 a_2 的最小公倍数
$[a_1, \cdots, a_k]$	$a_1, \cdots, a_k$ 的最小公倍数
$\tau(n)$	除数函数
$\sigma(n)$	除数和函数
$[x]$	实数 x 的整数部分
$\{x\}$	实数 x 的小数部分
$a^k \| b$	$a^k \mid b$，且 $a^{k+1} \nmid b$
$\alpha=\alpha(p, n)$	p 为素数，满足 $p^\alpha \| n!$
$\pi(x)$	不超过实数 x 的素数个数

$\varphi(n)$	Euler 函数
$a\equiv b(\mathrm{mod}\ m)$	a 同余于 b 模 m
$a\not\equiv b(\mathrm{mod}\ m)$	a 不同余于 b 模 m
$a^{-1}(\mathrm{mod}\ m)$或 a^{-1}	a 对模 m 的逆
$r\ \mathrm{mod}\ m$	包含 r 的模 m 的同余类
$f(x)\equiv g(x)(\mathrm{mod}\ m)$	多项式 $f(x)$同余于 $g(x)$模 m

10.2　整 除 理 论

10.2.1　自然数与整数

自然数与整数

由全体自然数，1, 2, 3, ⋯, n, n+1, ⋯组成的集合，一般记为 N。

由全体整数，⋯, $-n-1$, $-n$, ⋯, −3, −2, −1, 0, 1, 2, 3, ⋯, n, n+1, ⋯组成的集合，一般记为 Z。整数包括正整数（即自然数）、零、负整数。

自然数的本质属性是由以下归纳公理刻画的。

归纳公理　设 S 是 N 的一个子集，满足条件：（i）$1\in S$；（ii）如果 $n\in S$，则 $n+1\in S$，那么 $S=N$。

归纳公理是数学归纳法的基础。

数学归纳法 1　设 $P(n)$是关于自然数 n 的一种性质或命题。如果：（i）当 n=1 时，$P(1)$成立；（ii）由 $P(n)$成立必可推出 $P(n+1)$成立，那么 $P(n)$对所有自然数 n 成立。

数学归纳法 2　设 $P(n)$是关于自然数 n 的一种性质或命题。如果：（i）当 n=1 时，$P(1)$成立；（ii）设 n>1，若对所有的自然数 $m<n$，$P(m)$成立必可推出 $P(n)$成立，那么 $P(n)$对所有自然数 n 成立。

10.2.2　整除

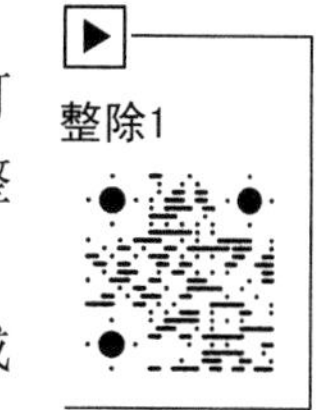

定义 1　设 a，b 是整数，$a\neq 0$，如果存在整数 q，使得 $b = aq$ 成立，则称 b 可被 a 整除，记为 $a\,|\,b$，且称 b 是 a 的倍数，a 是 b 的约数（也可称为除数、因数）；如果不存在整数 q 使得 $b = aq$ 成立，则称 b 不被 a 整除，记为 $a\nmid b$。

注意，定义 1 里并没有要求 $q\neq 0$，因此，当 b=0 时，$b = a\times 0$ 总是成立的。因此，0 能被任何非零整数 a 整除。

定理 1　整除有以下几个性质。

（1）$a\,|\,b$ 且 $b\,|\,c \Longrightarrow a\,|\,c$。

（2）$a\,|\,b$ 且 $a\,|\,c \Longleftrightarrow$ 对任意的 x 和 $y\in Z$，有 $a\,|\,(bx+cy)$。

一般地，$a\,|\,b_1, \cdots, a\,|\,b_k$ 同时成立$\Longleftrightarrow$对任意的 $x_1, \cdots, x_k\in Z$，有 $a\,|\,(b_1x_1+\cdots+b_kx_k)$。

（3）设 $m\neq 0$，那么，$a\,|\,b \Longleftrightarrow ma\,|\,mb$。

定义 2　设 b 是整数，显然，$\pm 1, \pm b$ 一定是 b 的约数，它们称为是 b 的显然约（除、因）数；b 的其他约数（如果有的话）称为是 b 的非显然约（除、因）数，或真约（除、因）数。

定理 2　设整数 $b\neq 0$，$d_1, d_2,\cdots, d_k$ 是它的全体约数。那么，$b/d_1, b/d_2,\cdots, b/d_k$ 也是它的

全体约数。也就是说，当 d 遍历完 b 的全体约数时，b/d 也遍历完 b 的全体约数。此外，若 $b>0$，当 d 遍历完 b 的全体正约数时，b/d 也遍历完 b 的全体正约数。

定义 3 设整数 $p\neq0, \pm1$。如果它除了显然约数$\pm1, \pm p$ 外，没有其他的约数，那么，p 就称为是不可约数，也叫作素数（或质数）。若 $a\neq0, \pm1$，且 a 不是不可约数，则 a 称为合数。

定理 3 若 a 是合数，则必有不可约数 p，使得 $p|a$。合数 a 的最小非显然约数必为素数。

定义 4 一个整数的除数如果是不可约数，则这个除数称为该整数的不可约除（因）数或素除（因）数。

定理 4（算术基本定理） 设整数 $a\geqslant2$，那么 a 一定可表示为不可约数的乘积（包括 a 本身是不可约数），即。

$$a=p_1p_2\cdots p_s \tag{10-1}$$

其中，p_j（$1\leqslant j\leqslant s$）是不可约数。

定理 5 设整数 $a\geqslant2$，则有：

（1）若 a 是合数，则必有不可约数 p，使得 $p\,|\,a$，且 $p\leqslant a^{1/2}$；

（2）若 a 有算术基本定理中的表示式，则必有不可约数 p，使得 $p\,|\,a$，且 $p\leqslant a^{1/s}$。

【算法 1】 埃拉托斯特尼（Eratosthenes）筛选法求素数。要求 2～N（N 为大于 2 的正整数）范围内的所有素数，可以依次删除 p 的倍数（保留 p 本身），p 为素数，且 $p\leqslant N^{1/2}$，剩下的数就是素数。

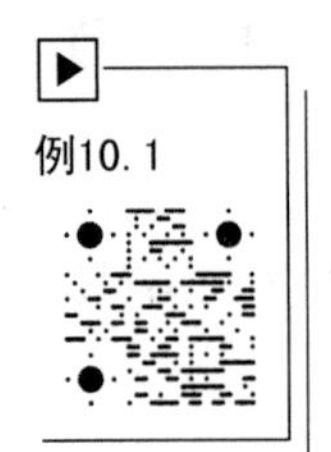

例10.1

例 10.1 用埃拉托斯特尼筛选法筛选出 10 000 以内的素数，并统计出素数个数。

首先在 Natures 数组里从 Natures[2]～Natures[N]依次存放 2～N 之间的所有自然数，如图 10.1 所示，从 i=2 开始，只要 Natures[i]不为 0，就将 Natures[i]的倍数（Natures[i]本身除外）删除，实现时只需将 Natures 数组里对应元素的值置为 0 即可。根据上述定理 5，N 以内的合数 a，必有不可约数 p，$p\leqslant N^{1/2}$，使得 $p\,|\,a$，所以 i 一直循环到 sqrt(N)即可。最后，Natures 数组里非零的元素就是保留下来的素数，再保存到 Prime 数组里，变量 num 记录统计到的素数个数。

╲2的倍数　╱3的倍数　—5的倍数　|7的倍数

2 3 4 5 6 7 8 9 10 11 12 13 14 15 16 17 18 19 20 21
22 23 24 25 26 27 28 29 30 31 32 33 34 35 36 37 38 39 40 41
42 43 44 45 46 47 48 49 50 51 52 53 54 55 56 57 58 59 60 61
62 63 64 65 66 67 68 69 70 71 72 73 74 75 76 77 78 79 80 81
82 83 84 85 86 87 88 89 90 91 92 93 94 95 96 97 98 99 100

图 10.1 用埃拉托斯特尼筛选法求素数

注意，算法 1 里要求 p 为素数，但在实现时（以下的 PrimeTable( )函数里），无须判断 Natures[p]（其值就是循环变量 p）是否为素数，因为如果 Natures[p]为合数，根据定理 5，它一定有小于它本身的不可约除数，从而 Natures[p]在之前就已经被置为 0 了。代码如下。

```
#define N 10001
int Natures[N];      //初始时存放 2～N-1 之内的自然数
```

```
int Prime[N], num;   //Prime: 存储2～N-1之内的素数, num: 2～N-1范围内素数个数
void PrimeTable( )
{
    int i, j, p;
    for( i=0; i<N; i++ ) Natures[i] = i;
    int k = sqrt(N);
    for( p=2; p<=k; p++ ){
        if( Natures[p] ){
            for( j=2*p; j<N; j+=p )       //j 初值为 2*p, 每次 j 递增 p
                Natures[j] = 0;           //删除 j 的倍数
        }
    }
    for( i=2, j=0; i<N; i++ ){
        if( Natures[i] ) Prime[j] = Natures[i], j++;
    }
    num = j;
}
int main( )
{
    PrimeTable();    printf("%d\n", num);
    return 0;
}
```

上面的代码从 p 出发，删除 p 的倍数（保留 p 本身），可能将同一个合数删除多次。例如，n=210，当 i=2, 3, 5, 7 时，都会将 210 删除一次，当 n 很大时，就会很浪费时间。

以下改进后的 PrimeTable( )函数保证每个合数只被它的最小素除数删除一次，效率更高，其原理是，当出现 i%Prime[j]==0 时，由于是从小到大枚举素数 Prime[j]，则 Prime[j] 是 i 的最小素除数，此时终止循环（如果不终止循环，那么 Prime[j+1], Prime[j+2], …与 i 相乘得到其他合数也会被删除，但这些合数的最小素除数不是 Prime[j+1], Prime[j+2], …，这样会使得一个合数被删除多次）。

```
void PrimeTable( )
{
    int i, j;
    Natures[0] = Natures[1] = 0;
    for( i=2; i<N; i++ ) Natures[i] = 1;  //初始化全部为1，即假设所有的数都为素数
    num = 0;
    for( i=2; i<N; i++ ){  //检查每个自然数 i=2, …, N
        if( Natures[i] ) Prime[num++] = i;   //若 i 是素数，保存至 Prime 数组中
        for( j=0; j<num && Prime[j]*i<N; j++ ){ //枚举素数表 Prime[ ]中的素数
            Natures[ Prime[j]*i ] = 0;
            if( i%Prime[j]==0 ) break;         //若 i 是某个素数的倍数，则退出循环
        }
    }
}
```

定义 5　设 a_1, a_2 是两个整数，如果 $d|a_1$ 且 $d|a_2$，那么，d 就称为是 a_1 和 a_2 的公约

数。一般地，设 $a_1, a_2, \cdots, a_k$ 是 k 个整数，如果 $d \mid a_1, \cdots, d \mid a_k$，那么，$d$ 就称为是 $a_1, a_2, \cdots, a_k$ 的公约数。

定义 6 设 a_1, a_2 是两个不全为零的整数，把 a_1 和 a_2 的公约数中最大的整数称为 a_1 和 a_2 的最大公约数，记为 (a_1, a_2)。一般地，设 $a_1, a_2, \cdots, a_k$ 是 k 个不全为零的整数，把 $a_1, a_2, \cdots, a_k$ 的公约数中最大的整数称为 $a_1, a_2, \cdots, a_k$ 的最大公约数，记为 $(a_1, a_2, \cdots, a_k)$。

定理 6 最大公约数有以下两个性质。

（1）对任意的整数 x，$(a_1, a_2) = (a_1, a_2, a_1x)$，$(a_1, \cdots, a_k) = (a_1, \cdots, a_k, a_1x)$。

（2）对任意的整数 x，$(a_1, a_2) = (a_1, a_2+a_1x)$。

定义 7 若 $(a_1, a_2) = 1$，则称 a_1 和 a_2 是既约的，或是互素（或互质）的。一般地，若 $(a_1, \cdots, a_k) = 1$，则称 $a_1, \cdots, a_k$ 是既约的，或是互素（或互质）的。

定理 7 如果存在整数 $x_1, \cdots, x_k$，使得 $a_1x_1 + \cdots + a_kx_k = 1$，则 $a_1, \cdots, a_k$ 是既约的。

定义 8 设 a_1, a_2 是两个均不等于零的整数，如果 $a_1 \mid l$ 且 $a_2 \mid l$，则称 l 是 a_1 和 a_2 的公倍数。一般地，设 $a_1, \cdots, a_k$ 是 k 个均不等于零的整数，如果 $a_1 \mid l, \cdots, a_k \mid l$，则称 l 是 $a_1, \cdots, a_k$ 的公倍数。

定义 9 设 a_1, a_2 是两个均不等于零的整数，把 a_1 和 a_2 的正的公倍数中最小的整数称为 a_1 和 a_2 的最小公倍数，记为 $[a_1, a_2]$。一般地，设 $a_1, \cdots, a_k$ 是 k 个均不等于零的整数，把 $a_1, \cdots, a_k$ 的正的公倍数中最小的整数称为 $a_1, \cdots, a_k$ 的最小公倍数，记为 $[a_1, \cdots, a_k]$。

定理 8 最小公倍数有以下几个性质。

（1）若 $a_2 \mid a_1$，则 $[a_1, a_2] = a_1$；若 $a_j \mid a_1$，$(2 \leqslant j \leqslant k)$，则 $[a_1, \cdots, a_k] = a_1$。

（2）对任意的 $d \mid a_1$，$[a_1, a_2] = [a_1, a_2, d]$；$[a_1, \cdots, a_k] = [a_1, \cdots, a_k, d]$。

（3）设 $m>0$，则有 $[ma_1, \cdots, ma_k] = m[a_1, \cdots, a_k]$。

10.2.3 带余数除法与辗转相除法

定理 1（带余数除法） 设 a 与 b 是两个给定的整数，$a \neq 0$。那么一定存在唯一的一对整数 q 和 r，使得 $b = qa + r$，$0 \leqslant r < |a|$。此外，$a|b$ 的充要条件是 $r = 0$。

定理 2 设 a 与 b 是两个给定的整数，$a \neq 0$，再设 d 是一给定的整数。那么一定存在唯一的一对整数 q_1 和 r_1，使得 $b = q_1a + r_1$，$d \leqslant r_1 < |a| + d$。此外，$a|b$ 的充要条件是 $a \mid r_1$。

定理 3 设整数 $a>0$。任一整数被 a 除后所得的最小非负余数是且仅是 $0, 1, \cdots, a-1$ 这 a 个数中的一个。

定理 4（辗转相除法） 设 u_0, u_1 是给定的两个整数，$u_1 \neq 0$，$u_1 \nmid u_0$，则一定可以重复应用带余数除法得到下面 k+1 个等式：

$$
\begin{aligned}
u_0 &= q_0u_1 + u_2, & 0<u_2<|u_1|,\\
u_1 &= q_1u_2 + u_3, & 0<u_3<u_2,\\
u_2 &= q_2u_3 + u_4, & 0<u_4<u_3,\\
&\cdots & \cdots\\
u_{k-2} &= q_{k-2}u_{k-1} + u_k, & 0<u_k<u_{k-1},
\end{aligned}
$$

$$u_{k-1} = q_{k-1}u_k + u_{k+1}, \quad 0<u_{k+1}<u_k,$$
$$u_k = q_k u_{k+1}$$

此时，$u_{k+1} = (u_0, u_1)$。

以上的算法就称为辗转相除法或欧几里得（Euclid）算法。

【算法 2】 辗转相除法求最大公约数。设 u_0 和 u_1 是给定的两个整数，并设 u_0 为这两个整数中较大者，u_1 为较小者（如果不满足，交换 u_0 和 u_1 即可），$u_1 \neq 0$，求 u_0 和 u_1 的最大公约数。步骤如下。

（1）令 $m = u_0$，$n = u_1$。

（2）取 m 对 n 的余数 r，如果 r 的值为 0，则此时 n 的值就是 u_0 和 u_1 的最大公约数，否则执行第 3 步。

（3）令 $m = n$，$n = r$，即 m 的值为 n 的值，而 n 的值为余数 r。并转向第 2 步。

辗转相除法的算法流程图如图 10.2 所示。注意，对绝大多数整数对来说，只需 2、3 次循环就可以求出最大公约数了。例如，假设输入的两个正整数为 18 和 33，则交换后 $u_0 = 33$，$u_1 = 18$，用辗转相除法求最大公约数的过程如图 10.3 所示。

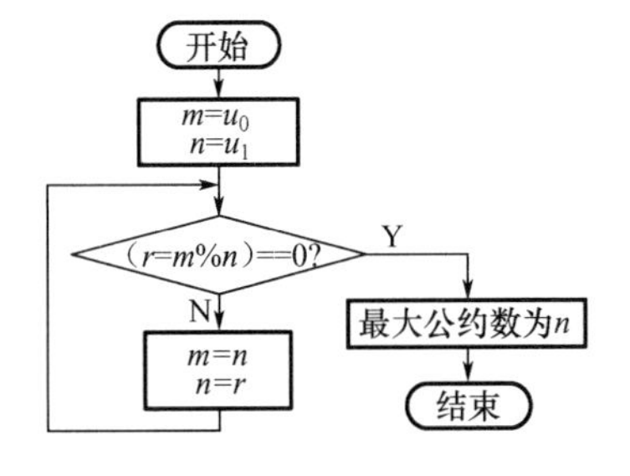

图 10.2　辗转相除法的算法流程图

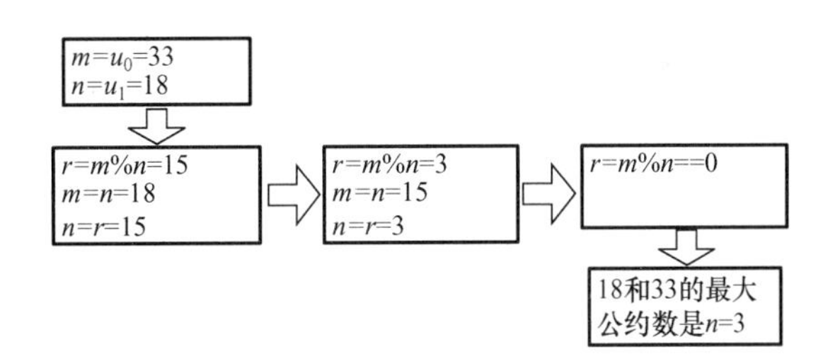

图 10.3　辗转相除法求两个整数的最大公约数过程

例 10.2　求最大公约数。

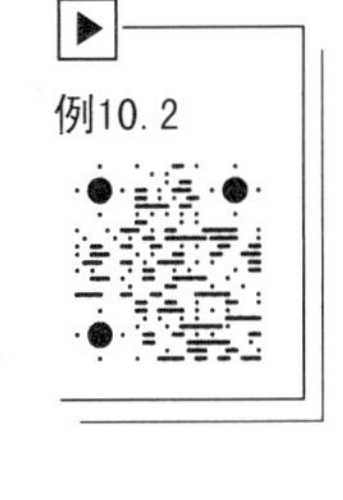

问题描述：

输入两个自然数，求它们的最大公约数。

输入描述：

输入文件包含多个测试数据。每个测试数据占一行，为两个自然数 m、n，范围在[1, 32 768]。测试数据一直到文件尾。

输出描述：

对每个测试数据，计算最大公约数并输出。

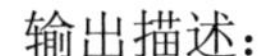

样例输入：	样例输出：
33 18	3
45 25	5

分析：辗转相除法可以采用非递归方式（即循环结构）实现，也可以采用递归方式实现（对绝大多数整数对来说，只需 2、3 次递归调用就可以结束了）。

（1）用非递归方式（循环结构）实现。

图 10.2 所示的辗转相除法流程图本身就包含循环结构，因此可以用循环实现。代码如下。

```
int gcd( int m, int n )                              //求m和n的最大公约数
{
```

```
    int r;
    while( (r=m%n)!=0 ){ m = n; n = r; }
    return n;
}
int main( )
{
    int u0,u1,t;
    while( scanf( "%d%d", &u0, &u1 )!=EOF ){
        if( u0<u1 ){ t = u0; u0 = u1; u1 = t; } //交换u0和u1，使得u0为二者较大者
        printf( "%d\n", gcd(u0,u1));
    }
    return 0;
}
```

注意，在 main( )函数中，如果 $u_0<u_1$，但不交换，直接调用 gcd( )函数，也能求得最大公约数，只不过 gcd( )函数中的 while 循环要多执行一次，第 1 次循环就是交换 u_0 和 u_1。

（2）用递归方式实现。

辗转相除法也可以采用递归方法实现。其递归思想是，在求最大公约数过程中，如果 m 对 n 取余的结果为 0，则最大公约数就是 n；否则递归求 n 和 $m\%n$（就是余数 r）的最大公约数。因此，上述代码中的 gcd( )函数可改写如下。

```
int gcd( int m, int n )    //求m和n的最大公约数
{
    if( m%n==0 ) return n;
    else  return gcd(n,m%n);
}
```

在使用上述递归函数 gcd( )求 gcd(33, 18)时，要递归调用 gcd(18, 15)；在执行 gcd(18, 15)时又递归调用 gcd(15, 3)；而在执行 gcd(15, 3)时，因为 15%3 的结果为 0，所以最终求得的最大公约数为 3。

注意，不管是非递归方式还是递归方式，辗转相除法的效率都非常高，原因是在将 m 对 n 取余（$m\%n$）时，会从 m 中去除 n 的很多倍，直至不足 n 为止，所以，m 和 n 的值减小得非常快。但有一些数（如 55 和 34），辗转相除法的效率很低，每次都只能从较大数里去除较小数的 1 倍，或者说 $m = n + r$（r 为 $m\%n$），这些数其实构成了 Fibonacci 数列（第 1、2 项分别为 1、2，此后每一项都是前面两项之和）。由这些正整数构成的序列可以称为欧几里得算法最差序列，详见练习 10.1。

10.2.4 最大公约数理论

▶ 最大公约数理论

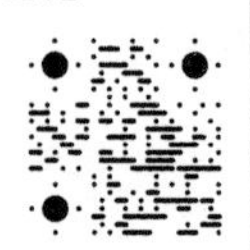

定理 1 多个数的最大公约数，可以通过逐步求两个数的最大公约数来实现。用数学语言来表示就是以下两个式子成立。

（1）$(a_1, a_2, a_3, \cdots, a_k)= ((a_1, a_2), a_3, \cdots, a_k)$。

（2）$(a_1, \cdots, a_{k+r})= ((a_1, \cdots, a_k), (a_{k+1}, \cdots, a_{k+r}))$。

【算法 3】 求多个数的最大公约数的算法。

根据上述定理，可以得到求多个数的最大公约数的算法，其实现详见附

录A第69点及练习10.3。

定理2（最大公约数和最小公倍数的联系） $[a_1, a_2](a_1, a_2) = |a_1a_2|$，即$[a_1, a_2] = |a_1a_2|/(a_1, a_2)$。

【算法4】 求最小公倍数的算法。

根据上面的定理可得到求最小公倍数的算法，其实现详见附录A第70点。

定理3 多个数的最小公倍数也可以通过逐步求两个数的最小公倍数来实现。用数学语言来表示就是以下两个式子成立。

（1）$[a_1, a_2, a_3, \cdots, a_k] = [\,[a_1, a_2], a_3, \cdots, a_k\,]$

（2）$[a_1, \cdots, a_{k+r}] = [\,[a_1, \cdots, a_k], [a_{k+1}, \cdots, a_{k+r}]\,]$

【算法5】 求多个数的最小公倍数的算法。

根据上述定理，可以得到求多个数的最小公倍数的算法，其实现详见附录A第71点。

定理4 设$a_1, \cdots, a_k$是不全为0的整数，则有：

（1）$(a_1, \cdots, a_k) = \min\{ s = a_1x_1 + \cdots + a_kx_k : x_j \in Z\ (1 \leqslant j \leqslant k),\ s>0 \}$，即$a_1, \cdots, a_k$的最大公约数等于$a_1, \cdots, a_k$的所有整系数线性组合组成的集合S中的最小整数。

（2）一定存在一组整数$x_{1,0}, \cdots x_{k,0}$，使得：

$$(a_1, \cdots, a_k) = a_1x_{1,0} + \cdots + a_kx_{k,0} \tag{10-2}$$

【算法6】 扩展欧几里得算法。给定正整数a和b，求满足以下式子的整数x和y，并能同时求出(a, b)。

$$(a, b) = xa + yb \tag{10-3}$$

算法执行过程为，设a和b为两个整数（假设$a>b$），如果b为0，则$x = 1$，$y = 0$即为所求，且最大公约数为a；否则递归地求解b和$a\%b$的同类问题（设解为x_2和y_2），并且$x = y_2$，$y = x_2 - a/b*y_2$为所求的解。注意，其中a/b是整数的除法，不保留小数；如果$a<b$，不用交换a和b，直接执行算法也可以。

求解x、y的过程解释如下。

（1）不妨设$a>b$，显然当$b = 0$，$\gcd(a, b) = a$，此时$x = 1$，$y = 0$。

（2）当$ab \neq 0$时，设$ax_1 + by_1 = \gcd(a, b)$，$bx_2 + (a\%b)y_2 = \gcd(b, a\%b)$。

根据欧几里得算法有$\gcd(a, b) = \gcd(b, a\%b)$，则：

$$ax_1 + by_1 = bx_2 + (a\%b)y_2$$

即
$$ax_1 + by_1 = bx_2 + (a - (a/b)*b)y_2 = ay_2 + bx_2 - (a/b)*by_2$$

根据恒等定理得$x_1 = y_2$，$y_1 = x_2-(a/b)*y_2$，这样就基于x_2、y_2得到了求解x_1、y_1的方法。

扩展欧几里得算法的实现详见附录A第72点。

10.2.5 算术基本定理

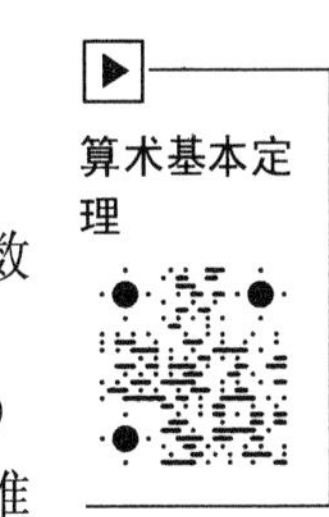

定理1（算术基本定理） 设整数$a \geqslant 2$，那么a一定可表示为不可约数的乘积（包括a本身是不可约数），即：

$$a = p_1p_2\cdots p_s \tag{10-4}$$

其中，$p_j(1 \leqslant j \leqslant s)$是不可约数，且在不计次序的意义下，表示式（10-4）是唯一的。

把式（10-4）中相同的素数合并，即得：

$$a = p_1^{\alpha_1} p_2^{\alpha_2} \cdots p_s^{\alpha_s} \tag{10-5}$$

式（10-5）称为是 a 的标准素因数分解式。

【算法 7】 求正整数 a 的标准素因数分解式。

算法 7 的实现详见附录 A 第 73 点。

定理 2 设 a 为正整数，$\tau(a)$表示 a 的所有正除数的个数（包括 1 和 a 本身），$\tau(a)$通常称为 a 的除数函数。若 a 有标准素因数分解式(10-5)，则

$$\tau(a)= (\alpha_1+1)\cdots(\alpha_s+1)=\tau(p_1^{\alpha_1})\cdots\tau(p_s^{\alpha_s}) \tag{10-6}$$

说明，这是因为由分解式（10-5）可知，a 的正除数可以表示成 $p_1^{i_1} p_2^{i_2} \cdots p_s^{i_s}$，$i_1$ 的取值为 $0\sim\alpha_1$，i_2 的取值为 $0\sim\alpha_2$，…，i_s 的取值为 $0\sim\alpha_s$，根据排列组合中的乘法原理，可得式（10-6）。

【算法 8】 计算正整数 a 的所有正除数的个数 $\tau(a)$。

算法 8 的实现详见附录 A 第 74 点。

定理 3 设 a 为正整数，$\sigma(a)$表示 a 的所有正除数之和，$\sigma(a)$通常称为 a 的除数和函数。那么，$\sigma(1)=1$，当 a 有标准素因数分解式（10-5），则

$$\sigma(a)=\frac{p_1^{\alpha_1+1}-1}{p_1-1}\cdots\frac{p_s^{\alpha_s+1}-1}{p_s-1}=\prod_{j=1}^{s}\frac{p_s^{\alpha_s+1}-1}{p_s-1}=\sigma(p_1^{\alpha_1})\cdots\sigma(p_s^{\alpha_s}) \tag{10-7}$$

说明，由分解式（10-5）可知，$\sigma(a)=\sigma(p_1^{\alpha_1})\cdots\sigma(p_s^{\alpha_s})$，而 $p_1^{\alpha_1}$ 的正除数依次为 $p_1^0, p_1^1, \cdots, p_1^{\alpha_1}$，它们的和为 $(p_1^{\alpha_1+1}-1)/(p_1-1)$。

【算法 9】 计算正整数 a 的所有正除数之和 $\sigma(a)$。

算法 9 的实现详见附录 A 第 75 点。

10.2.6 符号[x]与 n!的分解式

符号[x]与n!的分解式

定义 1 设 x 是实数，$[x]$表示不超过 x 的最大整数，称为 x 的整数部分，即$[x]$是一个整数，且满足：

$$[x]\leqslant x<[x]+1 \tag{10-8}$$

有时也把符号$[x]$记为$\lfloor x \rfloor$。记$\{x\} = x - [x]$，称为 x 的小数部分。

定义 2 设 k 是非负整数，记号 $a^k \| b$ 表示 b 恰好被 a 的 k 次方整除，即 $a^k \mid b$，且 $a^{k+1} \nmid b$。

定理 1 设 n 为一个给定的正整数，p 是一个给定的素数，引入记号 $\alpha=\alpha(p, n)$表示 $p^\alpha \| n!$。那么 α 可以通过式（10-9）计算：

$$\alpha=\alpha(p, n)=\sum_{j=1}^{\infty}\left[\frac{n}{p^j}\right] \tag{10-9}$$

说明，式（10-9）实际上是一有限和，因为必有整数 k 满足，$p^k \leqslant n < p^{k+1}$，此后，对大于 k 的正整数 j，$[n/p^j]$为 0。这样式(10-9)就是：

$$\alpha=\sum_{j=1}^{k}\left[\frac{n}{p^j}\right] \tag{10-10}$$

【算法 10】 计算 $n!$的标准素因数分解式。

利用前面的定理 1 可以计算 $n!$的标准素因数分解式。其实现详见附录 A 第 76 点。

【算法 11】 计算 $n!$末尾有多少个 0。

等价于求正整数 k，使得 $10^k \| n!$，即$(2\times5)^k \| n!$，$n!$末尾的 0 是由 $1, 2, \cdots, n$ 这 n 个数的标准素因数分解式中因子 2 和 5 造成的，因此需要取 $n!$的标准素因数分解式中因子 2 的指数和 5 的指数的最小值。其实现详见附录 A 第 77 点。

10.2.7 π(x)与欧拉函数

定义 1 设 x 为实数，用 $\pi(x)$表示不超过 x 的素数个数。

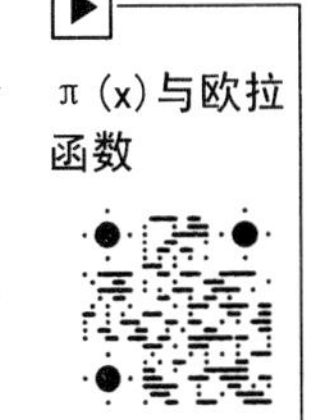

定理 1（素数定理） 当 $x\to\infty$，$\pi(x)\sim x/\ln(x)$。这里符号"～"的含义是 $\lim\limits_{x\to\infty}\dfrac{\pi(x)}{x/\ln(x)}=1$。

定理 2 设 N 是正整数，$\varphi(N)$ 是 $1, 2, \cdots, N-1$ 中和 N 互素的正整数个数，那么：

$$\varphi(N)=N\prod_{p|N}(1-1/p) \tag{10-11}$$

其中，p 为 N 的素除数，则 $\varphi(N)$ 称为欧拉函数。

例如，与 20 互素的正整数有 1、3、7、9、11、13、17、19 共 8 个，20 的素除数有 2、5 两个。即 $8 = 20\times(1-1/2)\times(1-1/5)$。

注意，如果 N 本身为素数，则有 $\varphi(N) = N-1$。

【算法 12】 求 $1, \cdots, n-1$ 中与 n 互素的整数的个数（即求欧拉函数）。

算法 12 的实现详见例 10.3 及附录 A 第 78 点。

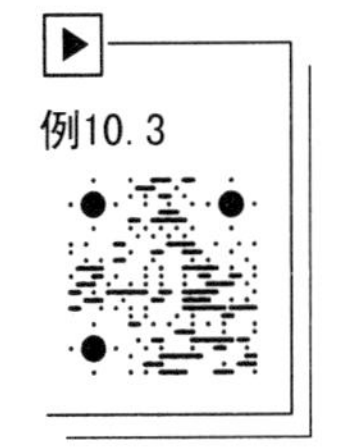

例 10.3 Relatives，ZOJ1906，POJ2407。

题目描述：

给定一个正整数 n，求小于 n 且与 n 互质的正整数个数。

输入描述：

输入文件包含多个测试数据。每个测试数据占一行，为正整数 n，$n\leqslant 1\,000\,000\,000$。输入文件的最后一行为 0，代表输入结束。

输出描述：

对每个测试数据，输出一行，为求得的答案。

样例输入：	样例输出：
7	6
12	4
0	

分析：以下代码中的 Euler( )函数在实现定理 2 中的计算公式（10-11）时，没有直接求 $1/p$，这是因为整数相除不保留余数。假设 N 的标准素因数分解式为 $a=p_1^{\alpha_1}p_2^{\alpha_2}\cdots p_s^{\alpha_s}$，对找到的第 1 个素除数 p_1，因为 $\varphi(N)=N(1-1/p_1)(1-1/p_2)\cdots(1-1/p_s)$，首先计算 $N-N/p_1$，该值记为 res；然后对后续的每个素除数 p_i，计算 res−res/p_i 并更新 res 的值，即 res = res−res/p_i。在这一过程中，尽管 res 的值在变化，但肯定是能被 n 的素除数 p_i 整除的。

另外还需要考虑一种特殊情况，详见代码中的注释。代码如下。

```
int Euler(int n)
{
    int res = n;
    //为了减少循环次数，循环到 i*i<=n 即结束循环；但要考虑特殊情形，如 n=26，23
    for( int i=2; i*i<=n; i++ ){
        if(n%i==0){  //i 是 n 的素除数
            n/=i;  res=res-res/i;
            while(n%i==0) n=n/i; //从 n 中去除 i 的若干倍，以便找下一个素除数
        }
    }
    if(n>1) res=res-res/n;  //特殊情形：循环结束后如果 n>1，它的值是初始 n 的最大素除数
    return  res;
}
int main()
{
    int n;
    while( scanf("%d", &n)&&n!=0 )
        printf("%d\n", Euler(n));
    return 0;
}
```

练习题

练习 10.1 欧几里得最差序列。

问题描述：

欧几里得算法是数论中求两个正整数最大公约数的有效算法。对大部分正整数对 m 和 n，欧几里得算法能经过短短几轮运算就能求得 m 和 n 的最大公约数。但是对于一些正整数对，如 55 和 34，欧几里得算法的效率却得不到体现。例如，对 55 和 34，欧几里得算法的执行过程如下。

$m = 55, n = 34$

$m = 34, n = 21$

$m = 21, n = 13$

$m = 13, n = 8$

$m = 8, n = 5$

$m = 5, n = 3$

$m = 3, n = 2$

$m = 2, n = 1$

最后求得的最大公约数为 1。

在本题中，由这些正整数构成的序列称为欧几里得算法最差序列（按从小到大排列）。给定正整数 n，输出该序列中的第 n 个数。

输入描述：

输入文件包含多个测试数据。每个测试数据占一行，为一个正整数 n，$n \leqslant 40$。输入文件的最后一行为 0，代表输入结束。

输出描述：

对每个测试数据，输出欧几里得算法最差序列中的第 n 个数。

样例输入：

```
1
2
9
0
```

样例输出：

```
1
2
55
```

练习 10.2　欧几里得游戏（Euclid's Game），ZOJ1913，POJ2348。

题目描述：

两个玩家，Stan 和 Ollie，玩欧几里得游戏。他们从两个自然数开始。第 1 个玩家 Stan，从两个数的较大数中减去较小数的任意正整数倍，只要差为非负即可；然后，第 2 个玩家 Ollie，对得到的两个数进行同样的操作；然后又是 Stan，以此类推，直至某个玩家将较大数减去较小数的某个倍数之后为 0 时为止。此时，游戏结束，该玩家就是胜利者。

例如，两个玩家从两个自然数 25 和 7 开始。

```
        25 7
Stan:   11 7
Ollie:  4 7
Stan:   4 3
Ollie:  1 3
Stan:   1 0
```

因此最终 Stan 赢得这次游戏。

输入描述：

输入文件包含若干个测试数据。每个测试数据占一行，为两个正整数，表示每次游戏时两个整数的初始值，每次游戏都是从 Stan 开始。输入文件的最后一行为两个 0，表示输入结束，这一行不需要处理。

输出描述：

对每个测试数据，输出一行，为"Stan wins"或"Ollie wins"。假定 Stan 和 Ollie 玩这个游戏都玩得很好，即 Stan 和 Ollie 都想赢得比赛，他们在走每一步时都是尽可能选择能赢得比赛的步骤。例如，在上面的例子中，如果 Stan 第 1 步得到 18 7 或 4 7，则 Stan 不可能赢得游戏，所以 Stan 必须在第 1 步中得到 11 7。

样例输入：

```
34 12
15 24
0 0
```

样例输出：

```
Stan wins
Ollie wins
```

练习 10.3　求一组数的最大公约数。

问题描述：

输入一组自然数，求这组自然数的最大公约数。

输入描述：

输入文件包含多个测试数据。每个测试数据占一行，首先是一个自然数 N，表示这组数中有 N 个自然数，$2 \leqslant N \leqslant 10$，然后是 N 个自然数，这些自然数的范围在[1, 32 768]。输入文件的最后一行为 0，表示输入结束。

输出描述：

对每个测试数据，计算 N 个自然数的最大公约数并输出。

样例输入：
```
3 17748 20842 187
0
```
样例输出：
```
17
```

练习 10.4 $N!$的标准素因数分解式。

问题描述：

求 $N!$的标准素因数分解式。

输入描述：

输入文件包含多个测试数据。每个测试数据占一行，为一个自然数 N，$2\leqslant N\leqslant 100$。输入文件的最后一行为 0，表示输入结束。

输出描述：

对每个测试数据 N，输出 $N!$项的标准素因数分解式，输出格式如样例输出所示。

样例输入：
```
5
0
```
样例输出：
```
2^3*3*5
```

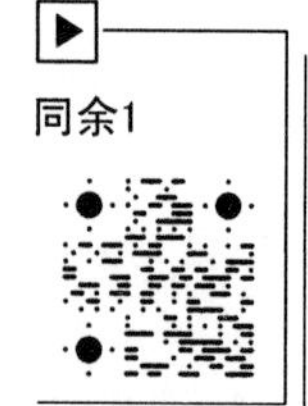
同余1

10.3 同余理论

10.3.1 同余

定义 1（同余） 设 $m\neq 0$。若 $m\mid(a-b)$，即 $a-b=km$，则称 m 为模，a 同余于 b 模 m，以及 b 是 a 对模 m 的剩余，记为：

$$a\equiv b(\text{mod } m) \tag{10-12}$$

不然，则称 a 不同余于 b 模 m，b 不是 a 对模 m 的剩余，记为：

$$a\not\equiv b(\text{mod } m) \tag{10-13}$$

关系式（10-12）称为模 m 的同余式，或简称同余式。

说明，$a-b=km$ 可以改写为 $a-km=b$，即从 a 中减去了 m 的整数倍，所以称 b 是 a 对模 m 的剩余。生活中的同余例子：如果两个人生肖相同，例如都是“属羊”，那么他们年龄相差一定是 12 的整数倍。

在式（10-12）中，若 $0\leqslant b<m$，则称 b 是 a 对模 m 的最小非负剩余；若 $1\leqslant b\leqslant m$，则称 b 是 a 对模 m 的最小正剩余；若$-m/2<b\leqslant m/2$ 或$-m/2\leqslant b<m/2$，则称 b 是 a 对模 m 的绝对最小剩余。

定理 1 a 同余于 b 模 m 的充要条件是 a 和 b 被 m 除后所得的最小非负余数相等，即若：

$$a=q_1m+r_1,\quad 0\leqslant r_1<m;$$
$$b=q_2m+r_2,\quad 0\leqslant r_2<m$$

则 $r_1=r_2$。“同余”按其词意来说，就是“余数相同”，该定理正好说明了这一点。

定理 2 同余有以下几个性质。

性质Ⅰ：同余是一种等价关系。

等价关系包含自反性、对称性和传递性。对同余关系，自反性指 a 和 a 同余；对称性指如果 a 和 b 同余，那么 b 和 a 同余；传递性指如果 a 和 b 同余、b 和 c 同余，那么 a 和 c 同余。

性质Ⅱ：同余式可以相加，即若有：

$$a \equiv b \pmod m，c \equiv d \pmod m$$

则

$$a + c \equiv (b + d) \pmod m$$

由该性质，可得到一个在程序设计竞赛中很有用的公式：$(a+c)\%m = (a\%m + c\%m)\%m$。其含义为，$(a+c)$对 m 的余数，等于 a 和 c 分别对 m 的余数相加，该余数可能大于 m，所以还需要进一步对 m 取余数。

性质Ⅲ：同余式可以相乘，即若有：

$$a \equiv b \pmod m，c \equiv d \pmod m$$

则

$$ac \equiv bd \pmod m$$

由该性质，可得到另一个在程序设计竞赛中很有用的公式：$(a*c)\%m = (a\%m*c\%m)\%m$。其含义为，$(a*c)$对 m 的余数，等于 a 和 c 分别对 m 的余数相乘，该余数可能大于 m，所以还需要进一步对 m 取余数。

同余理论的上述两个公式通常用于以下情形：参与取余数的数可能比较大，利用这两个公式可以保证参与取余运算的数不会太大，具体应用详见例 10.4。

例10.4

例 10.4　各位数码全为 1 的数（Ones），ZOJ1889，POJ2551。

题目描述：

给定任一整数 n，$0<n\leqslant 10\ 000$，n 不能被 2 整除，也不能被 5 整除，求一个位数最小的、每位数码都为 1 的十进制数，且能被 n 整除，输出其位数。

输入描述：

输入文件包含多个测试数据，每个测试数据占一行，为整数 n，测试数据一直到文件尾。

输出描述：

对每个测试数据，输出一行，为求得的答案。

样例输入：	样例输出：
3	3
7	6
9901	12

分析：题目中提到“n 不能被 2 整除，也不能被 5 整除”，这一点保证本题有解。该题可以采用枚举算法求解，其思路是，依次判断 1, 11, 111, 1111, 11111, … 能不能被 n 整除。现在存在的问题是，因为 $0<n\leqslant 10\ 000$，直接判断的话需要枚举的数会超出 int 整数的取值范围。例如，对样例输入数据中的 $n = 9\ 901$，求得的满足要求的数的位数有 12 位，已经超出了 int 整数的取值范围。

这里需要利用同余理论的两个公式子。以 $n = 7$ 为例分析。

位数为 1 时，余数 remainder = 1%7 = 1，不满足要求，即 1 不能被 7 整除。

位数为 2 时，本题只需要得到余数，因为 11 = 1*10 +1，所以：

$$remainder = 11\%7 = (1*10 + 1)\%7 = ((1\%7)*10 + 1)\%7 = 4，$$

不满足要求，即 11 不能被 7 整除。

上面这个式子可能还不太好理解，再过渡一步就好理解了。位数为 3 时，要求

111%7，而前面已经求得 11%7 的值为 4。所以：

remainder = 111%7 = (11*10 + 1)%7 = ((11%7)*10 + 1)%7 = (4*10 + 1)%7 = 6，

不满足要求，即 111 不能被 7 整除。

……

采取这样的思路，对任意 $0<n\leqslant 10\ 000$，保证参与取余运算的整数都不会太大，不会超出 int 整数的取值范围。另外，再考虑一个特殊值，当 n 为 1 时，直接输出 1 即可。代码如下。

```
int main( )
{
    int n;
    while( scanf("%d", &n)!=EOF ){
        if( n==1 ){ printf( "1\n" );  continue; }
        int digitnum = 1;    //数的位数
        //remainder 为求得的余数，最小的、每位数码都为 1 的十进制数是 1，
        //对 n 的余数也是 1，所以 remainder 的初值为 1
        int remainder = 1;
        while( remainder!=0 ){
            digitnum++;  remainder = (remainder*10+1)%n;
        }
        printf( "%d\n", digitnum );
    }
    return 0;
}
```

【算法 13】 求 a^b 的个位数。即求 a^b 对 10 的余数。

算法 13 的实现详见附录 A 第 80 点。

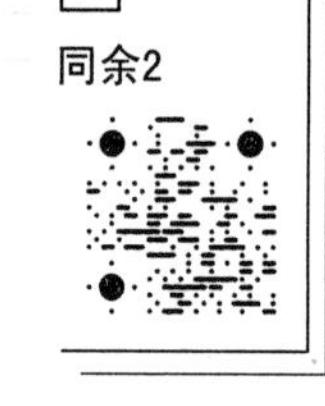

【算法 14】 求 n!的最后非 0 位（n 非常大）。

算法 14 的实现详见附录 A 第 81 点。

定义 2（*a* 对模 *m* 的逆） 若 $m\geqslant 1$，$(a, m) = 1$，即 a 和 m 互质，则存在 c 使得：

$$ca\equiv 1(\text{mod}\ \ m)。\tag{10-14}$$

把 c 称为是 ***a* 对模 *m* 的逆**，记作 $a^{-1}(\text{mod}\ m)$，在不引起混淆时可简记为 a^{-1}。

例如，$a = 5$，$m = 12$，则$(a, m) = 1$，且 $c = a^{-1} = 5$，因为 $5\times 5\equiv 1\ (\text{mod}\ 12)$。又如，$a = 9$，$m = 13$，则$(a, m) = 1$，且 $c = a^{-1} = 3$，因为 $3\times 9\equiv 1\ (\text{mod}\ 13)$。注意，$a$ 对模 m 的逆不唯一。很显然，$(5+12)\times 5\equiv 1\ (\text{mod}\ 12)$，因此 5+12=17 也是 5 对 12 的逆。

给定两个互质的正整数 a 和 m，$(a,\ m) = 1$，利用扩展欧几里得算法可以同时求 a 对模 m 的逆（即 a^{-1}）、m 对模 a 的逆（即 m^{-1}），方法是：利用扩展欧几里得算法求出$(a, m) = xa + ym$ 中的 x 和 y 后，则 $a^{-1} = x$，$m^{-1} = y$。这是因为 $1 = (a, m) = xa + ym$，则有 $xa + ym\equiv 1\ (\text{mod}\ m)$、$xa + ym\equiv 1\ (\text{mod}\ a)$，在求 a^{-1} 时，ym 肯定能被 m 整除，所以求出的 x 满足 $xa\equiv 1\ (\text{mod}\ m)$，因此 x 就是 a^{-1}。同理，y 就是 m^{-1}。

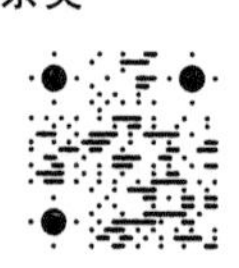

10.3.2 同余类与剩余类

定义 1（同余类、剩余类） 对给定的模 m，整数的同余关系是一个等价

关系，因此全体整数可按对模 m 是否同余分为若干个两两不相交的集合，使得在同一个集合中的任意两个整数对模 m 一定同余，而属于不同集合中的两个整数对模 m 一定不同余。每一个这样的集合称为模 m 的同余类，或模 m 的剩余类。用 r mod m 表示 r 所属的模 m 的同余类。

例如，全体整数对模 m=3 取余，一定落入到 3 个集合之一{…, –8, –5, –2, 1, 4, 7, 10, 13, …}、{…, –7, –4, –1, 2, 5, 8, 11, 14, …}、{…, –9, –6, –3, 0, 3, 6, 9, 12, …}，每个集合中任意两个整数对模 3 同余，这 3 个集合都是模 3 的同余类，分别记为 1 mod 3、2 mod 3、0 mod 3。

定理 1 对给定的模 m，有且恰有 m 个不同的模 m 的同余类，它们是 0 mod m，1 mod m，…，$(m-1)$ mod m。

10.3.3 同余方程

定义 1（同余方程） 设整数系数多项式为：

$$f(x) = a_nx^n + \cdots + a_1x + a_0 \tag{10-15}$$

讨论是否有整数 x 满足同余式：

$$f(x) \equiv 0 \pmod{m} \tag{10-16}$$

称要求解的同余式（10-16）为模 m 的同余方程。若整数 c 满足：

$$f(c) \equiv 0 \pmod{m} \tag{10-17}$$

则称 c 是同余方程（10-16）的解。显然，这时同余类 c mod m 中的任一整数也是同余方程（10-16）的解，这些解都应看成是相同的，把它们的全体算为同余方程（10-16）的一个解，并把这个解记为：

$$x \equiv c \pmod{m}$$

把同余方程（10-16）的所有对模 m 两两不同余的解的个数称为是同余方程（10-16）的解数。显然，模 m 的同余方程的解数至多为 m。

定义 2（一次同余方程） 设 $m \nmid a$，同余方程：

$$ax \equiv b \pmod{m} \tag{10-18}$$

称为模 m 的一次同余方程。

定理 1 当$(a, m) = 1$ 时，同余方程（10-18）必有解，且其解数为 1。

定理 2 同余方程（10-18）有解的充要条件是以下式（10-19）成立。

$$(a, m)|b \tag{10-19}$$

在有解时，它的解数为(a, m)，以及若 x_0 是同余方程（10-18）的解时，则它的(a, m)个解是：

$$x \equiv x_0 + \frac{m}{(a,m)}t \pmod{m}，\ t = 0, \cdots, (a, m)-1 \tag{10-20}$$

【算法 15】 求解一次同余方程 $ax \equiv b \pmod{m}$。

算法 15 的实现详见附录 A 第 84 点。

定义 3（同余方程组） 把含有变量 x 的一组同余式：

$$f_j(x) \equiv 0 \pmod{m_j}，\ 1 \leqslant j \leqslant k \tag{10-21}$$

称为同余方程组。若整数 c 同时满足：

$$f_j(c) \equiv 0 \pmod{m_j}，\ 1 \leqslant j \leqslant k$$

则称 c 是同余方程组（10-21）的解。显然，这时同余类：

$$c \bmod m, \quad m = [m_1, m_2, \cdots, m_k] \qquad (10\text{-}22)$$

中的任一整数也是同余方程组（10-21）的解，把这些解都看成是相同的。因此同余方程组的解数定义与同余方程的解数定义类似。

定理 3（孙子定理，也称中国剩余定理） 设 $m_1, \cdots, m_k$ 是两两既约的正整数。那么，对任意整数 $a_1, \cdots, a_k$，一次同余方程组：

$$x \equiv a_j (\bmod\ m_j), \quad 1 \leqslant j \leqslant k \qquad (10\text{-}23)$$

必有解，且解数为 1。事实上，同余方程组（10-23）的解是：

$$x \equiv M_1 M_1^{-1} a_1 + \cdots + M_k M_k^{-1} a_k (\bmod\ m) \qquad (10\text{-}24)$$

这里，$m = m_1 \cdots m_k$，$m = m_j M_j (1 \leqslant j \leqslant k)$，以及 M_j^{-1} 是满足：

$$M_j M_j^{-1} \equiv 1 (\bmod\ m_j), \quad 1 \leqslant j \leqslant k \qquad (10\text{-}25)$$

的一个整数（即 M_j^{-1} 是 M_j 对模 m_j 的逆）。

注意，$M_j = m/m_j$，M_j 就是 $m_1, \cdots, m_k$ 中除去 m_j 后 $k-1$ 个整数的乘积。

【算法 16】 根据中国剩余定理求解同余方程组。

算法 16 的实现详见例 10.5 及附录 A 第 85 点。

例 10.5 韩信点兵。

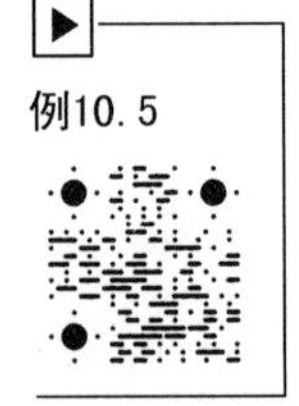

题目描述：

民间流传着一则故事——“韩信点兵”。

秦朝末年，楚汉相争。一次，韩信的 1 500 名将士与楚王大将李锋交战。苦战一场，楚军不敌，败退回营，汉军也死伤四五百人，于是韩信整顿兵马也返回大本营。当行至一山坡，忽有后军来报，说有楚军骑兵追来。只见远方尘土飞扬，杀声震天。汉军本来已十分疲惫，这时队伍大哗。韩信兵马到坡顶，见来敌不足五百骑，便急速点兵迎敌。他命令士兵 3 人一排，结果多出 2 名；接着命令士兵 5 人一排，结果多出 3 名；他又命令士兵 7 人一排，结果又多出 2 名。韩信马上向将士们宣布：我军有 1 073 名勇士，敌人不足五百，我们居高临下，以众击寡，一定能打败敌人。汉军本来就信服自己的统帅，这一来更相信韩信是“神仙下凡”“神机妙算”。于是士气大振。一时间旌旗摇动，鼓声喧天，汉军步步进逼，楚军乱作一团。交战不久，楚军大败而逃。

在本题中，已知汉军 3 人一排多出 *a*1 人，5 人一排多出 *a*2 人，7 人一排多出 *a*3 人，请计算出汉军至少有多少人。(注意人数大于 0，求得的人数与前面故事中的数据没有联系)

输入描述：

输入文件包含多个测试数据。每个测试数据占一行，为 3 个非负整数，*a*1、*a*2 和 *a*3。输入文件最后一行为“–1 –1 –1”，表示输入文件结束。

输出描述：

对每个测试数据，输出汉军人数的最小值。

样例输入：

```
2 3 2
-1 -1 -1
```

样例输出：

```
23
```

分析：设汉军人数为 x，本题其实就是求以下一次同余方程组的解的最小值。

$$x \equiv a1 \ (\bmod\ 3)$$
$$x \equiv a2 \ (\bmod\ 5)$$
$$x \equiv a3 \ (\bmod\ 7)$$

根据定理3及算法16求解即可。注意，如果求得的解为0，则$x = 3×5×7=105$（人）。代码如下。

```
//扩展Euclid求解gcd(a, b)= ax + by，当(a, b)互质时，求得的x就是a^-1，y就是b^-1
int ext_gcd( int a, int b, int& x, int& y )
{
    int t, ret;
    if( !b ){ x = 1, y = 0;  return a; }
    ret = ext_gcd( b, a%b, x, y );
    t = x, x = y, y = t-a/b*y;
    return ret;
}
//求解模线性方程组(中国剩余定理)
//  x≡a[0]  (mod m[0])
//  x≡a[1]  (mod m[1])
//  ...
//  x≡a[k-1]  (mod m[k-1])
//要求m[i]>0，m[i]与m[j]互质，解的范围1..n，n=m[0]*m[1]*...*m[k-1]
int modular_linear_system( int a[], int m[], int k )
{
    int d, X, Y, x=0, Mj, n=1, j;
    for( j=0; j<k; j++ ) n *= m[j];  //n就是定理3中的m(注意不能再定义普通变量m)
    for( j=0; j<k; j++ ){
        Mj = n/m[j];
        //注意，m[j]和Mj互质，所以可以用扩展欧几里得算法求Mj^-1
        d = ext_gcd( m[j], Mj, X, Y );  //求得的Y就是定理3中的Mj^-1
        x = (x+ Mj*Y*a[j])%n;
    }
    return (x+n)%n;
}
int main( )
{
    int a[3], m[3] = { 3, 5, 7 };
    int i, ans;
    while( 1 ){
        for( i=0; i<3; i++ ) scanf( "%d", &a[i] );
        if( a[0]==-1 ) break;
        ans = modular_linear_system( a, m, 3 );
        if( ans==0 ) ans = 105;
        printf( "%d\n", ans );
    }
    return 0;
}
```

练习题

练习 10.5 Niven数（Niven Numbers），ZOJ1154。

题目描述：

如果一个数，其各位和能整除它本身，则这个数称为 Niven 数。例如，十进制下的整数 111 就是一个 Niven 数，因为，其各位和为 3，3 能整除 111。对其他进制下的数，也可以定义 Niven 数。如果在 b 进制下，某个数的各位和能整除它本身，则在 b 进制下这个数就称为 Niven 数。

给定基数 $b(2\leqslant b\leqslant 10)$，和一个数，判断这个数在 b 进制下是否为 Niven 数。

输入描述：

输入文件包含多组测试数据。输入文件的第 1 行为一个整数 N，表示接下来有 N 组测试数据。每组测试数据包含多个测试数据，每个测试数据占一行，为两个整数，首先是基数 b，然后是一串数字，代表 b 进制下的一个整数，这个整数没有前导 0。每组测试数据的最后一行为 0，表示这组测试数据结束。

每组测试数据之间有一个空行。

输出描述：

对每组测试数据的每个测试数据，如果该整数在 b 进制下是 Niven 数，输出 yes，否则输出 no。每两组测试数据的输出之间有一个空行。

样例输入：	样例输出：
1	yes
	no
10 111	
8 2314	
0	

练习 10.6 C 循环（C Looooops），ZOJ2305，POJ2115。

题目描述：

给定 C 语言风格的一个 for 循环，如下所示。

```
for (variable = A; variable != B; variable += C)
    statement;
```

即首先将循环变量设置为值 A，当循环变量不等于 B 时，重复执行语句，然后将变量增加 C。求对于给定的 A、B 和 C，循环语句执行多少次。假定所有运算都是在 k 位无符号整数范围$[0, 2^k)$内进行的，即要对模 2^k 取余。

输入描述：

输入文件包含多个测试数据。每个测试数据占一行，为 4 个整数 A、B、C、k，$1\leqslant k\leqslant 32$ 是循环变量的位数。输入文件的最后一行为 4 个 0，代表输入结束。

输出描述：

对每个测试数据，输出一行，为循环语句执行次数；如果循环不会结束，则输出“FOREVER”。

样例输入：	样例输出：
3 3 2 16	0
3 7 2 16	2
3 4 2 16	FOREVER
0 0 0 0	

练习 10.7 人体生理周期调节（Biorhythms），ZOJ1160，POJ1006。

题目描述：

有些人相信，人自出生开始就有 3 个生理周期，分别是身体周期、情感周期和智力周期，每个周期分别为 23 天、28 天和 33 天。每个周期都有一个高峰。在高峰期，人的表现在（身体、情感和智力）生理周期达到最好。

由于 3 个生理周期有不同的周期长度，各自的高峰通常出现在不同的时刻。如果这 3 个生理周期同时到达高峰期，则称为三高峰期。对每个生理周期，给定当年该生理周期某个高峰期（不必是第 1 个）开始到现在的天数。同时给定一个日期，用从当年第 1 天到该日期的天数来表示。你的任务是计算从给定的日期开始算起，到下一个三高峰期需要的天数。给定的日期不算。例如，给定的日期是第 10 天，下一个三高峰期将发生在第 12 天，则答案是 2 而不是 3。如果三高峰期恰好出现在给定的日期，则需要输出到下一个三高峰期所需的天数。

输入描述：

输入文件包含多组测试数据。输入文件的第 1 行为整数 N，接下来是一个空行，之后是 N 组测试数据，每组测试数据之间有一个空行。每组测试数据包含多个测试数据，每个测试数据占一行，为 4 个整数 p、e、i、d，前 3 个整数分别代表当年身体、情感和智力生理周期某个高峰期开始到现在的天数，d 代表给定的日期，d 可能会比 p、e、i 中任何一个小，所有整数都是非负的，且最大为 365。假定下一个三高峰期所需的天数在 21 252 天以内。每组测试数据的最后一行为 4 个–1，代表该组测试数据结束。

输出描述：

每组测试数据对应一组输出数据，每两组输出数据之间用一个空行分隔。对每组测试数据中的每个测试数据，首先输出测试数据的序号，然后是一行信息标明下一个三高峰期所需的天数，格式详见样例输出。

样例输入：

```
1

0 0 0 0
0 0 0 100
5 20 34 325
-1 -1 -1 -1
```

样例输出：

```
Case 1: the next triple peak occurs in 21252 days.
Case 2: the next triple peak occurs in 21152 days.
Case 3: the next triple peak occurs in 19575 days.
```

10.4 素数相关问题

10.4.1 相关问题

问题 1（素数判断）：给定一个自然数 n，判断 n 是否为素数。

当 n 值很小时，上述问题非常简单；如果 n 值可以取到很大的数值，或者需要反复判断多个自然数是否为素数，上述问题就不简单了。可以考虑的方法有以下两个。

（1）用埃拉托斯特尼筛选法筛选出符合要求范围内的所有素数（当 n 值很大时，筛选法很耗费时间），然后用二分检索法查找。

（2）用米勒–拉宾测试，本书不做进一步讨论。

问题 2（素数个数）：给定一个自然数 N，统计 $\leqslant N$ 的素数个数。

同样，当 N 值很小时，上述问题非常简单；如果 N 值可以取到很大的数值，或者有多个这样的 N 值，上述问题就不简单了。可以考虑的方法为：用筛选法筛选出 N 以内的所有素数，并用数组记录 2～N 以内素数的个数，这样当需要反复计算多个 N 以内的素数个数时，查表即可。

10.4.2 例题解析

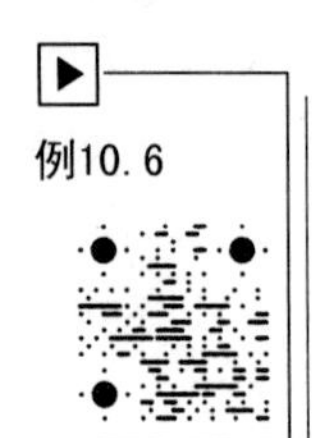

例10.6

例 10.6 半素数（Semi–Prime），ZOJ2723。

题目描述：

素数的定义为，对于一个大于 1 的正整数，如果除了 1 和它本身没有其他的正约数了，那么这个数就称为素数。例如，2、11、67、89 是素数，8、20、27 不是素数。

半素数的定义为，对于一个大于 1 的正整数，如果它可以被分解成两个素数的乘积，则称该数为半素数。例如，6 是一个半素数，而 12 不是。

你的任务是判断一个数是否是半素数。

输入描述：

输入文件中有多个测试数据，每个测试数据包含一个整数 N，$2 \leqslant N \leqslant 1\,000\,000$。

输出描述：

对每个测试数据，如果 N 是半素数，则输出 Yes，否则输出 No。

样例输入：	样例输出：
6	Yes
12	No

分析：本题有以下几种解题方法。

方法一是用筛选法筛选出 500 000 以内的所有素数（比较耗费时间），找到 N 的第 1 个素数因数 m，用二分检索法判断 N/m 是否为素数。

方法二更简单，无须筛选出 500 000 以内的所有素数，只需找出 N 的第 1 个素数因数 m（如果从 $i = 2$ 开始判断，则第 1 个因子也就是第 1 个素数因子），判断 N/m 是否为素数即可。

方法二的原理是，如果 N 是半素数，则 N 的素数因子分解中只有两个素数因子，即 $N = p1 \times p2$，其中 $p1$ 和 $p2$ 都是素数。这是因为，如果 N 可以分解成 3 个（或 3 个以上）素数的乘积，即 $N = p1 \times p2 \times p3$，则任意选定一个素数因子，如 $p1$，则 $N/p1$ 都不是素数（因为是其他两个或多个素数的乘积）。因此，只需找出 N 的第一个素数因子 m（如果从 $i = 2$ 开始判断，则第 1 个因子也就是第 1 个素数因子），判断 N/m 是否为素数即可。对 1 000 000 以内的绝大多数整数来说，找第 1 个因子通常都是很快的，只有像 $988\,027 = 991 \times 997$ 等少数整数需要较多次判断才能找到第 1 个因子（如 991）。代码如下。

```
int isprime(int m)
{
    int i, sqrtm=sqrt(double(m));
    for(i=2; i<=sqrtm; i++){ if(m%i==0) break; }
    if( i>sqrtm ) return 1;
```

```
        else  return 0;
    }
    int main( )
    {
        int i, N, sqrtN;
        int flag;
        while( scanf("%d", &N)!=EOF ){
            sqrtN=sqrt(double(N));
            flag = 0;               //标志
            for( i=2; i<=sqrtN; i++ ){
                if( N%i==0 ){       //第一个约数i一定为素数，当N/i也为素数时，N才为半素数
                    if( isprime(N/i)) flag=1;
                    break;
                }
            }
            if( flag ) printf("Yes\n");
            else  printf("No\n");
        }
        return 0;
    }
```

10.5 实践进阶：程序设计竞赛技巧

程序设计竞赛需要积累一些技巧，需要熟练掌握并且记住一些常用的、简短的、高效的技巧或代码，特别是一些程序设计竞赛不允许携带任何纸质和电子资料（如蓝桥杯大赛），平时多多练习直至信手拈来地应用这些技巧，随手就能写出这些代码就显得非常重要。本节抛砖引玉，引出这些技巧。

实践进阶：程序设计竞赛技巧

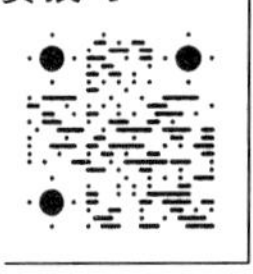

例如，素数判断很简单，可以定义 prime( )函数来实现。但是如果是较小范围内（如 40 以内）的素数并且需要频繁访问，为简化素数的判断，可以把这些素数存储在数组 isPrime 中，即：

```
int isPrime[40] = {0, 0, 2, 3, 0, 5, 0, 7, 0, 0, 0, 11, 0, 13, 0, 0, 0, 17, 0, 19,
                   0, 0, 0, 23, 0, 0, 0, 0, 0, 29, 0, 31,0, 0, 0, 0, 0, 37, 0, 0};
```

这种存储方式使得可以根据下标直接判断素数，如果 isPrime[i]非 0，则 i 为素数，否则（即 isPrime[i]为 0），i 为合数。

本书在附录 A 中总结了程序设计竞赛常用的 100 个技巧（以上就是第 67 个技巧），选取的原则是切合本书第 1～10 章的内容，且不涉及长的、复杂的算法模板，主要是一些算法的思想或简短的模板，平时做题时经常应用就能熟练掌握。为方便读者掌握，本书将这 100 个技巧细分为十二个类别，基本对应本书第 1～10 章的内容安排。

程序设计竞赛的 100 个技巧

一、输入/输出的处理

1. 多个测试数据第 1 种输入情形的处理

第 1 种情形是：输入文件中，第 1 行数据标明了测试数据的数目。处理方法如下。

```
int i, kase;  //kase 表示测试数据数目
scanf( "%d", &kase );
for(i=1; i<=kase; i++){
    …//处理第 i 个测试数据(输入、运算、输出)
}
```

2. 多个测试数据第 2 种输入情形的处理

第 2 种情形是：输入文件中，有标明输入结束的数据。处理方法如下。

```
int m, n;  //假定每个测试数据包含两个整数：m n, 0 0 表示结束
while( 1 ){
    scanf( "%d %d", &m, &n );
    if( m==0&&n==0 ) break;
    …//处理这个测试数据(运算、输出)
}
```

3. 多个测试数据第 3 种输入情形的处理

第 3 种情形是：输入文件中，测试数据一直到文件尾。处理方法如下。

```
int m, n;  //假定每个测试数据包含两个数据：m n
while( scanf("%d %d", &m, &n)!=EOF ){  //C++语言应改成 while( cin >>m >>n )
    …//处理该测试数据(运算、输出)
}
```

4. 两种输入情形的嵌套——外层是第 1 种输入情形、内层是第 2 种输入情形

假设有 T 个测试数据（第 1 种输入情形），每个测试数据又包含若干行，每行为两个整数 m、n，“0 0”表示一个测试数据结束（第 2 种输入情形）。处理方法如下。

```
int i, T, m, n;    scanf( "%d", &T );
for(i=1; i<=T; i++){                       //处理 T 个测试数据
    while( 1 ){
```

```
        scanf( "%d %d", &m, &n );
        if( m==0&&n==0 ) break;        //代表这个测试数据结束
        …//接下来处理有效的数据：m和n(运算、输出)
    }
}
```

5. 两种输入情形的嵌套——外层是第1种输入情形、内层也是第1种输入情形

假设有 T 组测试数据（第1种输入情形），每组测试数据又包含 K 个测试数据（也是第1种输入情形），假定每个测试数据包含两个整数m、n。处理方法如下。

```
int i, j, T, K, m, n;    scanf( "%d", &T );
for(i=1; i<=T; i++){            //处理T组测试数据
    scanf( "%d", &K );
    for(j=1; i<=K; j++){        //处理K个测试数据
        scanf( "%d %d", &m, &n );
        …//接下来处理测试数据：m和n(运算、输出)
    }
}
```

6. 两种输入情形的嵌套——外层是第2种输入情形、内层也是第2种输入情形

如果外层和内层都是第2种输入情形但结束标记不一样，处理起来比较容易：如果是内层结束标记则退出内层循环，否则退出外层循环（此时整个程序也就结束了）。如果结束标记也一样，则比较难处理。假设有多个测试数据，每个测试数据又包含若干行，每行为两个整数m、n，“0 0”表示一个测试数据结束，最后一行也是“0 0”，代表输入结束（详见练习2.1）。处理方法如下。

```
int m, n, firstzero=1; //firstzero为1代表是每个测试数据结束的0 0，否则代表输入结束
int first = 1;  //first为1代表读入的m和n为每个测试数据的第1行有效数据
while( 1 ){
    scanf( "%d %d", &m, &n );
    if( m==0&&n==0 ){
        if( firstzero==1 ){  //代表一个测试数据结束
            firstzero = 0;  first = 1;
            …//这里可能需要对该测试数据执行一些收尾工作
            continue;
        }
        else  break;            //代表输入结束
    }
    if( first ){                //m、n为一个测试数据第1行有效数据
        firstzero = 1;  first = 0;
        …//可能需要根据第1行有效的m、n做特殊处理，如根据m、n做初始化
    }
    else {
        …//m和n也是有效的数据但不是第1行，要处理
    }
}
```

7．将非字符串数据以字符串形式读入并处理

数据类型有很多种，对非字符串型数据，有时以字符串形式读入并处理更方便，甚至有时不得不采用这种方式，具体包括以下几种情形。

（1）整数、浮点型数据，范围超出了 int、long long、double 等数据类型的范围，这些数据称为高精度数，俗称大数，这些数据不得不采用字符串形式读入，详见第 6 章内容。

（2）各种类型混杂在一起的数据，如果格式比较固定，如“2019–08–04”这种日期数据，可以采用 scanf( )函数读入，如 scanf("%d–%d–%d", &year, &month, &day)，其中 year、month、day 均为整型变量；如果格式不固定，一般只能按字符串形式读入，再提取出所需的数据，如练习 9.6。

8．读入数据时是否需要处理上一行的换行符

在程序设计竞赛题目里，读入多行字符数据时经常面临“在读入字符及字符串时是否需要跳过上一行的换行符”的问题，关于这一问题的解决方法详见第 4.6.1 节，此处不再赘述。

9．每两个输出块之间空一行（或每一行的每两个数据之间空一格）

蓝桥杯大赛题目在评判时会忽略行首、行末空格或文末空行，评判稍微宽松些。大学生程序设计竞赛对输出的要求是极其严格的。

以每两个输出块之间空一行为例，如果知道测试数据的数目 N，只需在第 1～N–1 个测试数据输出之后再输出一个空行，最后一个（即第 N 个）测试数据输出之后不输出一个空行。

如果不知道测试数据的数目，可以采用的方法是，在除第 1 个测试数据外的每个测试数据的输出内容之前输出空行。具体方法是，设置一个状态变量 bfirst，代表是否为第 1 个测试数据，初值为 true，如果 bfirst 为 false，则在测试数据的输出内容之前输出空行；当读入第 1 个测试数据时，因为 bfirst 为 true，不输出空行，然后把 bfirst 设置为 false；之后，在每个测试数据的输出内容之前都会输出空行了。

每一行的每两个数据之间空一格的处理，方法类似，不再赘述。

二、程序测试和调试

10．文件输入/输出和标准输入/输出之间的切换、重定向

注意，在程序设计竞赛中，参赛选手的程序一般必须采用标准输入/输出（有些 OJ 系统可以设置参赛选手的程序采用文件输入/输出），所以在提交代码时一定要把重定向语句注释掉或删除掉。

（1）在 C 语言中实现重定向。

```
freopen( "a.in","r",stdin );  //启用这行代码，则将标准输入重定向为从文件 a.in 读入
freopen( "mine.out","w",stdout ); //启用这行代码，则将标准输出重定向为输出到文件
…   //以下程序采用标准输入/输出(scanf、printf)
```

使用上面两行代码后，如果接下来某些代码想恢复成标准输入/输出，可使用以下代码。

```
freopen("CON", "r", stdin);
freopen("CON", "w", stdout);
```

（2）在 C++语言中实现重定向。

```
#include <fstream>       //注意必须包含这个头文件

ifstream cin("a.in");   //注意cin、cout不能声明成全局变量，可以在main()函数里定义
ofstream cout("mine.out");
…    //以下程序采用标准输入/输出(cin、cout)
```

（3）在命令行程序中通过以下方式实现重定向

如果已经将程序编译成可执行文件（设为 test.exe），程序采用标准输入/输出。在命令行程序（cmd）中运行 test 时可以采用以下方法将标准输入/输出重定向为从 a.in 读入数据、输出到文件 mine.out。

```
test < a.in > mine.out
```

11．用 UltraEdit 或 Excel 软件比对两个输出文件

第 3.4.2 节提到，可以用专业的文本编辑软件（如 UltraEdit 软件）比对标准输出文件和用户输出文件。如果没有这些软件，用 Excel 软件也可以实现比对。方法如下。

首先新建一个 Excel 文件，如图 A.1 所示。由于比对时是以字符形式比对的，因此需要将 A、B 两列的单元格格式设置为“文本”，然后将标准输出文件的内容复制到 A 列，将用户输出文件的内容复制到 B 列，在 C2 单元格中输入公式“A2=B2”，再通过填充功能快速地实现所有行的比对。对每一行，如果比对结果为 TRUE，说明完全相同，如果结果为 FALSE，说明这一行有差别。从图 A.1 中的第 4 行可以看出，用户输出时单词“escapes”里多了字母“s”。注意，如果不采用这些辅助工具软件，在竞赛高强度的压力下可能需要花费很多时间才能找出这些细节问题。

	A	B	C
1	标准输出	用户输出	比对结果
2	3	3	TRUE
3	1	1	TRUE
4	The worm can't escape from the well.	The worm can't escapes from well.	FALSE
5	7	7	TRUE
6	3	3	TRUE
7	The worm can't escape from the well.	The worm can't escapes from well.	FALSE
8	1	1	TRUE

图 A.1 用 Excel 软件比对两个输出文件

12．生成测试数据时产生[*M, N*]范围内的随机数（整数）

解题时往往不需要用到随机数，但在测试程序时，如果题目中给的样例数据不够用，需要更多的测试数据，这时可以根据需要产生[*M, N*]范围内的随机数（整数），可以采用以下代码。

```
#include <stdlib.h>
#include <time.h>
```

```
srand( (unsigned)time(0));
t = rand( )%(N-M+1)+ M;  //t 的范围是[M, N], M, N 均为整数, N>M
```

13．测试程序运行时间

```
#include <time.h>
time_t time, start, end;      //程序运行总时间、程序运行开始时刻、结束时刻
start = clock( );             //取得系统当前时刻
…  //程序处理代码
end = clock( );               //取得系统当前时刻
time = end - start;
printf( "%d\n", time );
```

14．程序调试的一般步骤和方法

编程语言的 IDE 工具一般都提供了调试功能，且调试步骤和方法基本是一致的，具体方法如下。

（1）设置断点。

（2）选择 IDE 环境中对应的菜单命令，进入调试状态。

（3）单步执行程序，观察程序在给定输入下是否按预期步骤执行。

（4）对有函数调用的代码，可以进入到该函数内部，观察程序代码是如何执行的。

15．程序调试的技巧

在调试过程中，经常需要掌握以下两个技巧（一般的 IDE 工具都支持）。

（1）在调试时，如果希望改变某个变量的值后继续调试，而不想重新调试程序的话，可以在观察窗口改变变量的值，继续调试。

（2）在调试过程，还可以继续插入新断点，当程序执行到新断点处，程序会自动停下来。

三、枚举和模拟

16．枚举算法的思想及注意事项

枚举的思想就是穷举一切可能的答案。枚举时，一定要注意以下两点。

（1）为保证结果正确，应做到既不重复又不遗漏。

（2）为减少程序运行时间，应尽量减少枚举的次数。

减少枚举次数一般有两种方法，一是减少枚举量（即循环层数）；二是减少枚举的范围（即某层循环的次数）。如果能提前知道某种方案不可能求出解，则不进行枚举或提前结束当前的枚举，以减少不必要的枚举。

17．枚举算法实例：验证哥德巴赫猜想

验证哥德巴赫猜想：给定一个不小于 4 的偶数 n，输出它的素数对分解个数，即 $n = p1 + p2$，其中 $p1$ 和 $p2$ 都是素数，且$(p1, p2)$和$(p2, p1)$是同一个素数对。求解该问题的枚举法如下。

（1）采用筛选法筛选出给定范围内的所有素数，保存在数组 Prime 中。

（2）枚举所有不同的素数对(Prime[i], Prime[k])，其中 Prime[i]≤Prime[k]，如果其和 sum 不超过给定范围，则 count[sum]自增 1，即对 sum，找到一种分解形式。

（3）对输入的每个偶数 m，输出求得的素数对个数 count[m]。

18．尺取法的思想及注意事项

尺取法针对的是一个序列（如整数序列），一般用于求取有一定限制的子序列个数，或者可能有很多子序列满足要求但要求最好的子序列。它通过巧妙地向右推进子序列的左右端点，以线性时间复杂度O(n)枚举出符合要求的子序列，是一种高效的枚举序列的方法。

使用尺取法时需要注意以下几点。

（1）确定是否可以采用尺取法。

（2）确定子序列左右端点的初始值。

（3）确定如何推进子序列左右端点。

（4）确定何时结束子序列的枚举。

（5）确定在使用尺取法前是否需要预处理。

（6）确定能否优化。

19．尺取法实例：求总和不小于 *S* 的最短子序列

给定长度为 N 的正整数数列 $a_0, a_1, \cdots, a_{N-1}$ 以及正整数 S。求总和不小于 S 的连续子序列的长度的最小值。求解这一问题的尺取法如下。

（1）设置子序列左右端点的初始值为 0。

（2）每一轮，子序列右端点一步步往右推进，直到首次满足覆盖的整数之和$\geqslant S$，停下来。然后左端点也一步步往右推进，每推进一步，都检查覆盖的整数之和是否$\geqslant S$，并且记下当前最小长度，直至覆盖的整数之和首次$<S$，停下来。

（3）重复步骤2，直到子序列右端点往右推进到终点。此时记录下的最小长度即为答案。

20．模拟方法的思想及注意事项

游戏性质的题目、有明确的规则或步骤但难以找到公式或规律的题目，比较适合采用模拟方法求解，只要按照这些规则或步骤不停地“模拟”下去，一般就能得到答案。采用模拟方法解题时，要注意以下几点。

（1）采用合适的数据结构来表示问题。

（2）在模拟过程中通常需要记录问题的中间状态，以便下一步在此状态的基础上继续模拟。

（3）如果采用普通的模拟方法求解，提交后评判为超时，那就要分析题目是否符合分治算法、动态规划算法、贪心算法这些优化算法的适用条件，可能需要用这些算法求解。

21．模拟方法实例：出列游戏问题

n 个人围成一圈，第 1 个人从 1 开始报数，报数报到 m 的人出列；然后又从下一个人从 1 开始报数；重复 $n-1$ 轮游戏，每轮游戏淘汰 1 个人，求最后剩下的人（即胜利者）。

给定 n 和 m，求最后的胜利者，其规律难寻，适合采用模拟方法求解。用一维数组 a 存储 n 个人的序号，模拟 $n-1$ 轮游戏，第 1 个人从 1 开始报数，每次报到 m 的人，把对应的数组元素值置为 0，利用取余运算实现报数的循环、报数人的循环（要跳过已经出列的人），最后值不为 0 的数组元素对应的人就是胜利者。

四、字符串处理

22．在字符数组中的适当位置填上“\0”以控制字符串的输出

在 C/C++语言里，字符串往往是存放在字符数组中的，而且输出这样的字符串时，遇

到第 1 个“\0”就结束了，后续的字符都不会输出了。利用这一特点，可以根据需要巧妙地在字符数组中的适当位置填上“\0”，再输出，这一技巧的应用详见例 7.3。

23．回文串的判断

以下函数可用于判断字符串是否为回文，如果是返回 1，否则返回 0。

```
int huiwen( char *s )   //判断回文的函数，返回1表示s是回文，返回0表示s不是回文
{
    char *p1, *p2;  int i, t = 1, n = strlen(s);
    p1 = s;  p2 = s + n - 1;  // p1指向s中第0个字符，p2指向s中最后一个字符
    for( i=0; i<=n/2; i++ ){
        if( *p1!=*p2 ){ t = 0;  break; }     //对应字符不相等，提前结束判断
        p1++;  p2--;
    }
    return t;
}
```

24．字符串类的使用

由于字符串类型的数据在具体应用中非常普遍，所以现代的编程语言都封装了相应的类，如 C++语言中的 string 类，这些类包含了丰富的成员函数。在程序设计竞赛里，使用这些封装好的类可以简化很多处理。这些类的使用超出了本书的目标，本书不做进一步讨论。

25．字符串模式匹配的 KMP 算法

KMP 算法包括两个函数，prefix( )函数用来计算模式串的前缀函数，KMP( )函数是 KMP 算法的实现。

```
void prefix( char *P, int *f )                      //前缀函数
{
    int j, k, lenP = strlen(P);    f[0] = -1;
    for( j=0; j<lenP-1; j++ ){                      //求f[j+1]
        k = f[j];  //k = -1意味着p0p1p2…pj中没有符合要求(即等于后缀子串)的前缀子串
        while( P[j+1]!=P[k+1] && k>=0 ) k = f[k];
        if( P[j+1]==P[k+1] ) f[j+1] = k + 1;       //情形一
        else  f[j+1] = -1;                          //情形二
    }
}
int KMP( char *T, char *P, int *f )//KMP算法:在T中查找P，返回首次完全匹配位置或-1
{
    prefix( P, f );                                 //计算P的前缀函数
    int lenT = strlen(T), lenP = strlen(P);
    if( lenP>lenT ) return -1;
    int posP = 0, posT = 0;                 //模板串和目标串的比较位置
    while( posP<lenP && posT<lenT ){
        if( P[posP]==T[posT] ){ posP++;  posT++; } //对应字符匹配
        else if( posP==0 ) posT++;          //第0个字符就不匹配，直接执行下一趟
        else posP = f[posP-1] + 1;//上个位置匹配后posT已经+1，这里不变，posP改为k+1
    }
    if( posP<lenP ) return -1;              //匹配失败
```

```
    else  return (posT-lenP);               //匹配成功，匹配位置是(posT-lenP)
}
```

26．善于用 strcmp( )函数、strncmp( )函数比较字符串大小

需要比较字符串大小的情形很多。例如，比较两个数字字符串的大小（如例 5.5）、比较两个字符串字典序（字典序含义详见例 8.4）的先后等。strcmp( )函数的用法如下。

原型：int strcmp(const char *s1, const char *s2);

功能：比较两个字符串的大小。

比较规则：对两个字符串从左向右逐个字符比较（ASCII 码），直到遇到不同字符或字符串结束标志'\0'为止。

返回值：返回 int 型整数，若字符串 s1<字符串 s2，返回−1；若字符串 s1>字符串 s2，返回 1；若字符串 s1==字符串 s2，返回 0。

如果不想比较到字符串末尾，可以指定比较的字符数，需要使用 strncmp( )函数，详见例 4.13、例 9.6。strncmp( )函数的原型为：

```
int strncmp ( const char * str1, const char * str2, size_t n );
```

strncmp( )函数比 strcmp( )函数多了参数 n，用来指定比较的字符数，比较的规则和返回值含义和 strcmp( )函数一样。

五、时间和日期的处理

27．判断一个年份 year 是否为闰年

判断 year 是否为闰年的逻辑条件为(year % 4 == 0 && year % 100 != 0)|| year % 400 == 0。

以下 leap( )函数实现了闰年的判断，返回值为 1 代表闰年，为 0 代表平年。

```
int leap( int year )
{
    if( (year%4==0 && year%100!=0)|| year%400==0 ) return 1;
    else  return 0;
}
```

28．根据日期计算星期数——基姆拉尔森公式

基姆拉尔森公式（求得的 w 值表示星期数，0～6 代表星期一到星期天）如下。

$$w = (d + 2*m + 3*(m+1)/5 + y + y/4 - y/100 + y/400)\% 7$$

以下 weekday1( )函数实现了用基姆拉尔森公式求星期数，把求得的 w 值加 1 就符合本书统一约定，即用 1～7 代表星期一到星期天。

```
int weekday1( int y, int m, int d ) //用基姆拉尔森公式求星期数
{
    if( m==1 || m==2 ) m+=12, y--;
    int w = ( d + 2*m + 3*(m+1)/5 + y + y/4 - y/100 + y/400)%7;
    return ++w;     //加 1 是为了符合统一约定：用数字 1～7 代表星期一～星期天。
}
```

29．根据日期计算星期数——蔡勒公式

蔡勒公式（求得的 w 值，0 代表星期日，1～6 代表星期一～星期六）如下。

$$w = (ty + ty/4 + c/4 - 2*c + 26*(m+1)/10 + d - 1 + 7)\%7$$

以下 weekday2( )函数实现了用蔡勒公式求星期数，把求得的 w 进行转换（详见代码中的注释）就符合本书统一约定，即用 1～7 代表星期一到星期天。

```
int weekday2( int y, int m, int d ) //用蔡勒公式求星期数
{
    if( m==1||m==2 ) m+=12, y--;
    int c=y/100, ty=y%100;
    int w = (ty + ty/4 + c/4 - 2*c + 26*(m+1)/10 + d - 1)%7;
    return w%7==0?7:(w+7)%7;  //转换，使得 w 值符合统一约定，+7 是考虑负数情况
}
```

30．利用基准日期的星期数算给定日期的星期数

已知某个基准日期的星期数 w（约定取值 1～7 代表星期一到星期天），以及自基准日期到给定日期的天数是 totaldays（给定日期在基准日期之后），则给定日期的星期数的计算公式如下。

$$(w+totaldays-1)\%7+1$$

如果给定日期在基准日期之前，且从给定日期到基准日期的天数是 totaldays，则计算公式如下。

$$((w-totaldays-1)\%7 + 7)\%7+1$$

上述技巧的应用详见例 5.1。

31．返回某年某月的天数方法 1——闰年 2 月份天数加 1

给定年份和月份，推算出该月的天数。首先把平年 12 个月的天数存储起来，根据给定的月份，就可以返回天数。如果年份是闰年、月份是 2 月，则天数加 1，要调用前述的 leap( )函数。

```
int days[12] = {31, 28, 31, 30, 31, 30, 31, 31, 30, 31, 30, 31};  //平年 12 个月的天数
int monthdays( int year, int month )
{
    int d = days[month-1];
    if( leap(year)&& month==2 ) d++;
    return d;
}
```

32．返回某年某月的天数方法 2——将平年和闰年各月天数存储起来备查

可以将平年和闰年各月天数存储到数组（如 mday）里备查，这样根据年（year）、月（month）就知道这个月的天数是 mday[leap(year)][month]，其中 leap( )是前述判断闰年的函数。上述技巧的应用详见例 5.1、例 5.4、例 5.5、例 5.9。

```
int mday[2][13] = { 0, 31, 28, 31, 30, 31, 30, 31, 31, 30, 31, 30, 31, //平年和闰年各月天数
    0, 31, 29, 31, 30, 31, 30, 31, 31, 30, 31, 30, 31 };
```

33．累计某段时期整年天数的公式

可用以下公式统计自 x 年（含 x 年，假设 x 是 2000）到 y 年（不含 y 年）以来的总天数。假设 x 年天数是 366 天（这里 x 是 2000 年，是闰年；如果是平年则是 365 天）；假设第 x+1 年到 y 年（不含 y 年）都是平年，则总天数是 365*(y–1–2000)，最后还要累计这期

间所有闰年多出来的天数。这一技巧的应用详见例5.9。

totalday = 366 + 365*(y–1–2000)+ (y–1–2000)/4 – (y–1–2000)/100 + (y–1–2000)/400

34．给定日期，推算出该日期是当年第几天

给定年（year）、月（month）、日（day），推算该日期是当年第几天的方法为，先累计当年该月之前每个月的天数，再加上当月的天数（即 day），如果当年是闰年且是 2 月份以后（不含2月份）的日期，则天数再加1。这里要调用前述的leap( )函数。

```
int days[12] = {31, 28, 31, 30, 31, 30, 31, 31, 30, 31, 30, 31};  //平年12个月的天数
int sumdays( int year, int month, int day )
{
    int i, d = day;
    for( i=0; i<month-1; i++ ) d += days[i];
    if( leap(year)&& month>2 ) d++;  //年份是闰年，而且2月份以后的日期
    return d;
}
```

35．判断一个日期是否合法

给定一个日期的年、月、日（均为整数），可用下面的 judge( )函数实现判断该日期是否合法。具体方法为，月份必须介于 1 和 12 之间，日必须介于 1 和该月天数之间，调用leap( )函数判断是否为闰年，并从 mday 数组里取出平年或闰年各月天数。这一技巧的应用详见例5.1。

```
int mday[2][13] = { 0, 31, 28, 31, 30, 31, 30, 31, 31, 30, 31, 30, 31, //平年和闰年各月天数
    0, 31, 29, 31, 30, 31, 30, 31, 31, 30, 31, 30, 31 };
int judge( int year, int month, int day )
{
    return (month>=1 && month<=12 && day>=1&& day<=mday[leap(year)][month] );
}
```

36．比较两个日期的大小

如果两个日期是以年、月、日（year、month、day 均为整数）的形式给出的，可用下面的datecmp( )函数比较两个日期的大小。

```
int datecmp(int year1, int month1, int day1, int year2, int month2, int day2)
{
    if( year1!=year2 ) return year1-year2;
    if( month1!=month2 ) return month1-month2;
    return day1-day2;
}
```

如果两个日期是以字符串"YYYY–MM–DD"的形式给出的，则调用 strcmp( )函数就可以比较这两个日期的大小。

六、进制转化及高精度运算

37．二进制思维在程序设计竞赛中的应用

二进制是计算机里广泛采用的一种进位计数制。对一个二进制数，每一位为 0 或 1。

非 0 则 1、要么有要么没有，这种二进制思维在程序设计竞赛里也有具体的应用。下面举两个例子。

例 1 子弹装箱。某部队要进行射击训练，准备了 1 023 发子弹，放到 10 个箱子里。假设这 10 个箱子中的子弹数分别为 $a1, a2, a3, \cdots, a10$（子弹数从小到大）。现在该部队要取出一定数目的子弹，要求任意给一个 1 023 以内的数目（含 1 023），如 172，总能用若干个箱子中的子弹数组成，而没有剩余（且只有唯一解）。例如，假设 $a3+a4+a6+a8=172$，那么可以从第 3、4、6、8 个箱子中取子弹。

分析：每个箱子里的子弹要么全部取，要么都不取，这其实就是二进制的思想。因此，这里 $a1, \cdots, a10$ 其实就是第 0～9 位二进制的位权。对 1 023 以内的一个整数，转换成二进制，某一位为 1 表示取对应箱子里的子弹，0 表示不取。

例 2 明码，2018 年第 9 届蓝桥杯省赛题目，结果填空题。题目大意是，给出表示 10 个汉字字形（16×16 的点阵）的整数，要求复原出这 10 个汉字，这 10 个汉字表达的信息就是题目要求的问题。

4 0 4 0 4 0 4 32 –1 –16 4 32 4 32 4 32 4 32 4 32 8 32 8 32 16 34 16 34 32 30 –64 0

16 64 16 64 34 68 127 126 66 –124 67 4 66 4 66 –124 126 100 66 36 66 4 66 4 66 4 126 4 66 40 0 16

4 0 4 0 4 0 4 32 –1 –16 4 32 4 32 4 32 4 32 4 32 8 32 8 32 16 34 16 34 32 30 –64 0

0 –128 64 –128 48 –128 17 8 1 –4 2 8 8 80 16 64 32 64 –32 64 32 –96 32 –96 33 16 34 8 36 14 40 4

4 0 3 0 1 0 0 4 –1 –2 4 0 4 16 7 –8 4 16 4 16 4 16 8 16 8 16 16 16 32 –96 64 64

16 64 20 72 62 –4 73 32 5 16 1 0 63 –8 1 0 –1 –2 0 64 0 80 63 –8 8 64 4 64 1 64 0 –128

0 16 63 –8 1 0 1 0 1 0 1 4 –1 –2 1 0 1 0 1 0 1 0 1 0 1 0 5 0 2 0

2 0 2 0 7 –16 8 32 24 64 37 –128 2 –128 12 –128 113 –4 2 8 12 16 18 32 33 –64 1 0 14 0 112 0

1 0 1 0 1 0 9 32 9 16 17 12 17 4 33 16 65 16 1 32 1 64 0 –128 1 0 2 0 12 0 112 0

0 0 0 0 7 –16 24 24 48 12 56 12 0 56 0 –32 0 –64 0 –128 0 0 0 0 1 –128 3 –64 1 –128 0 0

分析：每个汉字用 16×16 的点阵来表示，总共有 16 行，每行 16 位，每一位要么是黑色，要么为白色，所以每一行可以用 2 个字节来表示，因此一个汉字需要用 32 个字节表示，题目已经把每个字节的内容以十进制整数的形式给出了。解答这道题必须将每个整数转换成二进制，二进制位为 1 可以输出一个星号（*），为 0 则不输出，从而可以复原出这 10 个汉字。复原的结果是“九的九次方等于多少？”，这才是题目要求的问题。

38．将十进制数 number 转换成 basis 进制

以下函数 conversion( )实现了将十进制数 number 转换成 basis 进制，转换后的 basis 进制数保存在数组 a，注意 a[0]是最低位，返回值 d 表示得到的 basis 进制数的位数。

```
int conversion(int number, int a[], int basis)
{
    int t = number, d = 0;
    while( t ){a[d++] = t % basis;  t /= basis;}  //反复使用%、/运算实现进制转换
    return d;
}
```

39．实现进制转换的库函数

在头文件 stdlib.h 中，有一类函数可以实现将一个十进制整数转换成另一种进制，并

将转换结果存储在一个字符串中。以下是这些函数的原型。

```
char * _itoa( int value, char *string, int radix );         //32位整数的转换
char * _i64toa( __int64 value, char *string, int radix );         //64位整数的转换
//无符号64位整数的转换
char * _ui64toa( unsigned __int64 value, char *string, int radix );
```

在以上函数中，参数 value 为待转换的十进制数；参数 string 为存储转换结果的字符串（转换完后在末尾自动加上字符串结束标志）；参数 radix 为指定的进制，范围为 2～36。函数的返回值是形参指针 string，也就是保存转换结果的字符串。如果 radix 的值为10，且 value 的值为负，则在存储转换结果的字符数组中，第0个字符是负号“–”。

以下代码段实现了将十进制整数“123456”转换成二进制并输出（输出内容为“11110001001000000”）。

```
char str[40];
printf( "%s\n", _itoa( 123456, str, 2));
```

另外，在 stdlib.h、math.h 等头文件中，还存在其他一些数据转换函数，如下所示。

```
int atoi( const char *string );         //将一个由数字字符组成的字符串转换成32位整数
double atof( const char *string );      //将一个由数字字符组成的字符串转换成浮点数
__int64 _atoi64( const char *string ); //将一个由数字字符组成的字符串转换成64位整数
long atol( const char *string );        //将一个由数字字符组成的字符串转换成长整数
```

40．转换成二进制—bitset类

使用头文件 bitset 中的 bitset 类可以很方便地将一个十进制数转成二进制，方法如下。

```
int n = 52792;
bitset<16> b(n);                         //将整数n转换成16位二进制
string str1 = b.to_string();             //将b转换成一个字符串
```

注意，对十进制负整数，bitset 类也能转换成二进制，此时得到的是该负整数的补码。

41．用数组实现高精度运算的基本思路

尽管很多编程语言提供了能处理大数的数据类型，但仍有诸多限制。采用数组实现高精度运算是一种通用的方法。其基本思路是，用数组存储参与运算的数的每一位，在运算时以数组元素所表示的位为单位进行运算。可以采用字符数组，也可以采用整数数组存储参与运算的数，但采用字符数组存储往往更有优势，详见第6.1、6.2节。

七、递归、分治、动态规划与贪心

42．递归函数设计的注意事项

设计递归函数时需要把握以下几点。

（1）需要将什么信息传递给下一层递归调用，由此确定函数参数的个数及各参数的含义。

（2）每一层递归函数调用后会得到一个怎样的结果，这个结果是否需要返回到上一层，由此确定函数的返回值及返回值的含义。

（3）在每一层递归函数的执行过程中，在什么情形下需要递归调用下一层。

（4）递归前该做什么准备工作，递归返回后该做什么恢复工作。

（5）递归函数执行到什么程度就可以不再需要递归调用下去了，应该在适当的时候终止递归函数的继续递归调用，也就是要确定递归的终止条件。

43．分治算法的思想及适用条件

分治算法的思想是将一个难以直接解决的大问题，分割成一些规模较小的子问题，以便“分而治之，各个击破”。如果能利用这些子问题的解求出原问题的解，那么这种分治算法就是可行的。

分治算法所能解决的问题一般具有以下几个特征。

（1）该问题的规模缩小到一定的程度就可以容易地解决。

（2）该问题可以分解为若干个规模较小的同类问题，即该问题具有最优子结构性质。

（3）利用该问题分解出的子问题的解可以合并为该问题的解。

（4）该问题所分解出的各个子问题是相互独立的，没有重复。

注意，如果子问题有重复，则分治法要做许多不必要的工作，重复地解公共的子问题，此时虽然也可用分治算法，但一般用动态规划算法效率更高。

44．分治算法实例：棋盘覆盖问题

在一个 $2^k \times 2^k$ 个方格组成的棋盘中，恰有一个方格与其他方格不同，称该方格为一特殊方格，要用 4 种不同形态的 L 形骨牌覆盖给定的特殊棋盘上除特殊方格以外的所有方格，且任何 2 个 L 形骨牌不得重叠覆盖。

当 k=1 时，棋盘覆盖问题可直接求解；规模为 k 的棋盘覆盖问题可以分解为 4 个规模为 k–1 的子问题，子问题由于特殊方格位置不同，所以没有重复。因此，棋盘覆盖问题可以采用分治算法求解。具体算法如下。

（1）当 k=1 时，除特殊方格外的其他 3 个方格就确定了一个特定的 L 形骨牌。

（2）当 k>1 时，把棋盘分成 4 个 k–1 规模的子棋盘，特殊方格必位于其中一个子棋盘，其他 3 个子棋盘的汇合处的 3 个方格就确定了一个特定的 L 形骨牌，用该 L 形骨牌覆盖住汇合处的 3 个方格，则这 4 个子棋盘都有一个特殊方格。递归地求解这 4 个 k–1 规模的子棋盘覆盖问题。

45．动态规划算法的思想及适用条件

与分治算法类似，动态规划算法的基本思想也是将待求解问题分解成若干个子问题，但是经分解得到的子问题不是互相独立的（即有重复）。动态规划算法采取的策略是“用空间换取时间”，用额外的存储空间存储子问题的解，从而将指数级时间复杂度降为多项式级的时间复杂度。另外，动态规划算法求得的解往往是某种意义上的最优解。

动态规划算法的有效性依赖于问题本身所具有的两个重要性质。

（1）最优子结构性质，问题的最优解包含了其子问题的最优解。

（2）子问题重叠性质，将规模较大的问题分解成小规模的子问题时，子问题有重复。

46．动态规划算法实例：矩阵连乘问题

考查 n 个相容矩阵的连乘积 $\boldsymbol{A}_1\boldsymbol{A}_2\cdots\boldsymbol{A}_n$，这 n 个矩阵的 n+1 个维度记为 $p_0, p_1, \cdots, p_n$；确定矩阵连乘积的计算次序，使得依此次序计算矩阵连乘积需要的乘法次数最少。

矩阵连乘问题满足最优子结构性质和子问题重叠性质。求解这一问题的动态规划算法如下。

（1）将矩阵连乘积 $\boldsymbol{A}_i\boldsymbol{A}_{i+1}\cdots\boldsymbol{A}_j$ 简记为 $\boldsymbol{A}[i:j]$，$i \leqslant j$。假设计算 $\boldsymbol{A}[i:j]$（$1 \leqslant i \leqslant j \leqslant n$）所需要的最少乘法次数为 m[$i$][$j$]，则原问题的最优值为 m[1][$n$]。

（2）当 $i=j$ 时，$\boldsymbol{A}[i{:}j]=\boldsymbol{A}_i$，因此 $\mathrm{m}[i][i]=0, i=1,2,\cdots,n$。

（3）当 $i<j$ 时，利用最优子结构性质计算 $\mathrm{m}[i][j]$：

$$\mathrm{m}[i][j]=\begin{cases}0, & i=j\\ \min\limits_{i\leqslant k<j}\{\mathrm{m}[i][k]+\mathrm{m}[k+1][j]+p_{i-1}\times p_k\times p_j\}, & i<j\end{cases}$$

其中 k 的位置只有 $j-i$ 种可能。

47．动态规划算法的变形——备忘录方法

备忘录方法是动态规划算法的变形，用存储空间（称为备忘录）存储已解决的子问题的解，在下次需要求解此问题时，可以直接从备忘录中取出，不必重新计算。

备忘录方法与动态规划算法的区别为，备忘录方法的递归方式是自顶向下的，而动态规划算法则是自底向上递归的。

备忘录方法与递归算法的相同之处在于，备忘录方法的控制结构与直接递归算法的控制结构相同；两者的区别在于，备忘录方法为每个解过的子问题建立了备忘录以备需要时查看，避免了相同子问题的重复求解。

48．贪心算法的思想及适用条件

贪心算法的思想是，每一步所做出的选择并不从整体最优考虑，只是在某种意义上的局部最优选择。当然，正确的贪心算法必须保证得到的最终结果也是整体最优的。

可以用贪心算法求解的问题一般具有以下两个重要的性质。

（1）贪心选择性质，问题的整体最优解可以通过一系列局部最优的选择，即贪心选择来达到。

（2）最优子结构性质，问题的最优解包含其子问题的最优解。

49．贪心算法实例：活动安排问题

设有 n 个活动的集合 $E=\{1,2,\cdots,n\}$，每个活动都要使用同一资源，给定每个活动的起始时间 s_i 和结束时间 t_i，保证每个活动的结束时间不一样，求最大的相容活动子集合。求解该问题的贪心算法如下。

（1）首先将这 n 个活动按结束时间非递减排序。

（2）选择排序后的第 1 个活动。

（3）每一步，从后续的、与当前选择的活动相容的多个活动中选择结束时间最早的；重复这一步骤直至所有活动都考虑完毕。

八、搜索

50．深度优先搜索（DFS）算法的思想

DFS 算法的思想是，从起始位置（或起始状态）出发，试探性地选择一个可行的步骤到达下一个未访问过的状态，而后又从这个状态出发选择一个可行的步骤到达下一个未访问过的状态，以此类推；每到达一个状态如果发现没有可行的步骤则退回到上一步，再试探其他可行的步骤；如果退回到上一步依然没有其他可行的步骤，则继续退回到再上一步；如此反复直至目标位置（或目标状态），或者所有状态都访问完后还没有找到目标状态，则说明无解。

51．DFS 算法实例：迷宫问题

假设有一个 $n\times m$ 网格状的迷宫，迷宫中有墙壁（用字符“X”代表）以及可通行的方

格（用字符“.”代表），还有一个起始位置 S 以及一个目标位置 D，从一个位置出发走一步可以到达它的上、下、左、右 4 个相邻位置（要排除边界和墙壁）。则判断从 S 到 D 是否可达可以采用 DFS 算法实现，实现方法（伪代码）如下。

```
dfs( 当前位置 ){
    if( 当前位置是目标位置 D ) 则从 S 到 D 可达、退出
    for( 当前位置的每一个相邻位置 A ){
        if( 位置 A 可以走且没有走过 ){
            … //这里是前进方向，根据需要做一些准备工作
            dfs( 位置 A )
            … //这里是后退方向，根据需要做一些还原工作
        }
    }
}
main( ){
    dfs( 起始位置 S )
}
```

52．深度优先搜索中的剪枝

所谓剪枝，顾名思义就是通过某种判断，避免一些不必要的搜索过程，形象地说，就是剪去了搜索树中的某些“枝条”。剪枝分为以下两种。

（1）搜索前的剪枝。在搜索前如果能判断肯定无解，则不搜索。

（2）搜索过程中的剪枝。搜索过程中，如果某个分支能提前判断出肯定无解，则该搜索分支不再搜索下去，直接回退到上一层。

53．广度优先搜索（BFS）算法的思想及实现方法

BFS 算法的思想是，起始状态是第 0 层；从起始状态出发，尝试一步所有可行的步骤，记录到达的每一个状态，这些状态构成第 1 层；依次从第 1 层的每个状态出发，再尝试一步所有可行的步骤，记录到达的每一个新的状态，这些状态构成第 2 层；以此类推，直至目标状态。BFS 算法的实现方法（伪代码）如下。

```
BFS(){
    定义队列 Q，用来保存待扩展的状态     //可以放到 BFS()函数前执行
    将起始状态入队列    //可以放到 BFS()函数前执行
    while(队列 Q 不为空){
        取出队列最前面的状态，设为 S
        如果 S 为目标状态，则找到问题的解，搜索结束
        否则从 S 出发扩展出一步能到达的所有新的状态，并将这些状态入队列
    }
    if(队列 Q 为空且没有找到解) 输出“问题无解”
    弹出队列 Q 中剩余的状态
}
```

54．BFS 算法实例：马走日问题

给定中国象棋中马在棋盘上的位置（没有其他棋子），再给定一个目标位置，求马按照中国象棋的规则走到目标位置至少需要多少步。马走日问题的 BFS 算法的实现方法

（伪代码）如下。

```
BFS(){
    定义队列Q，用来保存待扩展的结点
    将马的起始位置构造成一个结点，并入队列
    while(队列Q不为空){
        取出队列最前面的结点，设为hd
        如果结点hd对应目标位置，则找到问题的解，搜索结束
        否则从hd出发，按8个方向再走一步(排除边界和已走过位置)，扩展出新结点，将新结点入队列
    }
    if(队列Q为空且没有找到解) 输出“问题无解”
    弹出队列Q中剩余的结点
}
```

九、排序及二分检索

55. 在什么情况下需要进行排序

在程序设计竞赛中，在什么情况下需要进行排序呢？通常来说，要从以下几种情形来考虑。

（1）排序是否是问题求解算法运算正确的保障。

（2）有些题目的解可能有多个，要求按某种顺序输出所有的解，或只要求输出按某种顺序排在最前面的解，这时往往要对待处理的数据进行排序。

（3）有些题目因为数据量太大，几乎没有有效的求解方法，这时如果对待处理的数据按照某种方式进行排序，往往能找到一种豁然开朗的求解思路。

（4）排序是否可以减少枚举或搜索量。

56. 排序函数qsort( )的用法

（1）对基本数据类型的数组排序。

```
#include <stdlib.h>
//【记忆】按从小到大排序，返回a-b的值；按从大到小排序，则返回b-a的值
int compare( const void *a, const void* b )
{
    return ( *(int*)a - *(int*)b );    //如果是从大到小排序，则调换a和b
}
int NUMS[100];
…    //读入100个数保存到NUMS数组
qsort( NUMS, 100, sizeof(NUMS[0]), compare ); //对这100个数按从小到大的顺序排序
```

（2）一组记录的一级排序。

```
#include <stdlib.h>
struct movie
{
    int s, t;           //每部电影的开始时间和结束时间
}movies[100];           //读入的每部电影的开始时间和结束时间
int compare( const void *elem1, const void* elem2 )   //从小到大排序
{
```

```
    return ( ((movie*)elem1)->t - ((movie*)elem2)->t );
}
//按每部电影的结束时间进行非递减顺序排序
qsort( movies, 100, sizeof(movies[0]), compare );
```

（3）一组记录的二级排序。

```
#include <stdlib.h>
struct name         //姓名
{
    char s[51];       //存储姓名的字符数组
    int length;       //姓名的长度
};
//先按姓名从长到短的顺序排序，对长度相同的姓名，则按字母顺序排序
int compare( const void *elem1, const void *elem2 )
{
    name *p1 = (name*)elem1;  name *p2 = (name*)elem2;
    if( p1->length != p2->length ) return p2->length - p1->length;
    else  return strcmp(p1->s, p2->s);
}
int N;  name names[101];    //N 表示姓名的实际个数; names 是存储姓名的数组
…    //读入数据
qsort( names, N, sizeof(names[0]), compare );    //排序
```

57．排序函数 sort( )的用法

sort( )函数是C++语言中的函数，包含在头文件 algorithm 中。sort( )函数的原型如下。

```
sort(start, end, cmp);
```

各参数的含义如下。

（1）start 表示整个序列存储空间的起始地址。

（2）end 表示整个序列存储空间结束后下一个字节的地址，如果序列（设为数组 a）中的记录个数为 n，则 end 参数的值就是 $a+n$。注意，end 不是序列最后一个记录的存储地址。

（3）cmp 的作用和 qsort( )函数中的 compare 参数作用一样，也是用于定义排序时对记录之间的大小关系进行比较的方法，定义方法也类似，但 cmp 参数可省略，缺省时表示升序排序。

58．字典序的概念及应用

字典序的说法源于字典中的单词是按字母顺序排列的，详见例 9.6 和练习 9.2。除了单词可以按字典序排序外，任何字符串（如数字字符串）都可以按字典序排序，排序时按照这些字符的编码（如 ASCII 码）顺序排序。甚至，n 个整数的 $n!$个排列，也可以按字典序排序，如按字典序“1 4 3 2 5 6”应该排在“1 6 5 2 3 4”的前面，详见例 8.3、例 8.4、练习 8.5。

59．二分检索法的实现

下面的 BinSearch( )函数实现了在有序数组 a（按从小到大排序，元素个数为 n）中查找整数 num 的二分检索法，如果找到，返回其下标；如果找不到，返回−1。

```
int BinSearch( int a[ ], int n,int num )    //采用二分检索法在数组 a 中查找 num
{
    int low=0, high=n-1, mid;
    while( low<=high ){
        mid = ( low + high )/ 2;
        if( num<a[mid] ) high = mid-1;     //如果 num 比中间的数还小，则在前半段
        else if( num>a[mid] ) low = mid+1;//如果 num 比中间的数还大，则在后半段
        else return mid;
    }
    return -1;
}
```

60．STL 中关于二分查找的相关函数

在 C++的头文件 algorithm 里定义了以下 3 个二分查找函数。

（1）lower_bound(begin, end, num)，如果数组中的元素是从小到大排序，则从数组的 begin 位置到 end–1 位置二分查找第 1 个大于或等于 num 的元素，返回该元素的地址；如果元素是从大到小排序，则查找第 1 个小于或等于 num 的元素，返回该元素的地址。

（2）upper_bound(begin, end, num)，如果数组中的元素是从小到大排序，则从数组的 begin 位置到 end–1 位置二分查找第 1 个大于 num 的元素，返回该元素的地址；如果元素是从大到小排序，则查找第 1 个小于 num 的元素，返回该元素的地址。

（3）binary_search(begin, end, num)，返回是否存在 num 这么一个数，是一个 bool 值。

注意，lower_bound( )和 upper_bound( )函数返回的都是地址，必须减去起始地址，得到的才是位置；如果没有找到要查找的数值，lower_bound( )和 upper_bound( )函数就会返回一个假想的插入位置。详见以下例子。

```
int a[6] = { 0, 5, 9, 9, 15, 17 };
int position1 = lower_bound(a, a+6, 9)- a;
int position2 = upper_bound(a, a+6, 9)- a;
cout <<position1 <<endl;  //输出 2
cout <<position2 <<endl;  //输出 4
```

61．以二分法思想统计一个有序数组 a 里有多少个元素比 b 小（或大）

要统计一个有序数组 a 里有多少个元素比 b 小（或大），可以利用 lower_bound( )和 upper_bound( )函数实现。假设数组 a 中有 *n* 个元素，且按从小到大的顺序排序。要统计 a 里有多少个元素比 b 小，应调用 lower_bound( )函数，计算式为 lower_bound(a, a+n, b)–a，不管能不能找到 b，上式的值都表示 a 中有多少个元素比 b 小。

要统计 a 里有多少个元素比 b 大，则应调用 upper_bound( )函数，计算式为 a + n – upper_bound(a, a+n, b)，不管能不能找到 b，上式的值都表示 a 中有多少个元素比 b 大。

十、数论基础

62．通过取余运算使得线性序列构成环状序列

已知整型变量 a 的取值范围是$[b, b+N-1]$，即有 N 个值。a 每次递增 1（或 i），这将构成一个线性增长的序列。如果希望 a 的值始终落在$[b, b+N-1]$，超出 $b+N-1$ 后又折返回

来，即构成一个环状序列，如图 A.2 所示。

如果直接将 $a+i$ 对 N 取余，即$(a+i)\%N$，将落入$[0, N-1]$这个区间，为使得结果落入$[b, b+N-1]$区间，需要加上 b，即$(a+i)\%N+b$，但平白无故地加上 b，其结果是错误的。可

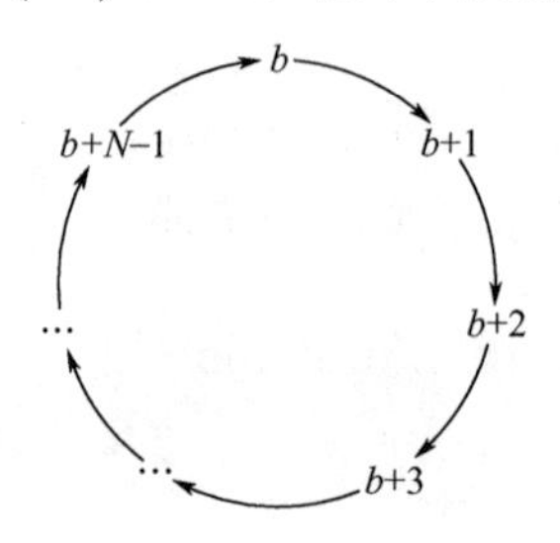

图 A.2 取模运算构成环状序列

以验证一下，设 b=97, N=26，区间为[97, 122]，a=120，i=5，$(a+i)\%N+b$ = 118，这是不对的。在这个例子里，环状序列中 120 及后面 5 个数分别是 120、121、122、97、98、99，所以正确的答案是 99。

所以在取余时应先减去 b，再把取余的结果加上 b。正确的式子是$(a+i-b)\%N+b$。

用上面的值验证一下，(120+5−97)%26+97 = 99。答案正确。

63．取余运算结果为负数的处理

如果 a 和 N 均为正整数，那么 $a\%N$ 必然落在$[0, N-1]$区间。但如果 a 为负整数、N 为正整数，$a\%N$ 运算在不同的编程语言里可能结果不一样。例如，(−7)%3 的结果可能为−1 或 2。当 N 为正整数、a 可能为负整数时，为了确保 $a\%N$ 落在$[0, N-1]$，可以将取余运算改为$((a\%N)+N)\%N$。

64．判断整数 *n* 是否为素数

以下定义函数 prime( )判断正整数 $n(n\geqslant 2)$是否为素数。

```
int prime( int n )
{
    int i, k = (int)sqrt( n );
    for( i=2; i<=k; i++ ){ if( n%i==0 ) break; }
    if( i>k ) return 1;      //素数
    else  return 0;          //合数
}
```

65．用埃拉托斯特尼筛选法生成给定范围内的素数（数论【算法 1】）

用埃拉托斯特尼筛选法生成给定范围内（比如 32 768 以内）的素数，其应用详见例 2.5。

```
#define N 32769
int Natures[N];        //初始时存放 2～N-1 之内的自然数
int Prime[N];          //存储 2～N-1 之内的素数
int num;               //2～N-1 范围内素数个数（N=32768 以内共有 3512 个素数）
void PrimeTable( )  //这里是改进后的 PrimeTable 函数
{
    int i, j;    Natures[0] = Natures[1] = 0;
    for( i=2; i<N; i++ ) Natures[i] = 1; //初始化全部为 1，即假设所有的数都为素数
```

```
    num = 0;
    for( i=2; i<N; i++ ){                             //检查每个自然数 i=2, …, N
        if( Natures[i] ) Prime[num++] = i;   //若 i 是素数，保存至 Prime 数组中
        for( j=0; j<num && Prime[j]*i<N; j++ ){  //枚举素数表 Prime[ ]中的素数
            Natures[ Prime[j]*i ] = 0;
            if( i%Prime[j] == 0 ) break;        //若 i 是某个素数的倍数，则退出循环
        }
    }
}
```

66．把较小范围内的素数保存到数组里备用

如果范围很小，可以用前面的筛选法把所有素数求出来，再保存到数组里备用。例如，100 以内的素数有 25 个，可以预先保存到数组里。

```
int primes[25] = { 2, 3, 5, 7, 11, 13, 17, 19, 23, 29, 31, 37, 41, 43, 47,
    53, 59, 61, 67, 71, 73, 79, 83, 89, 97 };
```

又如，1 000 以内的素数有 168 个，也可以预先保存到数组里。

```
int primes[168] = {2, 3, 5, 7, 11, 13, 17, 19, 23, 29, 31, 37, 41, 43, 47, 53,
    59, 61, 67, 71, 73, 79, 83, 89, 97, 101, 103, 107, 109, 113, 127, 131,
    137, 139, 149, 151, 157, 163, 167, 173, 179, 181, 191, 193, 197, 199, 211, 223,
    227, 229, 233, 239, 241, 251, 257, 263, 269, 271, 277, 281, 283, 293, 307, 311,
    313, 317, 331, 337, 347, 349, 353, 359, 367, 373, 379, 383, 389, 397, 401, 409,
    419, 421, 431, 433, 439, 443, 449, 457, 461, 463, 467, 479, 487, 491, 499, 503,
    509, 521, 523, 541, 547, 557, 563, 569, 571, 577, 587, 593, 599, 601, 607, 613,
    617, 619, 631, 641, 643, 647, 653, 659, 661, 673, 677, 683, 691, 701, 709, 719,
    727, 733, 739, 743, 751, 757, 761, 769, 773, 787, 797, 809, 811, 821, 823, 827,
    829, 839, 853, 857, 859, 863, 877, 881, 883, 887, 907, 911, 919, 929, 937, 941,
    947, 953, 967, 971, 977, 983, 991, 997 };
```

67．较小范围内的素数保存到数组里备用并根据下标直接访问

在第 66 点所述技巧的基础上，对小范围以内（如 40 以内）的素数，如果需要频繁访问，为简化素数的判断，可以把这些素数存储在数组 isPrime 中。

```
int isPrime[40] = {0, 0, 2, 3, 0, 5, 0, 7, 0, 0, 0, 11, 0, 13, 0, 0, 0, 17, 0, 19,
                  0, 0, 0, 23, 0, 0, 0, 0, 0, 29, 0, 31, 0, 0, 0, 0, 0, 37, 0, 0};
```

这种存储方式使得可以根据下标直接判断素数。如果 isPrime[i]非 0，则 i 为素数，否则 isPrime[i]为 0，i 为合数（当然，0、1 除外）。这一技巧的应用详见例 8.3。

68．求两个整数的最大公约数（欧几里得算法）（数论【算法 2】）

辗转相除法也称欧几里得（Euclid）算法，可以采用非递归和递归方式实现。

```
int gcd( int m, int n )        //求 m 和 n 的最大公约数（非递归方式）
{
    int r;
    while( (r=m%n)!=0 ){ m = n;  n = r; }
    return n;
}
```

```
int gcd( int m, int n )      //求 m 和 n 的最大公约数（递归方式）
{
    if( m%n==0 ) return n;
    else  return gcd(n, m%n);
}
```

69．求多个整数的最大公约数（数论【算法 3】）

通过逐步求两个数的最大公约数来实现，要调用前面的 gcd( )函数。

```
#define N 10
int integers[N];          //存储多个整数的数组
int gcds( )               //求一组数的最大公约数
{
    int i, g = gcd(integers[0], integers[1]);
    for( i=2; i<N; i++ ) g = gcd(g, integers[i]);
    return g;
}
```

70．求两个整数的最小公倍数（数论【算法 4】）

调用前面的 gcd( )函数，利用求得的最大公约数求最小公倍数。

```
int lcm( int m, int n )    //求 m 和 n 的最小公倍数
{
    return (m*n)/gcd(m, n);
}
```

71．求多个整数的最小公倍数（数论【算法 5】）

通过逐步求两个数的最小公倍数来实现，要调用前面的 lcm( )函数。

```
#define N 10
int integers[N];      //存储多个整数的数组
int lcms( )           //求一组数的最小公倍数
{
    int i, L = lcm(integers[0], integers[1]);
    for( i=2; i<N; i++ ) L = lcm(L, integers[i]);
    return L;
}
```

72．扩展欧几里得算法（数论【算法 6】）

该算法求解 $\gcd(a, b) = ax + by$，返回值为 $\gcd(a, b)$，求得的 x 和 y 以引用参数的形式返回。

```
int ext_gcd( int a, int b, int& x, int& y )
{
    int t, ret;
    if( !b ){  //b==0
        x = 1, y = 0;    return a;
    }
    ret = ext_gcd( b, a%b, x, y );
```

```
    t = x, x = y, y = t-a/b*y;
    return ret;
}
```

对两个互质的正整数 a 和 m，即$(a, m) = 1$，利用扩展欧几里得算法可以同时求 a 对模 m 的逆（即 a^{-1}）、m 对模 a 的逆（即 m^{-1}），方法是，求出$(a, m) = xa + ym$ 中的 x 和 y 后，则 $a^{-1} = x$，$m^{-1} = y$。

73．求正整数 *a* 的标准素因数分解式（数论【算法7】）

```
#define N 100
int Prime[N];              //素因数(prime[1]为第1个素因数)
int index[N];              //对应的指数
int id;                    //素因数的个数
void decompose( int a ) //以下很巧妙地求出了所有不相同的素因数，并求出了各素因数的指数
{
    memset( Prime, 0, sizeof(Prime));  memset( index, 0, sizeof(index));
    int t = a, i;    id = 0;
    for( i=2; i<=t; ){
        if( t%i==0 ){      //i为素因数
            if( i!=Prime[id] ) id++;
            t = t/i;  Prime[id] = i;  index[id]++;
        }
        else  i++;
    }
}
```

74．计算正整数 *a* 的所有正除数的个数 τ(*a*)（数论【算法8】）

以下代码要调用上述 decompose( )函数。

```
int tao( int a )    //求正整数a的除数函数τ(a)
{
    int i, t = 1;    decompose( a );
    for( i=1; i<=id; i++ ) t *= index[i] + 1;
    return (t);
}
```

75．计算正整数 *a* 的所有正除数之和 σ(*a*)（数论【算法9】）

以下代码要调用第65点中的 decompose( )函数及数学函数 pow( )。

```
int alpha( int a )   //求正整数a的除数和函数σ(a)
{
    int i, t = 1;    decompose( a );
    for( i=1; i<=id; i++ )
        t *= ( int( pow(Prime[i], index[i]+1) )- 1 ) / (Prime[i]-1);
    return (t);
}
```

76．计算 *n*!的标准素因数分解式（数论【算法10】）

以下代码要调用上述 PrimeTable( )函数。

```
#define N 1000
int Prime[N];                  //2～N之内的所有素数
int index[N];                  //n!的标准素因数分解式中各素数对应的指数
void facdecomp( int n )        //求n!的标准素因数分解式
{
    PrimeTable( );             //产生2～N范围内的素数
    memset( index, 0, sizeof(index));
    int i;
    for( i=0; Prime[i]<=n; i++ ){    //对小于等于n的素数，求其指数
        int p = Prime[i], a;         //a为[n/pj]
        int pj = p;                  //pj为p的j次方
        while( 1 ){
            a = floor( 1.0*n/pj );   //求[n/pj]
            if( a==0 ) break;        //如果[n/pj]为0，则不再累加下去
            index[i] += a;  pj *= p;
        }
    }
}
```

77．求阶乘 *n*!末尾有多少个 0（数论【算法 11】）

等价于求正整数 k，使得 $10^k \| n!$，而 $10 = 2×5$，所以可转换为求 $2^k×5^k \| n!$。因此只需在调用 facdecomp( )函数的基础上取 2 的指数和 5 的指数的最小值。

```
int num0( int n )   //求阶乘n!末尾有多少个0
{
    facdecomp( n );
    //index[0]为素数2, index[2]为素数5
    int min = index[0]<index[2] ? index[0] : index[2];
    return min;
}
```

78．求 1～*n*1 中与 *n* 互素的数的个数——欧拉函数的求解（数论【算法 12】）

```
int Euler( int n )   //求1～n-1中与n互素的数的个数(即欧拉函数)
{
    int res = n;
    //为了减少循环次数，循环到i*i<=n即结束循环；但要考虑特殊情形，如n=26,23
    for( int i=2; i*i<=n; i++ ){
        if(n%i==0){           //i是n的素除数
            n/=i;  res=res-res/i;
            while(n%i==0) n=n/i;
        }
    }
    if(n>1) res=res-res/n;   //特殊情形：循环结束后如果n>1，其值是初始n的最大素除数
    return  res;
}
```

79．应用同余理论的两个公式，避免取余运算的中间结果超出整型类型的范围

对包含加法和乘法运算的式子，如果不需要得到最终的结果，而是得到对某个整数 m 的余数，为避免中间结果过大（而超出整数类型的范围），可以应用同余理论的以下两个公式。

（1）$(a+c)\%m = (a\%m + c\%m)\%m$。其含义为，$(a+c)$对 m 的余数，等于 a 和 c 分别对 m 的余数相加，该余数可能大于 m，所以还需要进一步对 m 取余数。

（2）$(a*c)\%m = (a\%m*c\%m)\%m$。其含义为，$(a*c)$对 m 的余数，等于 a 和 c 分别对 m 的余数相乘，该余数可能大于 m，所以还需要进一步对 m 取余数。

80．求 a^b 的个位数（数论【算法13】）

同样，求 a^b 的个位数，就是求 a^b 对10的余数，需要用到同余理论中的第2个公式。

```
int r10( int a, int b )    //计算 a^b 的个位，即对 10 的余数
{
    int remains = a%10, i;
    for( i=1; i<b; i++ )
        remains = ( remains * a%10 )%10;
    return remains;
}
```

81．求阶乘 n!的最后非0位（n 非常大）（数论【算法14】）

```
//求阶乘最后非零位，返回该位，n 以字符串方式传入
//n 的位数可以非常多，可多达 10000 位，所以无法先求出 n!的素因数分解形式
#define MAXN 10000
int lastdigit( char* buf )   //求 n!的最后非 0 位
{
    const int mod[20] = {1, 1, 2, 6, 4, 2, 2, 4, 2, 8, 4, 4, 8, 4, 6, 8, 8, 6, 8, 2};
    int len = strlen(buf), a[MAXN], i, c, ret = 1;
    if( len==1 ) return mod[buf[0]-'0'];
    for( i=0; i<len; i++ ) a[i] = buf[len-1-i] - '0';
    for( ; len; len-=!a[len-1] ){
        ret = ret * mod[ a[1]%2*10+a[0] ]%5;
        for( c=0, i=len-1; i>=0; i-- )
            c = c*10 + a[i], a[i] = c/5, c %= 5;
    }
    return ret + ret%2*5;
}
```

82．求 n 个整数乘积末尾0的个数

如果有 n 个整数 $a_1, a_2,\cdots, a_n$ 相乘，乘积可能非常大，要求乘积末尾有多少个零。方法类似于求 n!末尾有多少个0。具体方法为，分别求 $a_1, a_2,\cdots, a_n$ 的标准素因数分解式，将 $a_1, a_2,\cdots, a_n$ 的分解式中2的指数累加起来，以及把5的指数累加起来，二者的最小值就是这 n 个整数乘积末尾零的个数。如果求 $a_1, a_2,\cdots, a_n$ 的标准素因数分解式比较麻烦，也可以参照第83点中的方法1，只求2的指数和5的指数，即 $n2$ 和 $n5$。

83．求 n 个整数乘积最后非0位

如果有 n 个整数 $a_1, a_2, \cdots, a_n$ 相乘，乘积可能非常大，要求乘积最后非 0 位。

方法 1：对每个整数 a_i，反复用 2 去整除直至不能整除为止，记录被 2 整除的次数（假设 n 个数累计后的次数为 $n2$），然后反复用 5 去整除直至不能整除为止，记录被 5 整除的次数（假设 n 个数累计后的次数为 $n5$），剩下的商 d_i 既不能被 2 整除也不能被 5 整除；这 n 个商的乘积可能仍然很大，需要用同余理论中的乘法式求 n 个商的乘积对 10 的余数（设求得的余数为 d）；最后如果 $n2=n5$，d 即为所求；如果 $n2>n5$，求 $d\times 2^{n2-n5}$ 对 10 的余数；如果 $n5>n2$，求 $d\times 5^{n5-n2}$ 对 10 的余数（该余数实际上就是 5）。该方法可同时求得乘积中末尾 0 的个数，该值就是 $n2$ 和 $n5$ 的较小者。

方法 2：首先分别求 $a_1, a_2, \cdots, a_n$ 的标准素因数分解式，合并成一个素因数分解式，设为 $p_1^{\alpha_1} p_2^{\alpha_2} \cdots p_s^{\alpha_s}$，如果 $p_1, p_2, \cdots, p_s$ 中有 2 和 5，则取 2 的指数和 5 的指数的最小值，设为 m，从 $p_1^{\alpha_1} p_2^{\alpha_2} \cdots p_s^{\alpha_s}$ 中去除 2^m 和 5^m，最后对剩下的素因数分解式利用同余理论中的乘法式求素因数分解式中各项的乘积对 10 的余数。另外，乘积中末尾 0 的个数就是 m。

84．求解一次同余方程 $ax\equiv b \pmod m$（数论【算法 15】）

注意，这里需要调用前面的扩展欧几里得算法的函数 ext_gcd( )。

```
//求解模线性方程 ax≡b (mod m)
//返回解的个数，解保存在 sol[]中
//要求 m>0，解的范围 0..m-1
int modular_linear( int a, int b, int m, int* sol )
{
    int d, x, X, Y, i;
    d = ext_gcd( a, m, X, Y );     //d = (a, m)= X*a + Y*m
    if( b%d ) return 0;             //(a, m)|b 时才有解
    x = (X*(b/d)%m+m)%m;            //其中一个解
    for( i=0; i<d; i++ )            //总共(a, m)个解
        sol[i] = (x+i*(m/d))%m;
    return d;
}
```

85．根据中国剩余定理解模线性方程组（数论【算法 16】）

注意，这里需要调用前面的扩展欧几里得算法的函数 ext_gcd( )。

```
//求解模线性方程组(中国剩余定理)
//  x≡a[0] (mod m[0])
//  x≡a[1] (mod m[1])
//  ...
//  x≡a[k-1] (mod m[k-1])
//要求 m[i]>0，m[i]与 m[j]互素，解的范围 1..n，n=m[0]*m[1]*...*m[k-1]
int modular_linear_system( int a[], int m[], int k )
{
    int d, X, Y, x=0, Mj, n=1, j;
    for( j=0; j<k; j++ ) n *= m[j];    //n 就是定理 3 中的 m(注意不能再定义普通变量 m)
    for( j=0; j<k; j++ ){
        Mj = n/m[j];
        //注意，m[j]和 Mj 互素，所以可以用扩展欧几里得算法求 Mj^-1
```

```
        d = ext_gcd( m[j], Mj, X, Y );//求得的Y就是定理3中的Mj^-1
        x = (x+ Mj*Y*a[j])%n;
    }
    return (x+n)%n;
}
```

十一、常用数据结构的应用

86．向量（vector）的应用

向量是扩充版的数组，当数组不足以胜任数据处理的需求时，就可以考虑用向量了。

要使用 STL 中的向量，必须包含头文件<vector>。

定义向量的方法如下。

```
vector<结点类型> 向量变量名
```

vector 常用的成员函数有以下几个。

（1）push_back：往向量的末端插入新的结点。

（2）pop_back：删除向量末端的结点。

（3）begin：返回最前面结点的迭代器（指针）。

（4）end：返回最末端结点的迭代器（指针）。

87．栈（stack）的应用

栈是一种访问受限的线性数据结构，限定在栈顶插入和删除结点，另一端是栈底。这种操作受限使得栈中的结点遵循“后进先出”。因此，如果结点进入数据结构中的顺序是固定的，但需要调整这些结点出去的顺序，就可能需要用到栈。要使用 STL 中的栈，必须包含头文件<stack>。

定义栈的方法如下。

```
stack<结点类型> 栈变量名
```

stack 常用的成员函数有以下几个。

（1）push：压栈，参数为需要压入栈的结点。

（2）pop：出栈，返回值为出栈的结点。

（3）top：取得栈顶结点，返回值为栈顶结点，该操作并不会弹出栈顶结点。

（4）empty：判断栈是否为空，返回值为 bool 型。

（5）size：返回栈中结点的个数。

88．队列（queue）的应用

队列也是一种访问受限的线性数据结构，只允许从队列尾插入结点，从队列头取出结点。这种操作受限使得队列中的结点遵循“先进先出”。如果要记录待处理数据的顺序，并严格按先后顺序来处理这些数据，就可能需要用到队列了。要使用 STL 中的队列，需要包含头文件<queue>。

定义队列的方法如下。

```
queue<结点类型> 队列变量名
```

queue 常用的成员函数有以下几个。

（1）push：入队列，参数为需要入队列的结点。

（2）pop：出队列，返回值为出队列的结点。

（3）front：取得队列头结点，返回值为队列头结点，该操作并不会使得队列头结点出队列。

（4）empty：判断队列是否为空，返回值为 bool 型。

（5）size：计算队列中结点的个数。

89．优先级队列（priority_queue）的应用

与普通队列相比，优先级队列每次在出队列时把具有最大优先级的结点出队列。

要使用 STL 中的优先级队列，需要包含头文件<queue>。

定义优先级队列的方法如下。

```
priority_queue<结点类型> 优先级队列变量名
```

其使用方法和普通队列的使用方法基本一致。注意，优先级队列需要根据结点的大小关系确定优先级；如果结点可以直接比较大小（如基本数据类型），则越大的结点优先级越高；如果结点是自定义类型，则在该类型中必须重载关系运算符“<”，以实现结点的大小比较运算。

十二、其他技巧

90．如果因为浮点数无法精确表示而影响算法正确性，则应采用整数进行运算

在计算机里，浮点数是无法精确表达的，如对 64 开 3 次方根 pow(64, 1.0/3)，得到的结果可能为 3.9999999999999996，而不是 4。有时这一点点误差就会影响算法的正确性。这时，应尽量采用整数进行运算。详见练习 2.3、第 2.1.1 节和第 3.4.2 节。

91．灵活应用整数除法（/）和取余运算（%）

整数除法和取余运算在程序设计竞赛里应用非常广泛，且需灵活应用。这里总结如下。

（1）进制转换需要灵活应用整数除法和取余运算。

（2）通过取余运算使得线性序列构成环状序列。

（3）求星期数的第 3 种方法也需要灵活应用整数的取余运算。

使用时需要注意以下两点。

（1）在 C、C++、Java 语言里，整数除法不保留余数，在 Python 语言里整数除法有两种，其中一种也是不保留余数的。

（2）取余运算 a%b，当 a 和 b 符号不同（如–2%7）时在不同编译器里可能得到的结果不一样，所以使用前最好先验证一下。

92．用一维或二维数组表示一个网格的相邻位置

对用一个网格表示的地图，在执行某种算法（如搜索）时往往需要从某个位置(x, y)出发对其 4 个或 8 个相邻位置执行一些类似的操作。当然对每个相邻位置，可以单独用一段代码来处理。但用 for 循环对相邻位置做统一处理，代码量要减少很多。这就需要把相邻位置相对于(x, y)的横坐标增量和纵坐标增量保存到一维或二维数组，如图 A.3 所示。

左上	上	右上
左	(x,y)	右
左下	下	右下

（a）相邻位置

(–1,–1)	(–1,0)	(–1,1)
(0,–1)	(0,0)	(0,1)
(1,–1)	(1,0)	(1,1)

（b）坐标增量

图 A.3　相邻位置

以4个相邻位置为例（8个相邻位置类似），用一维数组实现的代码如下。

```
int dx[4] = { -1, 0, 1, 0};        //上、右、下、左4个相邻位置横坐标增量
int dy[4] = { 0, 1, 0, -1};        //上、右、下、左4个相邻位置纵坐标增量
for( int i=0; i<4; i++){           //处理4个相邻位置
    //处理相邻位置：(x+dx[i], y+dy[i])，如判断是否超出边界，递归地执行搜索等
}
```

用二维数组实现的代码如下。

```
int d[4][2] = { -1, 0, 0, 1, 1, 0, 0, -1 };  //上、右、下、左4个相邻位置x、y坐标增量
for( int i=0; i<4; i++){  //处理4个相邻位置
    //处理相邻位置：(x+d[i][0], y+d[i][1])，如判断是否超出边界，递归地执行搜索等
}
```

这一技巧的应用详见例3.3、例8.1、例8.8等。

93．求两个数的较大者和较小者

可以用宏来实现。

```
#define min(a, b) ((a)>(b)?(b):(a))
#define max(a, b) ((a)>(b)?(a):(b))
```

94．交换两个变量的值

假设要交换两个变量a和b（均为int型），可采用的方法如下。

（1）借助中间变量。

```
int tmp = a;  a = b;  b = tmp;
```

（2）不借助中间变量。

```
a = a + b;  b = a - b;  a = a - b;
```

（3）调用头文件algorithm中的swap( )函数实现。

```
swap(a, b);
```

95．将一个数组各元素逆序

inversion( )函数实现了将一个数组中的 *n* 个元素逆序（或称为倒置），代码如下。

```
void inversion( int a[], int n ) //n表示元素个数
{
    int i, tmp;
    for( i=0; i<n/2; i++ ){
        tmp = a[i];  a[i] = a[n-1-i];  a[n-1-i] = tmp;
    }
}
```

96．多维（如三维）数组的应用

数组是大部分编程语言都会提供的一种语法成分，也是最简单的、最常用的数据结构。一维、二维数组平时用得比较多。在程序设计竞赛里，熟练掌握多维（一般不超过三维）数组有时能编写出非常巧妙的程序。例如，例4.14中为了存储10个数字字符的点阵

图形，定义了三维数组 digit[10][5][4]。第 1 维“10”代表 10 个数字，因此 digit[0]是一个二维数组，存储了第 0 个字符的点阵图形；第 2 维“5”代表每个数字的字符形式有 5 行；第 3 维“4”代表每行有 3 个字符，每行最后一个字符为字符串结束标志，如图 A.4 所示。

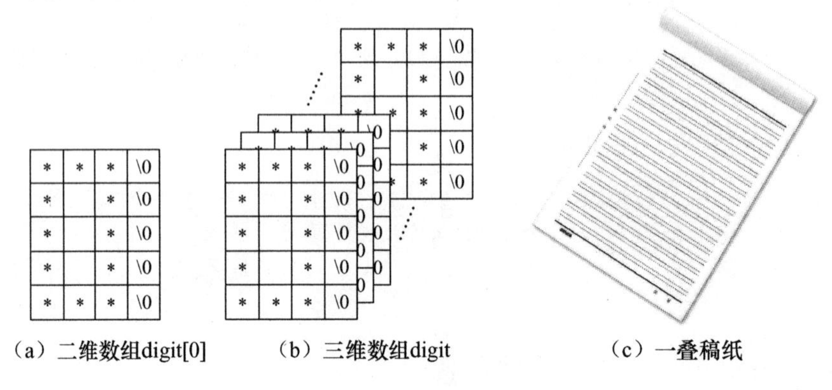

（a）二维数组digit[0]　　（b）三维数组digit　　（c）一叠稿纸

图 A.4　三维数组

可以将一维数组想象成稿纸中的一行，有多个位置（元素）；将二维数组理解成一页稿纸，有若干行，每行有相同的列；而三维数组就是一沓稿纸，有很多页，每页是一个二维数组。

97．充分利用 Excel 的填充功能和函数

Excel 的填充功能非常强大，也有非常丰富的函数，前面第 11 个技巧已经应用 Excel 的函数和填充功能实现比对两个输出文件。除此之外，Excel 在程序设计竞赛中还有以下一些应用。

（1）蓝桥杯大赛结果填空题。蓝桥杯大赛的结果填空题由于只需要填写最终的答案，可以采用一切计算手段来实现，这时可以充分利用 Excel 的填充功能和函数来解题。特别是时间和日期类型的题目，可能使用 Excel 比编程方式更快，也更可靠。

（2）拟测试数据。第 3.4.2 节提到，在生成测试数据时，可以用 Excel 的填充功能快速生成所需的数据，或用 Excel 中的随机函数 RAND()生成随机测试数据。

98．状态变量的巧妙应用，以及状态变量值在 1 和 0 之间切换

在编程解题时经常要用到状态变量（int 或 bool 型），表示程序中的某种状态，由于这种状态变量的值经常切换，初学者很容易弄混。所以，在定义状态变量时就要约定其含义，根据其含义就知道其初始值；在程序中根据该状态变量的值做相应的处理，并根据需要判断是否要切换它的值。例如，在第 1.5.1 节中定义状态变量 firstzero，表示是否为第 1 对“0 0”，对每个测试数据，firstzero 的初始值为 true；在第 4.6.2 节中定义状态变量 bfirst，代表是否为第 1 个测试数据，初始值为 true。

如果某个变量（设为 state）或某个数组元素（设为 state[i]）的值（这个值通常代表某种状态）需要在 1 和 0 之间进行切换，如由 1 变为 0 或由 0 变为 1，则可以使用以下语句。

```
state = (state==1)? 0 : 1;
```

或

```
state[i] = (state[i]==1)? 0 : 1;
```

但以下语句更简洁。

```
state = 1- state;
```

或

```
state[i] = 1 - state[i];
```

99．为数组各元素清零或设置为初始值–1——memset( )函数

程序设计竞赛往往需要处理多个测试数据，在处理每个测试数据前，相关变量（特别是数组元素，以下设该数组为 state）的值一般应还原为初始值（0 或其他值）。如果数组元素非常多（如有 10 000 个元素），用以下 for 循环显然很耗费时间。这时 memset( )函数就派上用场了。

```
int state[10000], i, j;
for(i=0; i<kase; i++){  //处理 kase 个测试数据
    for(j=0; j<10000; j++) state[j]==0;  //将 state 数组各元素初始化为 0(可换成其他值)
    //以下是处理该测试数据的代码(会修改 state 数组各元素的值)
}
```

（1）给数组元素值清零。

memset( )函数可以实现快速将一个数组中的各元素初始化为 0。memset( )函数是在头文件 string.h 中声明的，其作用是内存初始化，即给某一段存储空间中的每个字节赋值为同一个值（如 0）。注意，给一个整数每个字节初始化为 0，则该整数也为 0。memset( )函数的原型如下。

```
void *memset(void *s, int ch, size_t n);
```

memset( )函数的 3 个参数分别代表：需要初始化的内存空间起始地址、每个字节的值、内存空间的长度（字节数）。因此，上述代码中内层 for 循环可以简化为下面的一行代码。

```
memset(state, 0, sizeof(state));
```

（2）设置有符号整型数组元素初始值为–1。

对有符号整型数组，如果需要给每个数组元素设置初始值为–1，可以采用以下代码。

```
memset(state, 0xff, sizeof(state));
```

其原理是，每个字节的值设置为十六进制的 FF，假设每个有符号整型元素占 4 个字节，则其值为 FFFFFFFF，这就是–1 的补码。

100．将数组元素初始化为非零值(–1 除外)——memcpy( )函数

如果想给数组各元素初始化为非 0 的值(–1 除外)，memset( )函数就无效了。例如，给一个整数每个字节初始化为 1，则该整数（假设该整数占 4 个字节）的值为 16843009（二进制形式为 00000001000000010000000100000001）。这时可以采取的做法是，先把初始值保存到一个临时数组里，每次需要初始化 state 数组时，使用内存复制函数 memcpy( )一次性复制到 state 数组。

memcpy( )函数也是在头文件 string.h 中声明的，其功能是从源内存地址的起始位置开

始复制若干个字节到目标内存地址中。memcpy( )函数的原型如下。

```
void *memcpy(void *dest, const void *src, size_t n);
```

memcpy( )函数的 3 个参数分别代表：目标内存首地址、源内存地址、需要复制的内存空间长度（字节数）。因此，需要多次为 state 数组各元素初始化为 1 可以采用以下代码。

```
int inistate[10000], state[10000], i, j;
for(i=0; i<10000; i++) inistate[i]=1;         //将 state 数组初始值保存到数组
                                               //inistate 里
for(i=0; i<kase; i++){                         //处理 kase 个测试数据
    memcpy(state, inistate, sizeof(state));    //将 inistate 数组各元素值复制到
                                               //state 数组
    //以下是处理该测试数据的代码(会修改 state 数组各元素的值)
}
```

本书例题和练习题汇总

章节	本书题号	题目名称	题目来源	ZOJ[1]题号	POJ题号	备注[2]
第1章	例 1.1	海狸（单个测试数据版）	自编			☆
	例 1.2	海狸（Beavergnaw）	Waterloo，June 1，2002	1904	2405	☆○
	例 1.3	数字阶梯（Number Steps）	Asia 2000，Tehran （Iran）	1414	1663	☆○
	例 1.4	假票（Fake Tickets）	South America 2002，Practice	1514		☆○
	例 1.5[3]	纸牌（Deck）	South Central USA 1998	1216	1607	☆○
	例 1.6	特殊的四位数（Specialized Four-Digit Numbers）	Pacific Northwest 2004	2405	2196	☆○
	例 1.7	一个数学难题（A Mathematical Curiosity）	East Central North America 1999，Practice	1152		☆○
	练习 1.1	二进制数（Binary Numbers）	Central Europe 2001，Practice	1383		☆○
	练习 1.2	完数（Perfection）	Mid-Atlantic USA 1996	1284	1528	☆
	练习 1.3	求三角形外接圆周长（The Circumference of the Circle）	Ulm 1996	1090	2242	☆○
	练习 1.4	根据公式计算 e （u Calculate e）	Greater New York 2000	1113	1517	☆○
第2章	例 2.1	假银币（Counterfeit Dollar）	East Central North America 1998	1184	1013	☆○
	例 2.2	关灯游戏增强版（Extended Lights Out）	Greater New York 2002	1354	1222	☆○
	例 2.3	自我数（Self Numbers）	Mid-Central USA 1998	1180	1316	☆○
	例 2.4	验证哥德巴赫猜想	自编			☆○△
	例 2.5	哥德巴赫猜想（Goldbach's Conjecture）	Asia 1998，Tokyo （Japan）	1657		☆○
	例 2.6	子序列（Subsequence）	Southeastern Europe 2006	3123	3061	☆
	例 2.7	日志统计	2018 年第 9 届蓝桥杯省赛			☆
	练习 2.1	围住多边形的边（Frame Polygonal Line）	Zhejiang University Local Contest 2004	2099		☆

1 有些题目（如练习 9.5、练习 10.7)虽然在 ZOJ 和 POJ 上为同一道题目，但 ZOJ 对题目的输入/输出做了修改，以支持多个输入数据块，所以在 ZOJ 上 AC 的代码不能直接提交到 POJ 上。

2 ☆表示有解答程序；○表示有测试数据；△表示有测试数据生成程序。

3 这道题在 ZOJ 和 POJ 上的输出略有差别。

（续）

章节	本书题号	题 目 名 称	题 目 来 源	ZOJ 题号	POJ 题号	备注
第2章	练习 2.2	假币（False Coin）	Northeastern Europe 1998	2034	1029	☆○
	练习 2.3	积木（Blocks）	University of Waterloo Local Contest 2002.09.21	1910	2363	☆○
	练习 2.4	我的猜想	自编			☆○△
	练习 2.5	哥德巴赫猜想（Goldbach's Conjecture）	University of Ulm Local Contest 1998	1951	2262	☆○
	练习 2.6	杰西卡的阅读问题（Jessica's Reading Problem）	POJ Monthly—2007.08.05		3320	☆
	练习 2.7	Bound Found	Ulm Local 2001	1964	2566	☆○
	练习 2.8	连续素数的和（Sum of Consecutive Prime Numbers）	Japan 2005		2739	☆○
第3章	例 3.1	醉酒的狱卒（The Drunk Jailer）	Greater New York 2002	1350	1218	☆○
	例 3.2	爬动的蠕虫（Climbing Worm）	East Central North America 2002	1494		☆○
	例 3.3	遍历迷宫（Maze Traversal）	University of Waterloo Local Contest 1996.09.28	1824		☆○
	例 3.4	出列游戏	自编			☆○△
	例 3.5	网络拥堵解决方案（Eeny Meeny Moo）	University of Ulm Local Contest 1996	1088	2244	☆○
	例 3.6	三子棋游戏（Tic Tac Toe）	University of Waterloo Local Contest 2002.09.21	1908	2361	☆○
	例 3.7	扫雷游戏（Mine Sweeper）	University of Waterloo Local Contest 1999.10.02	1862	2612	☆○
	例 3.8	弹球游戏（Linear Pachinko）	Mid-Central USA 2006	2813	3095	☆○
	练习 3.1	货币兑换（Currency Exchange）	East Central North America 2001，Practice	1058		☆
	练习 3.2	古怪的钟（Weird Clock）	ZOJ Monthly，December 2002	1476		☆○
	练习 3.3	金币（Gold Coins）	Rocky Mountain 2004	2345	2000	☆
	练习 3.4	约瑟夫环问题（Joseph）	Central Europe 1995		1012	☆○
	练习 3.5	另一个约瑟夫环问题（Yet Another Josephus Problem）	Zhejiang University Local Contest 2006	2731		☆○
	练习 3.6	汉诺塔（Hanoi Tower）	Zhejiang University Local Contest 2008	2954		☆
	练习 3.7	石头、剪刀、布（Rock，Scissors，Paper）	University of Waterloo Local Contest 2003.01.25	1921	2339	☆○
	练习 3.8	贪吃蛇游戏（The Worm Turns）	East Central North America 2001，Practice	1056		☆
第4章	例 4.1	曾经最难的题目（The Hardest Problem Ever）	South Central USA 2002	1392	1298	☆○
	例 4.2	打字纠错（WERTYU）	University of Waterloo Local Contest 2001.01.27	1884	2538	☆○
	例 4.3	Soundex 编码（Soundex）	University of Waterloo Local Contest 1999.09.25	1858	2608	☆○
	例 4.4	圆括号编码（Parencodings）	Asia 2001，Tehran （Iran）	1016	1068	☆○

（续）

章节	本书题号	题 目 名 称	题 目 来 源	ZOJ 题号	POJ 题号	备注
第4章	例 4.5	回文的判断	自编			☆
	例 4.6	构造回文	自编			☆
	例 4.7	镜像回文（Palindromes）	South Central USA 1995	1325	1590	☆○
	例 4.8	字符串的幂（Power Strings）	University of Waterloo Local Contest 2002.07.01	1905	2406	☆○
	例 4.9	字符串包含问题（All in All）	University of Ulm Local Contest 2002	1970	1936	☆○
	例 4.10	朴素的模式匹配算法	自编			☆
	例 4.11	KMP 算法的实现	自编			☆
	例 4.12	马龙的字符串（Marlon's String）	ZOJ 10th Anniversary Contest	3587		☆○△
	例 4.13	模糊匹配	自编			☆○△
	例 4.14	数字字符	自编			☆○
	例 4.15	英语数字翻译（English-Number Translator）	Czech Technical University Open 2004	2311	2121	☆○
	练习 4.1	置换加密法（Substitution Cypher）	University of Waterloo Local Contest 1996.10.05	1831		☆○
	练习 4.2	Quicksum 校验和（Quicksum）	Mid-Central USA 2006	2812	3094	☆○
	练习 4.3	字符宽度编码（Run Length Encoding）	University of Ulm Local Contest 2004	2240	1782	☆○
	练习 4.4	摩尔斯编码（P，MTHBGWB）	Greater New York 2001	1068	1051	☆○
	练习 4.5	添加后缀构成回文（Suffidromes）	University of Waterloo Local Contest 1999.10.02	1865	2615	☆○
	练习 4.6	令人惊讶的字符串（Surprising Strings）	Mid-Central USA 2006	2814	3096	☆○
	练习 4.7	Oulipo	BAPC 2006 Qualification		3461	☆
	练习 4.8	Knuth-Morris-Pratt Algorithm（KMP 算法）	The 17th Zhejiang University Programming Contest	3957		☆
	练习 4.9	LC 显示器（LC-Display）	Mid-Central European Regional Contest 1999	1146	1102	☆○
	练习 4.10	单词逆序（Word Reversal）	East Central North America 1999，Practice	1151		☆○
	练习 4.11	多项式表示问题（Polynomial Showdown）	Mid-Central USA 1996	1720	1555	☆○
第5章	例 5.1	今天是几号（What Day Is It?）	Pacific Northwest 1997	1256		☆○
	例 5.2	五一假期（May Day Holiday）	The 12th Zhejiang Provincial Collegiate Programming Contest	3876		☆
	例 5.3	相隔天数	自编			☆○△
	例 5.4	日历（Calendar）	Asia 2004，Shanghai（Mainland China），Preliminary	2420	2080	☆
	例 5.5	日期问题	2017 年第 8 届蓝桥杯省赛			☆○△
	例 5.6	电影系列题目之《先知》	自编			☆○

（续）

章节	本书题号	题目名称	题目来源	ZOJ 题号	POJ 题号	备注
第5章	例 5.7	玛雅历（Maya Calendar）	Central Europe 1995		1008	☆○
	例 5.8	干支纪年法	自编			☆○△
	例 5.9	公制时间（Metric Time）	CTU FEE Local 1998		2210	☆
	例 5.10	通话时间	自编			☆○
	练习 5.1	幸运周（The Lucky Week）	The 13th Zhejiang Provincial Collegiate Programming Contest	3939		☆
	练习 5.2	黑色星期五	蓝桥杯大赛练习题			☆○
	练习 5.3	一年中的第几天	自编			☆○
	练习 5.4	星期六	2019 年重庆市第九届大学生程序设计竞赛			☆○
	练习 5.5	时间和日期格式转换			3751	☆
	练习 5.6	有多少个 9（How Many Nines）	The 17th Zhejiang University Programming Contest	3950		☆
第6章	例 6.1	回文数（Palindrom Numbers）	South Africa 2001	1078		☆○
	例 6.2	初等算术（Primary Arithmetic）	University of Waterloo Local Contest 2000.09.23	1874	2562	☆○
	例 6.3	Skew 二进制（Skew Binary）	Mid-Central USA 1997	1712	1565	☆○
	例 6.4	整数探究（Integer Inquiry）	Central Europe 2000	1292		☆
	例 6.5	高精度数的乘法	自编			☆
	例 6.6	八进制小数（Octal Fractions）	South Africa 2001	1086	1131	☆
	例 6.7	Fibonacci 数（Fibonacci Numbers）	University of Waterloo Local Contest 1996.10.05	1828		☆○
	例 6.8	颠倒数的和（Adding Reversed Numbers）	Central Europe 1998	2001	1504	☆○
	练习 6.1	设计计算器（Basically Speaking）	Mid-Central USA 1995	1334	1546	☆○
	练习 6.2	进制转换（Number Base Conversion）	Greater New York 2002	1352	1220	☆○
	练习 6.3	Wacmian 数（Wacmian Numbers）	South Pacific 2003			☆
	练习 6.4	位运算	自编			☆○
	练习 6.5	各位和	自编			☆○△
	练习 6.6	火星上的加法（Martian Addition）	Zhejiang University Local Contest 2002，Preliminary	1205		☆
	练习 6.7	总和（Total Amount）	Zhejiang Provincial Programming Contest 2005	2476		☆
	练习 6.8	余数（Basic Remains）	University of Waterloo Local Contest 2003.09.20	1929	2305	☆○
	练习 6.9	Fibonacci 数判断	自编			☆○△
	练习 6.10	有多少个 Fibonacci 数（How Many Fibs?）	University of Ulm Local Contest 2000	1962	2413	☆○
	练习 6.11	数字变换（Computer Transformation）	Southeastern Europe 2005	2584	2680	☆○

（续）

章节	本书题号	题 目 名 称	题 目 来 源	ZOJ 题号	POJ 题号	备注
第7章	例 7.1	整数划分问题	自编			☆○
	例 7.2	另一个 Fibonacci 数列（Fibonacci Again）	ZOJ Monthly，December 2003	2060		☆
	例 7.3	分形（Fractal）	Asia 2004，Shanghai（Mainland China），Preliminary	2423	2083	☆○
	例 7.4	棋盘覆盖问题	自编			☆
	例 7.5	阿尔法编码（Alphacode）	East Central North America 2004	2202		☆○
	例 7.6	Fibonacci	Stanford Local 2006		3070	☆
	例 7.7	矩阵连乘问题	自编			☆
	例 7.8	单调回文分解（Unimodal Palindromic Decompositions）	Greater New York 2002	1353		☆○
	练习 7.9	恐怖的集合(Terrible Sets)	Asia 2004, Shanghai, Preliminary	2422	2082	☆○
	例 7.10	回文串（Palindromes）	Zhejiang Provincial Programming Contest 2006	2744		☆
	例 7.11	活动安排问题	自编			☆
	例 7.12	背包问题	自编			☆
	例 7.13	过桥（Bridge）	ZOJ Monthly，April 2003	1579		☆
	练习 7.1	偶数的划分 1（划分成偶数）	自编			☆○
	练习 7.2	偶数的划分 2（划分成奇数）	自编			☆○
	练习 7.3	奇数的划分	自编			☆○
	练习 7.4	幸存者游戏（Recursive Survival）	ZOJ Monthly，January 2004	2072		☆
	练习 7.5	抽签（Lot）		1539		☆
	练习 7.6	Quoit Design	Zhejiang Provincial Programming Contest 2004	2107		☆○
	练习 7.7	居民集会	2015 年第 6 届蓝桥杯全国总决赛			☆
	练习 7.8	柱状图中的最大矩形（Largest Rectangle in a Histogram）	University of Ulm Local Contest 2003	1985		☆○
	练习 7.9	恐怖的集合(Terrible Sets)	Asia 2004, Shanghai, Preliminary	2422	2082	☆○
	练习 7.10	波动数列	2014 年第 5 届蓝桥杯省赛			☆○
	练习 7.11	看电影	自编			☆○△
	练习 7.12	Stripies	Northeastern Europe 2001，Northern Subregion	1543		☆
	练习 7.13	乘积最大	2018 年第 9 届蓝桥杯省赛			☆
第8章	例 8.1	骨头的诱惑（Tempter of the Bone）	Zhejiang Provincial Programming Contest 2004	2110		☆○
	例 8.2	最大的泡泡串	自编			☆○△
	例 8.3	素数环问题（Prime Ring Problem）	Asia 1996，Shanghai（Mainland China）	1457		☆○
	例 8.4	保险箱解密高手（Safecracker）	Mid-Central USA 2002	1403	1248	☆○
	例 8.5	方形硬币（Square Coins）	Asia 1999，Kyoto（Japan）	1666		☆

（续）

章节	本书题号	题目名称	题目来源	ZOJ题号	POJ题号	备注
第8章	例 8.6	求和（Sum It Up）	Mid-Central USA 1997	1711	1564	☆○
	例 8.7	正方形（Square）	University of Waterloo Local Contest 2002.09.21	1909	2362	☆○
	例 8.8	马走日	自编			☆○
	例 8.9	翻木块游戏	自编			☆○△
	练习 8.1	图形周长（Image Perimeters）	University of Waterloo Local Contest 2001.09.22	1047	1111	☆○
	练习 8.2	泡泡龙游戏（Bubble Shooter）	Zhejiang Provincial Programming Contest 2006	2743		☆
	练习 8.3	火力配置网络（Fire Net）	Zhejiang University Local Contest 2001; Mid-Central USA 1998	1002	1315	☆○
	练习 8.4	字母排列（Anagram）	Southwestern European Regional Contest 1995		1256	☆
	练习 8.5	抽奖游戏（Lotto）	University of Ulm Local Contest 1996	1089	2245	☆○
	练习 8.6	分配大理石（Dividing）	Mid-Central European Regional Contest 1999	1149	1014	☆○
	练习 8.7	奇特的迷宫	自编			☆○△
	练习 8.8	营救（Rescue）	ZOJ Monthly，October 2003	1649		☆○
	练习 8.9	送情报	自编			☆○△
	练习 8.10	电影系列题目之《遇见未来》	自编			☆○△
第9章	例 9.1	快乐的蠕虫（The Happy Worm）	Asia 2004，Tehran（Iran），Sharif Preliminary	2499	1974	☆
	例 9.2	花生（The Peanuts）	South Central USA 1995	2235	1928	☆
	例 9.3	UNIX 操作系统的 ls 命令（UNIX ls）	South Central USA 1995	1324	1589	☆○
	例 9.4	混乱排序（Scramble Sort）	Greater New York 2000	1225	1520	☆○
	例 9.5	赌徒（Gamblers）	Waterloo，June 2，2001	1101		☆○
	例 9.6	复合单词（Compound Words）	University of Waterloo Local Contest 1996.09.28	1825		☆○
	例 9.7	括号串匹配	自编			☆
	例 9.8	奇特的火车站	自编	1259	1363	☆○
	例 9.9	特殊的数据结构	自编			☆
	例 9.10	优先级队列	自编			☆○△
	练习 9.1	修建新的库房（Building a New Depot）	Czech Technical University Open 2003	2157	1788	☆○
	练习 9.2	单词重组（Word Amalgamation）	Mid-Central USA 1998	1181	1318	☆○
	练习 9.3	英文姓名排序	自编			☆○△
	练习 9.4	古老的密码（Ancient Cipher）	Northeastern Europe 2004	2658	2159	☆
	练习 9.5	DNA 排序（DNA Sorting）	East Central North America 1998	1188	1007	☆

（续）

章节	本书题号	题 目 名 称	题 目 来 源	ZOJ 题号	POJ 题号	备注
第9章	练习 9.6	体重排序（Does This Make Me Look Fat?）	South Central USA 2001	1431	2218	☆○
	练习 9.7	简单排序	自编			☆○△
	练习 9.8	棍子的膨胀（Expanding Rods）	University of Waterloo Local Contest 2004.06.12	2370	1905	☆○
	练习 9.9	简单的表达式运算	自编			☆○△
	练习 9.10	超市购物车	自编			☆○△
第10章	例 10.1	筛选法求素数	自编			☆
	例 10.2	求最大公约数	自编			☆○
	例 10.3	Relatives	University of Waterloo Local Contest 2002.07.01	1906	2407	☆○
	例 10.4	各位数码全为1的数（Ones）	University of Waterloo Local Contest 2001.06.02	1889	2551	☆○
	例 10.5	韩信点兵	自编			☆○△
	例 10.6	半素数（Semi-Prime）	Zhejiang University Local Contest 2006，Preliminary	2723		☆
	练习 10.1	欧几里得最差序列	自编			☆○
	练习 10.2	欧几里得游戏（Euclid's Game）	University of Waterloo Local Contest 2002.09.28	1913	2348	☆○△
	练习 10.3	求一组数的最大公约数	自编			☆○△
	练习 10.4	*N*!的素因数分解式	自编			☆○△
	练习 10.5	Niven 数（Niven Numbers）	East Central North America 1999，Practice	1154		☆○
	练习 10.6	C 循环（C Looooops）	Czech Technical University Open 2004	2305	2115	☆○
	练习 10.7	人体生理周期调节（Biorhythms）	East Central North America 1999; Pacific Northwest 1999	1160	1006	☆○

参 考 文 献

蓝桥杯大赛练习系统：http://lx.lanqiao.cn/.

蓝桥杯全国软件和信息技术专业人才大赛：http://dasai.lanqiao.cn/.

李文新，郭炜，余华山，2017. 程序设计导引及在线实践[M]. 2 版. 北京：清华大学出版社.

刘汝佳，黄亮，2004. 算法艺术与信息学竞赛[M]. 北京. 清华大学出版社.

洛谷：https://www.luogu.org/.

潘承洞，潘承彪，1998. 简明数论[M]. 北京：北京大学出版社.

潘承洞，潘承彪，2013. 初等数论[M]. 3 版. 北京：北京大学出版社.

秋叶拓哉，岩田阳一，北川宜稔，2013. 挑战程序设计竞赛[M]. 2 版. 巫泽俊，庄俊元，李津羽，译. 北京：人民邮电出版社.

王桂平，冯睿. 突出实践能力培养的程序设计课程教学方法[J]. 实验室科学，2009（1）：81-84.

王桂平，冯睿. 以在线实践为导向的程序设计课程教学新思路[J]. 计算机教育，2008（22）：100-102.

王桂平，王衍，任嘉辰，2011. 图论算法理论、实现及应用[M]. 北京：北京大学出版社.

王桂平. 程序设计基础课程函数设计教学方法谈[J]. 计算机教育，2009（10）：116-119.

王衍，王桂平，冯睿，等， 2010. 程序设计方法及在线实践指导[M]. 杭州：浙江大学出版社.

吴文虎，徐明星，邬晓钧，2017. 程序设计基础[M]. 4 版. 北京：清华大学出版社.

殷人昆，2007. 数据结构（用面向对象方法与 C++语言描述）[M]. 2 版. 北京：清华大学出版社.

张铭，王腾蛟，赵海燕，2008. 数据结构与算法[M]. 北京：高等教育出版社.

ACM/ICPC：https://icpc.baylor.edu/.

CCPC：https://ccpc.io/.

HDOJ：http://acm.hdu.edu.cn/.

KNUTH D E，MORRIS J H，PRATT V R. Fast Pattern Matching in Strings [J]. SIAM Journal on Computing，1977，6(2): 323-350.

PC2：http://pc2.ecs.csus.edu/.

POJ：http://poj.org/.

UVA：https://uva.onlinejudge.org/.

WANG G P，CHEN S Y，YANG X，et al. OJPOT: Online Judge & Practice Oriented Teaching Idea in Programming Courses[J]. European Journal of Engineering Education，2016，41（3）：304-319.

WASIK S，ANTCZAK M，BADURA J，et al. A Survey on Online Judge Systems and Their Applications[J]. ACM Computing Surveys，2018，41(1).

ZOJ：https://zoj.pintia.cn/.

北京大学出版社本科计算机系列实用规划教材

序号	标准书号	书　名	主　编	定价	序号	标准书号	书　名	主　编	定价
1	7-301-30665-9	大数据导论	王道平	39	21	7-301-28263-2	C#面向对象程序设计及实践教程(第 2 版)	唐　燕	54
2	7-301-24352-7	算法设计、分析与应用教程	李文书	49	22	7-301-30420-4	Java 程序设计教程(第 2 版)	杜晓昕	58
3	7-301-25340-3	多媒体技术基础	贾银洁	32	23	7-301-19386-0	计算机图形技术(第 2 版)	许承东	44
4	7-301-31479-1	大数据处理	王道平	36	24	7-301-20630-0	C#程序开发案例教程	李挥剑	39
5	7-301-21752-8	多媒体技术及其应用(第 2 版)	张　明	39	25	7-301-19313-6	Java 程序设计案例教程与实训	董迎红	45
6	7-301-23122-7	算法分析与设计教程	秦　明	29	26	7-301-19389-1	Visual FoxPro 实用教程与上机指导（第 2 版）	马秀峰	40
7	7-301-23566-9	ASP.NET 程序设计实用教程(C#版)	张荣梅	44	27	7-301-21088-8	计算机专业英语(第 2 版)	张　勇	42
8	7-301-23734-2	JSP 设计与开发案例教程	杨田宏	32	28	7-301-31841-6	程序设计方法及算法导引	王桂平	59
9	7-301-28246-5	PHP 动态网页设计与制作案例教程(第 2 版)	房爱莲	58	29	7-301-14259-2	多媒体技术应用案例教程	李　建	30
10	7-301-27421-7	Photoshop CC 案例教程(第 3 版)	李建芳	49	30	7-301-30627-7	Android 开发工程师案例教程（第 2 版）	倪红军	69
11	7-301-20523-5	Visual C++程序设计教程与上机指导(第 2 版)	牛江川	40	31	7-301-16910-0	计算机网络技术基础与应用	马秀峰	33
12	7-301-21295-0	计算机专业英语	吴丽君	34	32	7-301-25714-2	C 语言程序设计实验教程	朴英花	29
13	7-301-21341-4	计算机组成与结构教程	姚玉霞	42	33	7-301-25712-8	C 语言程序设计教程	杨忠宝	39
14	7-301-21367-4	计算机组成与结构实验实训教程	姚玉霞	22	34	7-301-16850-9	Java 程序设计案例教程	胡巧多	32
15	7-301-25469-1	Photoshop 中国画技法实训教程	邹　晨 陈军灵	39	35	7-301-28262-5	数据库原理与应用(SQL Server 版)(第 2 版)	毛一梅 郭　红	52
16	7-301-22965-1	数据结构(C 语言版)	陈超祥	32	36	7-301-21052-9	ASP.NET 程序设计与开发	张绍兵	39
17	7-301-18514-8	多媒体开发与编程	于永彦	35	37	7-301-15463-2	网页设计与制作案例教程	房爱莲	36
18	7-301-20328-6	ASP. NET 动态网页案例教程(C#.NET 版)	江　红	45	38	7-301-04852-8	线性代数	姚喜妍	22
19	7-301-17578-1	图论算法理论、实现及应用	王桂平	54	39	7-301-15461-8	计算机网络技术	陈代武	33
20	7-301-27833-8	数据结构与算法应用实践教程(第 2 版)	李文书	42	40	7-301-20898-4	SQL Server 2008 数据库应用案例教程	钱哨	38